자
연
농
법

MU[Ⅲ] SHIZEN NOHO The Natural Way of Farming

Copyright ⓒ 1985 Masanobu Fukuoka

All rights reserved.

Original Japanese edition published by SHUNJUSHA PUBLISHING COMPANY in 1985.

This Korean translation is based on the 6th printing of the new edition published in 2014.

Korean translation rights arranged with Michiyo Shibuya

through Japan UNI Agency, Inc., Tokyo and Korea Copyright Center, Inc., Seoul.

自然農法

후쿠오카 마사노부 지음 ○ 최성현 옮김

자연 농법

농사는 자연이 짓고 농부는 그 시중을 든다

정신세계사

○ **일러두기**

이 책은 정신세계사에서 1988년에 출간되었던 《생명의 농업과 대자연의 道》,
1990년에 출간되었던 《생명의 농업》의 완역판이자 새번역판입니다.
2018년 1월에 출간된 초판과 2018년 8월에 출간된 개정판은
표지 디자인, ISBN, 본문 디자인 일부의 변화가 있었을 뿐 그 내용은 동일합니다.

자연농법
ⓒ 후쿠오카 마사노부, 1985

후쿠오카 마사노부 짓고, 최성현 옮긴 것을 정신세계사 정주득이 2018년 1월 5일 처음 펴내다.
김우종과 서정욱이 다듬고, 김윤선이 꾸미고, 한서지업사에서 종이를, 영신사에서 인쇄와 제본을,
하지혜가 책의 관리를 맡다. 정신세계사의 등록일자는 1978년 4월 25일(제1-100호), 주소는
03965 서울시 마포구 성산로4길 6 2층, 전화는 02-733-3134, 팩스는 02-733-3144, 홈페이지는
www.mindbook.co.kr, 인터넷 카페는 cafe.naver.com/mindbooky이다.

2024년 5월 30일 펴낸 책(개정판 제3쇄)

ISBN 978-89-357-0421-7 03520

이 도서의 국립중앙도서관 출판시도서목록(CIP)은 서지정보유통지원시스템 홈페이지(http://seoji.nl.go.kr)와
국가자료공동목록시스템(http://www.nl.go.kr/kolisnet)에서 이용하실 수 있습니다.
(CIP제어번호: CIP2018022558)

1- 벚꽃, 유채꽃, 새들의 노래, 여기는 에덴의 화원

'자연농법'이란

인지人知와 인위人爲를 더하지 않은
있는 그대로의 자연 속에 몰입하여
자연과 함께 살아가고자 하는 농법이다.
어디까지나 자연이 주체이다.
자연이 농사를 짓고,
인간은 거기에
봉사하는 입장을 취한다.

자연으로 가는 길

…자연의 길, 무지無知, 무위無爲의 길이다.
'아무것도 하지 않는다'가 출발점이고,
결론이고, 수단이기도 하다.
…무경운, 무비료, 무농약, 무제초가
4대 원칙이다.

벼

2―[5월] 볍씨 파종, 보릿짚 펴기. 모내기는 불필요

3―[6월] 녹비(綠肥 풋거름 풀)인 거여목 속에서 벼의 새싹이 발아

농업은 자연에 따르는 활동이다. 그러므로 한 그루의 벼를 잘 보며 벼가 하는 말에 귀를 기울여야 한다. 벼가 하는 말을 알아들을 수 있으면, 벼의 마음에 맞춰 벼를 기르면 된다. (본문 214쪽)

4— 6월 녹비인 클로버 속에서 자라는 벼

5— 7월 녹비는 시들시들, 벼는 쑥쑥

6— 8월 피사리

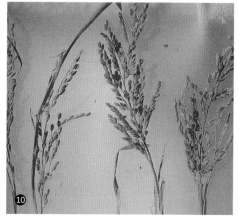

7— [9월] 해충도 있지만, 익충도 있어 벼는 건강하다

8— [10월] 키가 작지만 강건한 자연형

9— [10월] 성숙기의 벼이삭

10— (오른쪽) 자연 벼의 거대한 이삭 (왼쪽) 일반 벼이삭

11— (오른쪽) 모내기를 한 벼의 뿌리는 많이 상했다
   (왼쪽) 자연 벼의 뿌리는 힘차다

보리

클로버 속에서 벼와 보리가 공생할 뿐이라고, 그러면서도 벼와 보리 모두 잘 된다고 하면, 도무지 말이 안 되는 소리라며 사람들은 아이없어하리라. 하지만 진짜 잘 되고, 현재 평균 이상의 수확을 올리고 있다. (본문 29쪽)

19-[6월] 보리를 벤 뒤 녹비가 무성해진다 그 속에서 벼도 싹이 튼다

18-[5월] 보리를 벤다

17-[5월] 보리의 성숙기(이 무렵에 볍씨를 흩뿌린다)

16-[4월] 보리 이삭이 나왔다

과일 나무

20
—
멀리서 본 자연농원

21
—
귤 과수원(여러 종류를 섞어 심다)

자연은 죽은 것이 아니다. 살아 있고, 자라고 있다. 이 살아 있는 자연에 간직된 위대한 힘을 그대로 이용해서 과일나무를 재배하면 그것으로 좋은 것이다. (본문 195쪽)

22—여름 귤
23—귤과 여름 귤 아래에서
24—봉숭아

25— 소귀나무
26— 비파나무의 자연형. 4년째
27— 아카시아 아래에서 자라는 귤. 둘 다 8년째

채소

29
—
무, 붉은 갓, 우엉 등. 어디서나 산다

28
—
길가에서 야초화野草化해서 자라는 무와 유채류

자연에 맡기고 길러보면, 모양과 질 양면에서 상상 이상으로 뛰어난 결과가 나온다는 것을, 여러 가지 작물을 혼파하고 자연 재배하며 관찰해보면 잘 알 수 있다. (본문 410쪽)

30 ― 클로버와 타이사이(배추의 한 종류)

31 ― 비료 없이 도 커다란 무

32 ― 농약 따위는 필요 없는 혼생 채소

33
―
아무것도 하지 않았는데, 나고 자란 박고지와 호박

34
―
잡초보다 강한 눈 속의 채소

35
―
황무지에서 들풀처럼 자라는 무와 갓

차례

○

이 책을 한국에서 펴내는 기쁨

지금처럼 인류가 인류만을 위한 욕망의 길을 계속해서 달리게 된다면, 우리는 오래지 않아 낭떠러지에 서게 될 것이다.

태양계에서 유일하게 생물이 살 수 있는, 아름다운 녹색의 별인 이 지구가 2백 년이라는 짧은 시간 동안에 인간의 손에 의해 엄청나게 파괴되어왔다. 게다가 그 현상은 멈출 기미를 보이지 않고 있다.

그 이유는, 따져볼 필요도 없이, 인간의 지식과 행위 일체가 모두 반反자연적이었기 때문이다.

인류 문명은 지구 자원과 환경을 거리낌 없이 마구 희생시켜가며 그 위에 구축되었다. 그 과정에서 인간의 몸도 마음도 생활도 부자연스러워지고 불건강해졌다. 비뚤어진 허구의 문명 생활 속에서 인류는 전락할 수밖에 없게 되어 있다. 이대로 간다면 인류는 지구 최후의 동물로서 멸종할 수밖에 없을 것이다. 그것도 '지구를 멸망시킨' 죄 많은 동물이라는 부끄러움을 남긴 채….

나는 온 생애를 바쳐서 아무것도 하지 않는 농법, 자연농법의 세계를 찾아왔다. 그러나 그 길은 아득히 멀어서 아직은 완성에 이르렀다기보다 단지 그 실마리를 잡았을 뿐이다.

이 자연농법이 지혜 깊은 한국인의 손으로 완성된다면 그보다 큰 기쁨은 없다.

자연농법은 인지와 인위를 버리고 무위의 자연에 맡기는 농법이자, 신이 농사를 짓고 사람은 그 시중을 들 뿐인 신의 농법이라고도 할 수 있다. 인간의 작은 지식 위에서 이루어지는 과학농법에서 완전히 방향을 바꾸어, 신의 지구 경영에 참여하는 것이 자연농법이다. 즉 신을 도와서 대지에 봉사하자는 것이 그 목적이다.

자연농법은 지구가 황폐해져 가는 것을 막고, 지상을 다시 녹색으로 풍부한 낙토樂土, 곧 도원경桃源境으로 바꾸고 싶다는 커다란 꿈을 갖고 있다. 이 자연농법이 한국인에게 가장 알맞은 선인仙人 농법이라는 것을 알기 때문에, 나는 한국인에게 큰 신뢰와 기대를 걸고 있다.

1988년 12월
후쿠오카 마사노부

자연농법이란?

누구나 할 수 있는 300평 농부

여기는 세또나이 바다瀨戶內海가 보이는 작은 산. 산에는 오두막이 세 개 있다. 도시에서 온 젊은이들이 이 오두막을 근거지로 원시생활을 하고 있다. 최근에는 외국에서 오는 청년도 많다. 전기와 수도가 없고, 현미와 채식 중심의 자급자족 생활이기 때문에 생활비는 거의 들지 않는다. 그들은 여기서 농사를 짓는다. 도시 생활이나 종교에 절망한 젊은이들이 반바지 하나만 입은 채 논에서 일을 한다. 파랑새를 찾아서 헤매다가 결국 여기 에히메愛媛현 이요伊予 시의 한 산골에서 자연농법의 300평 농부 연수를 하고 있는 것이다.

자연농법의 이 귤 산에는 재래종 닭들이 자유롭게 돌아다니고, 클로버 속에는 야초화한, 곧 들풀처럼 자라는 채소가 무성하다.

산 위에서 보는 도고道後 평야의 논에는, 옛날에 볼 수 있었던 푸른 보리밭이랄지 유채꽃이나 자운영 등이 피는 목가적인 풍경은 벌써 사라졌다. 그 대신 황무지가 된 휴경답休耕畓과 썩어가는 짚더미 등이 보일 뿐이다. 이런 모습은 현재 행해지고 있는 농업 기술의 혼란과 그로 인한 농부들의 방황을 뚜렷하게 반영하는 풍경이다.

그 속에서 자연농법의 논만이 선명한 녹색의 보리로 뒤덮여 있다. 이 논은 30여 년 동안 한 번도 간 적이 없다. 화학비료를 준 적도, 농약을 뿌린 적도 없다. 이처럼 아무것도 하지 않았지만, 보리와 벼를 각각 300평당 600킬로그램 가까이 수확하였다. 앞으로는 쌀 1톤 수확을 목표로 하고 있다.

자연농법은 아주 간단명료하다. 가을에 벼를 베기 전에, 벼이삭 위로 클로버 씨앗과 보리 씨앗을 흩뿌려둔다. 싹이 터서 수 센티로 자란 보리를 밟으며 벼 베기를 하고, 사흘가량 말린 뒤 탈곡을 한다. 이때 나오는 볏짚은 모두 그대로 논에 뿌려놓고, 닭똥이 있으면 그 위에 뿌려놓는다. 그 뒤 1월이 되기 전에, 흩뿌려놓은 짚 위에 볍씨를 넣은 진흙경단을 뿌려놓기만 하면 된다. 이것으로 보리와 볍씨 뿌리기가 모두 끝나며, 보리를 벨 때까지 아무 일도 하지 않아도 된다. 수확할 때를 빼면 300평당 1인 또는 2인의 일손이면 충분하다.

5월 20일쯤 보리를 벨 때는 발 아래에 클로버가 무성하고, 그 속에 있는 진흙경단 속에서 볍씨가 수 센티 싹을 틔우고 있다. 보리를 베고 말린 뒤 탈곡을 하고, 그때 생긴 보릿짚은 전량을 그대로 논에 뿌려놓는다. 물이 새지 않도록 논두렁을 손보고, 나흘이나 닷새 동안 물을 대주면, 클로버의 세력이 약해지면서 볍씨가 싹트게 된다. 볍씨가 발아되면 6월과 7월 동안에는 물을 대지 않은 채 그냥 두었다가, 8월이 된 뒤 1주일이나 열흘에 한 번씩 대었다 떼면 된다.

이상이 클로버와 함께하는, 벼-보리 혼파에 연속 무경운 직파 재배라 하는 자연농법의 벼-보리 농사의 개요다.

'아무것도 필요 없는' 농법

클로버 속에서 벼와 보리가 공생하고 있다고 하면, 대부분의 사람들은 쉽게 이해하지 못한다. 어림없다며 화를 내는 사람도 있을지 모른다. 하지만 실제로 그렇게 농사를 지을 수 있고, 현재 평균보다 많은 수확을 올리고 있다. 그렇다면 노력과 자원이 많이 드는 현재의 농법 쪽이 어딘지 이상하다는 얘기가 된다.

흔히 모든 과학자들은 '이렇게 하면 좋다, 저렇게 하는 게 좋다'는 방향으로 연구를 진행해간다. 농업도 예외가 아니어서 그 결과, 비용과 노력이 필요한 기술이나 농약, 비료 등이 새로 도입되게 된다.

나는 일체一體 무용無用, 곧 '아무것도 필요 없다'는 입장에서 '이것도 하지 않아도 된다, 저것 또한 필요 없다'며 쓸데없는 기술과 비용과 노력 등을 버려왔다. 그 작업을 30년 동안 계속해왔더니, 마지막에는 씨앗과 짚을 뿌리기만 하면 되는 대단히 단순한 농법이 돼버렸다.

'일체 무용'이란 쓸데없는 인력 낭비를 하지 않는다는 것을 뜻한다. 하지만 어떻게 아무 일도 안 하고 벼와 보리를 얻을 수 있을까? 그것은 인간이 농사를 짓지 않아도 자연이 짓기 때문이다.

잘 생각해보라. 세상에서 '이것이 도움이 된다, 편리하다, 가치가 있다, 이렇게 하는 게 좋다'는 것들은 모두 인간이 그렇게 하면 가치가 있도록 앞서 조건을 만들어놓았기 때문이다. 본래는 없어도 좋은 것을 없으면 곤란한 조건을 만들어놓고, '그걸 해결하기 위해서는 이렇게 하는 게 좋다, 저것이 도움이 된다'고 마치 새로운 발견이라도 한 것처럼, 진보를 이룬 것처럼 이야기하고 있는 데 지나지 않는다.

논에 물을 넣고 경운기로 갈며 돌아다니면, 흙이 벽토壁土, 곧 벽에 바른 흙처럼 돼버린다. 흙이 죽으며 굳어지는 것이다. 한 번 그렇게

29

하면, 그 뒤에는 해마다 다시 갈아서 부드럽게 만들어야 한다. 이처럼 경운기가 필요한 조건을 만들어놓고, 경운기는 가치가 있다고, 도움이 된다고 기뻐하고 있음에 불과한 것이다. 지상의 식물들 중에 땅을 갈지 않으면 발아가 안 되는, 그렇게 약한 식물은 없다. 인간이 쟁기로 갈지 않아도 미생물이나 작은 동물들에 의한 자연 경운이 이루어지고 있기 때문이다.

경운기와 화학비료로 살아 있는 흙을 죽이고, 여름 동안에 논에 물을 깊이 대서 식물의 뿌리를 썩게 만들고 있기 때문에, 곧 병약한 벼를 만들고 있기 때문에 속효성의 화학비료와 농약이 필요하게 되었을 뿐이다. 건강한 벼 기르기를 하면, 원래 농약 같은 것은 필요 없다. 퇴비 문제만 해도 그렇다. 논에서 나오는 볏짚 전량을 논에 뿌려놓기만 하면, 퇴비를 만들기 위해 따로 고생을 할 필요가 없다.

인간이 아무것도 하지 않아도 깊은 산 속의 흙은 해마다 비옥해진다. 그와는 반대로 인간의 논밭은 농약으로 황폐해질뿐더러 공해가 발생한다. 세계적으로 유명한 숲들은 영양학으로 키워진 것도, 식물생태학으로 지켜진 것도 아니다. 도끼와 톱이 침입하지 못하도록 막았기 때문에, 나무는 스스로 숲을 이루며 거목으로 자랄 수 있었을 뿐이다.

자연에는 본래 생生도 없고 사死도 없다. 대소大小, 성쇠盛衰, 강약强弱 또한 본래는 없다. 해충이다, 천적이다, 또는 '자연은 약육강식의 모순에 가득 찬 상대적인 세계'라며 소란을 떠는 것은 과학만을 맹신하는 사람들이 하는 말이다. 자연에는 본래 정사正邪, 선악善惡이 없다. 인간이 자기 멋대로 구분을 하고 있을 뿐이다. 초목은 자연의 훌륭한 조화 아래 자라고 열매를 맺는다.

살아 있는 통일된 생명체인 자연은 분해도 해체도 허용하지 않는다. 분해하면 죽어버린다. 죽어버린 자연을 보고 자연을 파악했다고 하는데, 그것은 이미 살아 있는 자연이 아니라는 것을 사람들은 모르고 있다. 사멸한, 조각난 자연에 관한 단편적인 지식을 모으고 '자연을 알았다, 자연을 이용한다, 정복했다'고 하는데, 그것은 말도 안 되는 소리다. 처음부터 자연을 파악하는 방법이 잘못돼 있다. 잘못된 기반을 입각점으로 삼으면, 그 뒤에 아무리 합리적으로 생각을 거듭한다 해도 그 모든 것이 근본적인 오류를 벗어날 수는 없는 법이다. 자연을 살리지도 죽이지 못하는 사람의 지혜와 행위의 왜소함을 깨닫고 알아야만 하고, 그럼으로써 인간의 지혜와 행위는 '일체 무용'하다는 것을 알아야 한다.

자연의 활동에 따른다

식량을 생산한다고 하지만, 농부가 생명이 있는 식물을 생산하는 것은 아니다. 무에서 유를 낳는 힘을 가진 것은 자연뿐이다. 농부는 자연의 활동을 곁에서 도울 수 있을 뿐이다. 현대의 농업은 비료와 농약과 기계라는 석유 에너지를 이용하여, 자연식품을 모방한 죽은 가공식품을 제조하는 가공업으로 타락했다. 공업화 사회의 하청 인부로 전락한 농부가, 합성화학 농법으로 돈을 벌겠다는, 천수관음千手觀音 보살도 하기 어려운 일에 매달리고 있기 때문에, 어떻게 보면 농부들의 혼란과 고통은 당연한 일이다.

농업의 본래 모습인 자연농법은 '무위자연無爲自然' — 손도 발도 내지 않는 '달마達磨 농법農法'(손발이 없는 일본 인형의 하나. 역주)이다. 허점투성이인 것처럼 보이지만, 사실은 엄격한 자율성 아래 흙은 흙, 풀은 풀, 벌레의 일은 벌레에게 맡기는 광대무변廣大無邊하고 융통무애融通無碍한 부처님 농법이다.

논에는 거미나 개구리가 많이 보이고, 풀무치가 푸드득거리면서 날아가고, 논 위의 하늘에는 빨간 고추잠자리가 떼 지어 날고 있다. 벼멸구가 크게 발생하면, 반드시 거미 새끼가 쏟아질 정도로 생긴다. 이 자연농법의 논은 아직 수확량이 균일하지 않지만, 1평방미터에 300개의 이삭이 달리며, 한 이삭에 평균 200개의 낟알이 생기니, 300평당 900킬로그램을 수확할 수 있다. 조 이삭처럼 힘차게 자란 단단한 벼이삭의 파도를 본 사람들은, "우와, 마치 갈대밭 같다!"며 그 건강한 모습과 수확량에 깜짝 놀란다.

해충이 있어도 천적이 있으면 균형을 이룰 수 있는 것이다.

본래 자연농법은 근원적인 자연관의 천리天理에 바탕을 둔 것이기 때문에 어떤 시대가 와도 통용된다. 언제나 가장 오래된 농법인 동시에, 가장 새로운 농법이라 해도 틀림이 없다. 물론 자연농법은 과학의 비판을 이겨낼 수 있어야 한다. 문제는 이 '녹색의 철학'과 농법이 과학을 비판하고 지도할 수 있는 힘을 가질 수 있느냐 없느냐다.

근대 과학농법의 착각

자연식의 보급과 함께 자연농법도 마침내 과학자의 검토를 통해 햇살을 받을 때가 왔다고 생각했지만, 사실은 그렇지 않았다. 그런 연구는, 하나도 빼놓지 않고, 뼈대는 자연농법이지만 지금까지의 과학농법을 연구하던 방식에서 거의 벗어나지 못하고 있다. 골격은 같다 하더라도 화학비료나 농약은 여전히 줄어들지 않고 있으며, 기계도 대형화돼가기만 한다. 이렇게 되면 유감스럽게도 두 개의 농법이 합치점을 찾는 것이 아니라, 서로 엇갈려 지나가기만 할 것 같다.

왜 이 꼴이 되었을까?

아무것도 하지 않는 자연농법으로 300평당 600킬로그램 이상의 수확을 올릴 수 있다면, 그 방법에다 과학적인 지혜를 더하면 더욱 우수한 농법이 되어 그 이상의 수확을 올릴 수 있다고 생각하기 때문이다. 상식이라고 하면 상식이랄 수도 있겠지만, 그렇게 되면 근본적인 모순을 범하게 되는 것을 피할 수 없다. 자연농법의 진짜 목표인 '아무것도 하지 않는 것'이 인간에게 어떠한 의미를 가지는가를 사람들이 이해하게 될 때까지, 과학만능 신앙은 멈춤이 없을 것 같다.

자연농법과 과학농법을 대비하여 도표로 나타내보면, 그 차이가 분명해진다. 자연농법은 무위자연으로 돌아간다는 뚜렷한 목표를 가진, 말하자면 구심적인 수렴의 농법이다. 과학농법은 인간의 욕망 확대와 함께 자연으로부터 멀어져가는, 말하자면 원심적 확산의 농법이고 멈출 줄 모르는 농법이기 때문에, 마침내 자멸하게 되는 농법인 것이다. 아무리 기술을 더한다고 하더라도, 오히려 복잡다난해질 뿐이다. 점점 더 많은 비용과 노력을 필요로 하는 것이 바로 이 과학농법이다. 이에 반하여 자연농법은 단순한, 힘이나 수고를 최소화하는 농법이다.

이렇게 우열이 자명한데 왜 사람들은 과학농법으로부터 떠날 수 없는 것일까? 아마도 그것은 '아무것도 하지 않는다는 것은 소극적이고, 생산이 떨어지고, 능률이 안 좋다'고 예상하기 때문일 것이다. 하지만 자연농법은 생산성이 떨어지기는커녕, 생산에 필요한 에너지의 효율성으로 계산해보면, 반대로 가장 능률이 좋은 농법이다.

자연농법에서는 아무런 자재도 사용하지 않고 쌀 60킬로그램, 20만 칼로리를 한 사람의 일손으로 생산할 수 있으니, 농부 하루분의 자연식이 약 2천 칼로리라고 한다면 100배의 칼로리를 생산할 수 있다는 계산이 나온다. 옛날에 소나 말을 사용한 가축농법에서는 그 10배의 칼로리가 투하됐다. 또한 소형 기계화 농법으로 바뀌며 그 두 배, 대형 기계화 농법으로 바뀌며 또 그 두 배의 칼로리가 투입되며 에너지 낭비가 더욱 심해졌다.

기계화로 작업 능률을 올릴 수 있다고 하지만, 줄어든 노동 시간은 기계화를 위한 돈을 버는 노동에 매달려야 한다. 논에서 회사로 옮겨 갔을 뿐인 것이다. 논밭에서의 즐거운 시간을 공장에서의 고통스러운 시간으로 바꿨을 뿐이다.

근대 농업이 능률화와 함께 다수확을 올릴 수 있다는 것도 잘못된 생각이다. 과학농법에 의한 수확량은 자연이 본래의 힘을 발휘했을 경우의 수확량에 크게 못 미친다. 지금까지의 다수확 기술과 과학적 증산增産은, 마치 자연 본래의 생산력 이상으로 많이 거두고 있는 것처럼 보이지만 실제는 그렇지 않다. 사실은 자연이 그 본래의 힘을 충분히 발휘하지 못하도록 해놓고 사람의 힘으로 회복시키려고 하는 노력에 지나지 않는다. 즉 인간이 악조건을 만들어놓고, 그것을 극복했다며 기뻐하고 있을 뿐이다. 그러므로 다수확 기술이라는 것은 손실을 줄이는 감산 방지책에 지나지 않는다.

양의 문제만 아니라 질에 있어서도, 과학은 자연의 활동에 미치지 못한다. 본래 분해할 수 없는 자연을 인간이 분해해보고 정체를 파악했다고 착각했을 때부터, 과학농법은 불완전한 식량을 생산하는 오류에 빠지게 되었다. 현대 과학은 그 자체가 자연으로부터 아무것도 생산한 것이 없다. 단지 자연물에 양과 질의 변화를 가해서, 조잡한 모조품에 지나지 않는, 해롭고 값비싼 상품으로서의 식품을 만들어냈을 뿐이다. 그렇게 인간을 더욱 자연으로부터 멀어지게 하는 데 도움이 됐을 뿐이다.

지금 인간은 자연으로부터 소외된 채 우주의 고아가 되었으며, 이제 비로소 그 위기감에 눈을 뜨기 시작했다. 그러나 자연의 품으로 돌아가려고 해도, 무엇이 자연인 줄 모를 뿐만 아니라, 돌아가야 할 자연도 파괴되어 거의 사라져버린 상태다.

과학자들은 도시의 하늘을 비닐로 모두 덮고, 냉온방 및 통풍 장치를 마련하여 그 속에 살려고 한다든지, 지하도시나 해저도시에 미래의 꿈을 걸고 있다. 도시 사람은 죽어가고 있다. 밝은 햇빛, 푸르른 전원, 동식물, 시원한 산들바람 등 자연생활이 주는 쾌감을 잊어버렸다. 인간이 정말 잘 살 수 있는 것은 자연과 함께할 때이다.

무無의 철학으로부터 나와 무위의 자연으로 돌아가는 근본회귀 농법이 바로 자연농법이다. 과학이나 유물변증법적인 사고에 의해서는 해결하지 못하는 현대의 문제를, 자연농법 체험으로 해결하려는 큰 꿈을 꾸고 있는 이들이 바로 산 오두막에서 전기가 없는 원시생활을 하고 있는 젊은이들이다. 거기에는 아무것도 없지만, 반면에 모든 것이 있다고도 할 수 있다.

자연농법과 과학농법

'자연농법'이란 사람의 힘이나 지혜를 더하지 않은, 주어진 그대로의 자연에 몰입하여 자연과 함께 건강하게 살아가려는 농법이다. 어디까지나 자연이 주체로서, 자연이 농작물을 기르고, 인간은 그것에 봉사한다는 입장을 취한다.

'과학농법'이란 인간의 지혜와 힘을 자연에 가하여 더 많은 수확을 올리려는 농법이다. 어디까지나 인간이 주체이며, 인간이 자연을 최대한 이용하여 농작물을 더 많이 만들어내려는 농법이다.

'자연농법'은 무위자연의 근원(절대자)으로 돌아간다는 궁극의 목표를 향해서 나아가는, 구심적 농법이라고 할 수 있다. 이것은 최종적으로는, 인간이 자연의 이치와 조화, 질서의 세계 속에서 사는, 즉 참사람(眞人)이 되는 것을 목표로 한다.

'과학농법'은 욕망의 확대를 추구하는 농법이므로, 점점 자연의 이치에서 벗어나 원심적으로 팽창, 분열해갈 수밖에 없는 농법이다. 따라서 과학의 발달에 따라 온갖 것을 인간이 해야만 하는 천수관음 방식의 농법이고, 목표와 수단이 다양해짐에 따라 고생도 한없이 늘어나게 된다.

'자연농법'은 자연의 도, 무지, 무위의 길이다. '아무것도 하지 않는다'가 출발점이고 결론이고 수단도 된다. 즉 편하고 즐거운 농부의 길이다. 아무것도 하지 않을뿐더러 전혀 인위적인 것이 없는 달마 농법이기 때문에, 땅을 갈지 않고(무경운), 비료를 안 주며(무비료), 농약을 안 치고(무농약), 잡초를 뽑지 않는 것(무제초)이 4대 원칙이다.

자연농법의 벼농사

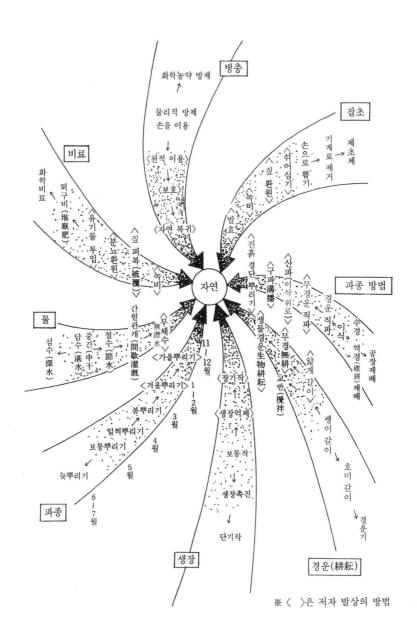

※ 〈 〉은 저자 발상의 방법

과학농법의 벼농사

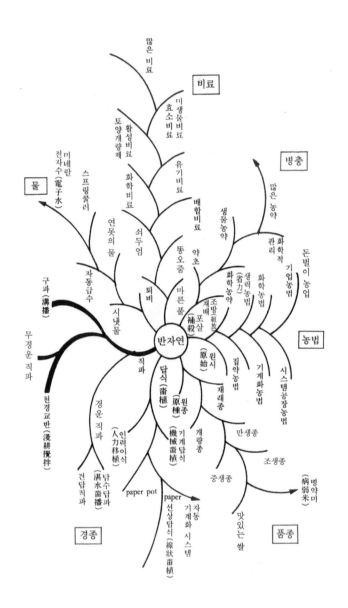

■은 저자 발상의 농법

자연농법의 방향

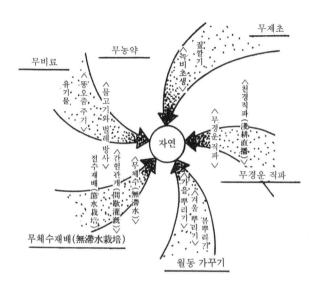

무비료 — 무농약 — 무제초

〈짚깔기〉 〈녹비초생〉 〈천경직파(淺耕直播)〉

유기물 〈똥오줌주기〉 〈물고기와 벌레 방사〉 〈간헐관개(間歇灌漑)〉 〈무경운 직파〉

자연

〈무체수(無滯水)〉 〈절수재배(節水栽培)〉

무체수재배(無滯水栽培)

무경운 직파

〈가을 뿌리기〉 〈겨울 뿌리기〉 〈봄뿌리기〉

월동 가꾸기

과학농법의 방향

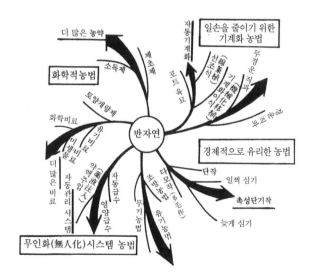

더 많은 농약

일손을 줄이기 위한 기계화 농법

자동기계화

화학적농법 — 소독제 — 제초제

포트 육묘

〈선조식(線條植)〉 〈기계이식(機械移植)〉

무경운 직파

토양개량제

화학비료 — 유기비료 — 미생물 — 비료

반자연

분류 육묘

경제적으로 유리한 농법

더 많은 비료 — 자동처리 시스템 — 자동급수 영양급수

무기농법 — 유기농법

다모작(多毛作) — 섞음농법(混合) — 단작 — 일찍 심기 — 촉성단기작 — 늦게 심기

무인화(無人化)시스템 농법

1장

병든 현대

I

사람은 자연을 알 수 없다

인간이란 무엇인가? 인간은 스스로 지상에서 생각할 수 있는 유일한 동물이라고 자부해왔다. 그리고 인간은 자기 자신을 알고, 자연을 알고, 자연을 이용할 수 있으며, 그러한 지식은 곧 힘이라고 과신하게 되었다. 인간은 자신의 손으로 가지고 싶은 모든 것을 얻을 수 있다…고.

인간은 자연과학의 발달, 물질문명의 원심적 확대를 향하여 직진해왔다. 인간은 자연으로부터 출발했으면서도 점차 자연에서 이탈하기 시작하여, 마침내 자연의 반역아로서 인간의 독자적인 문명을 쌓아왔다.

그러나 기대했던 거대한 도시의 발달이나 문화적, 경제적 활동의 팽창이 인간에게 가져온 것은 인간 소외의 덧없는 기쁨이고, 자연의 난개발에 따른 생활환경의 파괴에 지나지 않았다.

인간의 자연으로부터의 소외와 약탈 행위는, 결국 자원의 고갈과 식량 위기의 형태로 나타나면서 인류의 미래에 불길한 그림자를 던지게 되었다. 그제야 겨우 문제의 중대성을 깨달은 인간은 어떻게 해야 할지, 그 대책을 심각하게 생각하기 시작했다. 하지만 근본적인 반성을 할 수 없었기 때문에, 인류는 파멸로 향한 궤도를 제대로 바꾸지 못하고 있다.

자연으로부터 고립된 인간 생활은 공허하다. 생명과 혼의 원천이 모두 고갈되고, 오직 눈앞의 시간과 공간을 다룰 뿐인 기괴한 문명 속에서, 인간은 지치고 병들어가고 있을 뿐이다.*

A. 자연에 손대지 말라

무엇보다 인간이 자연을 알고, 자연을 이용하여 인간의 문명을 열어갈 수 있다고 생각했던 것이 착각이었다. 인간이 자연을 '안다'고 할 때, 그것은 자연 그 자체, 그 본질을 밝히는 것이 아니었다.

살아 있는 통일적인 생명체인 자연은, 인간의 지식으로 분해한다거나 해석한다거나 하는 분별을 허락하지 않는다. 한 번 해체된 자연은 이미 본래의 자연 그 자체가 아니다. 인간의 '분별지分別知'로 구성된 자연은 허상에 지나지 않는다. 거기에는 살아 있는 자연의 본질을 인식할 수 있는 것이 아무것도 없다. 더구나 그 죽은 자연의 모습은 인간의 마음을 분열시키며 혼란을 더하는 데 도움이 될 뿐이다. 인간은 과

---

* "나는 바람의 말을 알아들을 수 있었습니다 / 내가 계산이 되기 전에는 // 나는 비의 말을 알아들을 수 있었습니다 / 내가 측량이 되기 전에는 // 나는 별의 말을 알아들을 수 있었습니다 / 내가 해석이 되기 전에는 // 나는 대지의 말을 받아적을 수 있었습니다 / 내가 부동산이 되기 전에는 // 나는 숲의 말을 알아들을 수 있었습니다 / 내가 시계가 되기 전에는 // 이제 이들은 까닭 없이 심오해졌습니다 / 그들의 말은 난해하여 알아들을 수 없습니다 // 내가 측량된 다음 삶은 터무니없이 / 난해해졌습니다 // 내가 계산되기 전엔 바람의 이웃이었습니다 / 내가 해석되기 전엔 물과 별의 동무였습니다 / 그들과 말 놓고 살았습니다 / 나도 그들처럼 소용돌이였습니다." - 백무산의 시 〈나도 그들처럼〉. 역주

학적인 사고를 통해 자연을 알 수 있는 것이 아님은 물론, 자연의 창조에 무엇 하나 더할 수 없는 존재다.

'분별지'를 통해 보는 자연은 허상의 자연이다. 인간은 녹색 이파리 한 장, 한 줌의 흙조차 영원히 알 수 없다. 인간은 나무와 흙을 참으로 이해하는 것이 아니라 지식의 집적에 의한 인지, 곧 인간의 지식으로 해석한 나무와 흙을 알았다고 말하고 있을 뿐이다.

따라서 인간이 자연의 품으로 돌아가고자 해도, 또 자연을 이용했다 해도, 그것은 어디까지나 자연의 극히 작은 일부, 게다가 죽은 한 조각에 지나지 않는다. 살아 있는 자연의 본체와는 무관한 것, 허망한 것을 가지고 논 것에 지나지 않는다.

원래 인간은 조물주도 만물의 영장도 아닌데, 스스로 자연의 모든 것을 알고 무엇이나 할 수 있다고 굳게 믿고 있는 교만한 종족에 지나지 않는다. 자연의 순리와 질서를 무시하고, 자기 멋대로 자연을 이용하고, 파괴하고, 복구할 수 있다고 생각하고 있는 것이다. 현대의 불행은 이런 자신의 오만한 행위에 인간이 불안을 느끼거나 반성할 필요를 느끼지 않았기 때문에 생긴 결과이다.

지구는 동식물이나 미생물의 유기적 연쇄관계를 가진 공동체로서, 인간의 눈으로 보면 공존공영의 모습으로도, 약육강식의 세계로도 보인다. 그것들 사이에는 먹이사슬 관계도 있고, 물질 순환도 있다. 멈춤 없는 불생불멸의 순환이 계속되고 있다. 이 세계, 곧 물질이나 생물계의 순환은 살아 있는 직관에 의해 감득感得할 수밖에 없는 것인데, 그것을 분해하고 분별함으로써 자신의 인식 세계에 혼란을 일으키고 있는 것이 과학만능주의다.

가령 과학농법은, 사과나무나 온실 딸기에 아주 강한 농약을 뿌려서 꽃을 찾아오는 벌이나 나비 등을 전멸시키고 있다. 그리고 이번에는 꿀벌 대신에 인간이 꽃가루를 채집하여 일일이 꽃에 꽃가루를 칠해준다. 이 인공수분의 광경은 희비극이 아니고 무엇이겠는가?

무수한 동식물이나 미생물의 역할을 인간이 대신 할 수 없는 건 너무나 분명한 일임에도 불구하고, 그들의 활동을 막고 그것을 일일이 연구하여 그 대역을 하고자 하고 있는 것인데, 이런 헛수고가 어디 있겠는가?

예를 들면, 과학자는 쥐의 생태를 연구하여 쥐를 죽이는 약을 개발한다거나 한다. 그러나 과학자들은 왜 쥐가 대량으로 번식하기 시작했는지 그 근본 원인을 알지도 못하면서, 혹은 알려고 하지 않으면서 그런 연구를 하는 것이다. 쥐의 번식이 자연의 균형이 깨진 데서 온 것인지, 자연의 균형을 유지하기 위한 것인지조차 알지 못하고 죽이는 게 좋다고만 여기고 있다. 그곳, 그때의 요구에 맞춘 대책을 취하고 있을 뿐, 자연의 진짜 순환에 대한 책임 있는 행동을 하고 있는 것이 아니다. 동식물이 지상에서 맡고 있는 역할 모두를 과학적인 분석이나 인간의 지식으로 대신할 수는 없는 법이다. 전체의 순환 과정을 알지 못하면서 함부로 죽이거나 키우는 것은 자연의 혼란을 가중시킬 뿐이다.

가령 산에 나무를 심는 것조차도 넓은 안목으로 보자면 자연 파괴가 될지 모른다. 잡목이라며 베고, 그 자리에 인간에게 가치가 있다며 삼나무나 소나무를 많이 심고, 그것으로 녹색의 숲을 지켰다고 생각하는 것은 인간의 근시안적인 판단이다. 산에서 자라는 나무의 수종이 바뀌면 산림 토양에도 질적인 변화가 일어나며, 온도나 공기의 질에도 영향을 주고, 그것이 미묘하게 기상을 바꾸고, 미생물계에도 많은 영향을 가져오는 듯 보인다.

자연의 움직임을 자세하게 보면 끝이 없다. 그것들은 서로 복잡하게 작용하며, 전체가 한 덩어리가 되어 순환한다. 앞에서 말한 나무 심기를 예로 들어 생각해보자.

잡목을 자르고 삼나무를 심는 일은 작은 새의 먹이 결핍 현상을 초래한다. 작은 새가 없어지면 하늘소가 번식한다. 하늘소는 소나무를 죽이는 선충을 매개한다. 선충이 이상 번식하는 것은 그들의 먹이가 되는 병균이 소나무 줄기에 기생했기 때문이다. 병이 든 것은 소나무가 쇠약해졌기 때문이다. 쇠약해진 원인은 소나무 뿌리에 공생하는 송이버섯 곰팡이가 죽었기 때문이다. 이로운 균이 사멸한 이유는 땅속에 나쁜 균인 흑선균黑線菌이 만연됐기 때문이다. 나쁜 균들이 많아진 까닭은 흙이 산성으로 변했기 때문이다. 그 원인은 대기 오염이나 방사능에 의한 것이고, 그 원인은⋯ ?이 되면, 무엇이 원인이고, 진짜 원인인지⋯ 알기 어렵다. 좌우간 소나무가 시들어 죽으면 조릿대가 늘어난다. 조릿대 열매가 풍부해지면 쥐가 번식한다. 쥐는 삼나무 묘목을 마구 먹어치우기 때문에 인간은 쥐를 죽이는 약을 살포한다. 쥐가 적어지면, 그것을 먹이로 삼는 족제비나 뱀이 줄어든다. 이번에는 족제비를 보호하기 위해 그들의 먹이가 되는 쥐 사육을 시작한다⋯. 이렇게 끝이 없는데, 이것은 마치 미친 사람의 백일몽과 같은 짓이 아닌가?

지금 일본의 논에서는 1년에 여덟 번 이상 극약이 뿌려지고 있지만, 농약을 주지 않는 논과 병충해 수는 거의 같다. 그런데도 그 원인을 농업기술자들이 거의 연구하지 않고 있는 것은 아주 이상한 일이라고 말할 수밖에 없다. 첫 번째 농약 살포로 벼멸구의 대군만 죽는 것이 아니다. 1평방미터에 몇천 마리, 몇만 마리나 되던 거미 새끼가 문자 그대로 거미 새끼처럼 떨어지며, 단 몇 마리가 남을 뿐 다 죽어 없어진다. 풀 속에서 무리지어 날던 개똥벌레의 큰 무리가 자취를 싹 감추기도 한다. 두 번째 농약 살포로 천적인 벌과 나비가 죽고, 잠자리의 유충이나 올챙이와 미꾸라지가 죽어서 썩어 문드러진 모습 등을 쉽게 볼 수 있다. 이것들을 보면 농약의 일제 산포散布가 얼마나 어리석은 일인가가 일목요연해진다.

자연을 지배하려 해도 인간은 그렇게 할 수가 없다. 인간이 할 수 있는 일은 자연의 활동에 봉사하는 일뿐이다. 자연의 순리를 따르며 살아갈 수 있을 뿐이다.

B. '아무것도 하지 않는' 운동

'무엇인가를 하는' 것으로써 물질문명의 확대를 꾀하던 시대는 종말을 맞고, '아무것도 하지 않는' 응결, 수렴의 시대가 오고 있다. 자연과의 융합에서 시작되는 새로운 생활과 정신문화의 확립을 서두르지 않으면, 인간은 한없이 복잡하고 혼란한 생활 속에서 점점 쇠약해져 가게 된다.

인간이 자연으로 돌아가 한 그루의 나무와 한 뿌리의 풀의 마음을 알려고 할 때, 인간은 머리로써 자연을 해독할 필요가 전혀 없었다. 무심, 무욕, 무위, 무책無策으로써 자연과 함께 살아가면 좋았다. 인간의 지식에 바탕을 둔 허망한 자연계에서 탈출하기 위해서는, 무심 상태로 오직 참 자연, 즉 절대계로 복귀하는 길밖에 없다. 아니, 바랄 필요도 없다. 기도도 없이, 오직 무심히 대지를 일구기만 하면 좋았던 것이다.

아무것도 하지 않아도 좋은 인간, 아무것도 할 필요가 없는 사회가 되도록, 지금까지 인간이 해온 것을 되돌아보며 인간과 사회에 관련된 헛된 우상을 하나하나 없애 나가야 한다. 이것이 바로 '아무것도 하지 않는' 운동이다.

자연농법도 이 운동의 하나로 볼 수 있다. 무제한으로 팽창, 확산되고 복잡해져 가며 헛수고를 요구하는 인간의 지식과 행위를 응결, 수렴하여 단순화, 생력화省力化, 곧 일손을 줄이는 쪽으로 나아가지 않으면 안 된다. 그것은 곧 자연의 철리를 따르는 길이다. 자연농법은 단순한 농업기술의 혁명에 머물지 않고 인간의 생활태도, 즉 세계관을 바꾸는 혁명으로 이어진다. 그 정신운동의 현실적 토대를 이루는 것이 자연농법이라고 할 수 있다.

무너지고 있는 농업

A. 농촌의 마음

농부는 가난하고 천대를 받는 존재로 알려져 있다. 어느 시대에나 농부가 착취를 당하는 말단의 생활을 견뎌내야만 했던 것은 사실이다. 그러나 그것이 농부의 탓이었을까? 하지만 그에 대한 논의는 다음으로 돌리고, 여기서는 '그 빈곤을 이겨내는 힘이 어디에서 솟아났는지?', '농부는 무엇에 의지해서 살아왔는지?'에 대한 답을 찾아보자.

깊은 산골짜기에서 조용히 살아가는 농부, 남해의 외딴 섬에서 혼자 사는 농부, 북쪽의 눈 많이 내리는 벽지에 사는 농부 등은 모두 대자연 속에서 자급자족하며 고고한 생활을 즐겼다고 말할 수 있다. 두메산골에서 태어나서 이름도 없이 가난하게 살다가 말없이 죽어간 사람들이 세상과 격리된 세계에서 살면서도 아무런 불안도 없었던 것은, 고독하게 보이지만 사실은 고독하지 않았기 때문이다. 그들은 대자연의 일원이었고 신, 곧 대자연의 측근으로서 신의 정원을 가꾸는 기쁨과 보람의 나날이 그들에게는 있었기 때문이다. 해가 뜨면 들에 나가 일을 하고, 해가 지면 쉴 수 있는 잠자리로 돌아가는, 일일시호일

日日是好日의 나날은 무한의 하루이자 그 하루는 영원한 생명 속의 한 점에 지나지 않았다. 무위자연의 생활 속에는 아무것에도 침해당하지 않고 아무것도 침해하지 않는 농부의 삶이 있었다.

마을을 나와 출세한 영리한 사람들에게 바보 취급을 당할 때, 농부는 겉으로는 "선생님, 선생님" 하며 굽실거리지만 여차하면, "선생님? 에라 똥이나 쳐먹어라!"며 고자세로 돌변한다. 농부는 세상의 명리와는 인연이 없지만, 한 푼의 돈에도 탐욕을 부리는 수전노이고, 때로는 수백억의 돈에도 무관심한 부자였다. 즉 농촌은 가난한 사람들이 모여 사는 쓸쓸한 마을임과 동시에, 그대로 속세를 벗어난 세계에 사는 은자들의 마을이기도 했던 것이다. 바로 노자가 말한 소국과민小國寡民* 마을이었다. 서로 독립하여 독자적으로 살아가면서 자급자족하는 생활 속에 인간의 대도가 있다는 것을, 알지 못하면서도 또한 알고 있었던 것이 옛날 농부였다.

그러나 농부를 알고 있으면서도 알지 못하는 어리석은 사람이라 여긴다면, 그것은 비극이다. '농부는 바보라도 할 수 있다'고 자조할 것이 아니라, '바보가 되지 않으면 진짜 농부는 될 수 없다'고 생각을 바꿨으면 좋았다. 농촌에 철학 따위 없어도 좋은 것이다. '인생을 철학한다', '진리를 탐구한다', '인간이 사는 목적을 찾고, 도를 구하면서 산다'는 것은 도시의 지식인이 하는 일이었다.

---

* 노자가 지은 도덕경 80장에 나오는 글이다. 전문을 옮기면 다음과 같다. "이상적인 나라는 국토가 작고, 백성의 수가 적다(小國寡民). 문명의 편리한 기구가 있어도 쓰지 않고, 백성들로 하여금 저마다 삶을 아끼고 멀리 떠돌지 않게 한다. 비록 배나 수레가 있어도 타고 다닐 필요가 없고, 비록 무기가 있어도 쓸 필요가 없고, 백성들은 문자를 버리고 다시 새끼줄을 묶어 자기 나름대로 즐긴다. 이웃나라와 서로 마주 보며, 이웃 간의 닭이나 개 소리가 마주 들리기도 하지만, 백성들은 한가하게 살며 늙어 죽을 때까지 번거롭게 왕래하는 일이 없다." 역주

인간은 왜, 어떻게 지상에 태어났고, 어떻게 살아가야만 되는가 하는 따위의 생각을 하며 살아온 농부는 없다. 왜냐하면 농부는 태어난 순간부터 삶을 의심할 줄 몰랐기 때문이다. 인생의 목표를 찾지 않으면 안 될 만큼 나날의 생활이 공허하지도 않았고, 의심의 불씨도 없었다.

삶을 모르고 죽음을 모르면서도 알고 있었기 때문에 의심이나 미혹과는 인연이 멀고, 근심이 없기 때문에 학문을 할 필요도 없었다. 선생에게 현혹돼서 도를 구하며 사상적 편력을 하는 것은 도시의 한가한 사람들이 하는 짓이라 웃으며 시종일관 무지, 무학의 평범한 생활을 한다. 그것으로 좋다고 생각했던 것이다. 철학을 할 틈도 없고, 그래야만 할 필요도 농부에게는 없었기 때문이다. 그러나 농촌에 철학이 없었던 것은 아니다. 오히려 대단한 철학이 있었다고 해야만 한다. 그것은 바로 '철학은 필요 없다'는 철학이었다. 철학이 필요 없는 철학자들의 사회, 그것이 농촌의 진짜 모습이다. 농부의 근성을 오래도록 지탱해온 것은 '일체가 필요 없다'는 무無의 사상이자 철학이었다.

나는 깊은 우려와 함께 크나큰 분노를 가지고 이 글을 쓰고 있다.

지금 서양문명의 한계는 바로 서양철학의 착오에서 비롯되었다는 사실을 깨닫게 된 서양인들이 최근 동양철학에 뜨거운 눈길을 보내고 있다. 여기에는 깊은 이유가 있는데 그에 관한 논의는 잠시 제쳐두고, 여기서 말하고 싶은 것은 동양철학이란 '무의 철학'이고, 무위자연의 철리哲理이며, 그 철리를 실천하고 있는 곳은 두메산골, 벽촌을 빼고는 달리 없다는 것이다.

동양철학의 도장道場은 옛 마을이고, 그 속의 삶의 방식이 신에게로 가는 지름길이라는 것이다.

서양문명의 코페르니쿠스적 전환*도 역시 서양철학의 부정으로부터 시작하여, 기독교의 원점인 에덴동산의 부활을 꾀하는 길밖에는 없다는 것이다.

B. 마을의 철학

산에 들어가서 땔나무를 할 때는 나무꾼들의 노래, 모내기철의 들판에는 노동요, 결실의 가을이 오면 풍년의 북소리가 마을에 넘쳐흐르는 광경은 그다지 먼 옛날의 일이 아니다. 소나 말 등에다가 짐을 싣고 나르던 모습도 그렇게 먼 옛날의 모습이 아니다.

최근 십수 년 동안에 그런 정세는 급변했다. 산에서는 전기톱의 굉음이 울리고, 논에서는 경운기나 모내는 기계가 달리고, 공장처럼 늘어선 비닐하우스 속에서 채소를 기르게 되었다. 논과 밭에는 화학비료나 농약이 자동적으로 뿌려지고, 모든 농사일이 기계화되고 시스템화되면서부터 인간미를 잃어버렸다. 더 이상 들에서 농부의 노랫소리가 들리지 않는다. 이제 농부들은 텔레비전에서 흘러나오는 '흘러간 옛노래'에 귀를 기울이면서 옛날을 추억할 뿐인 세상이 됐다. 이것은 진실한 생활에서 껍질뿐인 생활로의 전락을 분명히 보여주는 사례이다.

인간은 시간의 단축과 공간 확대에만 매달리다가 거꾸로 참다운 시간과 공간을 잃어버렸다.

---

* 신 중심의 중세 시대로부터 인간 중심의 근대로 세계관이 대전환된 일. 코페르니쿠스가 제창한 지동설이 계기가 되어 비롯되었다. 이러한 뜻이 바뀌어 일반적으로는 사고방식이나 발상이 획기적으로 바뀌는 것을 일컫는다. 역주

농사일이 편리해졌다고, 편해졌다고 말해질 즈음에는 이미 많은 농부들이 전원에서 추방되어 다른 직장에서 그때까지보다 더 육체를 혹사해야만 하는 지경에 이르러 있었다.

전기톱의 개발은 나무를 빨리 베지 않으면 시간을 맞출 수 없어진 데서 비롯됐고, 기계 모내기는 농부를 편하게 만드는 게 아니라 다른 종류의 노동으로 내몰았을 뿐이다.

화롯불 문화가 없어짐과 동시에 옛 농촌문화의 불도 꺼졌고, 화롯불 주변에서의 담화가 모습을 감춤과 동시에 마을의 철학은 사라져 갔다.

c. 고도성장과 농민

제2차 세계대전 뒤의 일본만큼 급변한 나라도 없을 것이다. 폐허 속에서 홀연히 경제대국이 출현한 것이다. 그러나 그 이면에서는, 민족의 못자리라고 일컬어지던 농산어민이 20퍼센트 이하로 급격히 줄어들었다. 손재주가 좋고 근면한 농민의 참여가 없었더라면 도저히 도시의 고층 빌딩도, 고속도로도, 지하철도 건설될 수 없었을 것이다. 한마디로 말하면 도시의 번영은 농민이 노동자가 되어 도시 문명에 봉사한 결과로 이룩된 헛된 꽃이라고 할 수 있다.

일본의 고도성장은 일본에 유리한 국제정세와 정치가나 실업가의 지도력에 의해서 이룩됐다 여겨지고 있지만, 이것을 농민 쪽에서 보면, 농민의 의식 변화에 따라 농사법이 바뀌고 일손이 절약되면서 생긴 농촌의 남아도는 노동력이 도시로 흘러들어가며 도시 문명의 번영에 기여했기 때문이라고 볼 수 있다.

그러나 문제는 그보다 문명의 번영이 이 세상에 행복의 씨앗을 뿌렸다기보다 불행의 씨앗을 뿌렸을 뿐이고, 농민은 스스로 자신의 목을 조르는 노력을 했을 뿐이라는 데 있다.

구체적으로 그 과정을 살펴보자.

제2차 세계대전이 끝난 뒤에 농민의 시공간 개념에 충격을 준 최초의 말은 '농업이란 운반이라는 것을 발견했다'는 한 농기구 회사 사장의 선언이었다. 농촌에 동력이 붙은 운반차량이 도입됐을 때부터 일본의 농업은 일대 전환을 맞았다. 자동 삼륜차와 트럭이 급격히 도입되었고, 포장도로와 모노레일 등이 순식간에 농촌 구석구석까지 번져나갔다. 이것이 농민의 시공간 개념을 근본적으로 바꿨다.

일손 줄이기의 파도를 타고 소는 경운기로, 트랙터로 변신해갔다. 동력 분무기는 헬리콥터 살포로 바뀌었다. 이렇게 농약과 비료 살포 방식이 극대화되었다. 당연히 유축有畜농법은 경원시되고, 점차 화학 비료와 농약을 많이 주는 농법으로 옮겨갔다.

농업용 기계의 빠른 발전이 기계 공업 부활의 도화선이 되었다. 농약과 화학비료, 농업자재용 석유제품의 급속한 발달이 중화학 공업을 발전시키는 기초가 됐다.

즉 농민의 근대화 의욕과 농법의 혁신이 패전으로 괴멸돼 있던 병기 산업이나 공업계에 새로운 변신의 길을 열어준 것이다. 식량 궁핍으로부터 식량 확보 운동이 생기고, 외곬의 증산 운동의 활력이 그대로 산업계의 활력이 됐다고 할 수 있다. 1955년경의 일이다.

그러나 그로부터 10년 뒤인 1965년경부터 정세는 급변했다. 일단 식량이 확보되고 경제계에 활기가 돌며 공업입국의 꿈을 꾸게 되었을 때부터, 정치가나 실업가는 수많은 농민과 토지를 어떻게 활용해야 하는가 하는 점에 관심을 기울이기 시작했다.

식량이 남기 시작하면 농민은 이미 정부의 무거운 짐이 되어버린다. 식량 확보를 위해 설치한 식관제도*가 오히려 국민의 부담이 되는 것처럼 보이기 시작했던 것이다. 1961년 일본에서 농업기본법이 제정된 것은 일본 농업의 위치와 방향을 분명히 하기 위해서였다. 그러나 이 제도는 농민에게 삶의 터전을 마련해주었다기보다는 오히려 농민을 규제하고, 그 기반을 농민의 손에서 빼앗아 경제계에 제공하기 위한 강제 수단에 지나지 않았다.

농지를 식량 생산의 기반으로 삼는 것보다는 공업용지나 주택용지로 이용하는 것이 사용 가치가 높고 국민을 위한 일이 된다고 많은 사람들이 생각하기 시작했다. 이에 따라 땅에 전념하는 농민의 모습이 도시 사람들의 눈에는 선망하는 토지를 독점하는 이기주의자로 보이게 됐고, 결국은 농민을 쫓아내는 작전에 노동자나 샐러리맨이 동참하며, 농지에 대해서도 주택지와 비슷한 세금이 매겨지게 되었다(주택지와 비슷한 과세로 토지 가격이 떨어지고, 그에 따라 집짓기가 쉬워질 것이라는 생각은 터무니없는 난센스라는 것을 도시 사람들은 너무나 모르고 있다).

농민의 식량 증산 노력은 국민에게 활을 쏘는 반역 행위처럼 보이게 되었고, 일본의 식량 자급률이 3할대로 떨어져도 농민은 아무 말도 못했고, 농지를 줄이는 정책을 강행하는 것이 소비자를 위한 정책이라는 착각을 국민은 가지고 있었다. 토지나 작물을 선택하는 자유도 어느새 농민의 손에서 사라지게 됐다. 농민은 다만 시대의 흐름에 따

---

* 食管制度: 정부가 쌀을 시중 가격보다 비싸게 사서 소비자들에게는 싸게 파는 제도. 우리나라의 이중곡가제와 같은 제도임. 역주

라서 흘러왔을 뿐이다. 그리고 지금 모든 농민이 이구동성으로 하는 말은 "이대로는 농업으로는 먹고 살 수가 없다"는 탄식이다.

왜 농촌은 이러한 절망적인 상태로 떨어지게 된 것일까? 최근 30년 동안의 농민의 체험은 역사가 시작된 이래 처음이고, 과거와 미래를 통틀어 가장 심각한 상황 앞에 서 있다고 할 수 있다. 그동안 어떤 일이 있었는지, 일본의 농업이 전락해온 경과를 조금 더 자세히 살펴보자.

D. 빈곤한 농업 정책

농업 지도자가 의도하는 대로 유전해온 농업의 이면사를 바라볼 때, 내가 농부의 한 사람으로서 격노할 수밖에 없는 일이 있다.

전업농가라든가 핵심농가 육성이라는 이름으로 "농업 후계자를 소중하게 여긴다"는 말의 이면에서는 농민 경시의, 영세 농민을 잘라내 버리는 농민 안락사설安樂死說이 농민 사이에서 퍼지고 있었던 것이다.

'농업 근대화, 생산성 향상'이란 표어를 어디에서나 볼 수 있고 경영 규모의 확대가 농업 정책이 됐을 때, 두 이면에서는 '냄비 속의 미꾸라지설'이 농촌에 돌고 있었다.

'1,500평 농부에서 3,000평 농부로, 3,000평 농부에서 6,000평 농부로'라며 농부가 필사적으로 위로 기어오르고 있을 때, 농정 담당자는 1만 평의 논은 논도 아니라 보고 아키타 현의 오가타大潟 마을을 모델로 10만 평 혹은 20만 평의 농장을 목표로 하고 있었던 것이다. 이래서는 아무리 농부가 규모 확대를 목표로 기어 올라가고 노력을 해도, 농부끼리의 자연도태로 내일은 내가 죽고 결국 모두 다 죽는 운명이었다.

국제 분업론을 외치는 경제계에서 보면 농민의 식량생산 사명감이나 농본주의는 아둔한 농부의 생각으로 증오의 대상에 지나지 않았다. 회사의 입장에서는 식량의 이출입, 수출입이 빈번해지는 것이 번영의 근본 대책이기 때문이다.

소비자를 향해서 "맛있고 싼 쌀을 살 권리가 있다"고 방송하면 소비자는 무조건으로 그것을 정론이라 믿는다. 맛있는 쌀은 원칙적으로 약한 쌀이고, 농약 과다 투입의 공해미公害米의 확산이자 농민의 부담을 증대할 뿐이다. 소비자는 실제로는 맛없는 쌀을 먹게 된다. 결국 웃으며 돈을 버는 것은 회사뿐임을 사람들은 알지 못한다.

'싼 쌀'이라지만 예로부터 쌀값이나 농작물 가격은 농민이 정하지 않는다. 생산비 또한 농민의 손으로 산출되지 않는다. 쌀값은 농기계 회사가 운영될 수 있도록 계산된 쌀값이고, 농기구 재생산 쌀값이고, 석유를 사는 데 필요한 쌀값이다.

1979년 여름, 내가 본 미국 내 시장의 쌀값은 어디서나 60킬로그램에 12만 원으로, 일본의 쌀과 비슷한 가격이었다. 이 시기의 석유 가격이 1리터에 600원이었던 것을 보면, 외국으로부터 3분의 1이나 4분의 1이라는 낮은 가격에 쌀을 들여올 수 있다는 정보의 근거는 전혀 이해할 수 없었다.

"쌀은 남기 때문에 식관제도에 적자가 나고, 보리는 부족하기 때문에 적자가 나지 않는다"는 것도 납득하기 어려운 말이다. 자연농법에 의하면 쌀 생산비는 보리와 거의 같다. 나아가 둘 중 어느 것이나 수입한 것보다 싸게 재배할 수 있다. 쌀값은 농민과 무관한 곳에서 결정된다. 일본의 농작물은 소매가가 지나치게 비싸다고 하지만, 그것은 유통 경비가 너무 높기 때문이다. 미국은 0.75, 독일은 2, 일본은 4라고 한다. 미국보다 유통 경비가 다섯 배나 높은 셈이다. 일본의 식량 정책은 어떻게 하면 정부가 이익을 보느냐를 목표로 하고 있는 게 아닌가 하는 의심이 들 정도다. 농민 한 사람당 정부가 주는 보조금은, 미국은 일본의 두 배, 프랑스는 세 배라고 한다. 일본 농민은 냉대를 받고 있는 것이다.

현대의 농부는 사면초가 상태다. "농부는 과보호다", "보조금이 너무 많다", "남아돌게 벼를 재배하여 식관제도의 적자를 키우고, 국민의 과세 부담을 늘리고 있다"는 등등의 소리가 들려온다.

하지만 그와 같은 소리는 실태를 모르는 이가 좁은 시야에서 하는 피상론일 뿐이다. 복잡기괴한 사회 기구가 만들어낸 거짓 정보라고 해야 한다. 과거에는 "여섯 농가가 공무원 한 사람을 먹여 살린다"고 했다. 지금은 전업농 후계자 한 사람에 농림 관계 공무원이 한 사람(전업농가수 약 60만 호, 농수산부 공무원 십수만 명, 농협 직원이 40만 명)인 세상이다. 이 한 가지 사실만 보아도, 일본의 농업 관련 적자가 과연 농민 탓일까?

미국 농민은 한 사람이 백 명을 부양하고 일본 농민은 열 명밖에 부양하지 못한다는 통계를 보면, 일본의 생산성은 너무 낮은 것처럼 보인다. 그러나 사실은 반대다. 미국인은 일본보다 열 배나 좋은 조건에서 경작을 하고 있을 뿐이다. 진짜 생산력은 일본 농민 쪽이 낫다.

지금 일본의 농민이 사랑하는 것은 돈이고, 자연이나 작물에는 이슬만큼의 애정도 가질 여유가 없다. 유통 기구의 컴퓨터가 계산해내는 숫자나 위정자의 책상에서 만들어지는 계획에 맹종하며 작물을 재배할 뿐이다. 대지와 상담하지 않고, 작물의 소리를 듣지 않고, 다만 환금 작물을 좇아서 때와 장소를 가리지 않고 작물을 재배할 수밖에 없다. 위정자의 눈에는 외국산 곡물이나 국내산 곡물이나 다를 게 없다. 단기 작물이든 장기 작물이든 구별하지 않는다. 한 작물을 재배하기 위해 농부가 얼마나 숙고하고 고생을 해야 하는지는 고려하지 않고, "오늘은 채소를 재배하라", "내일은 과일나무를 심으라", "벼를 재배하라"는 지시를 하는 것이다. 그러나 그런 일방적인 지시나 전달로 처리하고 해결이 될 만큼 자연 생태계 속에서의 농업 생산은 단순하지 않다. 그들의 대책이 언제나 소 잃고 외양간 고치기인 것은, 그러므로 당연한 일이기도 하다.

농부가 어머니 대지를 잊고 사욕의 노예가 될 때, 소비자가 생명의 양식을 가짜 영양식품과 구별하지 못할 때, 그리고 위정자가 농민을 깔보고, 실업가가 자연을 보고 차게 웃을 때, 대지는 사멸로써 회답을 대신할 것이다. 자연은 인간에게 사전 경고를 줄 만큼 친절하지 않다.

E. 근대 농법의 말로

나는 1979년에 난생처음 비행기를 타고 미국에 가서 보고 놀랐다. 녹색의 기름진 땅이 사막으로 변하며 민족이 소멸하는 위험한 사태는 중동 지방이나 아프리카의 먼 옛날의 일이라 여기고 있었는데, 같은 일이 지금 미국에서 벌어지고 있었다.

미국에서는 고기가 주식이기 때문에 농업도 목축 중심의 농업이 이루어지고 있다. 가축 방목이 자연의 식물 생태계를 파괴하고, 그것이 도화선이 되어 대지가 황폐해져 가는 모습을 보고 놀랄 수밖에 없었다. 메마른 대지에서는 자연의 힘이 약해진다. 그래서 어쩔 수 없이 석유 에너지에 의존하는 현대 농업이 발달할 수밖에 없었던 것이다.

토지 생산성이 낮기 때문에 대규모 경영을 하지 않을 수 없다. 대규모 경영을 하자면 점점 더 대형 기계화 농업으로 나아가지 않을 수 없다. 그 대형 기계가 더욱더 토지의 구조를 파괴하는 악순환이 미국에서 일어나고 있었다. 자연의 힘을 빌리지 않고 인지와 인위, 곧 인간의 지식과 행위에만 의지하는 농법으로는 그 수익성이 낮을 수밖에 없다. 석유와 바꾼 농작물이 값싼 석유를 찾는 전략 물자로 변모할 수밖에 없는 것도 당연했다.

200~300헥타르 규모의 농사를 짓는 미국 농민의 수익성이 1헥타르나 2헥타르를 경작하는 일본 농민의 수익성보다 오히려 낮고 그 생활 모습도 미국 농민 쪽이 더 검소하다는 사실은, 한 종류의 곡물만을 집중적으로 경작하는 기업 농업의 하청下請 농업, 대규모 농법의 취약성을 폭로하는 것이라 할 수 있다.

그러나 미국에서 볼 수 있는 이러한 현대농법의 결점은, 단순히 농업의 결함만이 아니라 과학농법의 기초가 돼 있는 서양철학의 근본적인 착각에 뿌리를 두고 있다.

그릇된 사상이 삶의 방식을, 의식주를 망가뜨리고 있다. 식생활의 혼란이 농법을 혼란시키고, 농법의 혼란이 자연을 파괴하고, 자연 파괴가 민족을 쇠망으로 이끌고 세계를 혼란시키고 있는 것이다.

F. 자연농법에 미래는 있는가?

나는 여기서 단순히 현대 과학농법의 실태를 폭로하고 공격하는 데 머물려는 게 아니다. 문제의 근본 원인인 서양철학의 착각을 지적하고 동양의 '무無의 철학', 그 위에서 이루어지는 자연농법의 세계를 세상에 알리고 싶은 것이다. 과거의 자급자족 농업이나 자연식을 추모하면서, 나아가 자연농법이라는 미래 농법의 확립을 목표로 그 대중적인 보급의 가능성을 찾아보고 싶은 것이다.

자연농법이 농업의 중심이 될 수 있느냐 아니냐는, 그 바탕에 깔린 사상을 세상이 시인하고 종래의 가치관을 바꿀 수 있느냐 없느냐에 달려 있다. 하지만 그 사상이나 가치관을 여기서 말하기는 용이하지 않다. 왜냐하면 자연농법의 기반이 되는 철학은 '무의 철학'이고, 이 철학은 인간의 자연관, 인생관, 사회관, 나아가 우주관을 통괄하는 장대한 철리이기 때문이다.

여기서는 다만 무無의 입장에서 본, 다음 시대의 농업에 대해서 조금 추측을 해보는 데 그치고 싶다.

나는 이미 40년 전에 인간의 물질적인 욕망이 커짐에 따른 물질의 원심적 확대의 시대, 곧 근대 과학이 폭주하는 시대는 가고 정신생활의 향상을 목표로 하는 구심적 수렴의 시대가 올 것이라고 예측했다. 하지만 그 기대는 어긋난 것 같다. 공해 문제를 계기로 해서 꽃필 것처럼 보이던 유기농법도 한때의 방지책, 한 알의 청량제 역할을 하는 데서 그칠 것이다.

그 이유는 원래 유기농법은 과거의 유축농업의 재탕으로서 본래 과학농법의 일부이기 때문에, 거대해진 과학농법이나 그 체제에 휘말리게 되기 때문이다.

과거의 자급자족 농업이나 자연 생태계를 살리려고 하는 이러한 농법들의 대두가 도화선이 되어, 본래 농업의 대도였던 자연농법의 실천으로까지 일본인의 사상이 승화하기를 나는 바라고 있었다. 하지만 현실은 절망적이다.

G. 멈추지 않는 과학의 폭주

이미 인류사회는 자연으로부터 인간이 멀리 떨어져 나가고, 인간의 지식이 모든 것을 결정하는 독주체제로 들어갔다고 봐야만 할 것이다.

그 예를 들어보자.

자연과학자는 자연을 알기 위해 처음에는 한 장의 잎을 연구하기 시작했다. 그것이 분자, 원자, 원자핵, 소립자로 나아감에 따라 과학자의 눈에서 최초의 나뭇잎 한 장은 사라져버렸다. 원자핵의 파괴나 융합 기술의 개발이 첨단 학문이 되었고, 오늘날에는 생물의 유전자를 조합하고 교환하는 생명공학의 발달로 인간은 자신이 바라는 대로 생물을 변혁시킬 수 있는 힘을 얻게 되었다.

이것은 인간이 창조주의 대리자가 되어 마법의 지팡이나 손오공의 여의봉을 손에 넣은 것과 같다.

인간은 앞으로 어떤 일을 하려고 할까? 여기서는 농업 쪽을 살펴보기로 한다. 아마도 인류는 종이 다른 식물 간의 유전자 조합을 통해 아주 이상한 식물을 만드는 것으로부터 출발할 것이다. 엄청나게 큰 벼 품종을 만들기는 쉽다. 나무에다가 대나무를 접목하고, 참외 덩굴에 가지가 달리게 할 수 있을 것이다. 과일나무에 토마토가 달리게 하는 것도 가능해질 것이다.

콩과 식물의 유전자를 토마토나 벼에 이식함으로써 뿌리혹박테리아를 가진 토마토가 생겨나고, 공중에 있는 질소를 고정하는 능력을 가질 것이다. 질소 비료가 필요 없는 토마토나 벼가 생기면 농부는 다투어서 이것을 재배할 것이다.

유전자 조합은 곤충에도 응용될 것이다. 벌과 파리의 혼혈아를 만든다거나 나비와 잠자리의 양성을 지닌 벌레를 만들면, 그것이 익충인지 해충인지 판단하기도 어려워질 것이다. 그러나 그러한 문제에는 조금도 신경을 안 쓰고, 여왕벌이 일벌만 만들어내는 것과 같이, 인간은 인간에게 도움이 되는 것이라면 어떠한 곤충이나 동물이라도 만들어내기 시작할 것이다.

이윽고 동물원용으로는 여우와 너구리의 혼혈아가 만들어지고, 회사용으로는 일만 하는 식물인간이나 기계인간이 생겨날 가능성도 있다. 매우 어이없다고 생각되는 것이라도, 처음에 그것이 의료용으로 개발되었다고만 하면, 세상에 무리 없이 통용되는 것이 현실이다. 대장균의 유전자 조합으로 인슐린의 대량생산이 가능해졌다는 보도가 복음처럼 전해지고 있는 것이 그 좋은 예다.

H. 과학자의 환상과 농부

시험관 아기를 시작으로 인류는 배양기 속에서 인간을 증식하고, 거기에 우수한 물리학자나 수학자의 유전인자를 이식한, 일곱 가지 색깔의 복제 인종을 만드는 황당한 꿈도 꿀지 모른다. 그렇게 인간을 낳고 키우는 고생은 사라지게 될 것이다. 인조 단백질이나 인조 비타민 공급 장치가 붙은 완전 보육기 속에서 인간을 사육할 것이다.

물론 이런 시대의 식품은 석유 합성에 의해 만들어진 맛없는 단백질 고기 같은 것은 아닐 것이다. 식물성 단백질원인 콩 등의 유전자에 소나 돼지의 유전인자를 넣어서 만든, 진짜 고기에 가깝고 맛이 있으면서도 값이 싼 단백질 식품 등이 공급될 것이다.

이런 과학자의 꿈이 실현될 날은 이미 눈앞에 다가오고 있지만, 이런 시대가 왔을 때 농민의 역할은 무엇일까?

맑은 하늘을 우러르며 하는 논밭 농사 따위는 이미 옛날이야기가 되고, 밀폐된 콘크리트 공장 속에서 과학자의 조수 노릇이나 하는 일개 노동자가 돼 있을지 모른다. 더구나 그 공장은 일손을 덜기 위해 영리하고 힘 있는 인조인간을 다량으로 만드는 것이 목적인 화학공장일 수도 있다.

그러나 이러한 비극도 과학자의 눈에는 일시적인 희생 정도로 보일 뿐이다. 사람의 지식은 불완전하지만 언젠가는 완전해질 것이고 사용 방법만 잘 지킨다면 도움이 될 것이라는 확신은, 흔들림 없이, 끝없고 공허한 가능성을 향해서 도전해 나갈 것이다.

그러나 이런 과학자의 꿈은 신기루에 지나지 않는다. 과학자의 활약은 어디까지나 석가모니 부처님 손바닥 안의 미친 춤에 지나지 않는다. 지상의 생물과 무생물을 바라는 대로 바꿔서 새로운 생물을 창조했다고 하더라도, 그것은 인간의 지식에서 생긴 창조물일 뿐이므로 어디까지나 인지의 영역을 벗어날 수가 없다. 인간의 지식에 바탕을 둔 인간의 행위는, 대자연의 눈으로 보면, 모두 헛고생으로 끝나게 되는 운명을 피할 수 없다. 더구나 그 지식은 지식 그 자체에 의해서 멸망하는 지식이다.

모든 것은 상대적인 세계에 사는 인간의 허상에서 출발한 독단적인 환상에 지나지 않기 때문이다. 그들은 무엇을 안 것도, 무엇을 만든 것도 아니었다. 자연을 통제하려는 생각이 자연을 파괴하고, 스스로 자신을 장난감으로 만들어 망가뜨리고, 지구를 멸망의 연못으로 밀어 넣을 뿐이다. 그들을 추종하며 그들의 손을 빌리는 사람, 즉 농민도 예외는 아니다. 그것이 미래 농민의 모습이라고 한다면 비극이라고 말

병든 현대

할 수밖에 없다. 또한 그렇게 몰락해가는 농민을 비웃는 자, 방관하는 자 또한 비극일 수밖에 없다.

농촌에서 사라져가고 있는 화롯불 속의 불씨와 같은 철학을 발굴하고, 사람과 자연이 하나가 된 자연농법이 확립되는 데 한 가닥 희망을 걸 수밖에 없다.

사라진 자연식

A. 식품의 품질 저하

석유 에너지를 다량 투입하여 재배한 농작물의 품질 저하는 아주 당연한 일이다. 옛날에는 쌀을 무논(水田)의 쌀이라고 했는데, 지금은 석유 밭(油田)의 쌀이라 말해야 할 정도다. 푸른 하늘 아래서의 농업이 사라지고, 현대 농업은 일종의 석유가공식품 제조업이 됐다. 농민은 가짜 영양식품을 파는 기름 장사가 됐다.

자연과 손을 잡고 있던 농부가 석유업자의 하청을 받는 식품 가공업자로 전락했을 때부터, 농부의 생활 수단은 실업가의 손아귀로 들어가게 됐다. 손익은 물론 생사여탈권까지 장사꾼의 수중으로 들어가게 된 것이다.

농업이 제1차 농산물 생산에서 가짜 식품 산업으로 전락했을 때부터, 농업은 무너지기 시작했다.

나는 지금 그 점에 대하여 생각하기 위해, 농민이 흙에서 떠나는 과정과, 채소가 원예식품으로 변화해가는 과정을 살펴보려고 한다.

처음에는 마치 공장처럼 늘어선 비닐하우스나 온상 속에서 멜론이나 토마토 씨앗을 흙 속에 뿌리고 재배한다. 그다음에는 흙보다 더 세균이 적고 깨끗한 모래나 자갈에 기르는 모래 배양(砂耕培養), 혹은 자갈 재배(礫耕栽培) 방식을 취하기 시작한다. 재배 방법의 이러한 변화에 따라 기름진 흙을 만드는 방법에서 양분을 준다는 사고방식으로 바뀌며, 배양액을 만들어서 작물에 공급하게 된다. 이 경우 모래나 자갈은 다만 식물체를 보지保持하는 역할만을 하고, 거기에 배양액을 만들어 공급한다. 거기서 그치지 않고 더 간단하고 가벼운 자재를 찾은 끝에, 플라스틱 같은 고분자 화합물의 그물이나 용기 속에 종자를 뿌리고 모종을 기르게 된다. 그리하여 작물의 뿌리는 플라스틱 그물 속을 가로 세로로 뻗고, 줄기나 잎 또한 인공적으로 보호되는데다가, 밀폐된 실내는 완전 살균이 되어 있기 때문에, 병충해에 대한 걱정을 전혀 하지 않아도 된다.

작물을 키우는 양분도, 물에 녹여서 뿌리에서 흡수시키는 것만으로는 효과가 낮기 때문에 배양액을 스프레이 방식으로 뿌리, 줄기, 잎 등 온몸에 정기적으로 뿜어서 뿌리는 방식이 취해지게 된다. 잎에도 양분을 뿌림으로써, 양분은 뿌리에서뿐만 아니라 작물 전체에서 흡수되기 때문에 성장도 빨라진다. 게다가 온도를 높이고, 인공 태양광선을 강하게 비추며, 탄산가스를 뿜어주고, 또 산소를 공급해주기 때문에, 성장 속도가 밖에서 가꾸는 것보다도 몇 배 빠른 속도로 진행될 것이다.

그러나 모든 재배 환경이 인공적으로 바뀌었을 때, 그때 생기는 작물은 자연의 작물과는 아주 다른 것이 된다. 이렇게 해서 생긴 멜론은 싱싱한 색깔, 아름다운 그물 모양의 표면, 단맛과 향기를 가진 고급품이 된다. 토마토는 크고 빨갛고, 오이는 녹색의 연하고 혀에 닿는 감촉이 좋다.

그러나 이렇게 해서 길러진 농산물이 질적으로 참으로 인간에게 좋냐 하면, 전혀 그렇지 않다. 자연을 위반하고 자연으로부터 멀어진 농산물은 인간이 모르는 곳에서부터 불완전성이 커지며, 거기서 생기는 질적 저하를 피하기 어렵다. 자연의 반격도 심해지고, 병충해도 많이 생긴다. 그 결과 더욱더 비료나 농약에 의존해야만 하는 농사법으로 바뀔 수밖에 없다.

인공 재배의 최종 목표는 식량의 인공 합성이다. 즉 논밭을 필요로 하지 않는, 식량의 순 화학적 합성 공장을 향해 인류는 나아가고 있다. 이렇게 되면 이미 농업은 자연과는 완전히 상관이 없어진다.

요소尿素가 합성되면서부터 어떤 유기물이나 생산할 수 있게 되었다. 또 단백질이 합성되면서부터 여러 가지 재료로 인조고기를 만들 수 있게 되었다. 나아가 석유에서 버터나 치즈가 만들어지기도 한다. 탄수화물의 합성도 식물의 광합성 과정에 관한 연구가 진행되면 늦더라도 해결될 것이다. 그 전에 목제나 석유를 이용한 탄수화물의 합성이 실용화될 것이다.

인간의 지혜는 세포의 단백질과 세포핵, 핵산, 그 속의 유전인자, 염색체 등의 합성에서부터 조합과 교환에까지 손을 대기 시작했고, 이미 생명을 자유롭게 조종할 수 있다고 생각하기 시작했다. 또한 모든 생물을 자유자재로 변혁할 수 있다는 전망이 생겼다며 마치 조물주라도 된 것 같은 자만심을 가지기 시작했다. 하지만 인간이 과학으로써 알고, 짓고, 만드는 모든 것은 자연의 불완전한 모조품에 지나지 않는다. 그런 일들은 인간을 파멸의 길로 몰아갈 뿐이다.

B. 생산비는 내려가지 않는다

농업기술이 발달하면 생산비가 적게 들기 때문에 소비자들이 더 적은 돈으로 식품을 얻을 수 있다고 생각하는 것도 잘못된 생각이다.

대도시 한가운데서 빌딩 농업을 한다고 한다. 빌딩을 입체적으로 이용하여 쌀이나 채소를 재배한다고 한다. 완전 냉난방 시설과 인공 광선, 가스, 배양액 등의 자동 분사장치를 갖춘 이른바 시스템 농법이다. 사람은 자동화 기계를 지켜보는 단 한 사람이면 된다. 이렇게 되면 소비자들은 아주 값싸고 싱싱하며 영양분이 많은 채소를 먹을 수 있게 될 줄 안다. 하지만 아니다. 이런 채소 생산 공장에서 만들진 농작물은, 해가 비치는 흙 속에 씨앗을 뿌려서 기른 자연의 농작물보다는 값이 비쌀 수밖에 없다.

자연에서는 자재도 수리도 없이 재배할 수 있지만, 인위적인 것은 반드시 대가를 요구한다. 훌륭한 설비와 기계일수록 인간에게 비싼 사용료를 요구한다. 고능률의 로봇 인간이 개발되어 능률적으로 농작물을 생산할 수 있게 되었다며 기뻐할 수 있는 것은 아주 잠깐뿐이다. 금방 더 능률이 좋은 기계와 과학적 기술을 요구하며 과거의 것은 비능률적인 것으로 버려지게 된다. 생산 원가를 줄이려는 노력을 하고 있지만, 실제 결과는 그 반대가 되고 마는 것이다.

클로렐라*나 효모**와 같은 미생물로 식량을 값싸게 대량생산할 수 있다고 생각하는 것도 착각이다. 과학은 무에서 유를 낳지 못한다. 생산량이 늘기보다는 오히려 줄어들게 되어, 결과적으로 값이 비싸진다.

부자연스러운 식량을 먹으면서 성장한 인간은 부자연스러운 신체와 병든 몸을 갖게 되므로, 결국 부자연스러운 사고방식을 가진 반자연적 인공 인간으로 변모해간다. 농업의 변모는 단순히 농업 그 자체만의 변화에 그치지 않는다는 무서운 사실에 주의해야 한다.

C. 증산은 농가 수익을 늘렸나?

정부가 식량 증산을 부르짖을 때, 사람들은 누구나 이렇게 생각했다. 과학농법으로 수확을 올리고 생산성을 높인다는 것은 증수增收 기술, 곧 수익을 높이는 기술로서 보다 많고, 보다 크고, 보다 품질이 좋은 농작물을 만들 수 있다고 말이다. 그러나 다수확이 곧 다수익이 되지 못하고 오히려 손해가 되는 일이 더 많았다.

현재 이루어지고 있는 다수확 재배 기술의 대부분은 순수 이익의 증가로 이어지지 못하고 있다. 그 가장 큰 이유는, 다수확의 중요한 요소로 작용하는 화학비료와 농약, 기계화에 있다. 수확을 증가시키는 데 중요한 수단이 되는 이것들은, 사실은 수확이 감소되는 것을 방지하는 범위 안에서는 유익하다고는 할 수 있어도, 적극적인 증산 기술은 아니다. 오히려 마이너스 요소가 될 수도 있기 때문이다. 그것은 다음과 같은 이유에서다.

1) 화학비료는 토양이 죽었을 때 효과가 있다.

2) 농약은 작물이 건강하지 않을 때 효과가 있다.

3) 농기구는 넓은 면적에서 일을 서둘러야 할 때만 효과가 있다.

---

* 민물에 나는 단세포의 파랑말. 직경 3~6미크론. 번식 속도가 빠르고 웅덩이 같은 곳에도 하늘에서 날아와 번식하여 물을 녹색으로 만든다. 공중 질소를 고정하여 단백질을 만들며, 그 단백질은 필수 아미노산 12종을 포함하고 있다. 역주

** 낭자균 중 효모과에 딸린 한 무리의 균류. 엽록소가 없는 단세포로 된 균류로 보통 둥근 모양이거나 원통형 모양이며 그 종류가 많다. 출아법과 내생 포자 생성법으로 번식한다. 찌마아제라는 효소가 있어서 발효 작용을 하여 술이나 빵을 만드는 데 많이 쓰인다. 역주

그러나 반대 조건, 즉 기름진 땅과 건강한 작물, 좁은 땅일 때는 이러한 수단들이 효과가 없을 뿐만 아니라 마이너스가 된다.

화학비료가 효과가 있고 실질적인 이익을 늘리는 데 도움이 될 때는, 벼농사의 경우로 보면, 땅이 척박해서 300평당 240~300킬로그램밖에 수확할 수 없는 장소에 한정된다. 화학비료를 많이 써서 실제로 이익이 늘어나는 범위는, 오랜 세월에 걸쳐서 평균 60킬로그램 정도이고, 그 이상은 늘어나지 않는다. 약탈 농법으로 토지를 혹사하고 황폐화했을 경우에만 화학비료는 유효한 것이다.

420~480킬로그램 정도의 수확을 올릴 수 있는 보통 수준의 지력을 가진 땅에서는 화학비료를 더 많이 뿌리는 데 따른 효과가 아주 적고, 600킬로그램을 수확할 수 있는 논에서는 화학비료를 많이 주면 오히려 생산이 감소할 수도 있다.

요컨대 화학비료는 수익의 감소를 방지하는 대책의 범위 안에서만 유익할 뿐, 그 이상은 되지 않는다. 또한 화학비료를 사용해야만 하는 조건을 인간이 미리 만들어놓았다는 점이 근본적인 문제인 것이다. 자연의 비료인 녹비를 이용한다든지 가축의 똥오줌을 이용하는 것이 값싸고 안전하게 수익을 증가시키는 수단이다. 농약도 마찬가지로, 건강하지 못한 벼를 만들어놓고 연간 7~8회 내지 10회씩 극독약을 살포하는 것은 완전히 본말전도, 곧 앞뒤가 뒤바뀐 짓이다.

농약으로 얼마만큼 해충을 줄일 수 있고 수확 감소를 방지할 수 있느냐를 연구하기 이전에, 농약으로 자연 생태계가 얼마만큼 파괴되는지, 왜 작물이 약해지고 왜 자연의 조화가 파괴되어 병충해가 발생하게 되는지, 그 대책으로는 과연 농약이 최선의 길이었는지를 먼저 밝혔어야만 했던 것이다.

논에 물을 넣고 경운기로 땅을 갈고 삶아서 토양을 벽토처럼 만들어 해마다 갈지 않으면 작물이 자라지 못하는 조건을 만들어놓고, 경운은 효과가 있는 것처럼 착각을 하고 있는 데 불과하다. 근시안적으로 보면 비료, 농약, 기계 따위가 모두 편리하고 도움이 되고 생산력을 늘릴 수 있는 것처럼 보인다. 그러나 거시적으로 보면, 이것들은 이면에서 토양이나 작물을 못 쓰게 만들어서 자연의 생산성을 파괴하고 감퇴시키고 있었던 것이다.

과학에는 공과 죄가 있다는 말을 하는데, 그 공과 죄는 동시에 발생하는 것이며 동일물의 양면에 지나지 않는다. 이것은 악이 없으면 선도 없다는 뜻이고, 효과가 있다는 것은 곧 자연이 파괴되었을 때뿐이라는 뜻이다. 그러므로 인간이 자연을 심하게 파괴해놓으면, 그것을 고치고 회복시킬 때, 현저한 효과를 올릴 수 있는 듯이 보이는 것이다.

사실 농업 기술에 의해서 자연의 생산성을 향상시킬 수 있는 것은 자연의 생산력이 쇠퇴해 있을 때뿐이다. 다수확 재배 기술이라고 생각했던 것은 모두 수확 감소 방지책으로서 유익했을 뿐이다. 게다가 더욱 나쁜 것은, 인간의 지혜로 자연을 복원하는 작업은 언제나 불완전하다는 점이다. 허점이 많다. 근본적으로 보아서 과학 기술이 에너지 낭비 수단이 될 수밖에 없는 것은 이러한 이유 때문이다.

자연 속에서는 모든 것이 저절로 된다. 자연의 윤회는 영원한 유전을 되풀이하며, 거기에는 아주 작은 군더더기도 낭비도 없다. 자연으로부터 멀리 떨어진 인간의 지식에 따른 모든 수단이 헛수고로 끝나게 되는 것은 이 때문이다.

과학의 진보를 기뻐하기 전에, 과학의 도움을 필요로 하는 조건을 우리 스스로 만들어왔다는 점을 우리는 걱정해야 한다. 농업기술이

발달함에도 불구하고, 농민과 생산성이 함께 쇠퇴하고 있는 원인이
여기에 있다.

D. 에너지를 낭비하는 현대 농법

과학기술에 기초를 둔 농업은 생산성이 높다고 말하지만, 생산에 필
요한 에너지 효율을 계산해보면 오히려 기계화됨에 따라서 농작업의
효율은 저하돼왔다. 벼농사에 직접 투입된 인위적인 에너지를 쌀의
칼로리로 환산해서 인력만의 자연농법, 가축의 도움을 받는 유축농법,
기계를 주로 쓰는 과학농법 등을 비교해보면 다음 도표와 같다.

300평당 600킬로그램을 10~20인의 힘으로 생산하는 논일 경우,
쌀 60킬로그램 20만 칼로리를 얻는 데 자연농법에서는 농부 1인 1일
분의 힘으로 충분하다. 그러므로 그 에너지 투입량은 1일분의 식사
2,000칼로리라고 생각해도 좋다. 이와 같이 쌀의 에너지로 환산해보

자연농법

벼농사에 직접 투입된 인위적 에너지(E)

300평당 600kg 생산에 사용된 에너지

(단위: 킬로칼로리)

	자연농법	유축농법 (1950년쯤)	소형기계농업 (1960년대)	중형기계농업 (1970년대)	대형기계농업 (1980년대)	비고
노동력	10-20	25	20	12	-	식량으로 섭취한 칼로리
가축의 노동력	0	6	4	0	-	
기계	수동 농기구	22	80	350	-	벼의 E로 환산
비료	0	40	75	54	-	
농약	0	1	25	72	-	
연료	0	2	10	45	-	
계	10~20	96	214	533	1000(추정)	
투입E비	1/10	1(표준)	2(배)	5	10	벼 60kg의 E 200킬로칼로리
투입E에 대한 수확E의 비(比)	100~(배)	20	10	4	2	

면, 소나 말을 써서 논밭을 가는 농법은 그 열 배, 기계 농업에서는 그 20배에서 50배를 필요로 한다. 생산 효율의 비율은, 토지에 투입된 에너지의 양에 반비례하기 때문에, 자연농법과 비교해보면 과학농법은 수십 배의 에너지를 낭비하는 결과가 되는 것이다.

자연농원의 오두막에서 원시생활을 하고 있는 젊은이들에 의해 실증되고 있는 사실로부터 판단해보면, 인간의 최저 필요 칼로리는 현미와 깨소금만의 선인식仙人食이라고 하면 1,000칼로리 남짓으로, 현미 채식의 자연식으로는 1,500칼로리다. 그것만으로도 충분히 농사일 (10분의 1마력)을 할 수 있다.

근대에 행해지던 유축농업은 소나 말을 이용함으로써 인간이 더 편해질 줄 알았는데, 뜻밖에도 결과는 그 생각과는 반대로 소나 말의 힘을 빌리는 것이 오히려 더 손해였다. 경운이라면 돼지나 염소의 발굽을 이용하는 것이 더 효과적이고, 더 나아가 작은 동물인 닭, 토끼, 쥐, 두더지, 지렁이한테 맡겨두는 것이 좋았던 것이다. 서둘러서 일을 끝내려고 할 때 소나 말을 이용하면 편리하게 보일 뿐이다. 실제로 소나 말 한 마리를 먹이기 위해서는 1헥타르 넓이의 풀이 필요하다. 자연의 힘을 충분히 발휘하면 1헥타르는 50명 또는 100명의 식량을 생산할 수 있는 면적이다. 이런 동물을 가축으로 기르는 것 자체가 인간한테 큰 부담이 되는 것은 명백한 사실이다. 인도의 농민이 가난한 것은 소나 코끼리를 많이 길러 풀이 없어지고 쇠똥까지 말려서 태워버리는 통에, 땅이 황폐해지며 생산력이 떨어졌기 때문이라고 잘라 말해도 좋다.

한 마리의 방어를 살찌게 하기 위해서는 열 배의 정어리가 필요한데, 이런 방어 양식과 같은 어리석은 행위를 하고 있는 것이 현대의 축산업이다. 육식 동물인 은여우를 기르기 위해서는 그 열 배의 토끼 고기가 필요하고, 그 토끼를 기르기 위해서는 또 그 열 배의 풀이 필요하다. 결국 은여우 가죽 한 장을 얻기 위해서 인간은 엄청난 에너지를 낭비해야 한다. 곡물류로 만족하지 못하고 쇠고기를 먹으려고 하면, 인간은 열 배의 고생을 견뎌내야 한다. 우유와 달걀을 먹으려 하면, 다섯 배의 노고를 각오하지 않으면 안 된다.

유축농업이란, 근본적으로 말하면, 인간의 기호를 만족시키지만 본질적으로는 인간의 노고를 배가시키는 농업이라 할 수밖에 없다. 이처럼 인간한테 쓸모 있는 것처럼 보이는 유축농법조차도, 알고 보면 인간이 가축에게 봉사하고 있는 셈이다. 소 한 마리와 코끼리 한 마리를 가족의 일원으로 기른 일본이나 인도의 농민은 그것들을 기르는 데 필요한 칼로리를 얻다가 가난뱅이가 됐다고 할 수 있다.

기계화 농법은 유축농법보다 더 나쁘다. 결국 인간이 편해지는 게 아니라, 인간이 오히려 기계한테 부림을 당하는 꼴이다. 농촌에서 기계는 석유 에너지를 가장 많이 낭비하는 가축이며 소비재이다. 일견 기계화 농업은 1인당 생산고가 증가하기 때문에 이익을 올릴 수 있는 것처럼 보이지만, 땅의 이용 효과, 소비 에너지의 효율 면에서 보면 오히려 파멸의 농업이라 해야 한다.

인간이 가는 것보다 말이 가는 것이 좋다, 열 마리의 말을 기르는 것보다 10마력의 경운기 한 대를 갖고 있는 것이 편리하다 — 그렇게 여기고 말 한 마리의 가격보다 1마력의 원동기가 더 싸다면 그쪽이 유리하다는 판단에서 안이하게 기계화가 촉진되어왔다. 이것은 현대의 화폐경제 체제 아래서만 합리적으로 보일 뿐이다. 그것은 대량생산 방식에 의한 논밭의 무기물화, 생산력의 저하, 인공 에너지의 과다 투입 등에서 오는 경제 파탄과 반자연에서 오는 소외감 증대 등을 초래할 뿐이다. 농업의 발달이라고 했지만, 오히려 이농을 촉진했을 뿐이다.

기계화가 진행됨에 따라 실제로 생산 능률이 올라갔고 그에 따라 인간은 편해졌다고 할 수 있을까? 경운 작업의 변화에 따라 이 점에 대해 생각해보자.

경지 면적을 늘릴 수 없는 한, 30마력의 트랙터를 구입했다고 하더라도, 1헥타르의 농사를 짓는 농가가 갑자기 30헥타르 농가가 될 수는 없다. 경지 규모가 한정되어 있다면 기계화는 노동 인원의 감소를 초래하고, 노동력이 남아돌기 때문에 여가가 생긴다. 그 여력으로 다른 데서 일하게 되면 수익이 늘어날 것이다 — 모두 그렇게 생각했다.

그러나 문제는 그 수익의 증가는 논에서 얻는 것이 아니라는 데 있다. 일정한 넓이에서의 수확은 오히려 줄어들고, 그것에 필요한 에너지는 거대해졌다. 농부는 기계를 손에 넣으며 논이라는 취업 장소에서 쫓겨난 것에 불과하다. 일손이 줄어 편해졌을지는 모르지만, 논에서 올릴 수 있는 수익은 오히려 감소했다. 편해진 만큼 이익이 줄어든 것이다. 그렇다고 해서 소득세가 줄어든 것도 아니고, 기계화에 드는 비용만 더욱더 늘어가고 있다. 이것이 실상이다.

과학농법에 의한 일손 줄이기는 농업 이직자를 늘리는 데 한몫을 했을 뿐이다. 정치가나 소비자의 눈으로 보면, 보다 적은 인원만으로 농업 생산을 할 수 있다면 그것이 곧 농업의 발달을 의미한다고 생각될지 모른다. 하지만 농부의 눈으로 보면, 트랙터 한 대는 수십 명의 이직자를 만든다. 그들은 어디로 가는가? 자연농법이라면 필요 없는 농기구나 비료 따위를 만드는 회사로 일하러 가야 한다. 이것은 비극이기도 하고, 어리석은 일이기도 하다.

기계나 화학비료나 농약이 농부를 자연으로부터 내쫓은 격이다. 그런 필요 없는 물건들이 논밭 작물의 수확을 증가시키는 것이 아니다. 그런데도 수확량이 늘어나고, 농가 수익이 늘어나는 것처럼 꾸미고 있기 때문에 착각을 하게 된다. 더구나 그런 수단을 사용함으로써 자연은 눈에 띄게 파괴되고, 자연의 힘 또한 점차로 쇠퇴해갔다. 그 결과, 인간은 점점 더 스스로의 손으로 넓은 논밭을 갈아야만 하는 처지에 놓이게 되었다. 더 큰 대형 기계를, 고도의 합성비료를, 강력한 농약을 필요로 하게 됐다. 악순환은 멈출 줄 모르고 있다.

경영 규모의 확대 방향에는 농가의 안정이 있을 수 없었던 것이다. 미국에서는 농부 1인당 경작 규모가 200~300헥타르, 유럽에서는 10~20헥타르로 이것은 일본의 백 배, 열 배 규모의 경작인데도 일본의 농민보다 불안정하다.

이런 이유로 거대한 농장, 기계화 농법 등에 의문을 갖게 된 미국과 유럽의 농민이 동양의 유축농업에서 활로를 찾고자 하는 것은 어쩌면 당연한 일이다. 그러나 단순한 유축농법 속에는 구제의 길이 없다는 것도 차차 판명돼왔다. 그들은 요즘 들어 급속도로 자연농법의 길을 모색하기 시작했다.

E. 육우가 땅을, 양식어가 바다를 망친다

근대의 축산업과 양식업 또한 근본적인 결함을 가지고 있다. 축산업을 장려하여 가축을 기르고, 또한 양식업으로 식생활이 풍요로워질 것이라고 모두들 안이하게 생각했다. 육우가 땅을, 양식어가 바다를 망친다고까지는 아무도 생각하지 못했다.

칼로리 생산과 소비량으로 보면, 인간이 달걀이나 우유를 먹기 위해서는 곡식이나 채소를 먹는 것에 비해서 두 배 고생을 하고, 쇠고기를 먹기 위해서는 일곱 배의 고생을 해야만 한다. 이것은 현재의 축산이 근본적으로 볼 때, 전혀 생산 활동이라고 말할 수 없는, 에너지를 낭비하는 축산업이 돼 있기 때문이다. 게다가 품종이 개량된 대형 우량종을 길러 생산 능률을 높이려고 하면 할수록 실제 생산 효율은 떨어지며, 인간은 고생하고 자연은 쇠퇴하는 얄궂은 결과에 이르게 된다.

예를 들어 들에 놓아 기르는 당닭과 같은 재래종 닭은 알이 작고, 이틀에 한 번밖에 알을 낳지 않기 때문에 생산성이 낮다고 여겨졌다. 그러나 그 닭은 알 낳는 힘은 뒤지지만, 사실은 생산 능력이 더 높다. 왜냐하면 한 쌍의 닭을 길러보면 가끔 집에 들어가 알 낳기를 쉬는데, 그때 병아리를 까서 1년이 지나면 어느새 닭 한 마리가 열 마리, 스무 마리로 늘어나 있기 때문이다. 따라서 하루에 낳는 알의 총 합계는 우량종 백색 레그혼*의 몇 배에 이른다. 그리고 재래종 닭은 제 힘으로 먹이를 찾고 알을 낳기 때문에, 글자 그대로 무에서 유를 낳는 생산이다. 칼로리 생산 효율이 높은 닭이라고 할 수 있다. 더구나 적당한 숫자의 닭만 기른다면 토지를 악화시키는 일도 없다.

개량된 백색 레그혼을 케이지에서 다두多頭 사육을 하면, 매일 커다란 알을 하나씩 낳아 달걀을 많이 얻을 수가 있을 뿐만 아니라 그 똥오줌으로 땅을 비옥하게 만들 수 있을 것처럼 생각하기 쉽다. 그러나 그렇게 알을 낳게 하기 위해서는, 회수되는 알의 두 배 이상의 칼로리를 가진 곡물 사료를 주어야 한다. 닭을 사육하면 칼로리가 증가하는 것이 아니라 반감되기 때문에, 결국 인공 사육은 근본적으로 인간에게 도움이 되는 생산 활동이 될 수가 없다. 또한 닭의 똥오줌을 땅으로 되돌리는 일은, 쉬운 일도 아니고 효율도 낮아서 오히려 땅이 척박해진다.

---

* 이탈리아 서부의 도시 레그혼이 원산지이므로 이 이름으로 불린다. 알 낳는 용도로 기르는 닭의 하나. 얼굴과 볏은 붉으며, 귀는 희고, 다리는 누르며, 몸빛은 갈색, 흰색, 검은색 등이 있는데, 특히 흰색 종이 유명하다. 1년에 200개가량의 알을 낳고, 체질이 강하며, 풍토의 변화에 잘 견디므로 세계 각국에서 많이 기른다. 역주

닭뿐만 아니라 돼지나 소도 마찬가지로 효율은 더욱 나빠진다. 투입된 에너지에 비해서 회수되는 에너지는 닭고기 50퍼센트, 돼지고기 20퍼센트, 우유 15퍼센트, 쇠고기 8퍼센트에 그친다. 소 사육은 땅의 에너지를 10분의 1로 감소시키는 노동이며, 고기를 먹는 사람은 쌀을 먹는 사람보다 열 배나 더 낭비를 하고 있는 셈이다. 미국산 옥수수를 힘들게 배로 가져와 먹이로 준다. 그것이, 요컨대 인간이 항상 붙어서 아침저녁으로 먹이를 주고 똥오줌을 치우며 분주하게 일을 해야 하는 축산이, 얼마나 미국 땅을 척박하게 만드는 일인지 알고 있는가? 그것은 비경제적인데다가, 지구 규모에서 녹색 파괴 활동을 하고 있음에 불과하다. 그런데도 사람들은 역시 알을 낳는 능력이 커 보이는 닭이나 먹이 효율이 좋아 보이는 개량된 돼지나 소를, 최소한의 공간만 보장되는 비좁은 우리에서 다량으로 사육하는 것이 대량생산의 유일한 방법이고 경제적인 축산이라고 굳게 믿고 있다. 그러나 사료를 그대로 달걀이나 우유나 고기로 변질시킬 뿐인 현대의 인공 축산은 오히려 에너지를 낭비하는 활동일 수밖에 없다. 그러므로 결과적으로는 크면 클수록, 우량종이 되면 될수록, 에너지를 더 많이 투입해야 한다. 인간에게는 고생만 늘어날 뿐이다. 도움이 되지 않는다.

유전자 조작을 통하여 개량에 개량을 거듭한 홀스타인종이나 육우를, 사료 효율이 좋다면서 방목한다거나 농후 사료로 좁은 곳에서 다두 사육을 한다. 그것은 가축은 물론 인간에게도 위험하기 짝이 없는 방법일 뿐만 아니라 에너지 손실 또한 크다. 오히려 생산성이 뒤진다고 생각하기 쉬운 재래종들이 사료 효과가 높고 땅을 파괴하는 일도 적은 것이다. 우량종이라고 일컬어지는 흰돼지 요크서보다 재래종인 검은돼지 버크서나 멧돼지 쪽이, 자연에 가까운 만큼 사실은 더 경제적이다. 품종 개량의 방향을 착각하면 안 된다. 돈벌이를 별도로 하면, 육우보다 소형의 염소를 기르는 것이 좋다. 그리고 염소보다 사슴, 멧돼지, 작은 토끼, 닭, 들새, 고기용 쥐가 있으면 그쪽이 사실은 경제적인 동물인 것이고 자연을 지키는 데도 도움이 된다.

일본과 같은 좁은 나라에서 대형 젖소를 기르면 땅이 황폐해진다. 집에서 염소를, 그것도 자아넨종*과 같이 유량乳量이 다소 많더라도 허약한 종류는 피하고, 거친 먹이만으로도 잘 살아가는 강한 재래종을 기르는 것이 좋다. 염소는 혼자 산에 들어가 먹이를 찾고 젖을 만들어내기 때문에 가난한 이들의 가축이라고 일컬어져 왔는데, 오히려 경제적인 가축이고 땅 힘을 쇠퇴시키는 일도 없다.

가금이나 가축이 진짜 인간에게 도움이 되는 것은, 자급자족하면서 제 힘으로 살아갈 수 있는 가축이 푸른 하늘 아래서 길러질 때뿐이다. 그때에만 인간의 식생활은 절로 풍요로워지고, 인간은 도움을 받는다.

내가 이상적이라고 여기고 있는 축산 풍경은, 과일이 많이 열린 과수원의 나무 아래서 클로버나 채소의 꽃이 만발하고, 꿀벌이 날고, 보리가 있고, 당닭이나 토끼가 개와 같이 놀고, 논에는 다수의 집오리나 야생 오리가 헤엄을 치고, 산기슭이나 산골짜기에서는 흙돼지나 멧돼지 등이 지렁이나 가재를 먹으면서 살이 찌고, 가끔 잡목 숲 속에서 염소가 얼굴을 내미는 것과 같은 조용하고 한가한 풍경이다.

이러한 모습은 아직 문명에 오염돼 있지 않은 나라의 한촌에서나 볼 수 있는 풍경이라고 할 수 있다. 그런데 문제는 이 모습을 간단히

---

* 염소의 한 종류. 스위스 자아넨 지방이 원산. 젖을 얻기 위한 품종이다. 털빛은 희고 보통 뿔이 없으며, 유방의 발육이 뚜렷하다. 매우 온순하며 추위에는 강하나 습기에는 약하다. 역주

경제성이 없는 원시적인 풍경으로 보느냐, 아니면 사람과 가축이 일체가 된 훌륭한 유기적 공동체로 보느냐다. 작은 동물한테 쾌적한 생활 환경은 또한 사람의 이상향이기도 하다.

사람이 살기 위해서 필요한 면적은 곡물이라면 200평방미터, 감자로는 600평방미터, 우유로는 1,500평방미터, 돼지고기로는 4,000평방미터, 고기만으로 칼로리를 섭취하려고 하면 10,000평방미터이다. 육식으로는 지상의 인구가 더 이상 늘어나면 안 된다. 증가할 여지가 없다. 그것이 돼지고기라면 인구가 세 배까지, 우유라면 여덟 배까지, 감자라면 20배까지이지만, 곡물이면 60배로 증가해도 아직 여유가 있는 셈이 된다.

구미 각국을 보면, 육우로 대지는 망가지고 지구의 녹지대가 소실돼가는 것이 뚜렷한 사실임을 알 수가 있다.

축산만이 아니다. 현대 어업에서도 같은 말을 할 수 있다. 풍부한 어장이었던 바다를 오염시켜 죽음의 바다로 만들어놓고, 그 몇 배가 되는 작은 고기를 먹이로 삼아 고급 어종을 양식하고는, 물고기가 많아졌다고 기뻐하고 있는 것이 현대의 어업이다. 어떻게 하면 물고기를 더 많이 잡을 수 있을까 혹은 증가시킬 수 있을까 하는 점만을 연구하고 있지만, 이런 수단은, 거시적으로 보면 어획량 감소에 박차를 가할 뿐이다. 우수한 어획방법을 개발하기보다는 손으로도 고기를 잡을 수 있는, 그런 바다를 만들고 지키는 것이 선결 문제다. 새우나 도미, 장어의 양식 기술을 연구한다고 물고기가 풍부해지는 것은 아니다. 이러한 사고방식과 행위는 농어업 파탄의 근본적이 원인일 뿐만 아니라, 바다 자체를 죽이는 결과를 낳는다.

자연에 역행하는 현대 축산에서 보는 사육법과 마찬가지로, 어업에서도 자연번식을 파괴하는 어법漁法을 추진하고 한쪽에서는 인위적인 양식어업에 힘을 쏟으면서 현대 어업이 발전돼가리라고 생각하는 것은 완전히 난센스다. 양식업이 성행하는 바다는 사료가 다량으로 투입되기 때문에 점점 더 더러워진다. 또한 점차 늘어나는 물고기의 병을 막기 위해 약물을 다량으로 쏟아 붓기 때문에 물고기의 오염 위험성이 두렵다. 1킬로그램의 방어 새끼를 키우기 위해 10킬로그램의 정어리를 먹이로 주어야 한다. 먹이 부족이 생길 때는 정어리가 흔한 물고기에서 고급 물고기로 탈바꿈하는 진풍경이 벌어지기도 한다. 이것은 웃고 말 일이 아니다.

자연을 파괴하기는 너무 쉽다. 그러나 자연을 지키는 일은 말처럼 쉬운 일이 아니다. 한 번 파괴된 자연을 복원하기가 불가능하다는 것을 인간은 알고나 있는 것일까?

인간의 식생활을 풍부하게 하는 길은 많이 기르고 많이 잡음으로써 달성되지 않는다. 그 길은 인간이 지식을 버리고, 자연이 풍요로워짐에 따라 용이하게 달성되는 것이다. 그 밖의 길은 없다.

2장

자연과학의 착오

인류의 착각

과학농법은 유럽에서 일찍부터 자연과학의 한 분야로서 발달했다. 자연과학은 유럽에서 오직 물질의 학문으로서 발달한 것이다. 그것은 유물론의 관점으로서, 자연을 분별적이고 변증법적으로 파악하였다.

이것은 서양 사람들이 인간을 자연과는 서로 대립하는 존재로 파악한 데서 말미암은 것이라고 할 수 있다. 동양 사람은 오히려 자연 속으로 녹아들어야 한다고, 하나로 융합되기를 바라야 한다고 생각했다. 서양 사람은 그와 반대로 분별적인 지식으로 인간을 자연과 대립시켜서, 그 대립된 입장에서 냉정하게 자연을 파악하려는 시도를 해왔다. 그들은, 인간의 지혜는 주관을 떠나 객관적인 입장에서 자연을 파악할 수 있다고 확신하고 있었기 때문이다.

자연은 인간의 의식을 떠나서도 독립할 수 있는, 객관적인 실제로서 의심할 여지가 없는 존재라 믿었다. 인간은 관찰하고 분석하고 또 조립함으로써 자연을 알 수 있다고 확신했다. 이런 이유로 조립과 파괴가 그대로 자연과학의 발달 과정이 되었다.

자연과학이 급속도로 발달해서 우주시대로 접어들었다고 말해지는

자연과학의 착오

오늘날, 인간은 우주의 모든 것에 대해서 알 수 있는 것처럼 보인다. 인류는 아직 알려지지 않은 미지의 것에 대해서도 언젠가는 알 수 있다는 확신을 강화시켜오고 있다. 하지만 '인간이 알고 있다'고 할 때, 과연 그것은 어떤 의미일까? 우물 안에 사는 개구리의 어리석음을 비웃으면서, 정작 우주 안에서 개구리처럼 사는 자신의 무지는 모르는 것이 인간이다. 우주의 한구석에 사는 인간은 우주를 알 수 없는 존재임에도 불구하고, 인간은 그 우주를 자기 손아귀 속에 있는 세계라고 착각하고 있는 것이다. 인간은 자연을 알 수 있는 입장에 서 있지 않다.

A. 자연을 해체하면 안 된다

작물이 자라는 모습을 관찰하고 작물을 안다고, 그리고 스스로 작물을 재배할 수 있다고 확신한 데서부터 과학농법은 시작됐고 발달해 왔다.

그러나 진정으로 인간은 자연을 알고, 작물을 기르고, 거기서 얻어진 식량으로 살아온 것일까? 자신의 손으로 살아온 것일까? 한 알의 보리를 보고, "보리를 알았다"고 한다. 하지만 인류는 정말 보리를 알고, 보리를 기를 수 있었던 것일까?

사람이 '알 수 있다'고 생각하게 된 그 과정을 살펴보자.

사람은 우주를 알기 위해서는 우주로 날아가야 한다고 생각하고, 달을 알기 위해서는 달에 가야 한다고 생각했다. 그처럼 한 그루의 보리를 알기 위해서는, 먼저 그 보리를 손에 쥐고 분해하고 분석해 나가면 된다고 생각하고 있다. 그것을 알기 위해서는 그것에 관한 부분적인 지식을 종합하면 된다고 생각하고 있다. 자연을 알기 위해서, 인간은 자연을 여러 조각으로 해체함으로써 많은 것을 알 수 있었다. 그러나 그것은 자연 그 자체는 아니었다.

비나 바람이 왜, 그리고 어떻게 일어나는가? 바다의 조석간만 현상과 벼락의 정체, 들이나 산에서 무성하게 자라는 식물, 무리를 지어서 노니는 짐승들에 대한 상세한 조사, 눈으로 볼 수 없는 미생물의 세계, 또 광물이나 무생물에 대해서, 원자나 전자, 소립자 등 극미한 세계에까지 탐구의 손을 뻗치고 있다. 한 뿌리의 풀꽃, 한 알의 보리에 대해서도 그 형태와 생리, 생태 등 모든 각도에서 상세한 연구가 추진되었다.

한 장의 잎 속에도 무한한 연구 자료가 있다. 세포의 집합으로 이루어진 잎, 생명의 신비가 들어 있는 세포 속의 핵, 유전의 열쇠를 갖고 있는 염색체의 연구, 세포 속의 엽록소가 어떻게 햇빛이나 탄산가스를 원료로 해서 전분을 만들 수 있는지? 눈에 보이지 않는 데서 이루어지고 있는 뿌리의 활약, 단단한 바위를 관통해가는 뿌리의 신장력, 여러 가지 영양분은 또 어떻게 몸 안으로 흡수되는지? 물은 커다란 초목의 꼭대기까지 어떻게 올라가는 것인지? 토양 속의 온갖 성분과 미생물과의 관련성, 그것들이 어떻게 이어지고, 어떻게 변화해 나가면서 식물의 뿌리로 흡수되고, 어떤 역할을 하고 있는 것인지? 이와 같은 수많은 사실에 대해서 끝없는 연구가 진행되어왔다.

그러나 자연은 하나의 유기적 생명체로서 본디 나누어질 수 없는 것이다. 나눠서는 안 되는 것을 상대적인 두 개의 것으로 분할하고, 둘을 네 개로 세분화, 전문화해서 연구해 나가면 그 연구의 정밀도에 비례해서 두 배, 네 배로 자연의 모습은 그 완전성을 잃어가게 된다.

다음 도표는 쌀에 대한 자연의 수확량 구성도構成圖를 그린 것이다.

수확량을 구성하는 요소는 본디 하나하나 별개의 것이 아니었다. 자연 속에서는 하나의 지휘봉 밑에서 질서정연하게 결합되어 아름다운 조화음을 낸다. 하지만 여기에 과학의 메스를 사용하면서, 복잡괴기하고 혼란하며 추한 집합체가 나타나게 된다. 과학은 미녀의 아름다운 피부를 벗겨내어 추한 살덩이를 드러냈을 따름인 것이다. 해서는 안 되는 일이라고 말할 수밖에 없다.

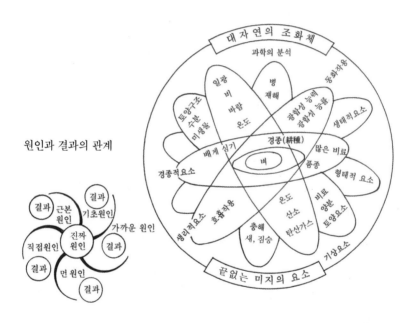

원인과 결과의 관계

언제부터인가 인류는 수많은 풀과 나무의 꽃을 계절에 상관없이 생산해낼 수 있게 됐다. 채소나 과일이, 계절 감각을 잃어버리게 만들 만큼, 여름 겨울 할 것 없이 1년 내내 상점에 진열되고 있는 실정이다. 그것은 초목의 성장이나 꽃눈의 분화기를 자유자재로 조절하는 화학 처리법이 발달했기 때문이다.

인간은 과학의 세계에서 최후의 비밀이라고 여겨지고 있는 생명의 신비에조차 도전하게 되었다. 그것은 세포를 만드는 단백질 합성에 인간이 자신을 갖게 되면서부터이다. 세포 합성을 할 수 있는지 없는지의 여부는 오직 핵산(DNA)의 합성에 달려 있는데, 그 합성의 최후의 난관이라고 생각되는 물질의 합성도 가능해졌다. 단순한 생명체의 합성은 이미 시간문제다. 무생물과 생물은 근본적으로 다른 것이라는 생각이 있었지만, 박테리아의 발견과 연구로부터, 그리고 바이러스 병원균의 연구로써 무생물과 생물의 중간물질로 보이는 번식하는 무생물의 존재가 확인되며 이들 물질의 인공 합성에 착수했을 때부터, 이것은 당연히 예상된 문제였다.

살아 있는 세포를 만드는 데 성공한다는 것이 어떠한 의미를 가지고 어떠한 결과를 야기할지 모르는 채, 인간은 흥미가 가는 대로 생명체의 합성에 열중하고 있다. 그뿐만이 아니다. 마음이 이끄는 대로, 당연한 운명이지만, 과학자는 염색체의 합성에까지 발을 들여놓았다. 생명의 합성에 이어서 잇따라 보도되는 있는 것은, 염색체의 합성이나 개조가 유전자 조작에 의해서 가능하게 되었다는 사실이다. 인간은 이미 창조주처럼 자유자재로 생물을 만들고 바꿀 수 있다. 지구상에 존재하지 않았던 생물도 만들 수 있는 시대를 맞으려 하고 있다. 시험관 아기로부터 인조인간, 괴수, 초대형의 기괴한 작물까지 만들 수 있게 될 것이다. 아니, 벌써 그런 것들이 생기기 시작했다.

확실히 인간의 지식은 무한한 깊이로 발달하여 마침내 자연 속의 모든 것을 알아내고, 그것을 활용하고 또 응용해서 인간 생활에 비약적인 발전을 가져온 것처럼 보인다. 그러나 여기에 커다란 함정이 있었다고 말할 수밖에 없다. 인간의 인식은 본질적으로 불완전하기 때문에, 인간의 지식에는 착오가 생길 수 있는 것이다.

인간이 '자연을 알 수 있다' 또는 '자연을 알았다'는 말의 뜻은, 인간이 대자연의 본체가 무엇인가를 진짜 알았거나 알 수 있다는 뜻은 아니다. '단순히 인간이 알 수 있는 자연을 알았다는 데 지나지 않는다'는 사실을 잘 알고 있어야 한다.

우물 속의 개구리가 알 수 있는 우물 속의 세계가 전 세계가 아니었던 것처럼, 인간이 알 수 있는 자연은 인간이 자신의 손으로, 자신의 주관으로 잡은 세계이자 자연임에 불과하다. 물론 그 자연은 참 자연이 될 수 없다.

이런 잘못이 어떻게 생기게 되는가를 비유를 들어 설명해보자.

B. 상대적 주관의 미로

포대화상이 메고 있는 커다란 망태 속에 무엇이 들었는지를 알려고 할 때, 사람들은 바로 그 망태를 열고 그 안에 손을 집어넣어 보려고 한다. 망태 속을 알기 위해서는 망태 속의 물건을 알아야 한다고 생각하기 때문이다. 가령 그 망태 속에 나무와 대나무로 만든 기이한 물건이 들어 있다고 하자. 이때, 많은 사람들은 다음과 같이 여러 가지 지혜를 짜내어 판단을 내린다. "이 도구는 여행용으로 쓰는 도구일 것이다." "아니다, 이것은 조각으로 장식품일 것이다." "아니, 무기임에 틀림없다." 등등. 하지만 사실은 포대화상만이 알 뿐이다. 실은 그것은 그가 손수 만든 악기였다. 하지만 망가져서 땔감으로 쓰기 위해 망태 속에 넣어두었던 데 지나지 않았다. 자연에 관해서도 이와 같은 일이 일어날 수 있다.

인간은 대자연이라는 커다란 망태 속으로 뛰어들어가서 손에 닿는 대로 온갖 것을 만져보고, 뒤집어보며 '이것은 무엇이다, 어떻게 돼 있다, 이런 목적을 갖고 있다'고 멋대로 해석하고 있다.

그러나 그 관찰과 고찰이 아무리 상세한 것이라 하더라도, 포대화상의 망태 속 물건처럼 자연은 인간이 알 수 없는 것이다. 그 어떤 해석도 황당한 착각일 위험이 있다.

하지만 또 사람들은 다음과 같이 생각한다. 예를 들어, 인간이 포대화상의 망태 속에 들어가 그 속의 물건을 보는 것과 같은 우를 범하고 있다고 하더라도, 인간의 지혜는 무한하게 뻗어간다고 생각한다. 단순한 감각적 관찰로부터 이성과 추리를 통한 관찰도 할 수 있다고 생각한다.

한 줄기 대나무에 여러 개의 조개껍데기를 이어 매달아놓은 것을 보고, 이것은 무기라고 착각할 수 있을지 모른다. 하지만 더 연구를 해서, 조개껍데기가 대나무에 부딪칠 때마다 고운 소리가 난다는 데서 이것이 악기임을 알게 되고, 더 나아가 대나무 모양을 보고 허리에 차고 춤을 추었으리라는 추론을 통해 마침내는 진실에 가까워질 수 있다고 믿고 있는 것이다.

포대화상의 망태를 조사해보고 포대화상을 추측하여 그 마음을 알 수 있는 것처럼, 자연 관찰로부터 대자연의 창조 역사를 알고 그 의지, 목적도 미루어 알 수 있으리라고 믿는다. 하지만 그것은 불가능한 착각에 지나지 않는다. 왜냐하면 전체를 알기 위해서는, 망태 바깥으로 나와 그 소유자와 대면해야만 하기 때문이다.

벼룩이 망태 속에서 태어나 망태 바깥을 나가본 적이 없이 자랐다고 한다면, 그 벼룩이 망태 속의 물건을 아무리 연구하더라도, 그것이 포대화상이 허리에 차는 악기인 줄은 알 수가 없다. 그렇다면 자연 속에서 태어나 자연의 바깥으로 나갈 수 없는 인간도 눈앞의 자연을 뒤지는 것만 가지고는, 진짜 자연은 물론 자연의 모든 것을 알 수는 없는 것이다.

하지만 인간은 또 다음과 같이 생각한다. 인간은 우주 바깥은 알 수 없다. 우주 바깥에서 우주를 보는 것은 허락이 안 될지 모르지만, 무한대로 보이는 광대한 이 우주를 구석구석까지 탐구해가는 지혜와 힘을 가지고 있다. 적어도 이 세계에 무엇이 있고, 어떤 일이 일어나는지를 알 수 있다고 하면, 그것으로 충분하지 않은가? 인간이 알고 싶은 모든 것은, 과거에서 보듯이, 점차 밝혀져 오지 않았는가? 그처럼 오늘의 무지도 내일에는 명명백백하게 밝혀지리라는 것을 확신할 수 있지 않은가? 그렇다면 인간에게는 알 수 없는 것이 아무것도 없다.

가령 인간이 망태 안의 존재라고 하더라도, 그 망태 속의 모든 것을 알 수 있다면, 그 속에서 일생을 마치는 인간은 만족할 수 있는 것이 아닌가? 우물 안의 개구리는 우물 안에서 그대로 안심입명安心立命할 수 있는 것이 아닌가? 개구리에게 우물 바깥이 왜 필요한가?

눈앞에 전개되고 있는 자연을 보고, 그것을 조사하고, 그것을 활용해간다. 그리고 인간이 기대한 바대로 결과가 나오면, 그것으로 자연에 대한 인간의 지혜와 행위가 허위라든가 착각이라고 할 필요가 어디에도 없다 여긴다. 잘못돼 있다는 논거는 어디에도 없다 여긴다. '인간은 진실을 파악하고 있다'고 해도 아무런 잘못도 없다 여긴다.

바깥에는 무엇이 있을지 모르지만 없을지도 모른다. 그것은 사고 대상의 바깥이다. 그런, 있을지 모르지만 없을지도 모르는 세계에 대한 탐구 따위는 신을 꿈꾸는 종교가에게 맡겨도 좋은 게 아니냐고 한다.

하지만 문제는 누가 꿈을 꾸고 있고, 착각을 하고 있고, 그것으로 안심입명할 수 있느냐 하는 것이다. 아무리 깊은 지혜로 파악한 우주라 해도, 그 지혜가 활약하는 무대를 받치고 있는 것은 인간의 주관이다. 그 인간의 주관이 도착倒錯돼 있다면 어떻게 되는가?

신을 향한 맹신을 보고 웃기 전에, 우리 모두는 지나치게 자기 자신을 맹신하고 있다는 사실에 주목해야 한다.

인간이 본다, 인간이 판단한다고 할 때, 거기에 있는 것은 인간과 대상이다. 대상의 실제를 알고 믿고 있는 것이 인간이고, 그 인간을 알고 믿고 있는 것도 인간이다. 이 세계의 모든 것은 인간으로부터 출발하고, 인간이 결론을 내고 있다.

그렇다면 인간은 신을 두려워하고 걱정할 필요가 없지만, 인간은 인간이라고 하는 독재자의 어긋난 주관으로 지탱되는 무대에서 술주정뱅이 연극을 할 위험이 있는 것이다.

그래도 과학자는 "물론 인간이 보고 판단하는 것이기 때문에 주관이 들어가지 않는다고는 할 수 없다. 하지만 인간에는 사고력이 있기 때문에, 주관을 떠나 객관적으로 사물을 볼 수 있다. 인간은 귀납적 실험과 판단을 거듭해가면서 만물을 상호작용 속에서 파악해왔다. 그것이 잘못되지 않았다는 것은 하늘에 비행기가 날고, 땅에 자동차가 달리는 현대 문명이 입증하고 있지 않은가?"라고 말한다.

하지만 이 '현대 문명'이라는 것이 정상 궤도를 벗어나 있다면, 그 문명을 만든 인간의 지혜도 어긋나 있다고 해야 옳다. 인간의 주관이 빗나갔기 때문에 병든 현대가 태어난 것이라고 할 수 있다. 현대가 정상에서 벗어나 있느냐 아니냐는, 그대가 벗어나 있느냐 아니냐가 판단 기준이 될 것이다. 현대가 어떻게 어긋나 있는지는 농업을 예로 앞장에서 상세하게 이야기를 해왔다.

비행기가 과연 빠르냐, 자동차가 편리한 탈 거리냐, 훌륭한 문명도 장난감에 지나지 않는 것이 아니냐 하는 판단은, 그 본질적인 점에서 보면, 전도된 인간의 눈(주관)으로서는 할 수 없는 것이다.

인간은 나무의 초록빛을 보면서도 진짜 초록빛을 모르고, 주홍색을 알았다 하면서도 주홍색을 보지 않았던 것이다. 거기에서 모든 착오가 생겼다고 할 수 있다.

c. 무분별의 지혜

과학은 의혹과 불만으로부터 태어났다고 하는 말이 지금까지의 과학적 탐구의 정당성을 증명하는 듯한 뉘앙스로 사용되었다. 하지만 그것은 아무런 정당성도 증명하지 못했다. 과학기술이 초래한 자연의 혼란에 직면한 이때, 오히려 과학적 탐구 그 자체에 의혹과 불만의 눈길이 향해지고 있다.

갓난아이들에게는 직관의 눈밖에 없다. 분별하지 않는 눈으로 본 자연 그 자체는 하나의 통일체이자 완전체로 받아들여진다. 만물을 차별 없이 보는 거기에는, 어떤 의혹도 어떤 불평불만도 일어나지 않는다. 갓난아이들은 만족하고, 아무것도 안 하면서 안심입명 상태에 있다.

어른의 눈은 사물을 분별하며 부분적, 국소적으로 본다. 당연히 그것은 불완전한, 모순에 가득 찬 것으로 파악된다. 변증법적으로 파악된다는 것이다. 따라서 인간이 불완전한 것으로 파악된 자연에 의문을 가지고, 만족하지 못하며 개선해 나가려고 하는 것도 당연한 일이다. 자연에 인위가 더해진 그 변화를 인간은 진보라고 부르고, 발전이라며 자화자찬하고 있는 셈이다.

사람들은 다음과 같이 생각한다. "갓난아이들은 어른으로 성장한다. 어른은 보다 깊이, 보다 많이 자연에 관해 알고 있다. 그러므로 어른은 이 세상을 진보 발전시킬 수 있는 것이다." 그 진보가 파멸을 향한 진보였다는 것은, 이른바 선진국이라 불리는 서구 여러 나라의 정신적 퇴폐와 일본의 환경오염 등을 보면 분명히 입증된다.

시골 아이는 논을 보면 뛰어들어가서 진흙투성이가 되어 논다. 이 것은 직관으로 흙을 안 아이의 솔직한 결론이다. 그러나 도시에서 자란 아이들에게는 논으로 뛰어들 용기가 없다. 도시 아이들의 어머니는 날마다 흙은 더럽다, 병균이 많다고 꾸짖으면서 아이의 흙 묻은 손을 씻게 한다. 그렇게 흙 속에 더러운 균이 있다는 선입견을 갖게 된 아이의 눈에는 논은 더러운 균을 지닌 공포의 대상이 된다. 어머니의 흙에 대한 이런 지식과 판단은 시골 아이의 무지한 직관보다 과연 뛰어난 것일까?

1그램의 흙 속에는 몇억 마리의 미생물이 산다. 세균이 있고, 그 세균을 죽이는 세균, 다시 또 그 세균을 죽이는 세균도 있다. 인간한테 해로운 세균도 있지만, 해가 없거나 이로운 균도 있다. 강렬한 태양 아래의 논흙은 매우 건강할 뿐만 아니라, 인간에게 절대적으로 필요한 것이다. 진흙투성이가 되어 자라는 아이는 건강하게 자란다. 무지한 직관의 아이는 건강하다.

'흙 속에 더러운 세균이 있다'는 지식과 지혜는 무지보다 더욱 무지하다고 해야만 한다. 흙에 대해서 가장 많이 알고 있는 사람은 토양학자라고 일반 사람들은 알고 있다. 하지만 시험관이나 플라스크 속의 광물로서의 토양에 대해서는 상세한 지식을 가지고 있어도, 태양 아래서 땅 위에 누워 뒹구는 기쁨을 모르는 학자라면, 그 사람은 흙에 대해서 그 어떤 것도 알았다고 할 수가 없다. 그는 그저 '불완전한 부분으로서의 흙'에 대해서 아는 자에 불과하다. '전체로서의 완전한 흙'은 과학적인 분석 이전의 자연스러운 흙이다. '가장 자연스러운 흙'을 무심히 알며, 잘못이 없는 이는 갓난아이다.

부분적인 지식을 휘두르는 어머니(과학)의 교육은 자연의 허상을 아이들(현대인)에게 심고 있다. 불교에서는 대상과 자신을 나누고 대립시켜서 보는 지혜를 분별지分別知라 부른다. 한편 대상과 자신이 하나가 되어 전체를 있는 그대로 아는 것을 '무분별지'라고 하며, 그것을 지혜의 최고의 형태라고 한다. 그렇다면 '분별이 있는' 어른이 '무분별한' 아이보다 뒤떨어지는 것은 당연하다. 어른은 다만 혼동 속에서 타락의 방향으로 발전했을 뿐이다.

과학적 이해의 오류

A. 분석적 지식의 한계

과학의 방법은 다음과 같다.

1) 의식적으로 사물을 보고 분별하고 관찰하며 고찰해 나간다.

2) 판단력이나 이성을 통해 가설을 세우고 이론을 조립한다.

3) 유사한 경험과 실험을 되풀이해보고 공통된 결과가 나왔을 때, 그 결과에서 하나의 원리원칙을 발견해간다.

4) 이 귀납적 실험의 결과를 실제로 응용해서 정확하다고 실증되었을 때, 이것을 과학적 진리라고 믿고 인간에게 쓸모 있는 것으로 확신한다.

따라서 이런 과학적 방법은 위에서처럼 분별적인, 곧 부분적이고 분석적인 연구로부터 시작하기 때문에 그 방법으로써 파악되는 진리는 언제나 절대적이며 보편적인 진리가 될 수는 없다.

즉 과학적인 분석을 통한 지식은 불완전한 지식이며, 이러한 불완전한 지식을 아무리 모은다 해도 완전한 지식이 될 수 없다. 과학자는 자연을 분해하고 해석해서 종합 판단을 내리면 자연의 전모를 파악할 수 있다고 믿고, 분해와 분석의 길을 밀고 나간다. 하지만 결과적으로 자연은 더욱더 세분화되고 분열됨에 따라, 과학자들이 파악한 자연은 갈수록 불완전한 자연으로 전락해갈 뿐이다.

그리고 자연을 알고 자연을 이용하여 자연 이상의 것을 만들 수 있다는 판단이 오히려 자연을 더욱더 불가해한 존재로 만들어가고, 인간은 자연으로부터 고립되어 자연의 은혜로부터 더 멀어지고, 자연보다 훨씬 못한 가짜 작물을 수확하면서 기뻐하는 어리석은 행위로 이어져간다.

그 과정을 실제의 예를 들어서 살펴보자.

과학농법은 자연에 대한 회의에서 출발한다. 예를 들면 과학실험의 대상이 되는 토양의 일부를, 먼저 실험실로 가져와 분해하고 분석한다. 그리고 그것이 광물질과 생물, 유기물과 무기물로 구성되어 있다는 것을 알게 된다. 나아가 그 무기물 속에는 질소, 인산, 칼륨, 칼슘, 망간 등등 여러 가지 물질이 있고, 이것들이 어떠한 과정을 거쳐서 식물의 영양분으로 흡수되는가 등을 연구한다.

또한 화분이나 작은 면적의 밭에 씨를 뿌리고, 식물이 토양 속에서 어떻게 성장하는지를 조사한다. 토양 속의 미생물은 흙 속의 무기질 성분과 어떻게 연관되어 있는지, 그것이 하고 있는 역할과 작용 등에 대해서도 상세한 연구가 행해진다.

땅에 절로 떨어져 자란 자연의 보리나, 화분 속에 뿌리고 키운 보리나 다 같은 보리다. 그런데 사람들은 왜 많은 시간과 자재를 써서 힘들게 보리를 재배하는 것일까? 그것은 보다 많은 양의 보리를, 보다 질 좋은 보리를 인간의 손으로 재배할 수 있다고 맹신하고 있기 때문이다.

그것은 다음과 같은 일이 일어나기 때문이다.

보리의 성장은 때와 경우에 따라 다르다. 이삭의 크기가 서로 다르다는 것 등을 인간이 깨닫고 그 원인을 조사해본 다음, 성장이 나빠서 잎이 시든다든지, 화분 속의 토양에 칼슘이 적었기 때문이라든지, 마그네슘이 부족했기 때문이라는 것을 알아낸다. 그리고 칼슘이나 마그네슘을 인공적으로 공급해보면, 확실히 성장이 빨라진다거나 커다란 열매가 열린다거나 한다.

과학자는 여기에 만족하고 이것을 확실한 과학적 진리, 틀림없는 재배 기술이라고 생각하지만….

문제는 칼슘과 마그네슘 부족이 진짜 부족이었느냐는 점이다. 부족을 부족이라고 본 근거는 무엇이고, 부족하다고 보고 취해진 조치가 참으로 인간에게 도움이 되었느냐 하는 것이다.

밭에서 실제로 어떤 한 가지 성분이 부족한 경우에도, 중요한 점은, 이때 인간은 먼저 어떤 일을 해야만 하느냐는 것이다. 칼슘이 부족하기 때문에 칼슘을 보급한다는 것은 지나치게 단순한 생각이다. 칼슘이 부족해진 진짜 원인이 앞서 해명되어야 하는데, 과학의 길은 우선 눈앞의 현상을 해결하는 데서부터 출발한다. 피가 나오면 먼저 피를 멈추게 하는 일로부터 시작한다. 칼슘이 결핍돼 있으면 칼슘을 보충해주는 것이 첫 번째 기술이라고 생각하고 있다.

그런데도 칼슘 결핍증을 막을 수 없을 때는 그제야 왜 칼슘이 부족해졌는지 알아본다. 그리고 이번에는 가리를 지나치게 줬기 때문에 식물 자체가 칼슘 흡수를 삼갔다든지, 그게 아니라 흙 속의 칼슘이 흡수될 수 없는 모양으로 바뀌었기 때문이라는 등 여러 가지 원인이 규명돼간다.

그에 대해서도 새로운 대책이 세워진다. 제2단계 기술이다. 그러나 원인에는, 또 그 속에 제3의 원인이 있다. 곧 한 가지 현상에는 원인이 있고, 그 원인에도 가까운 원인, 먼 원인이 있다. 여러 가지 원인과 결과가 엉켜 있기 때문에 진짜 원인은 쉽게 파악할 수 없다.

그래도 과학은 더욱 깊이 연구를 진행해나감으로써 원인의 원인, 즉 참 원인을 파악할 수 있고, 그 위에서 근본적인 대책을 세울 수 있다고 믿고 있다. 하지만 인간은 인과관계를 어디까지 밝혀낼 수 있을까?

B. 자연에 인과는 없다

근원을 추적함으로써 진짜 원인이란 것을 알 수 있는가 하면, 그렇지 않다. 다음 원인이 끝없이 뒤를 잇기 때문이다. 나중에는 종잡을 수 없는 데 이른다.

흙이 산성화되는 것이 문제가 될 경우, 보통 석회 결핍 때문이라고 간단히 결정짓기 쉽다. 하지만 석회 부족의 원인은 흙 자체에 있는 것이 아니다. 제초에 힘쓴 맨땅 가꾸기(裸地栽培)를 계속한 결과로 토양이 유실되며 일어난 일일 수도 있고, 혹은 빗물이나 기온 등의 관계가 보다 근본적인 원인이었다는 파악도 가능하다. 또한 석회가 적어 산성화됐다 보고 석회를 뿌린 경우처럼, 오히려 석회 사용施用이 문제가 됐을 수도 있다. 왜냐하면 석회를 뿌리면 알칼리를 좋아하는 잡초가 지나치게 무성해져서 토양이 더욱더 산성화되기 때문이다. 그렇다면 이때는 원인과 결과를 거꾸로 생각했다는 이야기가 된다.

왜 토양이 산성이 되었는지도 모르는 채 산성화 방지책이 실시될 때, 그 대책이 과연 도움이 될 것인지, 거꾸로 산성화를 더욱 조장해가게 되는 것은 아닌지, 그것조차 알 수 없는 일도 많다.

나는 제2차 세계대전이 끝난 직후에 과수원에 톱밥이나 나뭇조각을 다량으로 뿌렸다. 이에 대해 농업기술자는 목재가 썩을 때는 유기산이 나오기 때문에 흙이 산성화될 것이라며 반대했다. 그리고 만약 그것들을 뿌린다면, 많은 양의 석회로 중화시킬 필요가 있을 것이라고 주장했다. 그러나 실제적으로는 산성화되지도 않았으며 석회를 줄 필요도 생기지 않았다. 톱밥에 박테리아가 붙어서 썩기 시작하면 유기산이 나온다. 그러나 톱밥이 다소 산성화되면 박테리아의 번식이 둔해지고, 세균(사상균)의 번식이 활발해진다. 그때 그냥 놔두면, 마지막에는 버섯류가 번식하며 부식을 촉진한다. 토양은 산성화도 알칼리화도 되지 않고, 마지막에는 버섯류가 리그닌이나 피포이드와 같은 섬유소에까지 번식해서 부식을 돕는다.

'목재가 썩으면 산성이 되기 때문에, 석회를 뿌려서 중화하는 게 좋다'는 결론은 일시적이며 부분적으로 일어난 현상에 대한 대책일 뿐으로서, 그 인과관계도 일정한 경우에나 적용할 수 있을 뿐이다. 차라리 그냥 내버려두는 무대책이 보다 현명한 대책이다.

작물의 병해에서도 같은 일이 일어난다.

벼에 도열병이 발생했을 때, '도열병은 병원균의 침입으로 일어난 병해로서, 구리나 수은제를 뿌려서 막을 수가 있다'는 것은 틀림없는 사실이다. 그러나 그 근본 원인은 그렇게 간단하지 않다. 도열병균이라는 직접 원인 이외에 여러 가지 요인이 더 있다. 예를 들면, 고온과 잦은 비가 원인이었을 수도 있고, 질소 비료를 너무 많이 뿌린 결과 벼가 나약하게 자란 게 원인이 되는 일도 있다. 기온이 높을 때 물을 깊이 오래 대 뿌리를 썩게 만든 것이 원인이 되기도 하고, 도열병에 약한 품종을 고른 데 기인하는 일도 있다.

아무튼 여러 가지 원인이 있고, 그것이 서로 얽혀 있다. 그 대책도 때와 경우에 따라서 서로 다른 대책이 취해지고, 종합적인 대책이 실시되기도 한다. 그리고 과학적으로는 도열병이 해명되었고, 그 근본적인 방지법도 확립되어 있는 것으로 믿어지고 있다. 직접 방제를 위한 농약도 잇따라 개발되며, 만전을 기한 대책으로 해마다 수차례의 농약을 뿌릴 것을 장려하고 있는 실정이다.

그러나 이런 원인 하나하나를 더욱 깊이 연구해보면, 지금까지 확연하다고 믿어졌던 것도 사실은 명백한 것이 아니었음을 깨닫게 된다. 원인이라 알고 있던 것이 원인이 아니게 되기도 한다.

예를 들면, 질소 비료를 많이 준 것이 도열병의 원인이라 해도, 왜 질소 비료가 도열병균의 침입과 관계가 있는지 그에 대한 답이 쉽지가 않다. 질소 비료를 다량으로 투입해도 일조량이 많아서 잎의 광합성 작용이 활발하게 행해지면, 뿌리에서 흡수되는 질소 성분이 재빨리 동화되어 단백질로 바뀌며 줄기와 잎의 양분이 되거나 이삭으로 가서 이삭을 키우게 될 때는 도열병에 걸리지 않는다. 그러나 흐린 날씨가 계속되거나, 밀식密植한 탓에 햇빛을 받는 양이 적거나, 공중에 탄산가스가 적거나 하면, 광합성 작용에 방해를 받으며 잎 속의 질소 성분이 지나치게 남아돌게 되는데 그때는 소화불량으로 도열병에 걸리기 쉽다. 그렇다면 질소 비료를 많이 준 것이 반드시 도열병의 원인이라고 할 수 없다.

즉 햇빛이나 탄산가스의 부족이 원인이라고도 할 수 있고, 혹은 잎 속의 전분 함유량이 문제가 됐다고도 할 수 있다. 그렇다면 왜 이런 부족 현상이 도열병과 관계되느냐 하는 문제는, 광합성 작용 그 자체의 구조가 분명해지지 않는 한, 정확한 사실은 알 수 없다는 얘기가 된다. 햇빛과 공중의 탄산가스에 의해서 잎 속에서 전분이 합성되는 과정은 아직 해명되지 않고 있다.

뿌리가 썩으면 도열병이 침입하기 쉽다는 것이 사실로 인정된다 하더라도, 어떻게 도열병이 침입하느냐는 의문 앞에 서면 과학자의 답변은 어설퍼진다. 그들은 지상부와 지하부의 균형이 무너졌을 때라 말한다. 균형이라지만 뿌리와 줄기의 중량비 불균형이 어떻게 병원균의 침입에 유리한 것인지, 벼가 건강하지 않기 때문이라고 하지만 건강하지 않다는 것은 어떠한 것인지 등을 추적해보면, 마지막에는 아무것도 모르겠다는 사실에 다다르게 된다.

품종이 도열병에 약한 경우 등도 이유로 거론되지만, 도열병에 약한 품종은 어떤 품종을 말하느냐 되묻게 되면 대답이 궁해진다. 표피세포의 두께, 규산의 함량, 줄기와 잎의 강도⋯ 문제는 온갖 방면으로 확대되고 진전돼간다. 하지만 결국 알고 있다고 여겼던 원인도 점차로 불분명해지며 진짜 원인은 오리무중 속에 빠진다.

결국 처음으로 돌아가서, 잎 위에 나타난 갈색 얼룩점 하나를 이상하다고 보고, 거기에 이상한 균이 붙어 있으면 병이라고 단정하고, 이 균을 죽이는 약제를 뿌리면 도열병에 대해서는 아무 걱정도 할 필요가 없다, 해결했다고 알고 인간은 안심한다. 그러나 이번에도 이것으로 진짜 도열병을 해결한 것은 아니다. 그 원인, 즉 참다운 원인을 모르기 때문에, 그 결과도 해결이 되지 않는다. 원래 원인에는 원인이 끝없이 이어진다는 점에서 보면, 원인이라고 생각되는 것도 그 앞의 원인에서 보면 항상 결과였다고도 할 수 있다. 결과라고 여겨진 것도, 다음 현상의 하나의 원인에 불과한 것이었는지도 모른다.

원인을 거슬러 올라가면 끝이 없다

열매 맺음	결과	
우거짐 조절	원인 = 결과	·········제1원인
도열병	결과 = 원인	·········제2원인
도열병균	원인 = 결과	·········제3원인
질소과다	결과 = 원인	·········제4원인
단백질	원인 = 결과	·········제5원인
탄산가스 (동화 작용)	결과 = 원인	·········제6원인
산화작용 (호흡 작용)	원인 = 결과	·········제7원인

도열병이라는 것도 벼 자체의 입장에서 보면, 웃자람을 억제하고 지상과 지하 부분의 균형을 회복하기 위한 자위 수단이었다고도 볼 수 있다. 지나치게 우거지는 것을 막아서 광합성을 돕는, 열매가 충실하게 여물게 하기 위한 하늘의 배려라는 생각도 가능하다. 하여튼 도열병은 마지막 결과가 아니라 자연 유전 속의 한 과정에 지나지 않는다. 결과이기도 하고 원인이기도 하다.

자연 현상의 모든 것은 영화의 필름처럼 이어지고 있는 것이다. 더구나 자연의 필름은 직선적이거나 평면적이 아니라, 입체적이며 유기적으로 하나가 되어 있다.

어느 시점에서 하나의 현상을 보면 원인과 결과가 명백하다. 하지만 장기적인 눈으로 높은 곳에서 대자연을 바라보면 무엇이 원인이고 무엇이 결과인지, 인과의 결합이 뒤엉켜 있어 알 수 없어진다. 그래도 그 인과를 미세하게 풀이하면서 대책을 세워가면 그것은 보다 정밀하고 정교한, 그리고 확실한 대책이 될 수 있다고 사람들은 생각한다. 그러나 그런 과학적인 사고방식과 방법은 목표로부터 지극히 동떨어진 것으로서, 하지 않아도 되는 헛수고를 하고 있는 데 지나지 않는다.

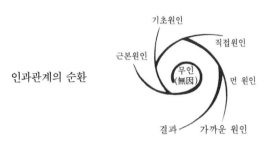

인과관계의 순환

입체적, 유기적 인과관계라는 것은, 극언을 하면, 부분적으로 보면 원인이나 결과가 있지만 전체적으로 보면 원인도 결과도 없다는 것과 같다. 기준점이 없기 때문에 대책도 세우지 못한다. 자연에는 인과가 없다. 본래 자연에는 시작도 없고 끝도 없고, 하나도 없고 둘도 없으며, 원인도 없고 결과도 없다. 인과는 존재하지 않는다.

무엇이 머리이고 꼬리인지 모를 때, 최초도 최후도 없을 때, 그것은 이미 하나의 둥근 원으로, 거기에는 하나가 된 인과가 있다고 말하면 있지만 없다고 하면 없다. 이것이 나의 무인과론無因果論이다.

이 인과의 고리도 과학의 눈으로, 부분적이거나 근시안적으로 보면, 인과가 존재하게 된다. 원인이 있고 결과가 있다고 보는 과학적 입장에서 보면, 도열병균에 대한 방지법이 확실히 있다고 할 수 있다. 인간의 근시안적인 입장에서 벼의 병을 방해자로 취급하고 이것을 강한 살균제로 방지한다는 과학적 수단을 사용할 때, 인간은 첫 번째 착오를, 그리고 원인과 결과가 실재한다는 착오로부터 두 번째 착오를 야기하게 되며, 첫 번째 헛수고에서 두 번째 단계의 부담을 짊어지는 것이다.

농학의 여러 가지 법칙 비판

A. 농학의 여러 가지 법칙

여기에서는 농작물의 재배 기술을 확정하는 데 가장 중요한 구실을 하고 있는 농학의 여러 법칙에 대해서 검토해보기로 한다. 이것들은 과학농법의 기본 법칙이다.

수익체감의 법칙, 평형성, 적응성, 상보상쇄성, 상대성, 양분 최소율 등 과학적 농법을 지배하는 법칙들의 타당성에 대해서 자연농법의 입장에서 비판해본다.

먼저 이 법칙들은 어떤 내용으로 구성돼 있는지 알아보기로 하자.

수익체감의 법칙

예를 들면, 쌀과 보리 등의 농사에서 일정한 토지 규모에서 과학적 기술을 사용해서 수확을 도모할 경우, 어느 한도까지는 그 기술이 유효하다. 하지만 반드시 한계가 있어서 그것을 넘어서면 오히려 마이너스가 된다, 수량이 점차 감소한다는 법칙이다.

그러나 실제로 해보면 이 한도라든지 한계는 일정불변한 것이 아니라 때와 경우에 따라서 바뀌는 것이고, 그 때문에 농업 기술은 이 한계를 어떻게든 뛰어넘으려고 항상 노력을 하고 있는 것이다. 그러나 어떤 경우에도 수량에는 한계가 있고 어느 정도 이상은 쓸모없는 헛수고로 끝난다고 하는 것은 사실로서, 이 법칙이 자연계에 엄연하게 존재하고 있다는 것이 수익체감의 법칙이다.

평형성平衡性

자연은 항상 균형을 취하며 유지하려는 성질이 있다. 균형이 무너졌을 때는 복원하려고 하는 힘이 작동한다. 자연계에 있는 모든 현상은 항상 평형 상태를 유지하려고 움직이고 있다. 물과 전기와 전압은 높은 곳에서 낮은 곳으로 흐르며, 그 운동은 수평 상태가 되면 멈추고, 전압은 차이가 없어지면 정지한다. 물질의 화학 변화도, 평형이 깨진 상태에서 평형 상태가 회복되면 변화를 멈춘다. 생물 현상도 항상 평형 상태를 유지하는 방향으로 변화하고 움직이고 있다.

적응성

동물이 환경에 적응해서 살아가려고 하는 것과 마찬가지로, 농작물도 성장 조건의 변화에 따라서 적응해가려고 하는 현상을 적응성이라고 한다. 이 적응성은 자연계가 평형성을 회복하려고 하는 행동의 일종이다. 즉 평형성과 적응성은 서로 분리될 수 없는 밀접한 상호관계 안에 있는 성질과 상태라고 할 수 있다.

상보상쇄성相補相殺性

상대적인 법칙으로, 예를 들어 벼를 밀식하면 분얼分蘖, 곧 가지치기 숫자가 적어지고, 드물게 심으면 가지치기 숫자가 증가하는데, 이것은 상보성에 의한 것이다. 한편 한 그루의 줄기 수를 늘리면 이삭이 적어지는 것이나, 거름을 많이 주어서 무리하게 큰 이삭을 만들면 나락이 부실해지는 현상은 상쇄성에 의한 것이다.

상대성

농작물의 수확량을 구성하는 요소는 다른 요소들과 밀접한 관계가 있기 때문에 항상 상대적으로 변화해간다. 예를 들면, 파종 시기와 양의 관계, 거름 주는 시기와 양, 묘목 숫자와 간격 등은 서로 상대적인 관계가 있다. 결정적인 파종량, 비료, 시기 등이 있는 것이 아니라 이 시기에는 이 정도가 알맞은 양이라든지 이 품종, 비료, 농사 방법이 좋다고 상대적으로 정하고 있음에 지나지 않는다.

양분 최소율

독일의 리비히Liebig가 제창한 법칙으로, 농업 발달의 기초를 이룩했다고 할 수 있을 만큼 유명한 법칙이다. 농작물의 수량은 그 수량을 구성하는 여러 요소 가운데 가장 공급량이 적은 것에 지배된다는 것으로, 그는 이 원리를 '리비히의 통桶'을 비유로 써서 알기 쉽게 설명하고 있다.

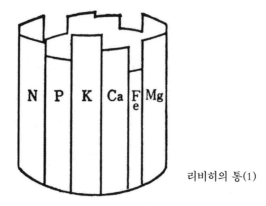

리비히의 통(1)

이 통에 담는 물의 양(수량)은 각종 양분 중에서 가장 부족한 양분에 좌우된다는 것이다. 그런 이유에서 다른 양분이 아무리 많아도 하나가 부족하면, 그것에 의해서 수확량이 결정돼버린다는 것이다.

실제로 화산재로 이루어진 토양에서 작물이 안 되는 것은 질소나 가리, 칼슘, 철 등이 아무리 풍부해도 인산 하나가 부족하기 때문이라고 보고, 인산 비료를 다량 투입함으로써 수량을 높일 수 있었다고 하는 것과 같은 예는 많다. 그의 최소율은 단순히 양분의 문제만이 아니라 널리 다수확을 도모하기 위한 근본적인 무기로 활용되어왔다.

B. 만법개공론萬法皆空論

이상의 법칙은 하나하나 독립된 법칙으로 인정되고 활용돼왔는데, 과연 이것들은 별개의 법칙일까? 내 결론을 한마디로 말하면, "자연은 하나이고, 만법은 하나에서 시작해서 무無로 돌아간다"는 것이다.

과학자들은 하나의 자연을 여러 방면에서 각도를 바꾸어서 관찰했다. 그 때문에 하나가 여러 가지 모습으로 보였던 것이다. 물론 과학자는 이 별개의 법칙 사이에도 깊은 관련이 있고, 공통된 경향이 있다는 것을 알고 있다. 그러나 여러 법칙들 사이에는 밀접한 관계가 있다고 하는 것과, 여러 법칙은 하나라고 말하는 것 사이에는 하늘과 땅만큼 차이가 있다.

수익체감의 법칙은 수익의 점증, 곧 조금씩 늘어나는 현상에 대항해서 반대 방향으로 이것을 억제하려고 하는 자연의 힘이 작용하며, 균형을 유지하려고 하고 있다는 걸 말한다고 할 수 있다.

상보성과 상쇄성은 서로 대립되는 성질로, 상보력에 대해서 이것을 제거하려고 하는 상쇄력이 작용하며, 자연은 균형을 유지하려고 하고 있다는 이야기가 된다.

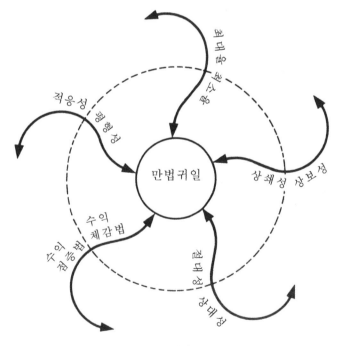

만물 귀일도

평형성이나 적응성은 말할 것도 없이 자연이 균형, 질서, 조화를 지키려는 표현임에 틀림이 없다.

최소율이 있으면 최대율이 있을 것이 틀림없다. 식물은 영양분만이 아니라 모든 점에서 과부족을 싫어해서 균형과 조화를 꾀하려고 하는 것은 사실이다.

이상의 어느 법칙이나 자연이 가지고 있는 큰 조화와 균형의 표현에 불과하다. 즉 여러 법칙은 그 밑바탕에서 있어서 하나의 근원적인 것으로 서로 연결돼 있는 것이다. 그러나 같은 데서 출발한 같은 법칙도, 그것들이 나타난 방향의 차이에 따라서 다른 모습의 법칙으로 인간의 눈에 비쳤던 것에 불과하다.

자연의 본체를 절대무絶大無라고 할 때, 점이라고 본 자는 한 걸음 잘못을 범한 것이고, 원이라고 본 자는 두 걸음 잘못을 범한 것이다. 또 자연에는 넓이가 있고, 사물이 있고, 때가 있고, 변화가 있다고 본 자는 네 걸음, 다섯 걸음 착오를 범한 것이다. 그들은 자연의 본체에서 멀리 벗어났기 때문이다. 부증불감不增不減의 세계에서 점증점감漸增漸減을 설하는 수익 체감설은 자연을 참으로 안 것이라고 할 수 없다.

양분의 최소와 최대라는 것도, 자연에는 큰 것도 없고 작은 것도 없고, 있는 것은 다만 큰 조화뿐이라는 관점에서 보면, 일시적이고 부분적인 견해에 지나지 않는다. 공연히 상대관을 적용시켜서 상보와 상쇄, 균형과 불균형에 웃고 울 필요는 없었다. 그런데도 농학자들은 여러 가지 이론을 세우고 갖가지 설명을 덧붙여가며 더욱 자연에서 멀어지고, 자연의 질서를 파괴하고, 균형을 무너뜨리는 결과를 초래해왔던 것이다.

지상의 생물은 하나하나를 보면 태어났다가 죽어가고, 큰 덩어리로 보면 흥망성쇠의 역사를 되풀이한다. 크게는 우주 세계, 작게는 미생물 세계, 나아가 지극히 작은 무생물, 광물을 구성하는 원자와 전자의 세계에 있어서도 만물은 모두 다 일정한 원칙과 궤도를 따르는 유전을 되풀이하고 있다. 즉 만물은 일정한 질서를 유지하면서 유전하고, 동시에 근원에 있는 것을 따라 통일된 회귀를 한다.

이 이법理法을 억지로 이름 지으면 법륜적 만물유전귀일法輪的 萬物流轉歸一의 이론이라고 할 수 있다. 만물유전귀일은 '한 개의 원으로 융합하는' 모습이며, 한 개의 원은 또 한 개의 점으로 돌아가고, 점 또한 무無로 돌아간다는 법칙이다. 인간의 눈에는 무엇인가가 일어나고 무엇인가가 사라졌다고 보인다. 그러나 만물은 불생불멸이다. 생기지도 않고 사라지지도 않는다. 이 뜻은 단지 과학적으로 본 에너지 불변의 법칙을 가리키는 게 아니다.

농학의 여러 법칙도, 이 만물유전귀일의 이법이 보는 때와 경우에 따라서 변화되어 보인 데 지나지 않는다. 여러 법칙이 근원을 향해서 통일되어 있는 것은 당연하다. 본래부터 한몸이었기 때문이다. 수익 체감의 법칙, 최소율, 상보상쇄성이라고 하는 것도, 단순화해서 말하면 '조화'의 법칙이라고 해도 아무런 지장이 없었던 것이다. 문제는 본래 하나인 이 이법을 세 개, 다섯 개의 법칙으로 해석할 때, 자연은 보다 많이 해명되고 따라서 농업도 보다 많이 발전됐다고 볼 수 있느냐는 것이다.

자연의 본체를 알려고 여러 가지 각도에서 여러 법칙을 적용해서 해명을 시도하면, 예상대로 보다 깊고 많은 지식이 쌓이게 되는 것이 사실이다. 하지만 아는 것이 많아짐에 따라서 그만큼 점점 더 자연의 본체에 접근할 수 있었다는 믿음은 착각이다. 더 많이 해명하고, 그래서 아는 것이 많아짐에 따라, 인간은 오히려 자연으로부터 멀어지게 되기 때문이다.

자연의 밑바탕에 흐르고 있는 하나의 이법을 해체해서 만든 부품에 서로 다른 이름을 붙인 것이 앞에서 말한 여러 법칙들이다. 이들 여러 법칙을 긁어모으면 원래의 근원적인 이법이 되느냐 하면, 그렇지 않다. 이것은 장님이 보는 코끼리에 불과하다.

인간은 자연의 이법 어느 한 부분에 닿음으로써 자연 전체를 알 수 있다고 생각한다. 수량에는 한계가 있다. 균형이나 불균형 현상이 있다. 혹은 상보와 상쇄의 생사증감生死增減의 두 가지 면, 양분의 과부족 및 다소 등의 현상을 고찰해서 법칙을 세우거나 원리원칙이라고 일컬어지는 진리를 발견한다. 그리고 자연을 이법을 알 수 있다고, 자연을 해명할 수 있다고 믿고 있다.

자연 속의 이법을 해체해서 얻은 작은 부품(=여러 법칙)은 아무리 모아도 원래의 이법과 같아질 수 없다. 그 여러 법칙을 통해서 엿볼 수 있는 자연은 본래의 자연과 조금도 닮지 않았다. 그것은 당연한 일이다. 여러 법칙을 활용해서 이루어지는 과학농법은 자연의 이법을 활용하는 농법인 것처럼 보인다. 하지만 자연의 이법을 따르는 자연농법과는 완전히 다른 것이다.

자연농법이 유일한 이법에 입각하는 한 그 진리성은 보증되고, 영원한 생명을 가질 수 있다. 과학농법의 여러 법칙은 현상 규명에는 도움이 되지만, 현재 상황을 초월한 재배 기술에는 들어맞지 않는다. 그 법칙은 벼의 적극적인 증산, 즉 현재의 상황을 타파한 다수확에는 도움이 되지 않고 단순한 감손 방지에 쓸모가 있는 데 그친다.

모내기를 할 때 농부가 "1평방미터당 몇 포기를 심으면 좋으냐?"고 물으면, 농학자들은 다음과 같이 대답할 것이다.

수익체감의 법칙에 의해서 포기 수는 어느 정도지 그 이상 심는다고 해서 수량이 늘어나는 것은 아니다. 모의 성장과 분얼 수에는 상보와 상쇄성이 작용하기 때문에 너무 많지도 적지도 않게, 어느 범위 안에서 균형을 잡으며 안정될 것이다. 포기 수가 적어서 그것이 수량을 결정하는 제한 요소가 될 수도 있고, 너무 많은 것이 수량을 떨어뜨리는 요인이 될 수도 있다는 등등으로 설명하는 것이다.

그러나 이때 농부는 아마도 "그럼 나는 어떻게 하면 좋으냐?"고 되물을 수밖에 없을 것이다. 포기 수 하나만 보더라도 많은 것이 좋은지, 적은 것이 좋은지가 때와 경우에 따라서 답이 달라지기 때문에 어떻게도 할 수 없는 것이다. 그렇게 알고 있으면서도, 그것이 위에서처럼 끝도 없이 연구되고 의논돼왔다.

봄에 심은 모가 가을에는 몇 포기로 늘어나며, 모의 많고 적음이 수량에 어떻게 관계하느냐는 아무도 모르는 것이다. 다만 가을에 결과가 나온 뒤에라야, 올해는 고온 때문에 줄기가 많은 것이 나빴다, 올해는 기온이 낮았기 때문에 줄기가 적었고 그것이 나빴다는 등 뒷북을 칠 수 있을 뿐이다. 그러므로 여러 법칙은 결과론으로서 도움이 될 뿐, 현상을 뛰어넘는 데는 쓸모가 없다.

C. 리비히의 양분 최소율 비판

생산 증강이라든지 다수확 등을 생각할 경우, 보통 수량에 영향을 미치는 조건, 즉 생산 구성요소를 다음과 같이 든다.

기상적 조건 — 햇빛, 온도, 습도, 풍력, 공기, 산소, 탄산가스, 수소 등
지리적 조건 — 물리적 조건, 구조, 수분, 공기, 화학적 조건, 무기질,
　　　　　　　 유기질, 양분, 성분
생물적 조건 — 동물적 조건
　　　　　　　 식물적 조건
　　　　　　　 미생물 조건
인위적 조건 — 품종
　　　　　　　 재배
　　　　　　　 비료
　　　　　　　 병충

위와 같은, 생산을 구성하는 조건이나 요소를 조립해서 각 부문에 관한 전문적인 연구를 수행하거나 혹은 종합적인 판단을 내리면서 수량을 높여가고자 것이 현재 과학농법의 방식이다.

생산을 구성하는 요소를 여러 가지 들고, 이들 요소들의 부분적 개선을 꾀해나가면 생산성이 향상되리라는 생각은, 서양 근대농법의 확립에 커다란 역할을 한 리비히의 사고방식에서 출발한다고 보아도 무방할 것이다.

리비히의 사고방식은, 수량은 "수량을 구성하는 영양 요소 중에서 공급량이 적은 것에 지배된다"는 것이다. 이 생각을 확대 연장하면, "수량은 이것을 구성하는 요소의 개선에 의해서 증산이 가능하고, 특히 가장 조건이 나쁜 요소가 수량을 높이는 데 가장 큰 방해가 되기 때문에, 이것을 중점적으로 연구하고 개선함으로써 눈에 띄게 수량을 높일 수가 있다"는 것이다.

리비히의 통을 보면 알 수 있지만, 수량을 구성하는 옆 판자 중 한

장이라도 나쁘거나 낮으면 거기까지밖에 물을 채울 수 없다. 즉 수량

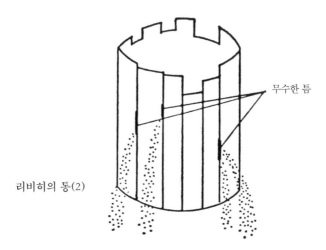

무수한 틈

리비히의 통(2)

을 구성하는 요소 중에 하나라도 공급이 불충분하면, 수확량은 그것
에 의해 결정적으로 지배되며 치명상을 입게 된다는 것이다. 그러나
실제는 그렇지 않다.

작물의 영양이 되는 성분들을 분해하고 분석적으로 연구해가면, 질
소와 인산과 가리, 칼슘, 망간, 마그네슘 등으로 그 성분이 수없이 나
누어지는 것은 사실이다. 하지만 각 요소를 충분히 공급하면 수량을
높일 수가 있다고 보는 데는 문제가 있다. 수량을 높이는 것이 아니라
보존, 유지할 수 있다고 해야 한다. 증수를 할 수 있는 것이 아니라 줄
어드는 것을 막을 수 있다고 정정해야만 한다.

원래 리비히가 만든 통은 다음 두 가지 점에서 그 실용성이 떨어
진다.

첫째는, 그 통에는 통을 받치는 받침대가 없다는 것이다. 작물의 수
량은 하나의 요소만으로 결정되는 게 아니라 재배 조건과 요소의 총

자연과학의 착오

괄적 결과이다. 따라서 요소와 양분 하나하나의 과부족이 수량에 미치는 영향을 고려하기 이전에, 영양분 그 자체가 수량 결정에 어느 정도 참여할 수 있는 요소가 되느냐가 결정되어야 한다.

영양분이라는 요소가 담당하는 한계와 위치와 영역이 명백하지 않으면 영양분에 대한 연구 성과도 헛수고가 된다. 리비히의 통은 공중에 떠 있는 통이다. 수량이란 무수한 복합조건에 의해서 구성되기 때문에, 이 통은 수많은 조건을 나타내는 토대나 받침대 위에 있는 것으로 다시 그려져야 한다.

수량 조건

기상 조건

병충해 조건

경종耕種 조건

비배肥培 조건

환경 조건

기초 조건

자연농법

실제로 수량은 앞 그림과 같은 각종 조건과 요소와 규모와 공급량 등에 의해서 결정되는 것으로, 한 요소의 공급 부족이 수량에 미치는 영향은 아주 적다. 뿐만 아니라 실제로 그 과부족이 열이냐 하나냐도 알 수 없다.

통을 떠받치는 토대나 받침대의 기울기에 따라 통이 기울어지면 그 속에 넣을 수 있는 수량도 변화한다. 즉 통 속에 들어가는 수량은 옆 판자의 높낮이보다 그 통의 기울기에 지배되는 정도가 크고, 영양분의 많고 적음은 무의미할 만큼 그 영향이 낮은 경우도 많다는 것을 알 수 있다.

두 번째는, 이 통에는 테가 없다는 것이다. 옆 판자의 높낮이를 논하기 전에 문제가 되는 것은 옆 판자와 판자 사이의 밀착 정도다. 테가 없는 통은 물이 심하게 새기 때문에 물을 채울 수가 없다. 테를 단단히 매어두지 않으면 양분과 양분 사이에서 물이 새어나간다는 것은, 각 양분 간의 관련성이 인간에게 완전히 알려져 있지 않다는 것을 뜻한다.

질소, 인산, 가리… 등등 수십 종에 이르는 영양분의 참다운 결합에 대해서조차, 현재는 아무것도 알려져 있지 않은 상태라고 할 수 있다. 양분별로 개별적인 연구가 얼마간 이루어지고 있지만, 한 작물을 구성하는 모든 영양분의 유기적인 결합 관계가 밝혀졌다고는 할 수 없다.

나아가 양분 중의 한 요소를 해명하려 할 때도 모든 요소, 곧 토양, 비료, 경종, 병충, 기상 환경 등 모든 요소 사이의 완전한 결합 관계가 동시에 해명되어야 한다. 하지만 그것은 때와 장소가 항상 유동적이라는 점에서 보더라도 불가능한 일이다. 각 양분의 결합 관계를 모른다는 것은, 이 통을 묶는 테가 없다는 것이다. 농업시험장 안에도 경종, 비료, 병충해 부서가 있지만, 예를 들어 그 부서들을 기획부가 혹은 농업시험장의 장장이 총괄하고 있다고 하더라도 참다운 일체화는 불가능한 것과 마찬가지다.

여기서 결론을 말하면, 리비히의 통이 양분을 나타내는 몇 가지 판자로 조립되어 있는 한, 이 통에는 물을 채울 수 없다는 것이다. 바꿔 말하면, 리비히의 통과 같은 사고방식에서는 진정한 증산 대책이 나올 수 없다는 것이다. 진짜 증산 대책은 통의 구조를 조사한다거나, 그 수리로 구성되는 것이 아니다. 근본적으로 통의 모습과 틀을 변혁하는 길밖에 없다.

리비히의 양분 최소율 법칙을 확대 해석해서 모든 생산 조건을 개선해감으로써 증산을 꾀할 수 있다고 생각하거나, 결함 요소가 수량을 지배하기 때문에 먼저 결함 요소의 개선을 도모한다는 사고방식도 같은 잘못을 범하고 있다.

어느 지역은 기상 조건이 나쁘기 때문에 수량이 올라가지 않는다든가, 토지 조건이 나쁘기 때문에 이것을 개선하는 것이 선결 문제라는 등의 말을 자주 듣는다. 그런데 이런 생각은 공장에서의 생산이 각종 재료, 제조 기계, 노력, 자본 등에 의해서 구성되고, 이것들 중에서 하나가 나빠 생산 능률이 낮아지는 경우 그 문제를 개선하면 생산력이 증강된다고 판단하는 것과 같은 생각이다. 그러나 자연 상황 아래의 농작물 재배는 무기적인 화학공장에서의 생산과는 근본적으로 다른 것이다. 유기적인 종합체는 단순한 부품 교환에 의해서 강화될 수 없는 것이다.

양분 최소율이라는 사고방식이나 분석과학의 사고방식이 범하고 있는 오류를 실제 농학 연구의 발자취를 따라가면서 살펴보기로 한다.

D. 부문별 연구의 오류

농작물의 재배 연구는, 실제로 생산 조건을 분석하는 일로부터 시작하여 생산성을 높이는 데 필요한 각 조건의 개선을 도모하기 위해 경종, 토양비료, 병충해 등의 부문이 개발된 데서부터 출발했다. 그렇게 각 부문별 연구가 진행되고, 그 결과가 모여서 하나의 실천 기술로서 생산력 증강에 쓰여왔던 것이다. 이때 가장 중요한 연구 과제는 생산력에 지배적인 영향을 미치는 것들이었다.

농업시험장에서 경종부의 사람들은 누가 뭐라 해도 수확량을 높이기 위한 기본 조건은 경종 개선에 있다 여기고 씨앗을 언제 어디에 어떻게 뿌릴 것이냐, 논밭을 어떻게 가는 게 좋냐 등이 작물 재배 연구의 첫걸음이라고 생각하고 있다.

비료부의 사람들은 "비료를 주면 식물은 얼마든지 자란다. 낮은 수확량에 만족한다면 몰라도 다수확을 바란다면 거름을 많이 줘야 한다. 비료를 주는 기술이야말로 적극적인 증산 기술이다"라고 확신하고 있다. 또 병충해 연구자는 "다수확을 목표로 아무리 잘 길러도 마지막에 병충해의 피해를 입게 되면 아무 소용이 없다. 병충해 방제 기술이야말로 다수확 기술을 확립하기 위한 전제 조건이다"고 말한다.

과연 무엇이 가장 중요한 요소냐는 별도로 하더라도, 그들의 말을 들어보면 모든 요소가 생산성 향상에 도움이 될 것처럼 보인다. 하지만 일반적으로는 증산에 직접적이고 적극적으로 도움이 되는 것은 경종, 육종育種, 시비施肥 기술 등이다. 또 수량을 감소시키는 것은 병충해이고, 치명적 타격을 주는 것은 기상상의 재해라 여기고 있다.

그러나 자연조건 아래서 과연 이들은 각각 단독으로 수확량을 결정하는 중요 요소가 되고 있고, 증산의 역할을 다하고 있는 것일까? 또한 요소 간의 중요성에 있어서 교차가 있는 것이 아닐까? 직접 감소로 이어지는 요소 중에서 가장 큰 피해를 주는 것은 기상재해인데, 그 경우를 생각해보자.

벼이삭이 팰 때의 폭풍이나 모내기 직후의 홍수, 침수 등의 경우는 생산 요소의 조합이 어떻든 수량에 결정적인 타격을 주는 일이 있다. 그러나 이 경우에도 자세히 살펴보면, 피해가 똑같지 않고 쉽게 피해율이 나오는 것도 아니다. 동일한 폭풍이라 할지라도 장소와 시간에 따라서 상당한 차이가 있고, 같은 지역의 벼도 쓰러진 것, 그렇지 않은 것, 이삭이 망가진 것, 그렇지 않은 것, 열매 맺는 비율도 20~30퍼센트에서 70~80퍼센트까지 여러 가지 양상을 보인다. 같은 홍수, 침수에도 곧 회복해서 일어나는 것, 썩어서 죽어가는 것 등 여러 가지다.

이것은 벼의 품종, 재배 방법, 병충해 방제 등 여러 가지 요소가 다 건강한 상태를 유지하면 재해의 정도가 가벼워진다거나 하며, 성장 상태나 환경에 따라 서로 다르게 회복을 하기 때문이다. 곧 동일한 재해라도 그 밖의 생산 요소와 불가분의 관계를 맺고 있다. 어떤 한 요소가 독단으로 다른 요소를 넘어서 수량을 지배하거나 결정하는 힘을 가지고 있다고 생각해서는 안 된다.

병충해의 경우도 마찬가지로, 이화명충二化螟蟲의 피해가 2할 있다고 하여 수량도 2할 감소하는 것은 아니다. 실제로는 피해가 있으면서도 수량이 증가하는 경우조차 있다. 벼멸구의 피해가 2할 정도 예상되는 경우에도, 농약을 써서 죽이지 않고 그냥 내버려두면 거미나 개구리가 많이 발생하여 오히려 벼멸구의 피해가 사라지고 없는 일도 있다.

병충해가 발생하는 데는 수많은 원인의 원인들이 있기 때문에, 그 원인을 거슬러 올라가면서 찾아가면 그 피해를 대개 아주 작은 데서 막을 수 있다. 자연농법이 병충해 방제보다 건전한 작물을 기르는 데서 병충해를 방제하는 길을 찾는 것은 요소와 요소 간의 관련성 등을 대국적인 입장에서 보기 때문이다.

육종의 목표는 다수확, 재배의 용이도 등을 목표로 신품종을 만드는 데 있다. 하지만 과거 수십 년 동안 세계의 육종학자가 연구를 거듭하며 몇십만 몇백만의 새 품종을 잇달아 만들어냈지만, 그것들은 이내 사라져갔다. 그것은 그 품종에 기대되는 목표가 시대와 장소에 따라서 달라지기 때문이고, 품종의 문제는 그 한 가지 요소에 의해서 해결되는 것이 아니라는 사실을 한마디로 증명하는 사례라고 할 수 있다.

품종 개량 기술은 수량이나 품질 개량이라는 점에서 일시적인 의미를 가질 수는 있지만, 영속적이고 보편적인 의미는 가질 수가 없다. 경종 기술도 그렇다. 논밭을 어떻게 갈고, 언제 어떻게 씨를 뿌리고 모를 키우느냐 등이 재배의 기본이 되는 기술이라는 점은 부정할 수 없지만, 이 기술의 솜씨에 따라서 기본적인 수량이 결정된다는 생각은 잘못이다.

논밭을 깊이 가는 것이 수량 결정에 중요한 요소라고 믿어왔는데, 이제는 경운이 필요 없는 경우가 있다. 사이갈이, 김매기, 옮겨심기 등 농부에게 가장 중요하다고 생각되는 작업들이 다 필요 없다는 입장도 있다. 그것들도 다 시대마다 바뀌는 조건에 따라서 좌우되고 있는 것이다.

또한 비료의 양과 시비 방법이 직접적인 증산 대책으로 이어지는 기술이라고 생각하는 데도 함정이 있다. 비료를 많이 주는 데서 오는 피해는 물론, 다른 요소와의 관련 등에 의해서도 시비는 좋게도 나쁘게도 바뀔 수가 있다. 요컨대 생산에 관여하는 요소 가운데 어느 하나를 보더라도 단독으로 수량과 품질을 결정하는 힘을 가지고 있는 것은 없다. 이것들은 따로 떼어서 생각할 수 없는, 다른 많은 요소들과의 연대책임 아래서 수량을 구성해가는 것이다.

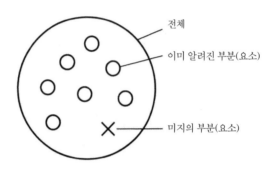

자연을 분별적인 지식으로 인식한 순간부터, 과학자는 자연을 산산조각으로 부순 것이다. 그리고 근원에서는 하나였던 농작물의 생산에 관계되는 여러 요소들을 뿔뿔이 해체해놓고, 각각 다른 연구실에서 그 작은 조각을 연구하고 그 연구 보고를 검토함으로써 생산성이 향상된다고 믿고 있는 것이 과학농법의 현실이다. 이 방법은 현상의 해명에는 유용하다고도 할 수 있고, 또한 생산성의 저하를 막는 수단이 되기도 하지만, 생산성의 향상과 비약적인 다수확의 길을 발견할 수 있는 길은 아니다. 그뿐만 아니라 각 요소가 세분화되고 전문적인 연구가 첨예화됨에 따라서 본말의 전도, 곧 앞뒤가 뒤바뀌는 결과를 낳고 있다.

왜냐하면 각 요소를 나누고 그 위에서 부분적인 전문 연구가 진행되면 진행될수록, 그 부분은 완전에 가까이 가는 것처럼 보이지만 실제로는 전체에서는 멀어져 가기 때문이다. 오히려 불완전성을 증가시키는 결과를 낳는 것이다.

더 세부적으로 나누고 연구해 나가는 것은, 생산성의 개선에 도움이 되지 않고 오히려 나쁜 결과를 초래하는 역효과를 빚어낸다. 생산력을 증가시키려는 수단이 실제로는 자연 파괴로 이어지고, 결국은 종합적인 생산력의 기형화와 저하를 초래하는 것이다. 학문을 전문화해서 부분적인 연구에 열중하고, 그 축적이 전체를 파악하는 수단이 된다고 확신하는 것 자체가 착각이다.

부분은 전체의 일부지만, 부분의 집합이 전체는 아니다. 부분 집합의 무한이란, 미지의 것이, 곧 알지 못하는 것이 무한하게 섞여 있다는 뜻이다. 거기서는 끝없는 단절이 생기기 때문에, 그 결과를 가지고 전체를 완성하는 것은 불가능하다.

과학농법은 부분적 연구에서 출발하여 전체에 이르고, 부분을 개선함으로써 전체를 개선할 수도 있다고 믿고 있지만, 자연은 어디까지나 나누면 안 되는 것이다. 인간은 부분을 알려는 데 급급하다가 전체의 진실을 잊어버리고 있다. 바꿔 말하면, 부분을 알려고 하면, 필연적으로 전체를 잃게 된다.

부분적인 연구는 부분적인 효용밖에 없다. 과학농법은 부분적인 개선에 그치게 되는 것으로서, 일시적 또는 부분적으로는 다수확, 증산이 가능한 것처럼 보이지만, 이러한 국소적이고 일시적인 증산 대책은 자연의 복원력(균형 회복력)에 의한 반격을 불러와 어느 순간 어이없이 무너지며, 최종적으로는 다수확으로 이어지지 않는다.

인간의 지식을 종합한 과학농법에 의한 생산력은 완전체인 자연 그 자체의 힘, 즉 자연농법을 이길 수 없다.

자연과학의 착오

부분적이며 불완전한 인간의 지식은 전체적이고 완전한 자연의 지혜를 이길 수 없다.

즉 인간의 지식에 의한 생산력 증강 대책은 부분적이기 때문에, 전체에서 보면 결과적으로는 생산력 저하 방지책으로 이어질 수는 있어도, 비약적인 증대책은 될 수 없다. 인간의 눈에는 증수 대책으로 보이는 것도 사실은 단지 감소 방지책의 범위를 벗어날 수가 없다. 즉 자연 수확량에 미치지 못한다는 것을 힘들여 증명하고 있을 뿐인 것이다.

E. 귀납법과 연역법 비판

과학 비판에 관해서는, 과학적 추리 및 사고의 손발이 되고 있는 귀납법과 연역법을 비판함으로써 그 밑바탕에 깔린 오류를 근본적으로 지적할 수 있다.

벼에 대한 연구를 예로 들어 검토해보자.

보통은 먼저 일반적으로 개개의 사실로부터 귀납하여 일반적인 명제를 이끌어낸다. 예를 들면, 벼를 모든 각도에서 보고 검토한다. 볍씨 파종량을 여러 가지로 바꿔보고, 가장 수확이 많았던 경우를 적량이라고 생각한다. 못자리하는 날, 모내기를 할 때의 포기 수나 그루 간격 등을 여러 가지로 바꿔보고 적당한 그루 간격을 결정한다. 여러 가지 품종을 나란히 심어놓고, 서로 비교해서 수확량이 많은 것을 선정한다. 비료와 양분 면에서도 질소, 인산, 가리의 양을 바꿔보고 사용 기준을 정해간다. 이런 사고방식과 수단으로써 모든 면에 걸쳐 알맞은 방법과 양을 결정하고, 그 위에서 종합 판단을 내리고 재배 기준을 정하면, 벼농사의 개선에 도움이 되리라고 생각하고 있다.

그러나 문제는, 부분적인 개량 수단을 모으는 것이 전체적으로 볼 때도 최선이 될 수 있느냐 하는 것이다.

벼 다수확을 목표로 한 현재까지의 연구 대부분이 실제로는 거의 도움이 되지 않고 있다고 하는 것은, 근본적으로는 이 문제와 관련이 있기 때문이다. 품종 개량으로 10퍼센트, 경종의 개선으로 10퍼센트, 시비 방법의 개선으로 10퍼센트, 병충해 방제로써 10퍼센트의 개선 대책이 취해지면, 모두 합쳐서 40퍼센트 증수가 돼야 하는데, 이를 모두 합친 실제 성적이 2퍼센트에서 10퍼센트 사이의 증수라도 되면 양호하다는 게 현실이다.

1+1+1=3이 안 되고 1이 되는 것은 왜인가? 그것은 거울을 깬 뒤 다시 붙였을 때 원래의 거울로 복원이 되면 좋은 편이고, 결코 그 이상은 될 수 없는 것과 마찬가지다. 농업시험장의 성적이 1965년 무렵까지 대개 300평당 180~240킬로그램 범위 안에 그쳤던 것은, 그 정도의 벼를 검토하고 그것이 어떻게 되어 있는가를 설명했음에 지나지 않았던 것이다.

일반 농가가 올리고 있는 수확량 이상의 다수확 기술을 연구할 생각이었지만, 결과적으로는 농가의 벼에 과학적 해석을 한 데 불과하고, 농가의 벼를 넘어서는 벼에는 이르지 못했다. 이것이 귀납적 실험의 숙명이다.

과학농법은 귀납법을 통해 연구를 진행하고, 보편적인 명제로부터 특수한 명제를 이끌어내는 연역적 추리를 통해 연구가 달성된다.

자연농법은 직관에서 출발한 연역적 추리를 통해 먼저 결론이 세워진다. 단순한 공상적 상상에서 가설을 세우는 것이 아니다. 직관적인 파악을 통한 결론(대국적, 대승적)을 목표로 한다. 그 과정 속에서는 그

때, 그곳에 맞는 결론(국소적, 소승적)을 상정하고 그 결론에 맞는 구체적인 방법을 찾는 것이다.

결론(이론)이 먼저 나와 있고, 거기에 도달하는 구체적인 대책은 뒤에 찾는다. 현상을 여러 가지로 조사하고, 그 속에서 하나의 이론을 발견하고, 그 이론을 도구로 삼아 한 걸음 한 걸음 현상의 개선을 꾀하면서 결론을 찾아가는 귀납법과는 대조적이다. 전자에는 결론이 있지만, 구체적인 대책이 없다. 후자에는 구체적인 대책은 있지만, 결론이 없다.

벼농사의 경우로 말하면, 자연농법에서는 우선 직관적인 추리로써 이상적인 벼농사를 상정하고, 거기에 가까운 벼는 어떤 환경과 조건 아래서 생기게 되는가를 추리해서 이상적인 벼를 기르기 구체적인 대책을 세운다. 반면에 과학농법에서는 여러 각도에서 벼를 연구하고, 각종의 재배 실험을 통해서 서서히 벼농사의 다수확 방법을 개발해 나가려고 한다.

과학농법의 귀납적 실험에는 목표가 없다. 어느 쪽을 향해서 나아가고 있는지도 모르는 채, 한 걸음 전진한 발자국을 그 연구 성과라 하며 만족하고 있다. 그 발자국을 과학적 업적이라 믿고, 그것을 쌓아 나가면 틀림없이 앞으로 나아가게 될 것이라 믿고 있다. 하지만 뚜렷한 목표가 없을 경우, 그 한 걸음의 전진은 방황에 지나지 않을 뿐 전진이 아니다.

과학자는 귀납적 실험이 국시적이고 맹목적이란 걸 충분히 잘 알고 있고, 연역적 추리에 대해서도 알고 있을 것이 틀림없다. 그런데 실제로는 아무래도 눈앞에서 확실하게 성적을 올리기 쉬운 귀납적인 실험에 의지해버리는 것이다.

언뜻 공상적으로 보이기 쉬운 연역적 실험은, 처음에는 실마리를 발견하기 어렵다는 점과, 오랜 세월과 넓은 장소를 필요로 하는 일이 많기 때문에, 실험실에 갇혀 있고 싶어하는 학자들은 그것을 싫어한다. 그러나 실제 농업의 발달은 이 양자가 앞서거니 뒤서거니 하는 모습으로 진행되어왔다. 그런가 하면 농업의 비약적인 발달은 언제나 연역적 발상에서 출발했다. 그 발상은 괴짜 농사꾼이나 한 기인의 엉뚱한 생각에서 시작된다.

그들의 착상은 대개 국소적이며 보편성이 없기 때문에 무시되기 쉬운데, 그것을 실마리로 과학자가 귀납적 실험을 통해 분해하고 조립하고 확인해서 이것을 보편적인 기술로까지 이끌어 올리면, 이번에는 본격적으로 농민이 활용할 수 있는 기술이 되고 또 실제로 널리 보급되어 농민에게 도움이 되었던 예가 많다.

하여튼 실제로 농업 발달의 지도력 또는 견인차가 되고 있는 것은 그 길의 지도자나 과학자의 귀납적 이론이라 하더라도, 최초의 발상이나 철길을 놓은 것은 선진 농가의 연역적 발상이었거나 농업과는 전혀 관계가 없는 사람들의 영감에서 출발한 경우가 많다.

요컨대 귀납법은 현상 해명에 그치고 소극적인 감손 방지에 도움이 될 뿐, 현실 개선은 할 수가 없다. 이것을 초월한 적극적인 증산 대책은 연역적 추리의 발상을 기다리지 않으면 안 된다. 연역적 추리란 일반적으로 뚜렷하지 않은 것으로서, 귀납에 맞서는 연역이라는 영역에 머무는 한 비약적인 증산 대책은 생길 수 없는 것이다.

참다운 연역은 귀납에 상대하는 연역이 아니라, 이 현상계를 초월한 자리에서 출발한 것이어야 한다. 참다운 연역은 대자연의 본체를 달관한 상태에서 파악할 수 있고, 또 최후 목표를 잡을 수 있을 때 비로소 일어난다. 인간은 대자연의 그림자를 보고 있음에 불과하다. 따라서 참다운 목표도 찾을 수가 없고, 이때의 연역은 귀납과 표리일체의 연역에 지나지 않는다. 참다운 연역의 그림자일 뿐인 연역적 추리에 그칠 수밖에 없다. 참다운 증산 대책과 감산 방지책을 같은 씨름판에서 논평함으로써, 농업이 발전하지 못하고 헤매는 일이 끊이지 않고 이어지는 결과를 빚어내고 있는 것이다.

다시 한 번 귀납법과 연역법의 관계를 알기 쉽게 설명해보자. 그 둘은 서로를 밧줄로 이어 맨 채 암벽을 올라가는 등산가의 모습이다. 주위를 확인하며 발판을 만들어놓은 뒤 앞서 가는 남자를 밀어 올리는 것이 귀납적인 입장이고, 먼저 가는 남자가 높은 곳에서 밧줄을 내려서 뒤에 오는 남자를 한층 높은 곳으로 끌어올리는 것이 연역적 입장이다.

귀납과 연역은 서로 상대적인 관계에 있고, 둘이면서 하나이다. 과학농법은 귀납적 실험을 주체로 하면서도, 연역적 추리도 섞어가면서 발달해온 것이 사실이다. 하지만 그 때문에 감산 방지책과 증산 대책이 뒤섞이게 됨으로써, 방향을 잃는 위험성도 함께 갖고 있는 셈이다.

이 경우의 연역은 단순히 귀납에 상대되는 연역으로서, 점진적인 수확량 증가는 가능해도 비약적인 다수확을 가능하게 하지는 못한다. 밧줄로 매어진 두 등산가와 마찬가지로 느린 전진이 있을 뿐이고, 도달할 목표 또한 이미 산꼭대기로 정해져 있기 때문에 그 한계를 넘을 수는 없다.

근본적 개혁으로써 비약적 다수확을 추구할 경우에는, 귀납에 상대되는 연역이 아니라, 이것을 넘어선 연역법을 통한 것이어야 한다. 이것을 일단 나는 직관적 추리법이라고 이름지어 놓는다.

둘이서 밧줄로 올라가기만 하는 것이 아니라 완전히 다른 방법, 예를 들어서 혼자서 헬리콥터로 올라가는 것과 같은, 귀납과 연역을 초월한, 말하자면 직관적 추리를 통해서 자연농법의 사고는 전개된다.

자연농법은 참다운 직관을 바탕으로 한 파악에 발상의 근거를 두어야 하지만, 무엇을 참으로 파악해서 출발하느냐 하면, 그것은 물론 눈앞의 현상을 초월한 곳의 대자연을 보고 파악한 자연이어야 한다. 거기에는 무한한 증산 대책이 숨겨져 있다. 눈앞의 사물을 초월한 곳을 바라봐야만 한다.

F. 다수확 이론의 결함

일반적으로, 자연의 힘을 이용하고 또 거기다 인간의 지식을 더한 과학농법이 경제성에 있어서나 수확량에 있어서나 자연농법보다는 뛰어나다 또는 우수하다고 생각되기 쉽지만 실제의 결론은 그렇지 않다.

1) 원래 과학농법은 수확량을 구성하는 여러 요소를 찾아내고 각각의 개선책을 마련해왔다. 하지만 자연은 분해하고 분석할 수는 있어도 조립해서 합성할 수는 없다. 그렇게 할 수 있는 것처럼 보이는 것은 자연과 비슷한 불완전한 것일 뿐이다. 본질적으로는 자연농법 이상이 될 수 없다는 것이다.

2) 일반적인 다수확 이론 및 방법은 자연 수량에서 보면, 그 자연 수량에 가까워지기 위한 이론과 방법에 지나지 않았다. 바꿔 말하면, 결과적으로는 비약적인 다수확을 목표로 한 것이 아니라 소극적인 감산 방지책에 지나지 않았다.

3) 자연 수량을 뛰어넘는 다수확을 과학적으로, 인공의 힘만으로

달성하려고 하는 것은 불완전성의 증대일 뿐 좋지 않은 결과를 낳고,
거시적으로 보면 이로울 게 없는 헛된 노력에 지나지 않는다. 요컨대
자연을 벗어난 다수확은 불가능하다.

　자연농법과 과학농법의 수량을 한눈에 볼 수 있도록 그림으로 그리
면 다음과 같다.

수량 비교

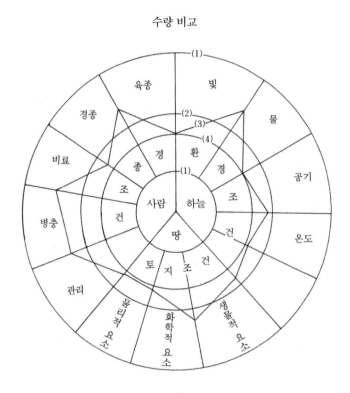

　(1) 대승적 자연농법의 수확량
　(2) 소승적 자연농법의 수확량
　(3) 과학적 농법의 수확량
　(4) 리비히의 법칙에 의한 수확량

가장 큰 원(1)은 순수한 대승적 자연농법의 수량을 나타내는데, 이것은 본래 다소多少나 대소로 표현할 수 없는 것이고, 그림 한가운데의 한 점, 즉 무無의 세계에 해당한다(가장 작은 원). 원(2)는 상대적으로 파악된 소승적 자연농법의 수량으로 항상 원(3)의 과학농법의 수량과 병행해서 전진한다. 원(4)는 리비히의 법칙에 의해서 추정되는 수량이다.

수량의 구성 요소로부터 생각한다

수량을 구성하는 여러 요소가 수량을 구성해가는 과정을 빌딩식으로 도표화해서 설명해본다(다음 도표 참고). 이 그림은 대자연이라는 암반 위에 수량을 구성하는 온갖 요소들을 재료로 써서 지은 호텔이나 창고와 같은 것이다. 이 빌딩의 각 층 및 각 방은 재배 조건과 수량에 관계된 여러 요소들을 나타낸 것이다. 각 층과 각 방은 각각 다른 것이지만, 또한 불가분의 관계를 가진 것이기도 하다. 이 수량 구성 건물에서 다음과 같은 것을 엿볼 수 있다.

1) 수량은 빌딩의 크기와 각 방의 충실도에 의해서 결정된다.

2) 수량의 최고 한도는 암반의 강도, 부지의 넓이, 즉 자연환경이라는 조건에 따라서 그 한계가 결정되므로 수량의 대세는 이 빌딩을 설계할 때 이미 예상되어 있으며, 빌딩의 크기와 골조가 세워질 때 이미 결정된다. 더구나 여기서는 최고의 수량은 자연 수량이라 불러야 하는 것으로서, 이것이 인간에게는 최고, 최량의 수량이 된다.

3) 실제 수량은 이 최고 수량보다는 훨씬 떨어진다. 즉 실제로는 빌딩 각 층 각 방에 수확물이 가득 채워지는 일은 없기 때문이다. 호텔로 말하면, 항상 몇 개의 공실이 생기는 것과 마찬가지로, 언제나 재배 요

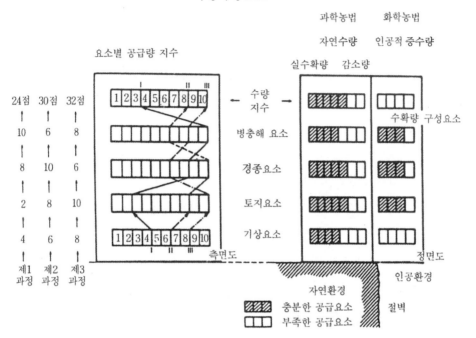

수량 구성 요소

소의 어딘가에 결함이 생기거나 갖춰지지 않은 것이 있어서 감소량이 생기게 마련이다. 따라서 실제 수확은 건물의 크기와 방의 숫자에서 빈 방을 뺀 양이 된다.

4) 일반적으로 취해지는 과학적 증산 대책은 각 방을 어떤 방법으로 가득 채우느냐인데, 그것은 넓은 안목에서 보면 감손 방지책에 지나지 않는다. 따라서 적극적인 증산 대책은 건물의 뼈대 자체를 바꾸는 일 말고는 없다.

5) 자연을 뛰어넘는, 혹은 무시하는 순 인공적 환경 아래서 이루어지는 공장 방식의 증산은, 이 자연 빌딩 바로 옆에 또 다른 인공 건물을 증축했을 경우와 마찬가지로, 증산 분량(곧 증축 부분)이 사상누각처

럼 항상 무너질 위험을 안고 있다. 불안정하기 때문에 참다운 생산이 아닐 뿐만 아니라, 실제로도 인간의 실익(행복)으로 이어지지 않는다.

6) 각 방을 가득 채우면 감소량이 적어지며 실제 수량이 증가해갈 것처럼 보이지만, 실제로는 가득 채우기가 불가능하다. 각 층의 각 방은 서로 밀접하게, 나눌 수 없게 연결돼 있기 때문이다.

이런 점에서 이 빌딩이 의미하는 것에 대해 설명을 더해본다.

리비히가 생각한 것처럼 벼의 수량이 구성 요소들 가운데에서 공급이 가장 적은 요소에 지배된다고 한다면, 예를 들어 비료라는 요소에 결함이 있을 때는 그 부분을 개선하고 병충해 대책에 잘못이 있으면 이것을 바로잡으면 된다는 이야기가 된다. 그러나 실제로는 이 건물에서 4층만의, 또는 2층의 어느 한 방만의 개축이 무리인 것과 마찬가지로, 부분적 개선은 허용되지 않는다. 왜냐하면 어떤 조건 하나의 좋고 나쁨과 많고 적음은 정해진 기준이 없이 끊임없이 바뀌는 것이기 때문이다. 어떤 요소 하나의 좋고 나쁨과 많고 적음은 다른 요소의 좋고 나쁨과 많고 적음의 변화에 따라서 상대적으로 변하는 것으로서, 서로 상보되거나 상쇄되는 것으로서 항상 유동적이다.

결론적으로 말해서, 인간의 근시안적인 시야에서 본 각 요소의 개선책은 그 한 부분, 즉 방 하나의 개선책은 될 수 있을지언정, 그것이 전체 건물에 어떤 영향을 주느냐 하는 이유를 모를 경우에는, 진정한 개선책이 될 수 없다.

호텔 경영에 비추어보면 잘 알 수 있다. 객실 수나 빈 방이 없는 것만으로는 경영 상태를 판단할 수 없다. 빈 방이 있어도, 그 옆방에 손님이 여러 명 들었거나, 경우에 따라서는 많은 손님보다 한 사람의 손님이 좋은 손님일 수도 있다. 방 하나의 조건이 좋은 것이 반드시 전체의 경영에 좋은 결과를 가져오는 것도 아니고, 1층의 악조건이 반드시 2층, 3층에 나쁜 영향을 미치는 것도 아니다. 빌딩의 각 층, 각 방은 따로따로이면서 긴밀한 연락을 취하고 있는 하나의 유기체이다. 최종적인 수량은 무한하게 연결된 각 요소와 조건들의 조합, 그 과정에 따라서 결정된다고도 할 수 있지만, 사장이 바뀌면 건물의 분위기가 완전히 바뀌게 되는 것처럼, 뜻밖의 어떤 요소와 조건의 변화에 따라서 전체가 변화해갈 수도 있다.

결국 수량을 구성하는 요소 중에서 무엇이 어떻게 쓸모가 있고 없느냐를 예측할 수는 없다는 것이다. 결과에 대한 해설을 할 수 있을 뿐이다.

올해에 어떤 품종의 볍씨가 좋았다고 하더라도, 왜 그 품종이 좋았는지는 무한한 요소와 조건이 관계되어 있기 때문에 진짜 이유를 알수가 없다. 따라서 내년에도 그 품종이 좋다고는 할 수가 없다.

극단적으로 말하면, 태풍이 어떻게 부느냐에 따라 모든 요소가 수확량에 미치는 영향에 변조가 일어난다. 악조건이 호조건으로 역전되는 일도 있다. 작년에는 비료를 너무 많이 줘서 작물이 지나치게 자라며 벌레가 많이 생겨 실패를 보았다고 하더라도, 올해 바람이 잘 불어준 관계로 통풍이 좋아지고 그에 따라 벌레 발생이 줄어들었다면 비료를 많이 주어도 성공할 수 있다. 무엇이 행운이 되고, 불운의 씨가될지 예측할 수 없는 것이다. 그러므로 부분적인 요소의 개선책에 일희일비할 일이 아니다.

각 요소에 주의를 돌리는 것은, 호텔 지배인이 각 방의 전등을 켜고 끄는 일에만 신경을 쓰고 있으면 안 되는 것과 마찬가지로, 적극적인 대책의 출발점이 아니다. 적극적인 다수확 방법은 이 빌딩의 수용인

원을 늘리는 일밖에 없다는 건 누구나 알 수 있는 일이지만, 문제는 이 빌딩의 개축이 과연 가능하냐이고, 가능하다고 한다면 어떻게 할 것이냐.

이때 과학자들이 이 건물을 손질하여 층을 높이면 높일수록, 건물은 더욱 부실해지며 불안정성이 커진다는 것을 잊어서는 안 된다.

산보다 큰 멧돼지 없다는 비유처럼 인간의 관찰, 경험, 발상의 재료가 자연에서 나오는 한, 자연이라는 토대와 부지의 범위를 초월한 집은 지을 수는 없다. 인간은 자연 이상의 집을 지을 수 없음에도 불구하고 자연 상태 내의 작물로는 만족하지 못하고, 자연환경 요소의 범위를 벗어나서 인공 재배 작물이라는 집을 증축하기 시작한 것이다.

그것은 순 화학적으로 생산된 인공 식료품으로, 그것이 인간에게 얼마나 질적으로 위험한 것인가는 두말할 나위도 없다. 무익한 헛수고라기보다 인간의 생존을 근본적으로 위협하는 화근이 여기에서 발생하는 것이다. 그러나 농업의 현대화 방향은, 이 자연 암반에서 튀어나온 허공에 지은 집, 즉 순 화학적 공장 방식의 농작물 생산이라는 사상누각의 방향으로 급회전하고 있다.

이 다수확 빌딩의 측면도가 무엇을 의미하고 있는가에 대해서 말해보자. 이것은 각 방, 각 요소의 욕구를 충족시키며, 각 층과 계단을 올라가면서 어떤 코스를 따라서 가면 좋은지를 나타낸 것이다. 가령 제1코스는 기상 조건이나 토지 조건이 나쁜 데서 출발했기 때문에 경종이나 병충해 방지에 노력을 해도 수량을 늘릴 수 없었던 예이다. 제2코스는 기상이나 토지 조건이 좋았기 때문에 재배 방법이나 관리가 충분하지 않아도 수량이 높았던 경우다.

가장 많은 수확을 올리기 위해서는 어떤 코스를 따라가면 좋을까?

여기에는 무수한 길이 있으면서도, 실제로는 도중의 각 요소나 조건이 천변만화하기 때문에, 예측을 통해 가장 좋은 길을 걷는 것은 불가능하다. 이 도표는 어디까지나 이론상의 건물로서, 재배 원론을 해설하는 데에는 편리하지만 실용가치는 없다는 것을 이해했으면 좋겠다.

광합성을 어떻게 보아야 하나?

벼의 다수확 연구도 수량 구성 요소의 분석적 연구로부터 시작한다. 처음에는 형태적인 관찰에서 출발하고, 해부와 분석의 순서로 연구를 진행하고, 이어서 생태학적인 연구에 들어가서 가장 단순화된 조건하의 실내 실험이나 포트 실험, 혹은 소규모 포장 실험을 통한 부분적인 수량 제한 인자나 증산 요소의 해명이 진행되어왔다.

그러나 이런 특수 조건 아래서의 성과는 복잡하기 짝이 없는 자연 조건 아래서의 실제 농사에 적합하지 않다는 것이 명백한 사실이다. 그러므로 개체의 미시적인 연구로부터 대규모 생태학적 연구나 벼의 생리학적 연구가 중요시되기 시작한 것은 당연한 일이다. 그중에서도 현재 다수확 이론의 근본적인 기초를 발견하고자 노력하고 있는 연구 분야의 하나가 전분의 생산량을 증가시키는 광합성 작물에 대한 생리학적 연구다.

그러나 이삭 수와 낟알 수의 증가나 낟알의 충실도를 높이는 형태학적, 생태학적 연구는 초보적인 연구에 지나지 않고 전분의 생산 구조를 밝히는 생리학적 연구가 보다 고도의 연구이며, 그 연구를 통해 다수확으로 가는 기본적인 실마리를 잡을 수 있다는 사고방식 또한 또 하나의 착각에 지나지 않는다.

일견 벼의 광합성 연구가 가장 중요한 연구 과제이고, 그 연구를 통해서 다수확 이론도 확립될 수 있는 것처럼 보인다. 그렇다면 그 연구 과정을 살펴보기로 하자.

전분 생산량을 증가시키는 것이 다수확으로 이어진다고 하면, 광합성 작용에 대한 연구가 중요해지는 것은 당연한 일이다. 그리고 벼의 수광受光 태세를 조절해서 수광량을 늘리는 노력이나, 햇빛의 합성 능력을 높이는 수단 등이 연구됨에 따라서 다수확이 가능해진다고 생각하는 것이다.

현재 생리학적으로 본 다수확 이론을 요약해보면, 수량은 광합성 작용을 통해 잎에서 생산된 전분의 양에서 호흡 작용으로 소모되는 전분의 양을 뺀 양이기 때문에, 양자의 균형을 유지하면서도 되도록 광합성 능력을 높여가면 다수확을 할 수 있다는 이야기가 된다.

그러나 이러한 이론과 노력으로 벼의 비약적인 다수확이 과연 달성될 수 있을까? 유감스럽게도 옛날에도 300평당 600킬로그램이고 지금도 600킬로그램이 고작인 것이 현실이다. 전국적으로도 이 600킬로그램의 벽을 넘는 것이 현재 농업기술자들의 목표가 돼 있다. 최근 시험연구 기관에서 720~780킬로그램의 가능성이 보고되기 시작했는데, 아직은 극히 한정된 일부에서의 일이고 널리 정착시킬 수 있는 보편 기술로까지 발전한 상태는 아니다. 왜 이렇게 오랜 세월에 걸친 방대한 시험연구의 성과가 기대한 대로의 결과를 맺지 못하는 것일까?

다음에 그린 쌀(전분) 생산 구조도는 다음과 같은 것을 설명하고 있다.

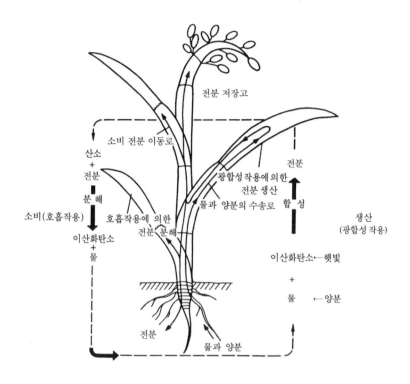

전분 저장고

소비 전분 이동로

산소
+
전분

분 해

소비(호흡작용)

호흡작용에 의한
전분 분해

이산화탄소
+
물

전분

광합성 작용에 의한
전분 생산

물과 양분의 수송로

합 성

전분

물과 양분

이산화탄소 ← 햇빛

+

물   ← 양분

생산
(광합성 작용)

1) 잎은 광합성 작용을 통해 전분을 합성하는 생산 공장이다. 한편 잎, 줄기, 뿌리 등은 호흡 작용을 통해 전분을 분해하는 소비시장이기도 하다.

2) 뿌리로부터 물과 양분이 흡수되고, 잎으로 보내지고, 여기서 햇빛과 기공으로 흡수된 탄산가스로 광합성이 이루어지며 전분이 생산된다.

3) 잎 속에서 합성된 전분은 당분이 되어 줄기, 잎, 뿌리 등 온몸으로 보내지고, 산소에 의해서 산화(산화작용이란 뭔가를 태우고 열을 내는 활동을 말함)되어 분해된다. 이 작용이 곧 호흡 작용으로서, 이때 나오는 에너지로 벼가 자라게 된다.

4) 생산된 전분의 몇 퍼센트인가는 소비 쪽으로 가고, 남는 전분은 나락 속으로 옮겨져 저장된다. 이것이 쌀이다.

이 광합성의 구조를 알고 난 다음에는, 이 작용으로부터 전분 생산 능력을 높이고 저장 전분을 늘리기 위한 조건을 검토하게 된다. 광합성과 호흡 작용의 강약을 좌우하는 요소는 무한히 많지만, 주된 것을 들면 다음과 같다.

광합성 작용에 관련되는 요소: 탄산가스, 기공의 개도開度, 물을 흡수하는 힘, 온도, 햇빛

호흡 작용에 관련되는 요소: 당분, 산소, 바람, 양분, 습도

다수확의 수단으로는 먼저,

1) 쌀 생산 구조면에서 보면, 당연히 전분 생산량을 최고로 높이기 위해서는, 광합성 작용을 높여가는 것이 좋다.

2) 소비 전분은 되도록 줄이고 낮추는 것이 득이다. 그렇게 하면 생산 전분에서 소비 전분을 빼고 남는 전분이 더 많아진다.

라고 간단히 생각해왔다.

실제로 광합성 능력을 높이는 조건은, 다음 도표처럼 햇볕의 양이 많고, 고온이며, 뿌리의 흡수력이 강하고, 잎의 기공이 잘 열리는 등 탄산가스의 흡수량이 많아질 때다. 이때 광합성이 활발해지고 전분 합성량도 최대가 된다.

그러나 이와 같이 광합성에 좋은 조건은 동시에 호흡 작용도 활발하게 만드는 조건이다. 전분 생산량도 많아지지만 소비도 활발해지기 때문에, 이때에 가장 많은 전분이 저장된다고 할 수 없다. 생산 전분량이 적더라도 소비 전분량이 보다 적으면, 그때 보다 많은 전분이 저장된다. 즉 수량이 높아진다는 이야기다.

실제로도 종래에는 전분 생산량을 최대로 늘리는 데만 중점을 둔 재배를 하는 일이 많았다. 그 결과 키가 큰 벼를 만들다 도중에 좌절하는 일이 많았다. 오히려 호흡량을 억제해서 전분 소비량을 줄이는 작은 벼 만들기 쪽이 다수확에 성공하기 쉬운 것이다. 실제의 자연 상황 아래서는 생산요소의 조합에 따라 그 결과가 천차만별로 나타난다.

도표로 설명하면, 여러 코스를 생각할 수 있다.

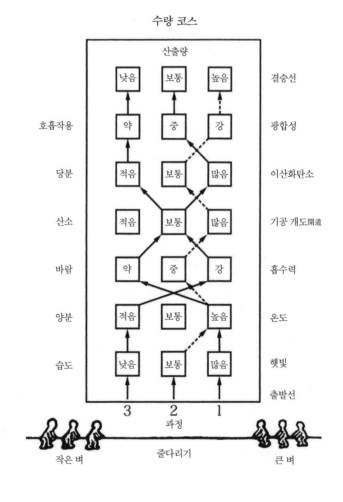

수량 코스

자연농법
144

예를 들면 제1코스는 일조량이 많고, 온도가 높다. 섭씨 40도 정도에서는 자칫하면 뿌리가 썩기 쉽기 때문에, 뿌리의 활력이 약해지고 흡수력도 떨어진다. 그러면 몸 안의 수분 부족을 막기 위해 숨구멍을 닫고, 탄산가스의 흡수가 줄어들며, 광합성이 약해지지만 호흡 작용은 활발해지기 때문에, 전분 소비량이 많고 수량은 최저가 되는 경우다.

제2코스는 온도가 30도로, 그 품종에는 정당한 온도라서 흡수력이 대체로 순조롭고, 광합성 능률도 좋고, 또 호흡 작용과의 균형이 잡혀서 수량이 최고가 된 경우다.

제3코스는 온도가 낮고, 다른 조건도 좋다고 할 수 없는 상황이지만, 뿌리의 활력이 좋고 양분도 많아서 순탄한 수량을 유지한 경우다.

이상은 아주 작은 예를 들어, 이들 코스 중에서 어떤 현상이 일어나며, 수량에 어떻게 영향을 미치느냐를 예측해본 도표에 지나지 않는다.

그러나 실제 문제가 되면 그렇게 간단한 것들로 수량이 결정되지 않는다. 무한한 코스가 있고, 출발점에서 목표점까지의 코스는 재배 중의 여러 요소와 각종 조건의 끊임없는 변화에 따라서 코스를 바꿔 간다. 경기장에서처럼 흰 선으로 그어진 일정한 코스를 처음부터 끝까지 달리는 것이 아니다.

설령 각 요소별로는 어떻게 하면 광합성 작용을 최고로 높일 수 있느냐를 알고 있다고 해도, 가장 좋은 상태의 요소만으로 짠 코스를 선정할 수는 없다. 자연 상황 아래서는 가장 좋은 조건들만을 갖춘다는 것은 있을 수 없는 일이기 때문이다.

더욱 난처한 것은, 광합성 작용을 최고로 높인다고 해서 필연적으로 수량이 최고가 되는 것도 아니며, 호흡 작용을 최저로 줄인다고 수량이 반드시 올라가는 것도 아니라는 사실이다. 원래 그 최고라든지 최저라는 것도 얼마쯤이 최고이고 최저인지 아무런 기준이 없다.

가령 온도에 대해서도 그렇다. 40도가 허용최대치이며, 적온은 30도라고 단언할 수 있는 것도 아니다. 때와 경우에 따라, 품종이나 재배 방법에 따라 변화할 뿐만 아니라, 높은 온도가 좋은 것인지 나쁜 것인지조차 엄밀한 의미에서는 알 수 없다는 것이 사실이다.

그것은 요소별로 요구되는 '적당함'이라는 기준이 서로 다르다는 점에서도 증명된다. 일반적으로는 각 요소의 최대공약수인 적온을 정하고, 거기에 만족하고 있음에 불과하다. 이것은 가장 통속적인 요구에 대한 적온일 뿐이기 때문에, 설령 평균치의 수량을 올린다 해도 그것이 다수확에 필요한 온도라고 할 수 없다. 다수확을 위한 온도를 찾다가 종국에는 아무것도 알 수가 없다는 것을 알고, 비로소 원래의 상온으로 되돌아가게 되는 것이다.

일조량 역시 많으면 많을수록 광합성이 활발해지는 것은 사실이지만, 그와 병행해서 수량이 올라가는 것은 아니다. 일조량이 많은 규슈 지역보다 북쪽 지방이 수량이 더 높고, 남방의 열대 나라의 수량이 일본보다 뒤떨어진다. 이처럼 누구나 적당한 양의 햇볕을 찾고 있지만, 실제로는 그 적량이라는 것이 다른 요소와의 관계에 따라 변화하기 때문에 정할 수가 없다.

물을 흡수하는 양이 많으면 많을수록 광합성이 활발해지지만, 담수가 오히려 뿌리 부패를 촉진해서 광합성이 점차 나빠진다거나 한다. 토양의 수분이나 양분 부족이 뿌리의 활력 유지에 도움이 될 때가 있는가 하면, 성장을 방해함으로써 전분 생산량이 낮아질 때도 있다. 다른 조건에 따라 이렇게 달라진다.

이처럼 벼의 성장 면에서, 전분 생산량을 최대로 높이는 방법을 과학적으로 밝힐 수는 있지만 그것이 그대로 실천 기술이 되는 것은 아니다.

벼의 생리로부터 본 다수확 이론은 어디까지나 탁상공론으로, 책상 위에서 나열할 수는 있어도 조합해서 하나의 실천 기술로 삼을 수 있는 이론이 되기는 어렵다. 미세한 부분까지 파고드는 전문 연구가는, 운동 경기의 해설자와 마찬가지로, 결과는 잘 해설할 수가 있고 또 좋은 감독은 될 수 있을지 몰라도 좋은 선수가 되지는 못한다.

다수확 이론이 다수확 기술로 이어지지 않는다는 이 근본적인 모순은 모든 과학적인 이론과 기술에도 해당하는 것이며, 역설적으로 말하면 학자는 어디까지나 학자, 농부는 농부인 것이다. 둘 사이의 관계는 대개 일방통행으로 끝나게 되며, 학자는 농업을 조사할 수는 있지만, 농부는 아무것도 몰라도 할 수 있는 것이다. 이것은 벼농사의 역사 위에서 여실히 나타나 있는 사실이다.

눈앞의 현상을 발판으로 삼지 말라

생산력의 대소, 수확량의 다소라는 것은 물론 상대적인 것이다. 무엇인가를 기준으로 해서 많다고, 적다고 하는 것이다. 어딘가에 출발점을 두고 생산성의 향상을 꾀하고 있는 것은 두말할 것이 없다. 그러나 일반적으로는 보다 많은 수량의 획득과 수익의 확보를 목표로 삼고, 그냥 막연하게 현상에서 한 걸음 한 걸음 전진하기만 하면 무방한 게 아니냐고 생각하고 있는 것은 아닐까?

예를 들면 벼의 수량을 운운할 때에도 그냥 막연하게 수량을 높이는 노력을 하는 경우가 많다. 다수확이라고 하지만 현상보다 높은 수준을 말하는 것에 지나지 않고, 300평당 240킬로그램 이상을 말하는 경우가 있는가 하면, 300킬로그램 이상을 다수확이라고 하는 경우도 있다. 그것은 다수확이라 하지만 뚜렷한 목표는 없다는 것을 뜻한다.

출발점이 있어야 도달점이 있고, 도달점이 있어야 출발대가 생긴다. 출발선이 없으면 나아갈 수가 없다. 즉 많고 적음, 늘고 줆, 좋고 나쁨의 문제를 논할 수가 없는 것이다.

대개는 지금 눈에 보이는 현상을 출발선으로 한다. 그리고 그것보다 좋은 방향으로 생산의 조건과 요소를 발전시켜가면 그것으로 좋다 여긴다. 현상은 확실한 현실이라고 믿어지기 때문이다. 그러나 그것은 대단히 불확실한, 도움이 안 되는 출발선이다. 왜냐하면 현실이라고 여겨지는 현상도 자세히 관찰해보면 사람이 만든 것이 대부분으로, 심하게 말하면 상식적 개념 위에 쌓아올린 사상누각이라고 할 수 있기 때문이다.

벼농사에서 현재 이루어지고 있는 경운, 못자리, 모내기, 무논 등은 모두 근본적인 출발점이 아니다. 오히려 이것들을 출발점으로 하면 아주 큰 잘못을 범하게 된다. 참다운 발전을 위해서는 오히려 이 출발점을 바꾸는 것에서부터 시작해야 한다.

그렇다면 그 출발점을 어디에서 찾아야 하나? 나는 자연 그 자체(실체) 속에서 출발점을 찾지 않으면 안 된다고 생각하고 있다. 그러나 철학적으로 볼 때 자연의 실상과 실체를 모르는 것이 인간이다. 인간은 자신의 상대적인 눈으로 분별하고 파악한 현상계의 자연을 진짜 자연이라고 생각한다. 그래서 아침을 하루의 출발점으로 본다거나, 발아를 생의 출발로, 고사枯死를 종착으로 본다거나 한다. 하지만 그것은 인간의 관점에서 본 판단이나 약속에 지나지 않는다.

자연은 하나다. 출발점도 없고 도착점도 없다. 있는 것은 만물의 유전뿐이고, 그것조차 없다고 말할 수 없는 것도 아니다. 결론은 '아무것도 없다'가 자연의 본체이다. 실은 이 '아무것도 없는 곳'에 참다운 출발점과 도착점이 있다. 자연을 바탕으로 한다는 것은 실은 '아무것도 없다'를 출발선으로 하고, 또 이 출발선을 도착선으로 해야 한다.

'대자연', 즉 '아무것도 없는 곳'을 출발점으로 하고 도착점으로 한다는 것은, '아무것도 없다'에서 나와서 '아무것도 없다'로 돌아가는 것이다. '대자연'을 출발대로 삼아 거기서 출발하고, '대자연'을 종착역으로 삼아 그리로 돌아간다는 것이다. 눈앞의 현상을 직접 발판으로 삼아 출발하고 그것을 개선해가고자 하는 것이 아니라, 일단 현상에서 떠나 무無의 입장에 서서 현상을 돌아보고 무의 대자연으로 돌아가는 것을 목표로 한다는 것이다.

이것은 아주 어려운 일이라고도 할 수 있지만 아무것도 아닌, 아주 쉬운 일이라고도 할 수 있다. 왜냐하면 현상을 초월한 세계란, 바꾸어 말하면, 인간이 인식하기 이전의 세계를 말하는 것에 지나지 않기 때문이다. 가까이 가서 부분을 보더라도 불가능하고, 멀리서 바라보며 전체를 알려고 하는 것도 불가능한 이유는, 부분과 전체는 본래 나눌 수 없는 '한 몸'이기 때문이다. 그 둘이 나누어지기 이전의 모습이야말로 무의 입장이다. 무의 입장에서 출발하고 무의 입장으로 돌아간다. 그것이 자연농법이다.

무에서 나와서 무로 돌아간다는 것은 무슨 뜻일까? 그것은 자연에 덧붙여진 인간의 지식과 행위의 옷을 한 장 한 장 벗겨가면, 저절로 진짜 자연이 눈앞에 드러난다는 것을 뜻한다. 그 벌거벗은 자연을 볼 수 있다면, 과학이 얼마만큼 잘못을 범하고 있는지를 알 수 있다. 과학을 부정하는 과학이 저절로 전개된다. 작물은 그냥 자연의 손에 맡겨두면 좋은 것이다. 자연농법의 출발점은 동시에 종착점이기도 하고, 또한 그 도정이기도 하다.

따라서 시공이 없는 자연농법의 생산력에는 높고 낮음, 많고 적음이 있다고 하면 있고, 없다고 하면 없다. 자연의 유전과 함께 항상 일정불변의 궤도를 탄 수량을 올릴 뿐이다. 그렇다고 해서 잘못 생각하면 안 되는 것은, 자연의 수량은 과학농법에 의한 수량보다 결코 뒤떨어지는 것이 아니라는 것이다. 항상 가장 좋은 수확을 올릴 수 있는 것이 자연농법이다.

과학적인 유의 세계는 자연의 무의 세계보다 작고, 아무리 팽창과 확대를 계속한다고 해도 과학의 세계는 광대무변한 자연에는 도달할 수 없다.

원시적인 요소야말로 중요하다

생산에 관여하는 요소를 분석적으로 보고, 그 요소별 개선책을 연구해가는 것은 근본적으로 볼 때 타당하지 않다. 과학자는 각 요소들의 상관관계를 무시하고 중요한 것과 덜 중요한 것이 있다고 생각하거나, 손대기 쉬운 개선 사항과 손쉽지 않은 사항을 차별해서 연구를 진행해나가는데, 이런 연구가 과연 옳은 것인지 조금 더 검토를 해보자.

생산에 관여하는 요소는 무수하다기보다 무한하며, 더구나 그것들은 상호 유기적인 관계를 갖고 있다. 어느 하나가 홀로 생산을 지배하는 것이 아니다. 그러므로 그 중요도에서 경중을 따질 수도 없고, 또 따져서도 안 되는 것이었다.

모든 요소는 다른 모든 요소와의 관계 속에서 비로소 의미를 갖게 되는 것이다. 단독으로는 참다운 의미를 알 수 없고, 또한 그 의미도 사라진다. 그럼에도 불구하고 실제적으로는 어떤 한 요소를 따로 뽑아내고 그것을 연구의 대상으로 삼고 있다. 제대로 알 수 없도록 만들어놓은 다음에, '알 수 있다'며 연구를 하고 있는 것이다. 농작물의 생산을 높이기 위해서는 우선적으로 취급해야 하는 중요한 연구 대상과 요소들이 있다고 생각한다. 그리고 그것에 리비히의 양분 최소율 법칙이 병행해서 채용되는 것이다.

보통 분별하고 분해한 요소 중에서 결함을 가진 요소를 개선하는 것이 생산력을 높이는 손쉬운 방법이라 생각한다. 그 생각 아래 씨앗을 뿌리고, 비료를 주고, 병충해를 막는다. 즉 경종 요소, 토양비료 요소, 병충해 요소를 중요 요소로 받아들이게 되는 것은 무리가 아니다.

간단히 인위적으로 변경할 수가 없는 기상과 같은 환경 요소는 간접적인 요인으로 보고 뒤로 돌려놓는다.

하지만 결론부터 말하면, 손쉽게 개선할 수 있다고 여겨지는 요소는 중대한 요소가 아니다. 오히려 인간이 손댈 수 없다고 여기고 그냥 방치하고 있는 환경 요소야말로 가장 중요한 요소라고 할 수 있다. 또한 세분된 첨단적이고 고원高遠하여 중요하다 여겨지는 요소일수록 말초적으로 의미가 없는 요소인 경우가 많다. 결국 분해되기 이전의 요소, 즉 나누어지기 이전의 원시적 요소야말로 가장 근본적인 중요 요소라 할 수 있다.

농업연구소에 가보면, 통상 연구실이 육종부, 경종부, 토양비료부, 병충해부 등으로 갈라져 있다. 그것은 농업 연구가 대자연을 대상으로 한 종합과학의 입장을 취하고 있지 못하다는 것을 뜻한다. 단순한 경제적 요구에서 출발하거나 인간의 욕망이 향하는 데를 따르는, 그

때 그 장소에 적응한 부분적인 연구가 제각각 이루어지고 있는 데 지나지 않는다고도 할 수 있다.

진기한 품종이나 기묘한 품종을 찾는 육종학, 다수확만을 외곬으로 추구하는 경종부, 비료 사용을 전제로 한 토양 연구, 작물이 건강함을 잃은 책임은 덮어둔 채 눈앞의 병충해를 방지할 약제의 연구에만 열중하고 있는 병충학자, 농학 기상이라는 말은 있지만 아주 좁은 범위에서 어쩔 수 없는 경우에만 곁다리로 연구되는 정도에 그치고 있는 기상학 등. 이것들 중 어느 것도 하늘과 땅 사이에서 사는 작물과 인간의 관련성을 어떻게 파악해야 하느냐 하는, 전체적이며 근본적 의문에서 출발한 것이 없다. 어디까지나 이들의 연구는 부분적이고 분석적인 태도로 시종일관하고 있을 뿐, 대자연 속에서 인간과 작물의 관련성을 근본적으로 파악하는 게 목표가 아니었다.

연구가 진행되고 전문화됨에 따라서, 연구는 더욱 세분화되고 극히 미세한 세계로 나아간다. 이때 과학자는 연구가 자연의 심층에 가닿게 되며, 그 근원적 해명도 하나씩 가능해지리라 여기고 있다. 그러나 사실은 근원에서 더욱더 멀어진 지엽적이고 말초적인 연구에 지나지 않게 돼버린다고 말할 수 있다.

원시인은 해를 우러러보며 일어나고, 땅에 엎드려 잤다. 옛날 농부는 작물이 태양의 빛과 대지의 흙, 자비로운 비가 가져다주는 수분에 의해서 자라며, 사람은 그 덕분에 살아간다는 것을 알고 하늘과 땅과 물에 감사했다.

과학자의 지혜는 아주 미세한 데까지 들어가서 설명을 한다. 옛날 농부보다 자연을 더 잘 알고, 또 작물 재배에 대해서도 더 많은 것을 알고 있다고 확신하고 있다.

농부는, 태양의 은택으로 벼가 열매를 맺는다고 알고 있다. 과학자는 잎사귀 속의 엽록소에서 이루어지는 공기 중의 탄산가스와 물의 광합성에 의해 전분이 생산되고, 전분이 산소로 산화되면서 생긴 에너지로 작물의 몸은 자란다고 알고 있는데, 이때 과연 과학자가 농부보다 빛이나 공기에 대해 더 많이 알고 있는 것일까? 아니다. 그들은 과학적 입장에서 본 빛이나 공기의 한 측면, 한 활동에 대해 잘 알고 있는 데 지나지 않는다. 크게 유전하고 있는 우주 현상으로서의 빛이나 공기를 파악한 것이 아니라, 인간의 손으로 추려내고 해부한 죽은 자연 현상의 작은 한 단면을 엿보고 만족하고 있는 데 지나지 않는다. 빛을 단순한 물리현상으로밖에 볼 수 없는 과학자는 오히려 빛에 어두운 맹인이다.

토양학자는 "작물은 대지에서 자라는 것이 아니라, 수분이나 양분에 의해서 자라는 것이다. 그러므로 적당량의 수분이나 양분을 적당한 시기에 사용함으로써 다수확을 올릴 수 있다"고 설명한다. 그러나 그때, 그는 실험실의 흙은 죽은 광물에 지나지 않으며, 자연의 살아 있는 흙이 아니었다는 사실을 알았어야만 했다. 산을 내려와 땅속으로 흐르고, 강이 되어 평야를 흐르는 물은 다르다. 물고기나 조개는 물론 모든 미생물이나 수초의 서식지 역할을 하는 강물은 단순한 산소와 수소의 화합물인 H_2O가 아니다.

햇빛이 진짜 무엇인지도 모르는 채, 또한 유리나 비닐을 통과한 빛이 어떻게 변화하고 있는지 제대로 알아보지도 않은 채, 온실과 온상을 만들고 채소나 화초를 기른다. 그 속에서 자란 채소나 꽃의 시장 가치가 아무리 높다고 해도 그것이 진짜 생명을 가진, 가치가 높은 것이라고는 할 수 없다.

자연과학의 착오

요소끼리의 인과관계는 파악되지 않고 있다

"올해는 날씨가 나빴기 때문에 벼 수확이 줄었다"고 농부는 말한다. 여기에 대해 전문가는 "올해는 벼가 가지치기를 잘해 이삭 수도 많았고, 한 이삭의 낟알 수도 많았지만, 이삭이 팬 뒤에 일조량 부족으로 낟알이 잘 여물지 못해서 수확이 준 것이다"라고 설명한다.

후자의 설명은 더 자세하고, 진실에 더 가까운 것처럼 보인다. 확실히 벼가 잘 여물지 않았다는 결과에 대한 원인은 일조량 부족이고, 양자의 인과관계는 명백한 진리이기 때문이다. 그러나 이삭 팰 때의 일조량 부족이 그 해 수확 감소의 근본 원인이라거나, 그로 인해 수확량이 줄었다고는 사실 말할 수가 없는 것이다.

왜냐하면 두 가지 요소, 즉 낟알이 잘 여물지 않았다는 것과 일조량 사이의 인과관계는 사실 알 수가 없기 때문이다. 낟알이 잘 여물지 않았다는 결과의 원인, 즉 햇볕 부족이라는 원인은 수광량 부족, 곧 햇빛을 받는 양이 부족했다는 뜻이다. 수광량 부족의 원인은 잎이 지나치게 우거짐에 따라 잎이 아래로 쳐진 데 있고, 그 현상을 일으킨 원인에는 또한 여러 가지 원인이 있다. 질소 비료를 지나치게 많이 주었다든지, 다른 양분의 부족 때문에 불균형이 생겼다든지, 규산 부족에 의한 연약이라든지, 흡수된 질소 양분의 단백질 전화가 어떤 이유인가로 저해를 받으며 질소 과잉 현상이 발생함에 따라 잎이 아래로 쳐진 데 지나지 않는 것이라든지… 이처럼 잇달아 원인에는 그 뒤에 또 원인이 있다.

원인이라고 하는 것 속에도 기본적인 원인, 보다 근본적인 원인, 먼 원인, 가까운 원인 등 여러 가지 원인이 서로 연관되어 유기적으로 엉켜 있는 것이다. 그 때문에 처음의 '낟알이 잘 여물지 않은' 진짜 원인이 무엇이었는지는 한마디로 말할 수 있는 것이 아니며, 또한 아무리 상세하게 설명한다고 하더라도 그것이 보다 정확하게 진실을 파악한 것이라고 할 수 없다(다음 쪽의 도표 참조).

수확이 준 원인은 햇볕 부족이라고도 할 수 있다. 하지만 벼가 팰 때의 질소 과다가 원인이었다고 할 수 있고, 물 부족으로 전분 이전이 방해를 받았기 때문이라고도 할 수가 있다. 아니면 낮은 온도가 근본 원인이었다고도 할 수 있을지 모른다. 결국 진짜 원인이 무엇인지는 알 수 없다.

하지만 여러 원인이 겹쳐서 수확량이 줄었다며, 그것을 종합 판단이라고 하고 있는 것이다. 그 종합 판단의 덧없음은, 농부가 "올해는 일기가 안 좋았기 때문에 농사가 잘 안 됐으니 어쩔 수 없다"고 하는 것과 조금도 다르지 않다. 다만 자세히 설명함으로써 자기만족을 하고 있는 데 지나지 않는다. 수확이 준 원인을 아무리 분석적으로 파악해본다 해도, 결과는 조금도 찾아보지 않은 것과 똑같고 따라서 무의미한 일이었던 것이다.

하지만 과학자는 그렇게 생각하지 않고, 분석적인 연구가 내년 벼농사에 많은 도움이 될 것이라고 믿는다. 그러나 내년 날씨는 올해 날씨와 같지 않기 때문에 벼농사 환경은 자연적으로 올해와는 전혀 다른 양상으로 바뀐다. 즉 요소와 요소는 상관성을 가지고 유기적으로 엉켜 있기 때문에, 어떤 한 요소나 조건이 변하면 자연적으로 이것이 다른 요소와 조건에도 파급되어 상대적으로 변화하지 않을 수 없다. 따라서 매년 전혀 다른 조건에서 벼농사를 하고 있기 때문에, 올해의 관찰과 경험이 내년에도 도움이 되리라고는 볼 수 없다. 결과론에 지나지 않는 어제에 대한 해설이 내일의 지침으로 채택될 수는 없다.

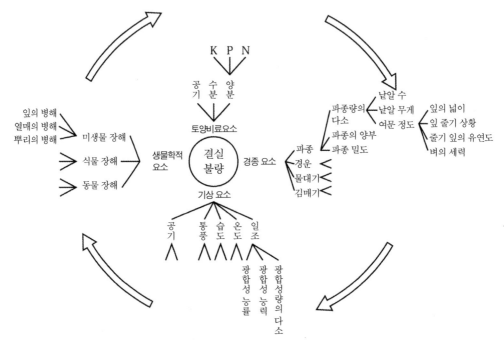

K P N

공 수 양
기 분 분

토양비료요소

미생물 장해

잎의 병해
열매의 병해
뿌리의 병해

식물 장해

동물 장해

생물학적
요소

결실
불량

경종 요소

낱알 수

파종량의
다소

낱알 무게
여문 정도

잎의 넓이
잎 줄기 상황
줄기 잎의 유연도
벼의 세력

파종의 양부
파종 밀도

파종
경운
물대기
김매기

기상 요소

공 통 습 온 일
기 풍 도 도 조

광합성능률
광합성 능력
광합성량의 다소

난알이 잘 여물지 않은 원인은 알 수 없다

자연 속의 요소와 요소 간의 인과관계는 너무나도 서로 긴밀하게 얽혀 있기 때문에, 인간의 분석적 연구로는 이것을 해명할 수가 없다. 해설이 한 걸음씩 진행되어가고 있다고 할 수 있을지도 모르지만, 그것은 끝없이 이어지는 어두운 길을 암중모색하고 있는 사람과 마찬가지로, 참다운 것을 모르는 채 부분적인 해명에 만족하고, 이것이 원인이고 이것이 결과라고 단언하며, 그것으로도 아무런 문제가 없다고 여기고 있는 데 지나지 않는다.

연구가 진행되면 될수록 학문적 업적은 체계적으로 진전한다. 그러나 원인은 더욱더 깊고 많아지며 복잡기괴하게 변해갈 뿐이다. 엉킨

실이 해결의 방향으로 풀어져 가고 있는 것이 아니라, 그 실의 엉킨 상태를 보다 상세한 방법으로 해명해보는 데서 끝나는 것이다.

왜냐하면 어떤 한 현상에 관한 원인이 많아지면 그 해결법도 많아지기 때문이고, 또 실제로도 그렇게 무한하게 확대되고 심화돼온 것이 사실이기 때문이다.

벼의 낟알이 잘 여물지 않았다는 사실 하나만을 해결하기 위해서도, 이 현상에 관여하는 기상이나 생물적 환경, 경종, 토양, 비료, 병충해 방제, 인위적인 요소 등등, 이 모든 부분의 동시 해결이 필요하다. 이 동시 해결이라는 점만 보더라도, 인간은 그것이 얼마나 해결하기 어려운 모순을 안고 있는가를 깨달아야 한다. 그것은 이미 벗어날 수가 없는 함정이라고도 할 수 있다.

가령 큰 이삭이 나오는 품종을 고르고, 햇빛을 많이 받는 재배 방식을 취하고, 거름도 많이 주고, 병충해 방제도 철저하게 하면, 다수확을 할 수 있을 것이라는 생각을 흔히 한다.

그러나 실제로 이삭이 큰 품종은 대개 이삭 수가 적다. 또 햇빛을 잘 받도록 하려면 밀식을 할 수가 없고, 거름을 많이 주면 줄기나 잎이 너무 우거져서 햇빛을 받기가 어려워진다는 모순에 빠진다. 큰 줄기와 이삭을 만드는 노력은 벼를 약하게 만들어서 병충해를 증가시킨다. 병충해 방제를 철저하게 해보지만, 그것이 벼가 도복倒伏하는 결과를 낳는 일도 드물지 않다.

벼의 수광 태세를 개선하기 위하여 물대기를 적게 하면, 이번에는 잡초가 너무 무성해지는 바람에 일조량이 줄어들고, 또 수분 부족에 의한 양분 이전 상황이 나빠진다. 광합성 능률을 높이려고 하면, 광합성 능력이 나빠지는 결과가 초래한다. 역시 담수, 곧 물대기가 벼의 성장에는 좋다, 그리고 고온에서 왕성한 성장을 한다 여기고 그렇게 하면, 뿌리가 썩으며 낟알이 알차게 여물지 못한 채 쭉정이가 되어 떨어지는 현상이 일어나기도 한다.

즉 광합성을 좋게 만드는 수단이 전분의 양을 증가시키는 수단으로는 효과가 있고 쓸모가 있을지 모르지만, 수량 결정에 참가하는 다른 요소들에 반드시 좋은 영향을 주는 것은 아니고 오히려 천차만별의 악영향을 주기도 한다는 것이다.

하늘은 두 가지를 주지 않고, 어떤 것이든 일장일단이 있다. 결국 모든 수단을 잘 조합하는 수단은 근본적으론 없었던 것이다. $+-$는 0이고, 많은 개선책을 조합하면 할수록 개선책끼리 서로 잡아먹어서, 마지막에는 유야무야한 결과가 되고, 결과적으로는 모르겠다는 결론이 나올 뿐이다.

결실이 잘 되고, 재배가 쉽고, 맛도 좋은 벼 품종이 있으면, 그것으로 모든 것이 해결된다고 믿고 있는 이가 있다면, 그것도 말이 안 되는 일이다. 모든 점에서 만점인 품종은 어느 시대에서나 있을 수 없는 것이기 때문이다.

육종학자는 그 시대가 요구하는 품종에 가장 가까운 것을 만들어내기 위한 노력을 하고 있다고 생각하고 있다. 하지만 결과적으로는 세 가지 좋은 면을 갖고 있는 우수한 품종은 세 가지 결함도 갖고 있고, 여섯 개의 이점을 갖고 있는 품종은 여섯 개의 결점도 갖고 있다. 즉 보다 좋은 품종이라고 생각되는 것은 보다 나쁘고 해결하기 어려운 모순을 안으로 가진 품종이라고 보아야 한다.

이처럼 농업기술자가 고안한 개량 기술은, 그 하나하나가 아무리 훌륭하고 정당한 것이라고 하더라도, 전체로 보았을 때는 상쇄돼서 결과적으로 아무런 도움도 안 되는 것이다.

이 상쇄성은 자연이 갖고 있는 균형성에 의한 것이다. 자연은 부자연한 것을 싫어하고, 인위에 의한 다수확 기술을 극력 배제하며, 자연으로 돌아가고자 하는 성질을 가지고 있다. 그러므로 다수확은 억압하고 낮은 수량은 끌어올리려 하는 자연 제어 작용이 작동하는 것이다. 둘 중 어느 쪽이 됐든 자연 수량에 가까워지도록, 자연이 가진 균형을 깨지 않도록 배려하고 있다.

하여튼 인간은 어느 때 어느 장소에서 일어난 현상이나 결과의 근본적 원인은 알 수가 없다. 인과관계를 모른다는 점에서 보면, 모든 인위적인 기술의 유효성에 대해서, 사실은 그 실상을 알 수 없는 것이다. 따라서 달관한 눈으로 보면, 결론은 나오지 않는다는 결론이 나온다. 그런데도 국부적인 결론과 기술이 종합적으로 보면 도움이 된다고 여기고 있음에 불과하다. 내년 상황을 예측하고, 인지로 한 일들이 어떤 결과를 초래하게 될 것인지는 전혀 알 수 없다. 예측을 통해 효과가 있을 것이라고 믿고 있는데 지나지 않을 뿐이다.

종합 대책을 세우고 모든 점에서 완전하다고 생각되는 방법을 동시에 실시하면 좋은데, 그것은 신이 아닌 자에게는 불가능한 일이다. 자연 속의 모든 요소와 요소 사이의 관련성과 인과관계는 불명확하고, 인간의 고찰은 항상 근시안적이고 어중간하다. 그러므로 크게 벼른 대책도, 자연 속에서는 상쇄되고 매몰되며 무의미한 혼란을 일으키는 데 불과한 결과로 끝나는 것이다.

3장

자연농법의 이론

자연농법과 과학농법의 우열

A. 두 가지 자연농법

자연농법과 과학농법의 차이점에 대해서는 이미 앞에서 설명한 것으로 충분하다고 생각되지만, 다시 한 번 더 양자의 차이를 더욱 원리적으로 정리를 해두고자 한다. 자연농법은 편의상 두 가지로 나누어 생각해볼 수 있다.

대승적 자연농법

인간의 마음과 생활이 대자연의 활동과 하나가 되어 오직 자연에 봉사할 뿐 거기에 그 어떤 인위적 노력을 하지 않고도, 인간은 자연의 은혜로 자연의 뜻대로, 자연의 일원으로 살아갈 수 있다. 대승적 자연농법이란 인간이 여기까지 자연과 합일되었을 때 성립되는 농법으로 무위의, 시공간을 초월한 깨달음의 극치에서 펼쳐지는 농법이기 때문에, 대승적 자연농법이라고 부르기에 적당하다.

이것을 비근한 예를 들어 말하면, 이 경우 인간과 자연의 관계는 이미 결혼하여 완성된 이상적인 부부에 해당한다. 구하지도 않고, 주지도 않고, 받지도 않는 스스로 완전한 생활이 성립돼 있다. 거기에서의 농법은 자연과 하나가 된 생활 그 자체다. 이때의 인간은 진인眞人 또는 선인仙人이라고 해야 할 것이다.

소승적 자연농법

대승적 자연농법의 경지를 힘써 추구하는 과정에서 성립되는 농법이다. 인간은 대자연의 혜택을 구하고, 그것을 받아들일 태세를 갖추는 작업을 한다. 그것은 깨달음의 극치를 목표로 하지만 아직 완성돼 있지 않은 상태다.

이 경우, 인간과 자연의 관계는 인간이 자연을 흠모하여 구혼을 하고 있는 중이며, 목표에 도달하기 위한 준비를 하고 있는 중이라고 할 수 있는 상황이다.

과학농법

근본적으로는 자연을 등진 채 인위적인 세계 속에서 생활하면서도, 자연으로 돌아가기를 원하는 모순된 상태에 있다. 그 자리에서 이루어지는 농법인 과학농법은 자연의 혜택도 받고 싶고, 인간의 지혜도 활용하고 싶다는 두 가지 욕구에 따라 그 둘 사이를 끝없이 방황하고 있는 무명無明의 농법이다.

이 경우, 인간과 자연의 관계는 결혼 상대를 정할 수 없어서 괴로워하면서, 어떤 원칙이 없이 함부로 무절제하게 상대와 교제하고 있는 상태에 비길 수 있다.

세 농법의 비교

이상을 정리하면 다음과 같고, 그림과도 같다.

절대계 → 대승적 자연농법(도인의 농법) = 순수 자연농법

상대계 → 소승적 자연농법(유심론적 농법) = 자연농법, 유기농법

　　　 → 과학적 농법(유물 변증법적 농법) = 과학농법

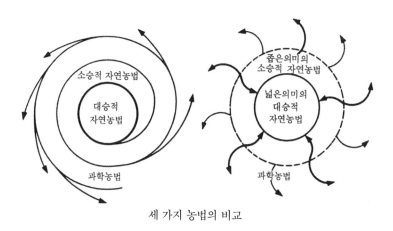

세 가지 농법의 비교

1) 대승적 자연농법과 과학농법은 원래 차원이 다르다. 따라서 양자를 비교하여 우열을 논한다는 것 자체가 말이 안 되는 일이다. 하지만 속세에서의 가치는 그 대조와 비교로 표현할 수밖에 없다. 과학농법은 자연의 힘을 최대한 이끌어내고 거기에 인간의 지식을 더하여 자연 이상의 성과를 거두려고 하기 때문에, 당연히 자연의 힘, 은혜에만 바탕을 둔 자연농법보다 우위에 있다고 생각하기 쉽다. 하지만 철학적으로 보면, 과학농법이 대승적 자연농법보다 우위라고 할 근거는 없다.

왜냐하면 과학농법은, '자연으로부터 배운 지혜에 인간의 지식을 더한 것으로서 자연으로부터 이끌어낸 힘의 총화'로 보이지만, 이것은 결국 유한한 인간의 지식에 지나지 않기 때문이다. 아무리 인간의 지식을 힘써 모아 보았자 그것은 무한한 대자연의 아주 작은 일부분에 불과한 지식, 부분적인 지식일 뿐이기 때문이다. 대자연의 무한하며 완전한 지혜와 힘에서 보면, 유한한 인간의 지식은 항상 지엽적이고 부분적인 것에 머물 수밖에 없다. 그러므로 불완전함을 면할 수 없으며, 불완전한 지식의 축적으로는 완전한 지혜에 도달할 수가 없다. 어느 날이 와도 완전에는 이르지 못한다.

완전하지 않고 불완전하기 때문에, 과학농법은 항상 대승적 자연농법에 한 걸음 물러서지 않으면 안 된다. 모든 것이 있는 대자연 속에서의 인간은 아무리 애를 써도 그 일부분이며, 불완전한 존재일 뿐이다. 그것을 피할 수가 없다. 그러므로 과학농법은 영원히 불완전한 과학에 머물 뿐, 불변부동의 절대성을 가진 자연농법에 미치지 못하는 것은 아주 당연한 일이다.

2) 그러나 소승적 자연농법과 과학농법을 대비하면 같은 상대계, 같은 차원에서 논의할 수 있다. 양자는 분별지에 의해 확인되는 자연으로부터 출발한다는 점에서 같다. 다만 전자는 되도록 인간의 지식과 행위를 배제하며 순수한 자연의 힘을 최대한 살리는 데 전념한다면, 후자는 자연의 힘을 살림과 동시에, 거기에 인간의 모든 지식과 행위를 더하여 그 이상의 농법을 확립하려고 한다는 점에서 차이가 있다.

이 둘은 사물을 보는 방식에서, 생각하는 방식에서, 연구 방향 등에서 서로 근본적으로 다르지만, 소승적 자연농법도 그것을 설명하기 위한 방법으로 과학적 방법과 용어를 사용할 수밖에 없다. 따라서 편의상 과학의 영역에 들어갈 수도 있다. 서양 의학에 대한 동양 의학의 입장과 닮았지만, 지향하는 방향은 과학의 세계로부터의 초월이며 과학적 사고의 부정에 있다.

소승적 자연농법은, 중심을 목표로 나가는 일도류一刀流(칼싸움을 할 때 칼 하나로 싸우는 사람. 역주)의 입장이고, 과학농법은 바깥을 목표로 나가는 이도류二刀流, 곧 칼을 두 개 들고 싸우는 입장이다. 이 둘은 비교도 가능하고, 우열도 있다. 대승적 자연농법은 어느 쪽으로도 가지 않는 무수승류無手勝流(어떤 수단도 없이 이기는 것. 역주)이기 때문에 비교가 불가능하다. 과학농법은 모든 수단을 동원하여 칼의 숫자를 늘려가려고 한다. 한편 자연농법은 모든 수단은 무용하다는 입장에서 칼의 숫자를 줄여서(소승), 되도록 칼을 하나도 가지지 않은(대승), 다시 말해 대승적 차원까지 나아가려고 하는 것이다.

이것은 인간이 자연에 보다 가까이 접근하려는 노력을 기울이면, 가령 모든 행위를 포기한다고 해도, 자연이 그 대신 모든 것을 다 해준다고 하는 철학적 확신에 기초를 둔 것이다.

3) 따라서 순수한 자연농법은 철학적 입장에서 평가되고, 과학농법은 과학적 입장에서 평가되어야만 한다. 과학농법은 모든 점에서 국시국소적인 것이기 때문에, 그 성과 역시 국시국소적으로는 우수하더라도 다른 부분에 있어서는 열등한 것이 많다. 이에 반해 자연농법은 종합적이며 전체적이므로, 그 성과도 종합적 입장에서 평가되어야 한다.

예를 들어 과일 농사를 할 경우, 과학농법에서는 '큰 과일을 만든다'는 것 하나에 목적을 두는 일이 있다. 하지만 그런 이유로 그 방식은 일시적, 국소적인 입장에서 보았을 때, '커다란 과일'이 났다고 하는 데 지나지 않는다. 과학농법에서 나온 과일은 어디까지나 상대적으로 큰 과일일 뿐이고, 게다가 부자연스러운 크기이기 때문에, 반드시 다른 어떤 면에서는 중대한 결함이 나타나게 마련이다. 결국은 기형 과일을 만드는 데 지나지 않는다는 것이다. 진짜 우열은, 사이즈가 큰 과일을 만드는 것이 과연 인간에게 좋은 일이냐 아니냐로 결정된다. 이 질문에는 대답할 필요조차 없을 것이다.

과학농법에서는 부자연스러운 일이 늘 아무렇지 않게 행해지고 있는데, 그것은 매우 중대한 의미를 지니고 중요한 결과를 초래하고 있다. 과학농법의 부자연성은 그대로 불완전성과 연결되며, 그 성과는 항상 부분적이고 왜곡된 것일 수밖에 없다.

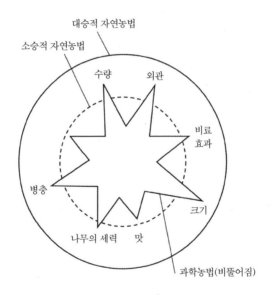

위의 그림에서 볼 수 있듯이, 과학농법과 소승적 자연농법은 같은 차원의 것으로서, 다만 모양이 다르다. 전자는 삐뚤어진 凹凸 모양을 하고 있다는 것이 가장 큰 차이점이다.

이것은 과학농법이란 국시국소적인 연구 성과의 집적에 다름 아니기 때문에 생기는 불완전성을 나타내고 있다. 자연농법은, 자연이 본래 완전한 것이기 때문에 완전무결한 원으로 그렸다.

다만 인간이 본 자연은 진짜 자연의 투영에 지나지 않는다는 의미에서, 대자연을 나타내는 원보다 작은 원으로 그린 것이다. 즉 대자연 그 자체인 대승적 자연농법은 최대최고의 것이고, 다른 것을 초월한다.

B. 자연이 사라진 과학농법

농작물 재배 기술의 변천과 누에치기나 목축의 역사를 살펴보면, 거기에는 자연농법에 가까운 시대도 있었고, 과학농법 쪽으로 기울었던 시대도 있었다. 이렇듯 자연으로 돌아간다거나 떠나는 일이 되풀이돼왔는데, 오늘날의 농업은 완전히 자동기계 공장식 생산 방식으로 변화해가고 있다.

인간은 왜 자연에서 떠나려고 하는가에 대한 근본적인 이유는 별도로 하면, 그 직접적인 원인은 인공 사육이나 순 과학적인 재배 쪽이 수량이 많고 경제성이 높다, 다시 말해 생산성도 높고 수익률도 좋다고 생각하고 있기 때문이다.

자연농법은 일견 소극적인 원시농법이나 방임적 조방재배粗放栽培(일정 면적의 땅에 자연물, 자연력의 작용을 주로 하고 자본과 노동력을 적게 들이는 농업. 역주)로 보인다. 따라서 누가 봐도 수량이 적고 이익도 적을 것이라고 여기는 것이다.

나는 결론으로서, 위의 세 가지 농법의 수량 비교는 다음과 같다고 생각하고 있다.

1) 부자연스러운 인위적 조건 아래에서는 과학농법이 이긴다. 단 이것은, 그런 조건 아래에서는 자연농법을 실시할 수 없기 때문이다.

2) 자연에 가까운 조건인 경우에는, 소승적 자연농법이 과학농법을 이기거나 뒤처지지 않는 성적을 올린다.

3) 순수하고 완전한 자연농법(대승적 자연농법)은 종합적으로 봐서 과학농법을 이긴다.

이 점에 대해 좀더 자세히 설명을 해보자.

과학농법이 이기는 경우

일정하게 주어진 짧은 시간 안에 속성으로 재배한다든지, 좁은 장소나 화분 혹은 온실이나 온상을 이용한 재배처럼 부자연스러운 환경이나 조건 아래서 재배할 경우에는, 자연이 힘을 발휘할 수 없기 때문에 인위적 과학기술이 효과를 나타내는 것이 당연하다. 재배 관리 면에서도, 화학비료나 병충해 방지 등 고도의 기술 수단에 의해서 수량을 증대시키고 또 계절에 상관없이 재배하는 등 인간의 기호나 욕망에 따르는 공급이 가능하기 때문에, 예상 이외의 수익을 거두는 경우도 없지 않다. 그러나 이것은 부자연스러운 조건 아래에서만 가능한 일이다. 부자연스러운 조건에서는 자연농법이 활약할 무대가 없기 때문이다. 과학이 그 능력을 발휘할 수 있는 무대를 인간이 바라고 있기 때문에, 그 무대에서 춤추는 과학이 화려하게 보이는 것에 불과하다.

대지에서 햇빛을 충분히 받고 자란 채소나 과일보다 제철이 아닌 때에 나온 연한 채소나 인공적인 착색으로 겉보기만 좋아 보이는 과일을 생산해내면, 사람들은 다투어 그쪽으로 달려가기 때문에 과학농법에 감사하고 유리한 농법이라 여기는 것이다.

하지만 과학농법이 이길 경우에도 땅 한 평, 나무 한 그루에서 보다 적은 비용으로, 고생하지 않고 많은 수확과 수익을 올리기 때문에 경제적이라는 것이 아니라, 시간과 공간을 잘 이용하고 활용함으로써 돈을 버는 농업을 하는 데 알맞은 것일 뿐이다.

땅값이 비싼 곳에 건물을 짓고 양잠, 양계, 양돈을 한다. 온실 공장을 짓고 거기에서 겨울에 토마토나 수박을 수경 재배한다. 저온 저장고에 여름 귤을 저장하였다가 적당한 때 출하하여 유리한 값으로 판다. 이런 경우에는 과학농법의 독무대가 된다. 자연을 벗어난 농작물은 자연을 떠난 환경에서 재배할 수밖에 없기 때문에, 인간의 지식에 의한 과학 기술이 그 솜씨를 발휘할 수 있는 것이다.

그러나 되풀이하여 말하지만, 시공을 초월하여 종합적으로 볼 때조차 과학농법이 자연농법보다 생산성이나 경제성이 높다는 것은 아니다. 이런 과학농법의 우위성은 때와 경우의 변화에 따라 반드시 파탄이 나기 마련이다.

같은 정도의 성적을 올릴 경우

자연에 가까운 조건에서, 즉 자연의 논밭에서 작물을 재배할 때나 여름 들판에서 가축을 놓아 기르는 경우, 두 농법 중 어느 쪽이 생산성이 높을까? 이 경우는, 자연농법은 자연의 힘을 최대한 발휘시키고 이용할 수 있기 때문에, 과학농법보다 낮거나 그에 뒤떨어지지 않는 성적을 올릴 수 있다. 그 이유를 한마디로 말하면, "인간은 자연의 흉내를 내고 있을 뿐"이라고 말할 수 있기 때문이다.

인간이 아무리 벼에 대해 많이 알고 있다고 하더라도, 벼를 창조할 수는 없다. 인간은 절로 자라는 벼를 보고, 그 흉내를 내어 벼를 재배하고 있는 것일 뿐이다. 인간은 자연의 뒤를 따라가는 제자에 지나지 않는다. 자연이라는 스승이 그가 지닌 힘을 완전하게 발휘하면, 그 제자인 인간이 지는 것은 당연한 일이다.

그러나 일반적으로는 다음과 같이 생각하고 있다. '학생이 선생을 따라잡고 앞지를 수도 있다. 언젠가는 인간이 과일까지도 손수 제작할 수 있게 되지 않을까? 그것이 예를 들어 자연과 똑같지 않은 모조품에 지나지 않더라도, 경우에 따라서는 그 모조품이 진품을 이길 수도 있는 것이 아닌가?'라고.

자연의 모조품을 제작하는 데, 과연 어느 정도 과학의 지혜와 자재와 노력이 필요한가에 대해 생각해본 적이 있는가? 살아 있는 감 씨앗 하나, 이파리 한 장을 만드는 일만 해도 우주 로켓을 쏘아 올리는 기술 따위와는 비교가 안 될 정도의 뛰어난 기술이 필요하다. 감 씨앗 한 알 속에 든 모든 비밀을 찾아내고, 인공적으로 그것을 만들어내려고 한다면, 세계의 모든 과학자들의 지혜를 모두 모아도 부족할 것이다.

한편 그런 일이 가능하다고 하더라도, 지구상의 과일과 똑같은 양의 과일을 과학의 힘만으로 순수하게 화학공장에서 생산하려고 한다면, 아마도 지구 표면 전체에 공장을 세워서 생산한다 하더라도 모자랄 것이다. 이미 인간은 이것을 우스갯소리라며 웃어넘길 수 없는 상황에까지 와 있다. 인간은 벌써부터 이처럼 감 씨앗 한 알을 만들어내는 어리석음을 겁 없이 범하고 있는 것이다.

한 알의 감을 과학적으로 제조하고자 하는 목적으로 고생을 하기보다는, 감 씨앗을 땅에 뿌리는 쪽이 편하다는 것을 알고 있으면서도 그렇게 하지 않는 것이 현실의 모습이다.

가짜는 진짜를 이길 수 없다. 불완전함은 완전함에 진다. 과학이라는 인간 행위는 자연을 이길 수 없다는 것을 알고 있으면서도, 사람들은 진품보다 가짜에 흥미를 느끼며 따라간다. 이것은, 어느 부분에서는 과학이 자연을 이기는 것처럼 보인다는 근시안적 시야에 사람들이 사로잡혀 있기 때문이다.

특정한 경우, 예를 들면 수량이라든가 미적인 측면에서는 과학농법이 이긴다고 굳게 믿고 있는 것이다. 과학농법은 다수확 기술을 보탬으로써, 자연 수량 이상의 양과 질을 기대하고 있다. 자연의 힘으로 자라는 벼에다 호르몬제를 뿌리면 벼의 길이나 포기를 더 늘릴 수 있고, 또 이삭 거름을 주면 한 이삭당 낟알 수를 늘릴 수 있다는 등등의 다수확에 관련된 기술을 더해가면 당연히 자연 수량 이상의 수량을 얻을 수 있을 것이라고 믿고 있는 것이다.

하지만 이와 같이 부분적으로 효과가 있을 뿐인 과학 기술은, 아무리 끌어모아도 논 한 필지의 총 수량을 증가시키지는 못한다. 왜냐하면 논 한 필지가 받는 햇빛의 양은 일정하기 때문이다. 벼의 수량, 즉 광합성에 의한 일정 면적의 전분 생산량은 그 땅에 내린 햇빛의 양에 달려 있다. 따라서 그 밖의 재배조건을 아무리 바꿔보아도, 벼의 최고 수량의 한계는 이미 결정되어 있는 것이다. 그러므로 이것을 인간의 행위로 바꿀 수는 없다. 인간이 다수확 기술이라고 믿고 있는 기술은, 말하자면 자연 수량의 한계에 얼마나 접근할 수 있느냐 하는 기술, 바꿔 말하면 결과적으로 감손 방지 기술에 지나지 않는다.

다만 다음과 같은 일이 있을 수 있다. 햇빛으로 수량이 결정되는 것이라면, 그 한계를 돌파하기 위해 인공 광선을 쪼이고 탄산가스를 뿜어주면 광합성 양이 증가하며 수량도 자연 수량 이상으로 늘어날 것이 틀림없다. 사실 그것은 가능한 이론이다. 그러나 이때 간과해서는 안 되는 것은, 거기에 쓰이는 인공 광선과 탄산가스는 인간이 자연의 햇빛과 탄산가스를 흉내 내어 만든 모조품이라는 것이다. 다른 물질 기재를 써서 인공적으로 만들어낸 것일 뿐 무無에서 생긴 것이 아니라는 것이다. 따라서 자연이 만든 전분(자연 수량의 한계)에 첨가된 전분(과학의 힘으로 인공적으로 증가된 양)은, 간단히 말하면, 밑천(엄청난 에너지)이 들어가 있기 때문에 증수라고 하지만 증수가 아니다. 더욱 나쁜 것은, 인간이 과학농법으로 대자연의 유전과, 물질의 질서 있는 순환 체계를 파괴한다는 데 있다. 인간은 그 책임을 져야 한다. 자연의 균형을 무너뜨리고 혼란시키는 것이 공해 발생의 근본 원인이며, 인간은 그 일로 오래 고생하지 않을 수 없다.

c. 자연농법과 과학농법의 뒤엉킴

자연농법과 과학농법은 정반대 방향의 농법으로서, 전자는 구심적으로 자연에 가까워지려고 하는 것이고, 후자는 자연으로부터 원심적으로 멀어져가려고 한다는 것은 앞에서 말한 바와 같다.

그러나 일반적으로는, 이 두 가지 길을 혼동하여 서로 관계를 맺으면서 꽈놓은 새끼줄처럼 엉클어지고 있는데, 그것을 앞으로 나아가는 것으로 생각하거나 혹은 과학의 길은 자연으로부터 출발하여 때로는 떠나기도 하지만 다시 돌아오는 것으로 보고 있다. 피스톤처럼 오가는 것이라고 막연하게 생각하고 있다. 과학 역시 그 본질에서는 자연과 인연이 깊어 그 관계가 끊어질 수 없는 것이라고 확신하고 있기 때문이다. 그러나 이 확신은 확고한 바탕 위에 서 있는 것이 아니다.

자연과 과학(인위의 길), 이 두 길은 언제까지나 맞닿을 수 없는 평행

선이자 정반대 방향을 목표로 나아가기 때문에 둘의 거리는 점점 더 멀어져 가게 된다. 과학의 길은 겉으로 보기에는 자연과 공동 제휴 및 조화를 유지하면서 나아가고 있는 것처럼 보이지만, 그 실제는 자연을 해체하고 분해해보고 그 내용을 전부 알아냈다 여겨질 때는 버리고 뒤돌아보지 않는, 투쟁과 정복의 야망으로 불타고 있다.

따라서 과학은, 두 걸음 전진한다면 한 발은 자연의 품으로 돌아가서 달콤한 꿀(지혜)을 먹다가 거기서 좋은 자료를 발견하면, 바로 돌아서서 세 걸음, 네 걸음 자연으로부터 멀어져 간다. 무언가 어려운 일에 부딪히면, 다시 자연과 악수하고 조화를 노래하면서 그 비위를 맞춘다. 그러나 곧 자연에 대한 은혜는 잊어버리고, 뛰어나가 무능하다고 자연을 향해 욕을 한다.

이런 실상을 누에치기 기술의 발달이라고 하는 실제의 역사 위에서 살펴보기로 하자.

산의 나무에서 나방의 일종인 참나무산누에나방의 애벌레가 고치를 만들고 있는 것을 보고, 그 고치로 실을 짤 수 있겠다는 사실을 발견했을 때부터 누에치기는 시작됐다. 그 고치는 산누에나방의 애벌레가 번데기가 되기 전에 입에서 실을 내뿜어서 지은 집이다. 이 천연 고치를 따오는 것만으로 만족하지 못한 인간은, 자신의 손으로 누에를 기르고 고치를 만들어 그것을 이용하겠다고 생각했다.

1) 처음에는 자연에 가까운 원시적인 사육 방법으로 시작되었을 것이다. 멀리서 누에를 잡아다가 집 가까이 있는 잡목림에 놓아 기르는 데서 시작했을 것이다.

2) 이윽고 산누에 대신에 인공으로 교배한 누에를 키우게 되고, 누에가 잘 먹는 음식물은 뽕잎이라는 것도 알아냈을 것이다. 게다가 어

릴 때는 뽕잎을 잘게 썰어서 주면 누에가 보다 빨리 자란다는 것 등을 알게 됐다. 이렇게 되면, 누에는 방 안에서 치는 편이 편리해진다. 방 안에서 많이 칠 수 있도록 선반을 만들고, 그 밖에도 양잠에 필요한 여러 가지 도구가 발명되는 한편, 적당한 온도와 습도를 까다롭게 지켜야 한다. 이 시대가 오래 계속되는데, 이 사육 방법은 농가에 가혹한 노동을 요구했다. 아침 일찍 커다란 바구니를 지고 뽕밭에 가서 뽕잎을 딴 뒤, 마른 헝겊으로 이슬을 닦아내고, 큰 칼로 잘게 썰어, 몇십 장 혹은 몇백 장이나 되는 누에 채반 위에 뿌려 나간다.

밤낮없이 적당한 온도와 습도에 주의해야 하고, 실내 온도나 환기 조절을 위해 난로를 피우거나 문을 열었다 닫았다 해야 한다. 인공 교배종은 약하기 때문에 그렇게 하지 않으면 바로 병에 걸린다. 겨우 어느 정도 자라 한숨을 돌리고 있을 때 백랍병白蠟病 등으로 누에가 전멸하는 일도 있다. 마지막 단계, 곧 누에가 집을 짓기 바로 전이 되면 마치 전쟁이라도 치르는 것처럼, 집안사람들은 잠자는 시간까지 빼앗겨가며 누에에 매달려야 했다. 뽕나무 재배 역시 비료 관리나 김매기로 고생이 많았다. 더구나 늦서리로 어린잎이 피해를 입는 일이라도 생기면, 아낌없이 누에를 버려야 하는 일도 많았다.

이렇게 고생 많은 양잠에서, 당연히 일손이 적게 드는 양잠 방법은 없을까 하는 데 생각이 이르게 되며, 십여 년 전부터 자연농법에 매우 가까워진 누에치기 방법이 보급되었다.

3) 자연으로 돌아가는 방법은, 뽕나무 잎을 한 장씩 따서 잘게 썰어 주는 것이 아니라, 뽕나무 가지를 그대로 베어와서 누에 위에 던져 놓아주는 것이다. 큰 누에는 물론 유년기의 누에에도 이런 방법이 좋다는 것을 알게 되고, 그다음에는 누에 치는 방이 아니라 들의 오두막이

나 비 가림 막사, 온상 같은 곳에서도 좋지 않을까 하는 데 생각이 이르게 된다. 그 생각대로 실행을 해보니 뜻밖에도 누에가 건강하게 자랐고, 적당한 온도와 습도에 신경을 쓰며 고생했던 과거의 방법이 우스울 정도였다. 농가는 편해졌다고 기뻐했다. 누에는 원래 자연에서 사는 곤충이므로 밤이나 낮이나 밖에서 지내도 건강을 잃지 않는 게 당연했다. 밤이슬을 두려워하는 것은 인간뿐이다.

비 가림 막사 아래의 누에치기로부터 야외 사육, 들의 방사로 가면 누에치기도 드디어 자연농법에 가까워질 것으로 기대했지만, 양잠에 고난의 시대가 왔다. 그것은 인조섬유의 급속한 발달로, 더 이상 천연 명주실이 필요 없는 시대가 온 것이다. 그 바람에 명주실 값이 하락하고, 양잠 농가가 쓰러지면서 양잠은 시대에 뒤떨어지는 인간이나 하는 것으로 여겨지게 되었다. 그러나 최근의 물질적 풍요에 따라 인간이 사치스러워지면서, 화학섬유에는 없는 천연 명주실의 좋은 점이 재인식되기 시작하며 천연 명주실이 귀중품처럼 다루어지기 시작했다. 고치 값도 따라서 높이 올라가며 사람들은 다시 자연 양잠에 눈을 돌리기 시작했다.

4) 그러나 옛날과 같은 근면 성실한 농부는 이제 없다. 새로운 혁신적 기술의 양잠을 시작할 수밖에 없었다. 그것은 자연농법과는 반대 방향의 순 과학적인 사육 방식이었다. 인공 사료에 의한 공장식 누에치기다. 인공 사료라는 것은 뽕나무잎 가루, 콩가루, 밀가루, 전분, 녹말, 지방, 비타민 등이 더해진, 말하자면 인스턴트 식품으로 방부제가 들어 있고 살균이 된 것이다. 사육장은 물론 완전 냉방 설비를 갖춘 공장으로, 조명이나 환기 장치도 자동적으로 조절된다. 그 속에서 누에는 컨베이어 벨트로 제공되는 먹이를 먹고, 똥도 컨베이어 벨트를 타

고 자동 처리된다.

　방은 완전히 밀폐돼 있기 때문에 누에에 병이 생기면 가스 소독도 가능하다. 누에 채반 처리와 고치를 거두어들이는 작업 등 모든 것이 완전히 자동으로 이루어지는 공장에서 천연 명주실이 생산되는 시대가 온 것이다. 지금까지는 뽕나무 잎이 원료로 사용되고 있지만, 나중에는 석유제품인 인공 사료로 바뀔 것이다. 공장에서 완전한 먹이를 만들어서 얼마든지 고치를 생산할 수 있게 된다면, 일손이 전혀 필요 없어질 것이다. 이렇게 됐을 때, 사람들은 편리해졌다거나 명주실을 얼마든지 얻을 수 있겠다고 기뻐만 할 수 있을 것인가?

　이상의 누에치기 사업의 변천 역시 이리저리 좌우로 헤매어온 것을 알 수 있다. 과학농법이 한 걸음 자연농법으로 돌아가는 듯이 보일 때도 있었지만, 전진하기 시작한 과학은 이제 본래로는 돌아가지 않는다. 자연 이반의 길로 더욱 매진해나갈 뿐이다.

　자연농법과 과학농법의 뒤엉킴을 근원적으로 설명하면 아래의 도표와 같다.

　이 장의 모두에서 썼듯이, 유기농법을 포함한 좁은 의미의 자연농법은 모든 인위적인 노력을 줄이면서 '무無'의 방향을 향해, 시간과 공간의 수축과 응결을 목표로 구심적으로 나아간다. 반면에 현재의 과학농법은 복잡하고 다양한 인위적 수단을 늘리며 '유有'의 방향으로, 시간과 공간의 획득을 목적으로, 원심적으로 확장 발달한다. 양자의 모습은 공간적으로 보면 같은 차원의 상대적 관계로 파악된다. 시간적으로 보면 어느 한 시점에서 동일한 겉모습을 보일지도 모르지만, 그 방향은 제로와 무한이라는 정반대 방향을 향해 있다.

　따라서 상대적이고 분별적으로 보면, 양자는 서로 대립하는 것이면

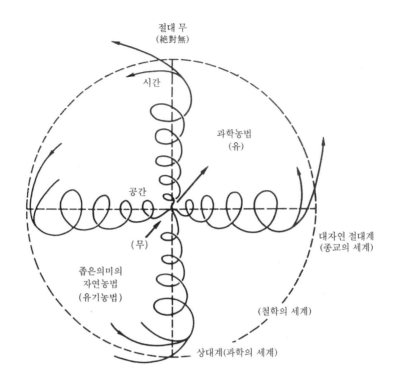

서도 어디까지나 붙지도 떨어지지도 않는 채 뒤엉키고 보완하면서 시대와 함께 전진해가고 있는 것처럼 보이기 쉽다. 하지만 자연농법이란 분별적 상대 세계를 뛰어넘는 대자연으로의 귀의를 궁극적 목표로삼고 응축해가는 것이기 때문에, 끊임없이 상대계로 확산되어갈 수밖에 없는 과학농법과는 정면으로 대립한다.

자연농법의 4대 원칙

자연농법은 종래의 과학농법보다 모든 면에서 우월하다. 과학농법이 인간의 많은 노력과 비용을 써 없애면서도 미혹과 혼란만을 거듭하다가 결국은 파탄에 이르지 않을 수 없는 이유는 지금까지 말해온 바와 같다. 이것은 원리적으로도 실제적으로도 분명하여 인정할 수밖에 없는 사실이다.

그러나 인간이란 이해할 수 없는 이상한 존재로서, 스스로 번거로운 조건을 잇달아 만들어놓는다. 그리고 그것 때문에 46시간 내내 신경을 쓰면서도, 그것을 다 놔버리라고 하면 어딘지 불안한 것 같다. 자연농법이 옳다는 것을 인정하고도, '일체 무용'의 세계를 실제로 실행하는 데에는 비약적인 결심이 필요한 것처럼 생각하는 것이다.

그 불안을 없애기 위해, 나는 나의 경험을 말하고 있다. 실제로 나의 자연농법은 일체 무용에 가까워지고 있다. 지난 30년 동안의 경험 중에는 부분적으로는 실패도 물론 없지 않았다. 하지만 원칙적인 방향이 옳았기 때문에, 현재는 모든 면에서 과학농법을 이기고 있거나 그에 뒤지지 않는 수확을 얻고 있다.

더구나 중요한 점은 그 밖에도 다음과 같은 것이 있다.

1) 노력과 비용이 수십 분의 일밖에 안 들지 않는다. 그것도 무無를 목표로 하고 있다.

2) 생산된 작물뿐만 아니라, 가꾸는 과정에도 공해 발생 요소가 전혀 없다. 토양은 영원히 기름지다.

이상의 것은 실제로 오랜 세월 동안 거두어진 실적이기 때문에 틀림없고, 게다가 나뿐만 아니라 누구나 할 수 있는 농법인 것을 보증한다. 이 농법의 원칙들을 다음에 소개한다. 이 '일체 무용'의 자연농법의 원칙은 다음과 같다.

1. 무경운無耕耘
2. 무비료無肥料
3. 무제초無除草
4. 무농약無農藥

A. 무경운론: 땅을 갈지 않는다

논밭을 간다는 것은 농부에게 중노동이며, 농사일의 중요한 부분을 차지하는 일이기도 하다. 농부로 산다는 것은 트랙터, 경운기, 삽, 괭이 등으로 논밭을 가는 일이라고 해도 과언이 아니다. 땅을 가는 일이 없어진다면, 농부는 상당히 다른 존재가 된다.

갈면 흙이 나빠진다

그럼 왜 사람들은 갈이가 필요하다고 생각했으며, 그리고 경운에 의해 실제로 어떤 효과가 있는가에 대해서 검토해보자.

작물의 뿌리는 물과 공기와 양분을 찾아서 땅속 깊이 들어간다는 생각으로부터, 사람들은 그것들을 보다 많이 공급하는 것이 작물의 성장을 도와주는 길이라고 확신하고 있다. 따라서 자주 제초를 하여 밭을 깨끗하게 하고, 가끔 괭이나 호미 등으로 땅을 갈아주면 땅이 부드러워지고, 또 공기가 잘 들어가 소화 작용이 왕성해지고, 유효성 질소가 많아진다, 뿌린 비료 또한 땅속으로 들어가 작물에 잘 흡수된다고 믿고 있는 것이다.

물론 화학비료를 땅 표면에 뿌렸을 때는, 괭이 등을 이용해 땅속에 파묻는 것이 비료 효과를 올리는 데 도움이 될 것이다. 그러나 이것은 청소淸掃 농지(풀을 하나도 없이 뽑고 경운을 하는 농지)에 비료를 준 경우다. 하지만 초생草生 농지, 곧 풀과 함께 가꾸기를 한 땅이나 무비료 재배의 경우는 상황이 완전히 달라진다. 경운의 필요성을 다른 입장에서 검토해야 한다. 또한 소화 작용을 통해 질소 성분이 늘어난다고 하지만, 그것은 자신의 몸을 소모시켜서 얻는 일시적 효과에 지나지 않는다.

경운을 하면 땅이 부드러워지고, 공기가 잘 스며든다고 한다. 하지만 오히려 거꾸로 땅이 딱딱해지며, 공기 소통은 더 나빠지는 게 사실이다. 논을 쟁기로 갈고 밭을 호미로 맬 때, 일시적인 눈으로 보면, 흙과 흙 사이에 공간이 생기며 흙이 부드러워지는 것처럼 보인다. 그러나 이것을 넓은 안목에서 보면 땅을 이기고 다지는 일에 다름없다. 쟁기나 괭이로 흙을 갈면 갈수록 흙의 입자는 더욱 작아지고, 그 흙 분자의 물리적 배열 상태는 병렬적이 되고, 분자 간의 공간이 적어지며, 흙은 굳고 딱딱해진다.

일시적이나마 흙이 부드러워지는 것은, 퇴비 따위를 뿌려서 경운과 함께 땅속에 묻은 경우뿐이다. 제초로 깨끗해진 밭에서 경운을 되풀이하면, 흙의 단립화團粒化는 파괴되고, 흙 입자는 미세해지며 땅은 더욱 단단하게 뭉쳐지는 것이다.

논의 경우도 마찬가지로, 보통 무논에서는 다섯 번에서 예닐곱 번의 사이갈이가 필요하다는 생각 아래, 부지런한 농부는 다투어 그 횟수를 늘리기 위해 노력해왔다. 그래야 흙도 연해지고 공기도 잘 들어간다고 하는 믿음은 오랫동안 누구의 눈에도 변함이 없었다. 모두 그렇게 믿고 있었다. 하지만 제2차 세계대전 뒤에 제초제가 나오고, 이것을 뿌리며 사이갈이 횟수가 적을수록 오히려 수량이 많다는 것이 밝혀졌다. 이것은 사이갈이가 김매기를 겸한 작업이었기 때문에 김매기 효과가 있었던 것일 뿐, 사이갈이 자체의 효과는 아무것도 없었다는 것을 증명하고 있다.

사이갈이 작업이 무익하다 하지만, 땅속의 공간을 늘리고 부드럽게 하는 일조차 필요 없다는 것은 아니다. 아니, 나는 누구보다도 땅속에는 풍부한 공기와 물이 필요하다는 것을 강조하고 싶은 것이다. 즉 자연의 흙은 해가 갈수록 구멍이 많아지고 부드러워지는 것이 본래의 모습이다. 이것은 미생물 번식을 위해서도, 지력의 증가를 위해서도, 또한 나무뿌리가 깊이 땅속으로 뻗어가기 위해서도 절대적으로 필요한 일이다. 다만 나는 땅을 부드럽게 하기 위해서 사람들이 쟁기나 괭이로 땅을 가는데, 그것은 해롭기만 하다는 사실을 지적하고 싶다. 흙의 일은 흙에 맡겨두면 비옥해지는 것도, 부드러워지는 것도 자연의 힘에 의해 달성된다고 보고 있다.

쟁기나 가래로 갈아보았자 갈 수 있는 흙의 깊이는 보통 10에서 20센티에 지나지 않는다. 이에 비해 잡초나 녹비의 뿌리는 30에서 40센티 이상의 깊이까지 갈아준다. 풀뿌리가 땅속 깊이 들어가면, 그 뿌리와 함께 공기와 물도 땅속으로 깊이 스며 들어가는 것이다. 그 뿌리가 죽어서 썩으면 여러 가지 미생물이 번식하고, 그 사멸이나 교대와 함께 부식이 늘어나고, 땅은 더욱 부드러워진다. 부식이 있는 곳에는 지렁이가 늘어나고, 지렁이가 있으면 두더지가 땅속에 구멍을 뚫어준다.

땅은 스스로 간다

인간이 갈지 않아도 땅이 갈아준다. 농부는 경운으로 '땅이 길이 든다', '비옥해진다'고 말하고 있지만, 괭이도 안 쓰고 한 줌의 비료도 안 주는 산속의 나무가 왕성한 성장을 계속하고, 경운을 하는 농부의 밭에서는 왜소한 작물밖에 자라지 않는 것은 도대체 어떻게 된 일일까?

사이갈이가 무엇인지, 그 영향이 어떻게 나타나는지 한 번이라도 진지하게 생각해본 농부가 과연 이 세상에는 한 사람이라도 있을까? 내가 보기에는 열이면 열이, 다만 얼마 안 되는 겉흙에만 눈길을 주고, 땅속 깊은 곳에 대해서는 아무런 생각도 하지 않는 것 같다.

산속의 나무들은 절로 나고 자라는 것처럼 보인다. 하지만 삼나무는 거목이 될 가능성이 있는 곳에서 나고, 잡목은 잡목이 나야 할 곳에서 난다. 소나무는 소나무의 식생에 적합한 곳에서 나서 자라고 성장해간다. 소나무가 골짜기 밑바닥에서 자라는 법은 없다. 삼나무는 산정에서 싹이 트는 일이 없다. 작은 양치식물은 척박한 땅에, 큰 양치식물은 토심이 깊은 곳에서 자란다. 수변식물이 산꼭대기에서 난 적도 없고, 육상식물이 물속에서 나는 일도 없다. 아무 생각도 없는 것처럼 보이는 식물조차, 자기가 성장하는 곳으로서는 어떤 곳이 제일 좋은가를 정확히 알고 있는 듯하다.

인간은 적지적작適地適作이라고 하며 어떤 곳에 어떤 작물이 자라기 쉬운가를 조사하고 있다. 그러나 아직도 귤은 어떤 모암母巖이 있는 곳이 좋고 어떤 토양 구조가 가장 적당한지, 감 재배에 가장 적당한 토양의 물리적, 화학적, 생물적인 구조는 어떤 것인지 등등에 대해서는 거의 연구가 되지 않았다. 그 토지의 모암이 무엇인지조차 모르는 채, 그 토지의 토양 구조가 어떻게 되어 있는지에 대해 조사도 해보지 않은 채, 나무를 심고 작물의 씨앗을 뿌린다. 그래서는 작물이 장래를 걱정할 수밖에 없다.

한편 자연의 산과 숲에서는, 토양의 표면이나 심층부의 물리적, 화학적 구성 상황 등은 둘째 치고, 그 어떤 인위적 수단을 더하지 않더라도 거목은 하늘로 거침없이 솟아올라가며 크게 자랄 토양 조건을 스스로의 힘으로 만들고 있다. 자연에서는 풀이나 나무 그 자체가, 혹은 토양 속의 지렁이나 두더지가, 토양 속의 가축처럼 작업을 하여 철저하고 완전한 토양 개조를 해오고 있었던 것이다. 사이갈이, 사이갈이라며 땅을 쟁기로 갈기보다, 사이갈이를 하지 않으면서도 사이갈이를 하는 방향이야말로 농부에게 바람직한 기술이다. 땅 표면은 풀의 힘으로, 땅속은 나무로 경운을 하는 게 좋다. 토양 개량은 흙에, 식물의 성장은 식물의 힘에 맡겨두는 것이 보다 현명한 것이다.

사람들은 아무런 생각도 없이 묘목을 옮겨 심는다. 다른 종류의 대목에 접목하여 뿌리를 끊고 이식을 하지만. 이때부터 과일나무 뿌리는 곧은 뿌리를 잃어버리며 단단한 바위를 뚫는 힘을 상실했다고도 말할 수 있다. 묘목을 옮겨 심을 때 뿌리가 아주 조금 엉클어지기만 해도, 그 나무는 일생 동안 뿌리의 정상적인 발육을 방해받는다.

또 화학비료를 사용함에 따라 뿌리는 더욱 천근성淺根性으로 바뀌며, 땅 표면을 기어다니게 된다. 시비와 제초에 의해 겉흙의 단립화와 비옥화가 정지된다거나, 간척할 때의 뿌리 뽑아내기 작업으로 땅속의 부식이 사라지며 미생물 번식의 길이 닫히는 것이다. 그에 따라 본래는 필요하지 않았던 경운과 같은 작업이 필요해지는 것이다.

경운이나 토양 개량을 하지 않아도, 자연은 몇 천 년 전부터 자신의 방법으로 경운을 계속해왔다. 인간은 자연의 손을 제쳐두고 자신의 손으로 땅을 갈기 시작했다. 그것은 결론적으로 자연의 흉내를 낸 것에 지나지 않는다. 거기에 과학적으로 뛰어난 설명을 붙이고는 뽐을 내고 있음에 불과한 것이다.

인간은 아무리 연구를 거듭한다고 하더라도 흙에 대한 모든 사실을 알아낼 수도 없을 뿐만 아니라, 흙 이상의 흙을 만들어낼 수도 없다. 왜냐하면 자연은 완전하기 때문이다. 과학적인 연구가 진행됨에 따라서 인간이 알 수 있는 것은, 한 줌의 흙이 얼마나 완전무결한 것이며 인간의 지혜는 얼마나 불완전하냐이다.

흙을 불완전하다고 보고 쟁기질을 할 것이냐, 흙을 신뢰하고 흙에 맡길 것이냐, 그 둘 중의 하나다.

B. 무비료론: 비료를 쓰지 않는다

작물은 흙으로 성장한다

작물이 땅에서 '왜' 그리고 '어떻게' 성장할 수 있는지를 직시해보면, 거기에는 인간의 지식이나 행위가 조금도 가해지지 않았다는 것을 알 수 있다. 바꾸어 말하면 비료라든가 양분은 근본적으로 필요 없다는 것을 알 수 있다. 작물은 사람이 아니라 흙에 의해 성장한다.

나는 오랜 기간, 과일나무나 쌀과 보리의 무비료 재배가 과연 가능한지를 실험해왔다.

물론 무비료 재배는 가능하다. 그리고 일반 사람들이 생각하는 것처럼 수량이 적지도 않다. 자연의 힘을 발휘시킬 수 있는 방법을 취함으로써, 비료를 많이 주는 보통의 재배와 아무런 차이가 없는 수확을 올릴 수 있는 것도 실증할 수 있었다. "어떻게 무비료 재배가 가능했냐?", "그 결과는 좋았느냐, 나빴느냐?"를 논하기 전에 먼저 과학농법의 방식을 검토해보자.

사람들은 작물의 싹이 튼 것을 보고 싹이 텄다고 생각했다. 그리고 그 생각은 '싹이 튼다, 자란다'로부터 '키울 수 있다'는 분별적 지식으로 나아간다.

가령 벼나 보리를 분석해보고, 각종의 영양 성분을 학인하고, 그 영양 성분의 연구로부터 벼나 보리의 성장이 이들 영양분에 의해서 촉진되고 있다고 추측하게 된다. 다음에는 영양분을 비료로 주어보고, 쌀이나 보리가 예상대로 성장하는지 관찰한다. 그 과정에서 사람들은 비료가 작물을 기른다고 굳게 믿어버린다. 무비료의 작물과 비료를 준 작물을 서로 비교해보고, 비료를 준 쪽이 키도 크고 수량도 많다는 것을 알았을 때부터, 비료의 가치를 의심하지 않게 된다.

비료가 필요하다는 생각에 대한 의문

과일나무에 왜 비료가 필요한지, 그 근거와 출발점을 찾아보자.

대부분의 경우, 우선 나뭇가지나 잎, 과일 등을 분석하여 질소, 인산, 가리 등의 성분이 얼마나 들어 있는지, 또 과일나무의 연간 성장이나 결실을 위해서는 어떤 성분이 얼마만큼 소비되고 있는지 등에 대한 조사로부터 출발하고 있다. 과일나무의 시비 설계는 다 자란 과수원 경우에는 질소가 40킬로그램 정도, 인산과 가리가 30킬로그램 정도로 결정되어 있는데, 그것은 앞에서 기술한 것과 같은 분석 결과에서 나온 것이다. 그리고 밭이나 포트(일정한 크기의 화분) 안에 실제로 계획대로 비료를 뿌려보고, 나무의 성장이나 과일이 여는 상태 등을 고찰한 뒤, 비료의 필요성을 실증할 수 있었다고 하는 것이다.

귤나무 가지나 잎 속에는 질소 성분이 있다는 것을 알고, 그것이 뿌리를 통해 흡수된다는 것을 알았을 때, 사람들은 뿌리를 통해 영양을 흡수시킬 수 있으리라 여기고, 비료로써 양분을 주고, 그 결과 가지나 잎에 영양이 풍부해지면, 밀감에 비료를 주는 건 필요하고 효과가 있는 일이라고 바로 결론을 내려버린다.

과일나무는 키워야 하는 것이라는 입장에서 보면, 뿌리로부터 비료를 흡수하는 것이 원인이고, 그 결과는 가지와 잎이 충실해진다는 것이다. 여기서 시비 필요론이 나온다.

그러나 "나무는 절로 나고, 스스로 자란다"는 관점에서 보면, 나무가 뿌리를 통해서 양분을 흡수하는 것은 원인이 아니라, 대자연의 눈으로 볼 때는, 작은 결과에 지나지 않는다. 뿌리가 양분을 흡수했기 때문에 그 결과 나무가 자랐다고도 말할 수 있지만, 뿌리가 양분을 흡수하는 데는 하나의 원인이 있고 그 원인에 의해 나무는 자랐다고도 할 수 있다. 나무의 새싹은 당연히 싹터야 하니까 싹이 트고, 뿌리는 뻗어나가는 힘을 가지고 땅속으로 뻗어간다. 나무는 자연환경에 가장 적합한 형태로 자연의 섭리를 지키며, 법칙에 따라서 빠르지도 늦지도 않게 대자연의 큰 궤도를 타고 성장하고 있다.

비료의 해는 끝이 없다

대자연 속에 비료를 준다는 것은 무엇을 의미하는가? 대자연의 운행에 시비가 어떤 영향을 미치게 되느냐에 대해서는 아무것도 생각하지 않고 나무에 비료를 준다는 것은, 오직 눈앞의 변화에만 현혹되어 대도大道를 착각한 결과다.

비록 단 한 줌이라도 비료를 지상에 뿌리는 일이 얼마나 자연계에 영향을 미치고 있는지를 알 수 없는 한, 시비 효과에 대해 한마디 말도 할 수 없는 것이다. 비료가 흙이나 나무에 좋은 결과를 미치고 있는지 나쁜 결과를 만들어내고 있는지, 이 문제는 일조일석에 판단을 내릴 수 있는 간단한 문제가 아니다.

과학자는 알면 알수록 자연계가 얼마나 복잡하고 신비한 힘을 가지고 있는지 알고 있다. 끝없는 의문으로 가득 찬 세계임을 그들은 알고 있다.

1그램의 흙, 한 알의 씨앗에도 무서울 정도로 많은 연구 재료가 숨어 있다.

일반적으로 사람들은 흙을 광물이라고 한다. 보통 밭 흙에는 대개 1억 마리가량의 미생물, 곰팡이, 박테리아, 조류藻類 등이 살고 있다. 흙은 죽어 있는 것이 아닐 뿐만 아니라 생물의 덩어리라고도 할 수 있다. 그리고 그들 미생물은 아무 이유 없이 생존하고 있는 것이 아니다. 그 나름대로 이유가 있어서 살고, 투쟁하고, 공생하고, 그리고 유전을 계속하고 있다.

이 흙 속에 인간이 화학비료라는 약물을 투입한다. 비료 성분이, 죽은 광물 속에서 공기와 물, 그 밖의 온갖 물질과 어떻게 화합하고 반응하고 변화해가는지, 그런 물질들이 각종의 미생물과 어떤 관계를 유지하면서 조화를 꾀하고 안정돼가는지에 대해서는 오랜 연구가 필요할 것이다.

현재까지는 비료와 흙 속 미생물의 관계는 거의 연구가 되지 않고 있는 실정이다. 오히려 두 관계를 전혀 무시한 실험이 행해져 왔다. 시험장에서는 포트에 흙을 넣어 실험을 하는데, 그 부자연스러운 포트 속에는 땅속 미생물이 거의 죽어 없어져 있거나 한다. 일정 조건 아래서, 어떤 정해진 틀 안에서 실시한 실험 성적이 자연조건 아래의 실제 상황과 맞지 않는 것은 아주 당연한 일이라 하겠다.

하지만 불완전한 조건 아래서 실험하여, 작물의 성장이 비료로 조금 촉진되었다는 정도를 이유로, 비료의 효과가 과대하게 평가되고 선전되어왔던 것이다. 비료의 효과(?) 면만을 강조하고 그 죄악에 대해서는 언급이 적은데, 이것이 큰 문제다. 비료가 미치는 나쁜 영향은 수없이 많다.

1) 비료가 작물의 성장을 촉진하는 효과는 항상 일시적이고 부분적인 것에 지나지 않는다. 그 때문에 작물에는 반드시 약화 현상이 나타나게 된다. 작물을 호르몬제로 급속히 자라게 했을 때와 마찬가지다.

2) 약체화한 식물체에는 자연의 섭리 작용으로 생기는 장해나 병충해에 대한 저항성이 낮아지는 일 등도 잊어서는 안 된다.

3) 토양 속에 뿌린 비료는 실제의 경우에는, 실험실에서 나타난 정도의 효과를 나타내지 않는 일이 많다. 가령 논에 뿌린 유안의 질소 성분 30퍼센트가 미생물의 탈질脫窒 작용으로 공기 속으로 달아나고 있다는 것이 최근에 발견되었다. 유안이 사용되기 시작한 뒤 수십 년이 지난 오늘에 와서야 이러한 사실이 마침내 명백해졌다는 것은 웃고 넘길 이야기가 아니다. 농부의 큰 손해다. 이런 엉터리 같은 일은 앞

으로도 계속 일어날 것이다. 그리고 밭에 뿌린 인산 비료는 5센티미터 정도의 깊이 밖에 흙 속으로 이동하지 않는다는 사실이 최근 밝혀졌다. 오랜 세월 동안 많은 양의 인산 비료가 아무런 도움도 되지 않고 땅에 버려지고 있었던 것이다.

4) 비료의 직접적인 피해 또한 크다. 3대 비료인 유안, 과린산, 유산가리 등은 어느 것이나 70퍼센트 이상이 진한 황산으로서 흙을 산성화하며, 직간접적으로 작물에 큰 피해를 주고 있다. 논밭에 뿌려지는 황산의 양은 연간 180만 톤에 달하고 있다. 이 유산 비료는 흙 속의 미생물을 억압하거나 죽이거나 하는데, 그 때문에 생기는 흙 속의 혼란이 어떤 형태로 장래에 화근을 몰고 올지는 예측할 수 없는 일이다.

5) 비료의 악영향의 하나로, 미량 성분 결핍 문제가 있다. 화학비료에 너무 의지해왔기 때문에 흙이 죽고, 거기에 과학농법은 한정된 몇 가지 영양성분만으로 작물을 재배해왔다. 그 속에서 작물이 요구하는 수많은 미량 요소들이 결핍되기 시작한 것이다.

이상의 문제들은, 특히 과수 재배에서 최근에 급격하게 중대한 문제로 부각되기 시작했다. 또 논에서는 '추락秋落 현상'(예상했던 풍작이 가을에 와서 수확이 줄어드는 일. 역주)의 한 원인으로서 아주 까다로운 문제가 되었다.

과수원에 뿌린 각종 비료 성분들이 흙 속에서 일으키는 갖가지 작용이나 상호관계는 대단히 복잡하다. 질소나 인산은 요오드가 부족한 흙 속에서는 흡수가 잘 안 된다. 토양이 산성화되어 석회를 많이 쓰고 그 때문에 토양이 알칼리성이 되면 아연, 망간, 붕소, 요오드 등이 물에 녹기 어려워지며 결핍증을 일으킨다. 가리 성분이 너무 많으면 요오드가 있어도 흡수되지 않는다. 붕소도 명백히 감소한다. 질소, 인산,

가리의 사용량이 많을수록 아연이나 붕소는 부족해진다. 망간은 질소나 인산이 많을수록 결핍이 적다.

어떤 한 가지 비료를 많이 주면, 다른 비료의 효과가 떨어진다. 어떤 것이 부족하면 다른 것을 충분히 주어도 허사가 된다. 이런 작용에 관한 연구를 해보면 비료를 준다는 것이 얼마나 어려운 일인가를 알 수 있다. 비료의 공죄를 다 밝혀내기는 어렵다.

문제는 점점 더 진전돼간다. 현재로는 몇 가지 미량 성분에 관한 약간의 연구에 그치고 있지만, 앞으로는 헤아릴 수 없이 많은 미량 성분이 발견될 것이고, 그것들의 용탈溶脫이라든지, 고정화라든지, 미생물과의 관계, 상호 관련 문제 등 무한한 연구사항이 숨겨져 있는 것이다. 그런데도 과학자는 어떤 한 가지 실험에서 좋은 결과가 나오면 이 비료는 이렇게 효과가 있다고 발표한다. 진짜 공죄는 알지 못하면서 말이다.

농부는 "화학비료에는 물론 해도 있지만, 몇십 년 동안 비료를 주어왔어도 큰 문제가 없었던 걸 보면, 역시 비료를 주는 게 득이라 할 수 있다"며 안이하게 생각한다. 하지만 불행의 싹은 조금씩 눈에 띄지 않게 나타나서, 그것이 눈에 드러날 정도가 되었을 때는 이미 돌이킬 수 없는 상태에 이르러 있기 쉽다.

그렇지 않아도 농부는 옛날부터 비료 값을 얻기 위하여 여러 가지 고생을 계속해왔다. 과수의 생산비 30~50퍼센트가 비료 값으로 사라지고 있는 것이 현실이다.

사람들은 비료를 안 주면 안 되니까 비료를 준다고 하지만, 비료를 안 주면 진짜 작물이 자라지 않을까? 비료를 주는 것이 경영상 유리할까? 게다가 비료를 주는 농법으로 농부가 편안해질 수 있을까…?

왜 무비료 실험은 하지 않는가?

이상한 일이다. 지금까지 농업기술자들은 무비료 재배 실험을 거의 하지 않고 있다. 과수의 무비료 재배 실험은 작은 콘크리트 틀이나 화분 안에서 수년간 행해진 성적이 두세 가지 있을 뿐이다. 벼나 보리의 경우에는 좁은 면적에서 이루어진 것이 다인데, 왜 무비료 재배 실험이 행해지지 않았는가에 대한 이유는 명백하다. 농업기술자들은 모두 작물은 키우는 것, 비료를 주어서 키우는 것이라는 전제 위에 서 있기 때문이다. 그러므로 무비료 재배라고 하는 바보스러운, 또는 위험한 (진짜는 가장 안전하지만) 실험을 할 수 없었던 것이다.

비료 실험의 기준은 무비료 실험에서 출발해야 하는 것인데, 그렇게 안 하고 3대 비료를 주는 것이 표준이 되어 있는 이유는 그 때문이다.

아주 적은 실험 성적을 가지고, 사람들은 무비료로는 나무의 성장이 각종 비료를 준 경우에 견주어 절반 정도라든지, 누가 봐도 수확량이 3분의 1도 되지 않을 정도로 나쁘다고 굳게 믿고 있는 것이다. 그러나 이런 무비료 실험은 참다운 무비료, 자연 재배와는 아주 다른 실험이었다.

자연농법의 무비료 재배는, 완전한 자연 상태에서의 토양과 환경 속에서 무비료로 자연재배를 하는 것을 의미한다. 즉 여기서 말하는 완전한 자연재배란. 조건 이전의 입장에 선 조건 위에서 하는 무비료 실험이라는 뜻이다. 그러나 이렇게까지 말하면 이런 실험은 이미 과학자의 손을 떠난 실험, 불가능한 실험이라고도 할 수 있다.

나는 완전한 자연 상태에서 하는 무비료 재배는 철학적으로 가능하고, 그쪽이 과학적인 비료 농법보다 유리하며, 농부 인생에도 보다 바람직한 농법이라고 보고 있다. 무비료 재배가 가능하지만, 그것은 현재 실제로 행해지고 있는 청소淸掃 농법(풀을 깨끗하게 뽑고, 땅을 간다)의 논밭에서 갑자기 무비료로 작물을 재배해도 좋다는 뜻은 아니다.

작은 화분이나 콘크리트 틀 안에 작물을 심을 경우, 그 속의 토양은 자연의 살아 있는 흙이 아니다. 뿌리 자람이 제한되는 나무의 성장은 더없이 부자연스러운 것인데, 그런 틀 안에서 무비료로 작물을 키워보고 성장이 나쁘다, 그러므로 무비료 재배는 불가능하다고 하는 건 전혀 앞뒤가 맞지 않는 소리다.

진짜 자연이란 무엇인가를 깊이 생각해보고, 적어도 자연에 한 걸음이라도 가까워지는 그런 재배 환경을 마련해야 한다. 자연의 입장에 선 농법을 실제로 행하기 위해서는, 온갖 농법이 채택되기 이전의 상태로 먼저 복귀하려는 노력이 있어야 한다.

자연을 응시하라

무비료 재배가 가능하냐 아니냐를 증명하기 위해서는, 작물을 보고서는 알 수 없다. 그것은 자연을 응시하는 일로부터 출발해야 한다.

산림의 수목은 자연에 가까운 상태에서 자라고 있는데, 이 경우 산의 나무는, 누구나 다 알고 있듯이, 비료를 주지 않았다. 그러나 그 성장량은 얕볼 수 없다. 조건이 좋은 곳에 심어진 삼나무는 20년 동안이면 300평당 약 40톤의 성장을 하는 일도 많다. 그렇다면 해마다 비료 없이도 약 2톤가량의 생산량을 올렸다는 계산이 된다. 이 양은 목재로서 이용될 수 있는 부분만을 말하는 것으로서, 여기에 가지나 잎, 뿌리까지 포함하면 성장량은 대충 그 두 배, 즉 약 4톤이 되는 것이다.

이렇게 자라는 목재를 성분으로 환산하여, 과수원에서 해마다 생산되는 과실에 적용해보면 역시 2톤에서 4톤이 된다. 곧 산에서는 무비료로 해마다 2톤에서 4톤의 과일이 나오고 있다. 이 양은 현재 과수원의 표준 생산량에 필적한다.

산의 목재는 어느 연한이 되면 벌채해서 지상부의 잎이나 가지나 줄기 모두를 그 장소에서 반출해버린다. 무비료의 완전한 약탈농법이다. 그렇다면 한 해의 성장량에 해당하는 비료 성분은 어디서 어떻게 생산되어 식물에 보급되는 것일까? 식물은 키우지 않아도 성장한다. 나무는 비료로 키우지 않아도 자란다는 것을, 산에서 자라는 산림이 실증적으로 보여주고 있다.

게다가 또 생각해봐야 할 것은, 산에 심은 삼나무는 자연 그대로의 모습이 아니라는 것이다. 당연히 산의 힘, 자연 상태의 지력을 충분히 발휘하며 성장하고 있다고 말할 수 없다. 같은 수종의 반복 식수에서 오는 해와 약탈, 산불에 의한 소모 등이 있다. 척박한 땅에 심은 모리시마 아카시아가 수년 만에 삼나무의 몇 배나 되는 거목으로 성장하는 모습을 보면, 누구나 흙의 위대한 힘에 경탄할 수밖에 없다. 이 아카시아를 삼나무나 노송나무와 섞어 심었을 때는, 뿌리에 있는 미생물의 도움을 받아서인지 삼나무나 노송나무의 성장까지도 왕성해진다. 인간이 돌보지 않는 산에서는 오랜 세월 동안의 기후 작용에 의해서 바위도 풍화되고, 해마다 지는 낙엽으로 부식이 증가하고 미생물이 증가하며, 토양은 검게 변해가고 단립화하여 보수력이 높아지며 사람이 아무 일도 하지 않아도 나무는 쑥쑥 자라게 된다.

자연은 죽은 것이 아니다. 살아 있다. 그리고 자라고 있다. 이 살아 있는 자연이 가진 위대한 힘을 그대로 이용하여 과일나무를 재배하면 그것으로 좋은 것이다. 사람들은 그 힘을 이용하기보다 오히려 죽이고 있다. 제초를 하고, 사이갈이를 하는 밭은 해마다 지력이 떨어진다.

미량 성분이 부족해지고, 활력이 없어지고, 표토는 굳어지고, 미생물이 사라지며 죽은 흙이 되어버린다. 다만 작물을 유지하는 역할밖에 못하는 토양으로 바뀌어버린다.

본래 비료는 필요하지 않았다

농부가 산림을 개간하고, 그곳에 과일나무를 심고자 할 때의 상황을 살펴보자.

농부는 나무를 벤 뒤, 그 나무를 다른 곳으로 가져다 버린다. 땅을 깊이 파 나무뿌리나 풀뿌리를 파낸 뒤 태워버린다. 그다음에는 트랙터나 경운기로 몇 차례 땅을 간다. 그때 흙의 자연스러운 물리 구조는 파괴돼버린다. 토양을 벽토처럼 몇 번씩 깨고 이기고, 이기고 부수는 동안 공기와 미생물의 번식에 도움이 되는 부식이 땅속에서 사라진다. 그 결과, 토양은 미생물조차 없는 누런 광물로 바뀐다. 그렇게 흙을 완전히 죽여놓고, 과일나무 묘목을 심고 비료를 공급하는, 말하자면 사람의 힘만으로 과일나무를 키우려고 하는 것이다.

농업시험장에서는 화분 속에 담은 흙이 영양 성분이고 뭐고 모두 사라진 상태에서 거기에 비료를 준다. 그렇게 하면 말라 있던 흙이 물을 얻은 것처럼 나무는 푸르게 성장하고, 그것을 보고 비료 효과는 높이 평가되고 선전된다. 이와 마찬가지로 농부도 성실한 개간으로 흙을 한 차례 죽여놓은 뒤, 농업시험장 흉내를 내어 비료를 주고 그것이 현저한 효과를 나타내면 그것으로 만족하는 것이다.

농부는 먼 길을 돌며 고생을 하고 있다. 비료가 무용하다고까지는 말하지 않아도 좋지만, 비료는 자연에 이미 존재한다. 인간이 주지 않아도 자연이 준비해놓고 있다. 비료 없이도 작물은 자라고 성장한다.

아득한 옛날부터 지구 표면의 암석은 비바람을 맞고 돌이 되고 흙이 되고, 그곳에 미생물이 발생하고 잡초가 자라고 거목이 우거짐에 따라서 비옥한 토양으로 변화돼왔다.

식물의 성장에 필요한 영양분이 언제 어디에서부터 어떻게 만들어지며 쌓여가는지는 아직 밝혀지지 않았지만, 대지의 흙은 해마다 검어지고 비옥해져간다. 한편 인간이 만든 밭이나 논의 흙은 해마다 다량의 비료와 거름을 주고 있음에도 불구하고 점점 척박해져간다.

무비료론은 비료가 무가치하다고 하는 게 아니다. 화학비료를 줄 필요가 없다는 것이다. 화학비료가 필요 없는 것처럼, 과학적인 시비 기술 또한 원칙적으로는 무의미하다. 그러나 자연에 가까운 유기 비료의 경우는, 일견 퇴비화나 사용 방법의 연구가 도움이 될 것처럼 보이기도 한다.

가령 짚 종류, 그리고 초목이나 해초와 같은 조대 유기질 비료 등은 그대로 논밭에 주게 되면, 이것이 분해되어 거름 효과가 나타나기까지는 시간이 걸린다. 처음에는 미생물이 땅속의 가급태可給態 질소를 먹기 때문에 땅속의 질소가 일시적으로 부족해지며, 작물은 질소 기아 상태가 되기 때문이다. 그래서 그 재료를 촉성 퇴비로 발효시켜 안전하고 유효한 비료로 만들었던 것이다.

또한 그 비효肥效 속도를 촉진하기 위해 퇴비를 만들 때, 때때로 뒤집어서 호기성 균류의 발생을 촉진하는 조치를 취하거나 수분 공급과 질소비료, 석회, 과린산 석회, 쌀겨, 똥오줌 등의 첨가에 고심하는 것도 약간의 비효 증진과 시간 단축 등을 목적으로 하고 있는 것이다. 하지만 이런 기술은 부식 속도를 조금 빠르게(많아야 10 혹은 20퍼센트 이내의 일시적이고 부분적인 효과) 하는 데 그친다. 자연의 거시적인 시야에서 보면, 그런 기술은 필수적이며 절대적인 방법이 아니었던 것이다. 논이나 밭에 짚을 그대로 뿌려서 뛰어난 성적을 올리는 방법도 있다.

생풀이나 녹비나 사람과 가축의 똥오줌을 직접 쓰는 것이나, 쟁기질로 갈아 집어넣는 것 따위가 불필요하다는 이론도 때와 경우에 따라서 변하는 것이고, 그 양이나 토양 속의 수분 등 여타의 조건에 따라서는 거꾸로 효과적인 때도 있다. 중요한 것은, 모든 시비 기술은 절대적인 것이 아니며, 자연에서는 임기응변, 즉 자연에 따르는 방법을 취함으로써 해결할 수 있다는 점이다.

나는 퇴비는 무가치하지 않지만, 유기물을 퇴비화하는 것도 원칙적으로는 필요 없다고 말하는 것이다. 작물은 비료라는 인위적 영양분으로 키워야만 한다는 그 생각 자체가 근본적으로 잘못된 것이기 때문이다.

c. 무제초론: 김매기를 하지 않는다

제초는 농부가 가장 힘들어하는 일이다. 그런데 제초를 하지 않아도 된다고 하면, 그보다 좋은 일은 없지만 너무 허황한 말로 들린다 할지 모르겠다. 그러나 김을 맨다, 한 해 내내 괭이나 호미를 갖고 논밭을 파거나 긁는다는 의미를 고찰해보면, 제초는 반드시 필수 작업이 아니라는 것을 알 수 있다.

잡초는 존재하는가?

잡초는 작물의 성장을 방해한다, 그러므로 잡초는 해롭다는 등의 일반적인 생각을 우리는 과연 아무런 의문도 없이 받아들여도 괜찮을까?

작물과 잡초를 구별해서 보는 인간의 분별심이 무제초이냐 제초냐의 갈림길이 되는 것이다. 땅속에서는 각종의 미생물이 서로 다투고 서로 공존하며 살고 있는 것과 마찬가지로, 땅 위에서도 다양한 초목이 공존공영하고 있는 것이 자연의 모습이다. 수많은 식물이 공존하고 있는 속에서, 몇 종류의 식물을 가려낸 뒤 이것을 농작물이라 이름붙이고 다른 것은 잡초라 하며 배제해버리는 것이 과연 올바른 일일까?

자연에서는 식물이 서로 공존하고 있고, 함께 번영할 수 있다. 그러나 인간의 눈으로 보면 공존은 투쟁의 모습으로 보이고, 한쪽을 번영시키기 위해서는 한쪽이 방해가 되고, 한쪽의 농작물을 지키기 위해서는 그 밖의 잡초는 없애야 한다고 생각하게 된다. 자연의 모습을 직시하고 그 힘을 믿을 수 있었다면, 인간은 공존공영의 세계에서 작물을 길렀을 것이다. 인간이 인간의 눈을 가지고 식물을 보고, 분별지로 작물과 잡초를 구별해서 보았을 때부터, 인간은 인간의 힘으로 작물을 기를 수밖에 없게 되었다. 어느 한 작물을 기르고자 하는 마음(사랑)은, 그 주변의 것을 제거하지 않으면 안 되는 마음(미움)을 만들어낸다.

농부가 작물을 사랑하고(거짓된 사랑) 키우려고 했을 때부터, 농부는 잡초를 잡초라 여기고 미워하며 이것을 없애기 위해 끝없는 고생을 하게 되는 것이다. 원래 잡초가 있는 것이 자연이다. 그러므로 잡초는 없앨 수 없다. 그것을 없애려고 할 때, 고생의 불씨도 끝없이 이어진다. 이것은 너무나 당연한 일이다.

비료를 주고 작물을 키운다는 입장에서 보면, 그 주위의 잡초는 비료를 훔쳐가는 도둑이다. 그러므로 당연히 없애지 않으면 안 된다. 그러나 작물은 비료에 의존하지 않고서도 잘 자란다는 자연농법의 입장에서 보면, 작물 주위에 있는 잡초도 방해가 되는 것만은 아니다. 수목이 있고, 그 밑에 잡초가 무성한 것이 오히려 가장 자연스러운 들판의 모습이다. 잡초가 우거져도 나무는 잘 자란다.

오히려 자연의 모습을 보면, 거대한 나무가 우거진 그 아래에는 떨기나무가 자라고, 그 떨기나무 아래에는 잡초가, 또 그 잡초 밑에는 이끼가 자라고 있는 것이 보통이다. 거기에는 비료를 서로 빼앗으려는 쟁탈전보다는 공존공영의 모습이 보인다. 잡초로 떨기나무의 성장이 줄어들고, 잡목에 의해서 거목의 성장이 억압되었다고 보기보다는 왜 이처럼 혼생, 곧 섞여 사는 상태에서 여러 종류의 식물이 더 잘 자라는 것인지, 자연의 이 불가사의한 힘이야말로 경이롭다고 해야 할 것이다.

풀은 흙을 기름지게 한다

그러므로 잡초를 없애려는 노력보다, 잡초가 자연에 존재하는 의미를 깊이 생각해봐야만 한다. 그리고 잡초를 살리고 잡초가 가진 힘을 활용하는 것이야말로 농부가 취해야 할 길이라고 해야 한다. 무제초론이란, 바꿔 말하면, 잡초 유용론이기도 하다.

아득한 옛날 지구가 서서히 식어가기 시작하는 한편 땅 표면이 풍화되어 흙이 생겼을 때, 처음에는 박테리아와 조류藻類 같은 하등 식물이 발생했다고 한다. 모든 식물은 발생할 원인이 있기 때문에 발생하고, 자란다. 필요 없는 것은 하나도 없고, 모든 식물이 지표면의 변화에, 그리고 비옥화라는 결과에 대해 각자의 책임을 다하고 있다. 만약 땅속의 미생물과 땅 위의 잡초가 없었더라면, 지구의 표면은 이처럼 비옥한 토양이 되지 못했을 것이다. 잡초는 무의미하게 나는 것이 아니다.

잡초의 뿌리가 땅속으로 깊이 파고 들어감으로써 흙이 부드러워지고, 그것이 죽음으로써 부식이 증가하며, 미생물이 번식하고 흙은 비옥해진다. 빗물이 땅속에 스며들고, 공기도 깊이 들어가며 지렁이가 살 수 있고, 또 두더지도 생긴다. 잡초는, 흙이 살아 있는 유기적 활동체가 되기 위해서는 절대적으로 필요한 것이라고 할 수 있다.

만약 지표면에 잡초가 없다면, 빗물로 지표면의 흙은 해마다 많은 양이 흘러가 버렸을 것이다. 비탈이 심하지 않은 장소에서도 흙은 매년 몇천 톤에서 몇만 톤(1센티 표토의 무게는 10톤)이 흘러가고, 20~30년 뒤에는 표토가 모두 사라져서 지력은 제로까지 떨어질 것이다. 큰 눈으로 보면 잡초는 필요한 것이고, 제초라는 이름 아래 없애기보다는 오히려 그 힘을 이용하는 것이 보다 현명한 길이라고 할 수 있다.

인도 등지에서 논밭이 야위고 지표면이 사막화하는 것은 청소 농법 때문이고, 나아가 소를 방목하면서 잡초가 없어진 데 큰 원인이 있을 것이다.

그러나 쌀이나 보리를 재배할 때 잡초가 그대로 있는 경우, 또 과일나무 아래 잡초가 우거지면 다른 작업에 지장이 된다는 생각에도 일리가 있다. 원칙적으로는 잡초와의 공생이 가능하고 또 유리한 경우에도, 편의상은 농작물 쪽에 중심을 두는 게 좋은 경우가 많다. 그러므로 실제로는 잡초의 힘을 활용하는 입장과 농작업의 편의도 고려한 입장에서, 잡초가 있으나 방해가 되지 않고 오히려 도움이 되는 방법을 취해야 한다.

풀 두고 가꾸기의 효과

그 방법이 이른바 초생草生 재배, 곧 '풀과 함께 가꾸기'이고 녹비 재배, 곧 '풋거름 풀과 함께하는 재배'다. 나는 과수원에 잡초 재배를 시도하다가 녹비 재배로 옮겨갔고, 지금은 클로버나 야채 재배를 통해 무제초, 무경운, 무비료로 하고 있다. 잡초가 만약 불편하다면 인간의 손으로 잡초를 없애기보다는, 잡초는 잡초에 의해서 제거하는 것이 더 현명하다.

자연의 들판에서는 갖가지 잡초가 일견 혼란스럽게 나고 자라다 시들어 죽어가는 것처럼 보인다. 그러나 자세히 관찰해보면, 그 속에도 법칙이 있고 질서가 있다. 나야 할 종류의 것이 나고, 번영해야 할 원인이 있어서 우거지고, 죽어야 할 이유가 있어서 죽는 것이다. 같은 것이 같은 장소에서 같은 모양으로 나는 것이 아니라, 어떤 것이 번영하고, 죽고, 또 교대를 하고 있는 것이다. 공존하며 투쟁하고 공영하는 순환을 이어가는 것이다. 잡초 속에는 홀로 고립해서 생존하는 것도 있고, 무리를 지어 사는 것, 집단을 만들고 있는 것 등이 있다. 어떤 것은 드문드문 나고, 어떤 것은 배게 나고, 어떤 것은 무더기로 더부룩하게 난다. 다른 것을 뒤덮으며 압도하는 것, 감겨 붙으며 공존하는 것, 쇠약하게 만드는 것, 아래로 깔리며 죽어가는 것, 더욱 강해지는 것 등 여러 가지 생태를 취하고 있다.

이런 잡초의 성질을 고찰하고 이용함으로써, 많은 잡초를 한 종류의 풀로 몰아내 버릴 수 있다.

농부에게 바람직하지 않은 잡초 대신에 농부에게도 작물에게도 좋은 풀, 즉 녹비를 번식시키면 제초 작업은 필요 없어진다. 또 이 녹비로 토양 유실을 막을 수 있을 뿐만 아니라 지력도 키울 수 있다. 나는 일석이조의 이런 방법으로 과수 재배를 시도하여 일반 농법의 재배보다 편하고 유리하다는 점을 실증할 수 있었다. 특히 과수원의 제초가 필요 없을 뿐만 아니라 해롭다는 것은 더 의논할 여지가 없다.

벼나 보리와 같은 작물 재배는 어떻게 되는가? 식물은 땅 위에서 서로 공생하는 것이 자연의 모습이다. 벼나 보리의 경우에도, 원칙적으로는 제초 무용론이 성립한다고 생각한다. 다만 벼나 보리 속에 잡초가 나고 자라게 되면 수확 작업 등에 지장이 있으니까, 잡초를 다른 풀로 대신하는 수단이 필요하다.

나는 보리 씨앗을 벼이삭 위에 클로버 씨앗과 함께 뿌린다. 혹은 보리이삭이 익는 동안에 그 위에 볍씨와 녹비 씨앗을 뿌리는 이 두 가지 방법으로써 보다 자연을 살린 벼-보리 농사를, 무제초 재배를 시도하고 있다.

이런 방법을 쓰는 이유는 단순히 제초를 하고 싶지 않다는, 무제초 재배의 가능성을 실증하기 위한 것만이 목적이 아니다. 자연의 모습에 보다 가까운 방법으로 재배함으로써 쌀이나 보리의 진짜 모습을 파악하고, 보다 튼튼한 성장과 더 많은 수확을 목표로 한 정진인 것이다.

하여튼 벼나 보리는 물론 과일나무도 무제초로 아무 지장이 없다는 것이 명백해졌다. 또 무제초로, 나아가 무비료로도 보통 재배에 필적하는 수확을 올릴 수 있는 채소의 야초화 재배에 대해서도 확신을 얻고 있다.

D. 무농약론: 농약을 쓰지 않는다

해충은 없다

농작물의 병충해 문제라고 하면 사람들은 바로 방제 방법을 떠올린다. 하지만 그에 앞서, "병충해는 과연 있느냐, 없느냐?"는 점부터 검토해야 한다. 자연의 초목에는 수백 수천 가지의 병이 있으나 실해는 없다는, 곧 실제 피해는 없다는 것이 원칙이다. 병충해 운운하는 것은 농작물뿐이다. 무의촌無醫村을 어떻게 없애야 하느냐는 검토 대상이 되지만 의사가 없어도 아무 문제가 없는 사회는 연구된 적이 없는 것처럼, 병충해를 보면 아무 생각 없이 무턱대고 방제 작업에 뛰어드는 게 이 세상이다. 그보다는 벌레는 있어도 해충은 없다고 보고, 방제를 하지 않아도 되는 방법을 취하는 쪽이 현명하다.

여기서는 공해 문제로까지 번지고 있는 새로운 농약의 방향을 따라가며 검토해본다. 공해가 없는 새로운 농약은 없기 때문이다.

농약의 자연 오염 문제가 심각해짐에 따라서. 과학자들은 공해 우려가 없는 농약의 개발을 서두르기 시작했다.

일반적으로는 천적을 이용하거나 독성이 낮은 농약으로 문제를 해결할 수 있다고 생각하고 있지만, 그렇게는 되지 않는다.

천적 이용은 생물학적 방지법으로서 인간에게는 관계가 없으므로 안심이라고 생각할 수 있다. 그런데 사실은 생물계의 연쇄 관계를 아는 사람의 눈에서 보면, 무엇이 천적이며 해충인지 알 수 없다. 그것이 사실이다. 인간의 방제법은, 거시적인 안목으로 보면, 자연 질서의 파괴 이외의 아무것도 아니다. 근시적으로는 천적을 보호하고 해충을 죽이는 것처럼 보이지만, 그 해충이 익충으로, 익충이 해충으로 언제 어떻게 변할지 알 수 없다. 예를 들어, 직접적으로는 해롭지 않더라도 간접적으로는 유해한 경우도 많다. 더구나 천적이 제1차, 제2차, 제3차 이렇게 이어지며 해충에 붙은 익충을 죽이는 해충, 그 해충을 죽이는 익충, 이렇게 연속되고 있는 경우 어떻게 구별하고 선택하여 약을 사용하면 되는가 하는 문제에 이르게 되면, 도저히 불가능한 상담이 돼버리는 것이다.

새로운 농약의 공해

최근 농약의 공해 문제 때문에 다음 조건을 만족시키는 새로운 농약의 개발이 기대를 모으고 있다.

1) 동물 세포에는 해로운 작용이 없고 곤충이나 미생물, 병원균, 식물 등이 가지고 있는 특유 효소를 저해하는 작용을 가진 것.

2) 자연 속에서 완전히 분해되어 남지 않는 것. 곧 태양이나 미생물에 의해서 분해되어 자연환경을 오염시키지 않는 것.

이 조건을 만족시키는 것으로서 대규모 선전과 함께 등장한 것이 도열병 예방제로서 널리 사용하게 된 프라스토사이진plastocysin, 카스가마이신kasgamysin 등의 항생 물질이다. 최근 그 성과가 기대를 받고 있는 것으로는 자연에 존재하는 아미노산, 지방산, 당핵산 등 생물체를 만드는 성분을 농약으로 사용하려는 연구다. 이것이라면 잔류 농약에 대한 걱정도 없을 것이라며 기대를 모으고 있다.

또 무공해 농약이 될 가능성이 있다고 보도되고 있는 것이 변태變態 호르몬을 저해하는 신 농약의 발견이다. 곤충은 자기가 분비하는 생태 호르몬의 작용을 통해 알에서 애벌레로, 애벌레에서 번데기로, 번데기에서 성충으로 탈바꿈해가는데, 월계수로부터 변태 호르몬의 분비를 저해하는 물질을 추출하는 데 성공했다는 것이다.

이런 물질은 다 특정한 곤충에만 작용하는 선택성이 있는 것으로, 다른 동물이나 식물에는 작용을 미치지 않는다고 보고 있다. 그러나 한마디로 말하면, 그것은 근시안적인 기대에 지나지 않는다.

원래 동물이나 미생물의 세포, 또는 식물의 세포는 말하자면 아주 비슷한 세포로 본질적으로는 같은 것이다. 농약이 벌레나 병원균에만 효과가 있고 식물과 동물에 해롭지 않다는 것도, 그 물질에 대한 저항성의 아주 미세한 차이에 의한 것이고, 그 차이를 이용한 것이 바로 농약이다.

벌레나 균에 약효가 있으면 크든 작든 식물과 동물에게도 영향을 미친다. 살충 및 살균 작용은, 식물의 입장에서는 약해藥害 작용*이라 하며 동물이나 인간의 입장에서는 공해라고 하는 데 지나지 않는다.

특정한 벌레나 균에만 효력이 있는 약이나 물질이 있다는 생각은 억지다. 아주 적은 작용상의 차이를 가지고 약해가 없다, 공해가 없다고 하는 데 지나지 않는다. 게다가 그 작용상의 차이가 언제 어떻게 변해서 역전될지도 모르는 일이다. 그러나 일단 눈에 해롭지 않게 보인다든지 공해가 없는 것처럼 보이면 좋다 하며, 그 작용이 파급되는 곳까지는 고려하지 않고 간과해버린다. 그 때문에 문제는 복잡해지고 심각해져 갈 위험성이 커지는 것이다.

이 점에서는 미생물을 이용한 생물 농약에서도 같은 말을 할 수 있다. 여러 가지 박테리아나 바이러스나 곰팡이 등이 여러 가지 용도로 사용되며 시중에 판매되고 있는데, 과연 그들이 생물계의 균형에 어

---

* 병충해나 잡초 따위를 없애기 위하여 사용하는 약제가 식물, 가축 등에 미치는 해로운 작용. 역주

떤 변화를 주고 있는가 하는 점에 문제가 있다. 현재 각광을 받고 있는 '활活 페로모네스PHEROMONES'는 생물의 생체 내에서 만들어지는, 아주 적은 양만으로도 다른 생물체에 뚜렷한 생리적 변화나 특이나 행동을 유발하는 물질이다. 이 성질을 가지고 해충의 수컷만, 또는 암컷만을 유인하는 용도로 사용된다. 또한 이 유인제나 홍분제와 동시에 불임제를 사용하는 것도 고려하고 있다.

불임화하는 데는 방사선의 감마선을 쬐어서 생식기능을 파괴하는 방법, 화학물질을 사용하는 방법, 이종 교배에 의한 방법 등이 있다. 그러나 불임 현상이 특정한 해충에만 멈추게 된다는 증명은 어디에도 없다. 설사 한 종류의 해충이 절멸했다 해서, 그다음에 어떤 현상이 일어나게 될지는 아무도 예측할 수 없는 것이다. 언제 어떤 벌레에 사용된 불임제가 언제 어떤 형태로 다른 벌레나 식물이나 동물, 그리고 인간에게까지 영향을 미쳐올지는 아무도 알 수 없다. 생물의 한 종족을 불구로 만들거나 전멸시키는 참혹한 행위는 반드시 보복을 받게되어 있다.

비행기로 산이나 숲에 제초제나 해충 방지제 또는 화학비료를 뿌릴 경우, 선택적으로 어떠한 특정 잡초나 해충은 죽고 나무만 성장하면 된다고 생각한다. 하지만 이것은 엄청난 잘못을 저지를 위험을 안고 있는 생각이다. 이미 자연 보호의 입장에서 그런 공해는 확인되었다.

PCP와 같은 제초제를 뿌릴 때 잡초만 죽는 것이 아니다. 살균 작용도 하는 이 농약은 살아 있는 식물의 흑점병 병원균을 죽이고, 낙엽에 붙어서 부패 작용을 하는 수많은 균류나 박테리아도 죽인다. 그 바람에 낙엽의 분해가 이루어지지 않으면, 그 아래의 흙에 사는 지렁이나 먼지벌레 등의 서식 상황에도 당연히 변화가 일어난다. 땅속으로 들어간 PCP는 땅속 미생물도 모두 죽이는 작전을 펼친다. 소나무 뿌리에 기생하는 균근菌根*을 죽여버리면 소나무의 성장에도 나쁜 영향이 나타난다(이에 대해서는 뒤에 나오는 '소나무가 죽어가고 있는데, 그 진짜 원인은 무엇인가'를 참조할 것).

배추나 무의 세균성 무름병균을 클로로피크린CHLOROPICRIN으로 토양 소독을 하면 일시적으로는 그 피해를 줄일 수 있다. 그러나 1~2년 뒤에는 병이 급격히 늘어나서 손 쓸 수 없는 상황에 이르게 된다. 농약으로 무름병균도 죽지만, 그 이상으로 무름병에 대항하여 그 발생을 어느 정도 억제하고 있던 균도 모두 죽여버리기 때문에, 그 자리는 아예 무름병균의 단독무대가 돼버리는 것이다. 이 토양 소독제는 어린 모를 죽이는 후사리움FUSARIUM균이나 균핵병균에도 듣는데, 이 균이 다른 중요한 병원균을 죽이는 힘을 가지고 있다는 점도 간과해서는 안 된다. 다양한 균이 함께 모여 살고 있는 토양 속에 각종의 살균제를 뿌리면, 자연은 균형 상태를 잃어갈 뿐이다.

인간이 농약을 가지고 자연 속에 길을 만들려고 하기보다는, 자연의 운행을 방해하지 않도록 물러서는 것이 현명한 일이다.

제초제로 제초 문제가 해결된다고 여기는 것도 엄청 잘못된 생각이다. 제초제에 강한 풀만 남는다거나 엉뚱한 잡초가 생긴다거나 하며, 인간은 더욱더 곤란해질 뿐이다. 제초제에 강한 켄터키블루그래스, 바랭이 따위의 잡초만 무성하게 번지며, 그 잡초를 퇴치하기 위해 잡

---

* 균이 기생하거나 공생하고 있는 뿌리. 대개의 고등식물이 이것을 가지고 있으며, 균으로부터 무기물이나 비타민이 공급된다고 한다. 소나무과, 버드나무과, 포아풀과 등의 식물은 균근 때문에 양분이 적은 땅에서도 잘 자란다. 역주

초를 죽이는 해충을 수입하여 풀을 죽이려 하는 어리석은 계획이 세워진다. 그 해충이 농작물에 붙는다, 새로운 농약을 개발한다…. 이와 같은 언제까지나 멈출 수 없는 악순환이 시작되는 것이다.

소나무가 말라 죽어가고 있는데, 그 진짜 원인은 무엇인가?

소나무가 말라 죽어가는 현상이 전국적으로 번지고 있는데, 그 원인에 대해서 나는 이렇게 생각한다.

나는 소나무가 말라죽는 제일 큰 이유는, 흔히들 생각하는 선충線虫이 아니라고 본다. 이것은 최근에 한 농약 합성 연구실 그룹도 진짜 범인은 새로운 종인 청변균靑變菌이라는 설을 세워 보도가 되기도 했다.

그러나 내가 생각하는 근거는 다음과 같다.

1) 소나무가 고사하는 지대의 소나무를 베어보면, 외견상으로 녹색이 짙고 건강해 보이는데도, 그 가운데 거의 40퍼센트가 나무줄기의 목질부로부터 순수 배양을 통해 새로운 병원균이 분리된다. 분리된 균 속에는 사상균인 흑변균이나 청변균 세 종류가 있고, 이것들은 아직 등록이 안 된, 외국에서 온 새로운 병원균이다.

2) 선충의 침입을 현미경으로 관찰할 수 있는 것은, 소나무가 20에서 30퍼센트 정도 죽었을 때나 절반 정도 죽은 뒤다. 선충이 침입하기 이전에 벌써 새로운 병원균이 침입해 있고, 선충은 이 사상균을 잡아먹음으로써 번식하는 후속 해충으로 보인다.

3) 앞에서 설명한 병원균의 기생력은 그렇게 강력한 것은 아니라 보이며(접종 후 3년 이상이 되어야 소나무가 말라죽음), 소나무가 생리적으로 이상해지며 쇠약해졌을 때에만 격심한 피해를 주는 불확정적인 병원균이라고 생각된다.

4) 소나무의 생리적 이상이나 위축 현상은 뿌리 썩음, 곧 흑화黑化가 원인이고, 그 소나무 뿌리에 기생해서 공생하는 송이버섯균의 사멸이 뿌리 썩음 현상을 불러오고 있는 것으로 관찰됐다.

5) 송이버섯균이 죽는 직접 원인은 토양의 강산성화가 유인誘因으로, 송이버섯균을 잡아먹는 흑선균이 번졌기 때문이라고 생각된다.

또한 소나무의 고사가 단순한 한 해충에 의해 야기되는 현상이 아니라는 것은, 뿌리가 강건한 소나무에는 선충을 접종하거나 그물을 덮고 그 안에 하늘소를 풀 놓고 길러도 소나무는 죽지 않는다는 사실이나, 거꾸로 해충을 다 몰아내고 막아도 뿌리 썩음이 진행되면 소나무는 죽는다는 사실로도 확인되었다. 화분에 심은 작은 소나무 묘목은 지나치게 건조하고, 온도가 높은 조건 아래서는(송이버섯균은 섭씨 30도의 온실 내에서는 한 시간 만에 사멸한다) 죽기 쉽다. 한편 해안의, 알칼리성 토양에 자연의 물이 가까이 있는 곳이나 고지대 혹은 저온 지대의 소나무는 잘 죽지 않는다.

소나무가 말라죽는 것은 토양의 산성화와 송이버섯균의 사멸로부터 시작해서 흑변균 등의 기생, 마지막으로는 선충의 침입에 의해서 일어나는 현상이라는 관찰로부터 나는 다음과 같은 종합 방제를 시험해보고 있다.

1) 석회를 써서 토양의 약산성화(가정에서는 클로로칼크가 들어간 수돗물을 뿌림)를 도모함.

2) 토양 소독제를 뿌림. 정원 등에서는 과산화수소나 알코올 클로로피크린 소독도 좋다.

3) 순수 배양된 송이버섯균을 접종하여 뿌리 발달을 돕는다.

이상이 소나무가 말라죽는 현상에 대한 나의 방지책의 개요다. 하지만 지금 나의 고민은, 정원수의 회복이나 송이버섯의 인공재배에는 확신을 갖게 되었지만, 한 번 파괴된 생태계의 회복은 절망적이라는 데 있다.

일본 열도의 사막화는 이미 과장이라고 생각할 수 없다. 가을에 나는 송이버섯이 없어지고 있는 현상은, 단순히 버섯 하나가 죽어 없어지는 데 그치는 것이 아니라 땅속 미생물계의 이변을 고하는 경고라고 해야 할 것이다. 지구적 규모에서 환경 이변이 일어났을 경우, 최초의 징후가 나타난다고 하면 그것은 미생물로부터일 것이다. 모든 종류의 미생물이 모여 있는 땅속, 그중에서도 가장 유기적으로 결합해서 고도의 생물 사회를 형성하고 있는 균근균(송이버섯균)에 첫 번째 충격의 파도가 밀려온 것은 어쩌면 당연한 일이라고 하겠다.

다시 말해서, 일어나야 할 장소에서 일어났다고 할 수 있다. 소나무는 사막에서도, 또 해변의 모래밭에서도 자랄 수 있는 가장 튼튼한 식물인 동시에, 가장 민감하게 반응하는 균근에 의해 보호를 받으며 자라야 하는 가장 약한 식물이기도 하다. 소나무가 말라 죽어가는 현상을 막을 수 있느냐 없느냐 하는 문제는, 지구적 규모에서의 녹색 숲의 상실을 인간이 막을 수 있느냐 없느냐의 시금석이 될 것이다(졸저《자연으로 돌아가다》참조).

자연농법의 이론

자연을 어떻게 이해할 것인가?

A. 자연의 완전함을 전체로서 파악한다

자연농법이 '아무것도 하지 않아도 좋다'는 결론에 도달한 것은, 무분별의 지혜에 의해서 '자연은 완전'하며, 작물을 그대로, 아무것도 하지 않고도 충분히 키울 수 있다는 확인을 할 수 있었기 때문이다. '아무것도 하지 않는 농법'은 서재에서 사는 학자의 이론상의 가정이나 게으른 사람들의 편의를 위한 목표가 아니라, 진지하게 인생과 맞부딪쳐 의문과 회의의 소용돌이 속에서 목숨을 걸고 자연과 자신의 실상을 파악하고자 하는 전체적 직관에 바탕을 둔 것으로, '자연을 분석하면 안 된다'는 주장도 여기에서 나온 것이다.

부분은 아무리 관찰해도 안 된다

이 점은 자연농법의 세계를 이해하는 데 매우 중요하기 때문에, 추상적인 이야기가 되겠지만 비유를 들어 설명하기로 한다.

과학자는, 후지산을 알고자 할 때는 후지산에 올라가서 그 산의 나무나 돌, 동물과 식물을 조사한다. 지질학적으로, 생물학적으로, 기상학적으로 분석적 연구를 거듭한 뒤, 이것을 종합판단하면 후지산의 전모를 정확하게 알 수 있다고 생각하는 것이다. 하지만 후지산을 자세하게 조사한 학자가 가장 후지산을 잘 알고 있는가 하면 그렇지는 않다. 전제적이고 종합적인 판단을 목표로 할 경우, 분석적인 연구는 오히려 방해가 된다. 일생을 걸고 조사한 후지산이 다만 돌, 나무, 쓰레기 산이었다는 결론을 내리는 정도라면, 오히려 산을 올라가지 않았던 편이 더 나았을 것이다.

후지산을 알기 위해서는 멀리서 바라보는 것이 좋다. 후지산을 보면서 후지산을 보지 않고, 후지산을 안 보면서 후지산을 안다.

이렇게 말해보았자 과학자들은 다음과 같이 생각할 것이다.

"후지산을 멀리서 바라보는 것은 추상적이고 개념적인 후지산을 아는 데는 도움이 되겠지만, 현실적인 후지산의 실체는 그 방법으로는 알 수 없지 않느냐? 한 발 물러나서, 우리의 분석적 연구가 후지산을 참으로 알고 이해하는 데는 도움이 안 된다 하더라도, 후지산의 나무나 암석을 아는 것이 전혀 무의미하다고 할 수 없다. 그리고 무엇보다도 현실적으로는, 눈앞에 있는 것부터 확인해가는 수밖에, 후지산을 알 수 있는 길이 달리 없지 않느냐?"라고.

자연을 나눠서 연구하고 종합적 판단을 더해가는 것이 무의미하다고 내가 말해봐도, 듣는 당신이 왜 그것이 진리와 아무런 관계가 없으며 어째서 무가치한 것인가를 알지 못하는 한, 당신은 이해할 수 없는 것이다.

후지산에 올라가서 후지산은 쓰레기 산이라고 안 사람보다 후지산을 멀리서 바라보며 그림을 그린 화가 쪽이 더 잘 후지산을 이해한 사람이라고 하지만, 그것은 입장 혹은 시각이 다르기 때문이라고 하면 그것으로 그만이기는 하다.

일반적인 사고방식은, 후지산의 동식물을 연구하고 있는 생태학자들의 이야기를 듣는 한편, 화가의 추상화된 그림도 함께 봄으로써 후지산의 진짜 모습을 더 분명하게 알 수 있다고 생각한다. 그러나 이것은 두 마리 토끼를 잡으려다 한 마리도 못 잡는 사냥꾼이 될 뿐이다. 그런 사람은 산에도 올라가지 않고 그림도 안 그리는 법이다. 후지산은 자면서 보거나 일어나서 보거나 똑같은 산이지만, 분별지로 보는 사람은 본체를 알 수 없다. 사람들은 모두 이것을 모르고 있다.

전체가 없이는 부분이 없고, 부분이 없이는 전체가 있을 수 없다. 양자는 같은 차원이다. 후지산 일부의 나무나 돌을 후지산의 전체 모습과 구별하는 순간부터, 인간은 헤어나기 어려운 혼란 속을 빠져들게 된다. 부분적인 연구와 전체적인 종합판단, 그렇게 구별한 거기에 이미 문제가 있었던 것이다. 진짜 후지산을 알기 위해서는 후지산을 보기보다 후지산을 상대하고 있는 자기 자신을 보지 않으면 안 된다.

'나와 대상이 구별되기 이전 상태'의 후지산과 자신을 보아야 한다. 즉 자기를 잊어버리고 후지산과 하나가 된 자신에 눈을 떴을 때, 그는 후지산의 진짜 모습을 알 수 있다.

자연과 하나가 되는 것

농업은 자연을 따르는 행위다. 그러므로 한 그루의 벼를 바라보며, 그 벼가 하는 말을 들어야 한다. 벼가 하는 말을 알아들을 수 있으면. 벼의 마음에 맞춰 키우면 된다(사실은 '키우는' 것이 아니라 '자라는' 것이다. 자연에 '봉사할' 뿐이다). 여기서 다짐하고 주의해두고 싶은 것이 있는데, 벼를 '바라본다'든가 '본체를 응시한다'라고 할 때, 그것은 결코 벼를 자신과 다른 '대상'으로 '관찰'하거나 '사고'하는 것이 아니다. 말로써는 아주 표현하기 어렵지만, 이른바 '당신이 벼가 되는 것'이 중요하고, 바라보는 자기가 없어지면 좋다. 이것이 '보면서 안 보고, 안 보면서 안다'는 것이다. 이렇게 말해도 뭐가 뭔지 전혀 알아들을 수 없는 사람은 한눈팔지 말고 열심히 벼를 돌봐주기만 하면 된다. 무심히 일할 수 있으면 그것으로 충분하다. 자기를 버리는 것이 자연과 하나가 되는 지름길이다.

이와 같은 나의 말은 선승의 선문답처럼 알아듣기 힘들지 모르겠다. 그러나 이것은 철학적이고 불교적인 이론을 나열해서 공리공론空理空論을 설하고 있는 것이 아니라, 나의 체험으로부터 얻은 사실을 전하려고 노력하고 있을 뿐이라는 것만은 알아줬으면 좋겠다.

자연은 분리해서 보면 안 된다. 분해한 순간부터 부분은 더 이상 부분이 아니고, 전체는 더 이상 전체가 아니다. 부분을 모은 것이 전부인데, 그것은 전체가 아니다. '전부'는 수학적인 형식의 세계이고, '전체'는 살아 있는 세계를 말한다. 자연에 따르는 농업은 살아 있는 세계이지, 형식의 세계가 아니다.

작물이 자라는 요소와 생산 수단은 무엇인가라고 생각하는 그 순간부터, 사람은 그 작물의 전체 모습을 잃어간다. 한 작물을 기르기 위해서는, 사람은 먼저 식물 하나가 땅 위에 난 참다운 의미를 이해해야 하며, 재배의 목적은 작물과의 일체관—體觀에 있다는 것을 먼저 명백히 파악하고 있어야 한다.

자연농법은, 자연을 알 수 있고, 작물을 재배할 수 있다 여기는 과학적 사고의 우쭐거림을 고치는 하나의 길이다. 자연이 완전한지 불완전한지, 모순의 세계인지 어떤지 확인해가는 것이다. 결과적으로는,

그 어떤 인간의 지식도 더하지 않은 발가벗은 자연농법이 정말 무력하고 열등한 것인지, 과학적 지식과 행위를 더한 과학농법이 정말 우월한 것인지를 판단하고 입증하면 좋다.

나는 수십 년 동안 외길로 자연농법이 과학농법에 대항할 수 있는지 어떤지를 검토해왔다. 벼-보리 농사에서, 과일나무 재배에서 자연의 힘을 알려고 노력해왔다. 인간의 지식과 행위를 배제하고 발가벗은 자연이 가진 힘만을 신뢰하며 무위무책, 곧 아무것도 하지 않고 아무런 방책도 갖지 않은 자연농법으로, 과학농법을 이기면 이겼지 지지 않는 성적을 올릴 수 있는지 그 여부를 검토해왔다. 성장과 수량 등 인간의 직접적인 목표에서 본 우열도 비교해왔다. 그 결과, 부분적이고 일시적인 문제에 있어서나, 높은 곳에서 본 대국적인 관점의 비교에 있어서나, 연구하면 할수록 자연의 우위를 인정할 수밖에 없었다.

그뿐만 아니라 자연농법의 연구를 통해, 과학농법의 결점이라기보다는 무서운 결함이 인간에게 미치는 참상을 나는 엿볼 수 있었다.

지식의 불완전함은 자연의 완전함에 미치지 못한다

자연이 얼마나 완전하고 완벽한지는 인간의 지식이 얼마나 불완전한지를 알면 되는 것이었다. 인간이 탐구의 눈을 자연으로 돌리고 자연을 알면 알수록, 인간의 지식이 얼마나 하찮고 무력한 것인지는 어느 시대를 막론하고 모든 과학자가 알았을 것이 틀림없다. 무한한 연구과제, 점점 더 세분화되고 전문화하고, 거기다 좀처럼 알 수 없는 극미세계의 무한성, 또한 광대무변한 우주의 영원성 앞에 섰을 때는, 아무리 무한한 것처럼 보이는 인간의 지혜를 가지고도 역시 초월할 수 없는 것임을 인정하지 않을 수 없다. 그리고 인지의 무력함과 불완전함을 인정하지 않을 수 없다. 불완전함으로부터의 탈출 또한 영원히 불가능하다는 것은 명백한 사실이다.

인간의 지식이 어둠에 싸인 불완전한 지식이라는 것은, 지식에 의해서 인식되고 조립된 자연은 어디까지나 불완전하다는 뜻이기도 하다. 인간이 인식한 자연, 인간의 지식과 행위를 더한 자연, 즉 과학의 대상이 되는 현상계의 자연이 항상 불완전하다는 것은, 자연을 등진 자연, 즉 부자연은 더욱 불완전하다는 것을 뜻한다.

또 역설적이지만, 인지와 인위의 소산이자 자연의 투영인 자연이 불완전하다는 것은, 과학이 본 자연 아래에, 다시 말해 근원에 있는 자연 그 자체는 완전했음을 입증하고 있는 것이다.

어찌 됐든 자연이 완전하다는 것을 입증하기 위한 직접적 수단은 단 하나, 개개인이 직접 자연의 실상에 마주 서서 스스로 확인해가는 길밖에 없다.

나 자신은 여러분들이 믿거나 말거나 '자연은 완전하다'는 것을 확인한 일이 있고, 그 증거를 여기에 내놓으려고 할 뿐이다. 자연농법은 자연이 완전하다는 관점에서 출발한 것이다.

땅에 떨어진 보리는 틀림없이 싹이 트고 성장해간다는 확신에서 출발하는 것이 자연농법의 길이고, 만약 보리가 도중에 시들거나 죽어가는 부자연스러운 현상이 일어나면, 그 원인은 인간의 지식과 행위 때문인 것으로 알고 자신의 행동을 반성해가는 것이 자연농법의 길이다. 자연을 나무라지 않고, 자신의 행동을 반성하는 것이다. 자기에게 책임을 물으며, 어디까지나 자연의 품속에서 자라는 보리농사의 길을 찾는 것이다.

자연에는 선악이 없다. 본래 해충도 없고, 익충도 없다고 보는 것이 자연농법의 길이다. 해충이 생기며 보리를 망치면, 그것은 인간이 무엇인가 잘못한 일이 있기 때문에 그런 것이라고 반성을 한다. 거기에는 항상 인위적 원인이 있기 마련이다. 보리를 지나치게 배게 심었다든지, 해충을 먹이로 삼는 천적을 죽여서 자연의 균형을 파괴했다든지 하는 따위의 것들 말이다. 따라서 자연농법에서는 자기반성을 바탕으로 가장 자연스러운 자연으로 돌아가는 것으로써 문제를 해결해나간다.

과학농법에서는 해충이 발생하면 날씨가 나빴기 때문이다, 자연이 나쁘다고 생각하며 벌레는 벌레를 죽이는 농약을 쓰고, 병을 고치는데는 살균제를 뿌리면 좋다고 생각한다.

자연이 완전하다는 것을 확신하면 자연으로 돌아가는 길을 걷게 되고, 의심하면 자연을 정복하려는 길을 걷게 된다. 그렇게 두 길은 크게 갈라진다.

B. 상대적으로 보지 않는다

자연농법에서는 사물을 상대적으로 보지 않는다. 상대적인 현상이 눈에 들어와도 바로 근원의 하나로, 상대적으로 분열된 둘을 하나로 보려는 노력을 하는 것이다.

자연농법에서는 상대관에서 출발하고 파악된 과학적인 입장, 즉 작물 성장의 크고 적음, 빠르고 늦음, 살고 죽음, 건강과 병듦, 수확량의 많고 적음 등 이 모든 것을 의심하고 부정해가지 않으면 안 된다.

상대관이 범하고 있는 근본적인 착오를 고쳐나가기 위해서는, 먼저 상대적인 눈에 사로잡히지 않는 입장이란 어떤 것인가가 해명되어야 한다.

　과학적으로 보면 사물에는 크고 작음, 나고 죽음, 늘어나고 줄어듦이 있는 것처럼 보인다. 그러나 그것은 시간과 공간이라는 개념을 전제로 한 과학적 입장에서 도출된 것이다. 이것은 편의적인 가설에 지나지 않는다. 시간과 공간을 초월한 대자연의 입장에서 보면, 대자연은 본래 크고 작음도 없고, 나고 죽음도 없고, 늘어나고 줄어듦도 없다고 할 수 있다. 오른쪽도 왼쪽도 없고, 빠르고 느림, 강하고 약함 등 상대적으로 대립하는 모순과 상극 또한 없다.

　시공간을 초월해서 보면, 가을이 되면 벼가 죽어가지만 그 죽음은 씨앗 속의 삶으로 이어져 간다. 그렇게 영원한 삶이 이어지고 있다. 살고 죽음, 늘어나고 줄어듦의 입장에 서서 기뻐했다 슬퍼했다 하는 것은 인간뿐이다. 태어남을 시작이라고, 죽음을 끝이라고 생각하는 사고방식에서 출발하는 재배 방법은, 따라서 당연히 근시안적인 재배가 될 수밖에 없다.

　과학적으로 보면, 국시국소적으로는 크고 작음이 있고 수확량의 많고 적음이 있는 것처럼 보이지만, 땅 위를 비추는 태양의 빛은 같은 양이고 공기 속의 산소와 탄산가스도 균형이 잡혀 있을 것이 틀림없다. 그럼에도 불구하고 성장과 수확량에 차이가 난다고 보는 것은 무슨 이유인지를 대국적 입장에서 고쳐 생각해보아야 한다. 이 경우 잘못된 요인은 대개의 경우 인간 쪽에 있다. 크고 작음, 많고 적음은 인간이 스스로 초래한 것이기 쉽고, 그게 아니라면 모습과 형태와 질을 바꾸려고, 불변하고 부동하는 자연을 인간이 파괴하고 있는 데서 일어나는 현상임이 틀림없다. 이것들은 보다 넓고 보다 깊은 거시적인 입장에서 보든지, 자연에 순응하는 입장에서 바라보면 저절로 해명된다.

인간의 눈에는 곡식이나 과일만이 가치가 있는 수량 혹은 생산물로 비치기 쉬운데, 자연에서 보면 곡식이나 잡초나 또는 거기에 살고 있는 동물이나 미생물이나 똑같은 땅 위의 수확물이고 생산품이다. 크고 작음과 많고 적음은 대개의 경우 일시적이고 부분적인 것에 지나지 않는다. 전체적인 시야에서, 또는 보다 긴 안목에서 보면 문제가 없다.

자연농법의 입장으로부터 자연을 볼 경우, 현상의 부분적인 것, 그 형태와 질, 크고 작음, 강약 등 말초적인 것에는 신경을 쓰지 않는다. 그런 데 마음을 끓이면, 자연의 본질적인 것을 잃어버리고, 자연으로 돌아가는 길을 스스로 닫아버리는 결과를 낳기 때문이다.

c. 시공을 초월한 입장에 선다

자연농법의 길에서는 분별적인 지식을 버려야 한다, 상대적으로 사물을 보아서는 안 된다고 말해왔는데, 이것들은 모두 다 시공을 초월한 입장에 서기 위한 수단이라고도 할 수 있다. 차별이 없는 세계, 상대계를 초월한 절대계는 시공을 초월한 세계와 다름이 없다.

시공에 사로잡힌다는 것은 부분적이고 일시적으로밖에 사물을 보지 못하는 것을 뜻한다. 과학농법은 시공간 속에서 성립하는 농법인데, 자연농법(대승적)은 시공간을 넘어선 세계라야 비로소 가능한 농법이다.

따라서 자연농법을 목표로 할 경우에는 모든 것에서 시공을 초월하는 데 항상 초점을 맞추어서 대처해야 한다. '시공을 초월한다'는 이것이 자연농법의 출발점이고 종착점이기도 하다. 과학농법에서는 '일정

기간에, 일정한 땅에서, 일정한 수확을 올린다'와 같은, 늘 시간과 공간의 테두리 안에서 연구를 행한다. 한편 자연농법은 시공을 초월한 자유로운 입장에서, 긴 안목으로 전체적인 입장에서 판단하고 성과를 거두려는 것임을 명심해야 한다.

　예를 들어 설명하면, '벼에 벌레가 한 마리 붙어 있다'는 현상을 보았을 때, 과학의 눈은 즉시 작물과 벌레의 관계에 주목하며(부분적인 시각에서 출발), '이 벌레는 볏잎의 즙을 빨아 먹는다, 이것은 해충이다'라고 본다(일시적인 시야). 거기서 그치지 않고, 이 벌레의 종류와 형태 및 생태에 관해서도 점차 연구의 범위를 넓혀가고(전체적인 판단), 마지막에는 결국 이 해충을 어떻게 죽여 없애야 하는지, 그 방법을 생각하는 것이다(종합적 판단).

　자연농법에서는 이 경우, 작물과 벌레를 보며 먼저 주의하는 것은, 벼를 보면서 벼를 안 보고 벌레를 보면서 벌레를 안 본다(부분적이고 일시적인 시각에 사로잡히지 않는다)는 것이다. 벼와 벌레를 관찰하면서 이 벌레는 왜, 언제, 어디서, 어떻게 발생했는지, 무엇을 위해, 무엇을 하려고 하는가를 관찰하고 조사해가는 과학적 연구를 하지 않는다. 그러면 어떻게 하는가 하면, 본래 자연에는 작물도 없고 해충도 없다는 입장(시공을 초월한 입장)에서 서서 보는 것이다. '기르는' 식물(作物), '해로운' 벌레(害蟲)라는 개념은 인간이 자신의 주관적인 기준에 서서 멋대로 정한 말일 뿐이고, 자연의 섭리에서 보면 의미가 없다. 즉 이 해충은 해충이면서 해충이 아니라는 것이다. 그것은 이 벌레가 이 지상에 존재해도 벼가 자라는 데는 아무런 문제가 없고, 벼와 벌레가 다 함께 잘 살 수 있는 길, 즉 그런 농법이 있다는 것이다(결론).

　자연농법은 설사 해충이 있어도 아무런 문제가 없는 농법을 개발해가는 방향으로 나아간다(출발점). 먼저 결론을 내리고, 그 결론에 맞도록 부분적이고 일시적인 문제를 해결해간다. 과학농법에서 해충이라고 하는 벼멸구만 보더라도, 이 해충이 언제나 어디서나 벼에 피해를 주는 것은 아니고, 때와 경우가 있을 뿐이다.

긴 안목과 넓은 시야에서 검토해보는 것이 좋다고 하지만, 그것이 어렵고 전문적인 연구가 필요하다는 의미는 아니다.

과학자는 벌레가 벼에 해를 미치는 현상을 보고 조사하지만, 그보다는 벌레가 벼를 해치지 않는 경우의 현상을 관찰하고 조사하는 것이 오히려 좋다. 그런 현상은 어떤 경우에라도 반드시 있는 것이다. 유해한 것이 있다면, 무해한 것이 있는 것이 자연이다. 저쪽 논에서는 피해가 엄청난데 이쪽 논에서는 피해가 적다, 혹은 벌레가 전혀 생기지 않은 현상이 반드시 일어날 수 있다. 피해가 적을 경우, 또는 없는 경우, 그런 일이 어떻게 일어났는가를 조사해보고, 아무 일도 하지 않고도 병충해가 없는 상황을 만들어간다. 그것이 자연농법이 나아가는 방향이다.

멸구 중에서 벼의 초기에만 피해를 주는 파랑강충이(매미충)는 겨울에서 이른 봄까지 논두렁 등의 잡초 속에서 생활한다. 이때 벼멸구를 직접 죽이는 농약을 쓰기보다 논밭 두렁을 태우는 것이 좋지만, 그것보다도 두렁의 잡초 종류를 바꾸는 것이 더 현명한 방법이다.

여름에 발생하는 흰등멸구나 가을에 가끔 크게 나타나는 일이 있는 벼멸구 등은 고온다습한 기상이 이어질 때 발생하기 쉬운데, 특히 여름 이후에 물을 가득 댄 논이나, 그 물을 오래 두어 탁해진 논에서 집중적으로 발생한다. 이럴 때는, 물을 빼 논 표면에 바람이 잘 드나들도록 하고 건조하게 만들면 거미와 개구리의 활약이 활발해지며 피해를 최소한도로 줄일 수 있다.

건강한 벼농사를 하면 멸구를 해충이라며 무서워하지 않아도 된다. 자연은 해충이 있으면서도 해충이 없는, 실제 피해는 없는 상황을 인간에게 언제나 어디선가 가르쳐주고 있는 것이다. 연구실 안에 갇혀 살지 않고도, 자연의 교실에서 인간은 배울 수 있다.

시공을 초월한 입장에서 출발하여, 시공간을 초월한 시점으로 돌아간다. 그 사이를 맺어주는 다리를 자연에서 배운다. 시공을 초월한 입장에 선다는 것은, 구체적으로 말하면, 해충에도 익충에도 쾌적한 환경을 찾아주는 것이다.

D. 부분적이고 일시적인 것에 매달리지 말라

시공을 초월한 입장에서 사물을 본다는 것은, 부분적이고 일시적인 것에 매달리지 말라는 뜻이기도 하다.

앞에서도 말했듯이, 작은 것에 매달림으로써 대국적 시야를 잃어버리는 일이 없도록 해야 한다는 것은 과학의 길에서도 항상 주의하는 일이다. 그러나 이 경우의 '대국적 시야'는 진짜 '대국적 시야'가 아니다. 그 위에 더 큰 '대국적 시야'가 있기 때문이다.

자연계를 보면, 부분을 포함한 전체에는 그 전체를 포함한 더 큰 전체가 있다. 전체라 하는 것도, 더욱 시야를 넓혀 보면, 더 큰 전체 속의 일부분에 지나지 않는다. 전체를 포함한 다른 전체가 동심원 형태로 무한히 이어진다. 따라서 진짜 '전체'를 직관적으로 파악한 뒤에 작고 잡다한 것을 고려하며 일에 임해야 한다는 것은, 말은 쉽지만 행하기는 어려운 일이다.

의학을 예로 들어보자.

의사는 인간 몸의 일부인 위나 소장이나 대장을 연구하고, 모든 음식의 성분을 조사하거나 그것이 어떻게 흡수되어 영양분이 되느냐는 연구를 진행해왔다. 아주 미세한 부분적 연구나 넓은 시야에서 본 통괄적인 연구가 진행되면 될수록, 영양학은 모든 경우에 적용될 수 있는 권위 있는 학문이 될 것이라고 예상했다.

하지만 유럽에서 들어온 영양학은, 처음에는 독일인의 맥주 마시기를 대상으로 연구됐을지도 모르고, 프랑스 포도주를 좋아하는 아주머니가 연구 대상에 들어 있었을지도 모른다. 그들의 위나 장의 활동이 아시아인과 같을 리 없다. 그들에게 통용되는 영양학은 아프리카인에게는 적용할 수 없을지 모른다. 똑같은 무를 먹더라도, 도시의 스모그나 소음 속에서 초조해하면서 위액의 분비도 없는 채 먹는 경우와, 열대의 아프리카에서 들짐승을 먹은 뒤에 먹는 경우는 흡수되는 방식, 그 영양적 가치가 완전히 다를 것이다.

의학이 발전하며 허약한 사람에게는 영양식, 위가 나쁜 사람에게는 가벼운 음식, 신장이 나쁜 사람에게는 소금기가 없는 음식, 췌장이 나쁜 사람에게는 당분이 없는 음식 등으로 구분된 상세한 식이요법이 생겼다. 하지만 하나만이 아니라, 동시에 두세 개의 내장 기능이 떨어져 있는 사람이 있다면, 그때는 어떻게 하면 좋을까? 그런 사람은 저것도 안 된다, 이것도 안 된다고 하여 먹을 것이 없을지 모른다.

넓은 범위의 미세한 연구가 진행되면 진행될수록 적용 범위가 넓어진다는 생각은 착각에 불과하다. 전문적이며 세부에 걸친 아주 미세한 연구일수록 전체 통괄에서는 멀어져간다는 사실을 잊어서는 안 된다.

영양학이 발달되지도 않았고 무엇이 좋고 나쁜지 아예 생각도 하지 않았던 시대의 사람들은, '건강하려면 배를 8할만 채우라'는 정도밖에 몰랐다. 미세한 연구가 진행된 현대 영양학과 '배의 8할'이라는 사고방식 중에 어느 쪽이 더 적용 범위가 넓고 효과적인 것일까? 일견 전자는 모든 경우가 고려되어 있기 때문에 적용 범위가 더 넓은 것처럼 보인다. 하지만 저 경우는 안 된다, 이 경우는 안 된다며 실제로는 하는 일 모두가 벽에 부딪친다거나 의문이 계속 일어나며 고민을 더할 뿐이다. '배의 8할'처럼 대략적일 뿐 분석적이지 않은 지혜는 만인에 적합하여, 적용범위도 넓고 효과도 크다. 무분별의 지혜에 가까울수록 적용범위가 넓은 이유는, 그것이 진리(자연)에 가깝기 때문이다.

E. 무욕의 입장에 선다

과학농법이 인간의 욕망 추구를 목적으로 하고 있는데 반해서, 자연농업은 작물 생산으로 인간의 욕망을 만족시키거나 조장하는 것을 목적으로 하지 않고, 인간의 생명의 양식을 얻는 것이 사명이다. 그 이상은 바라지 않는다. 족하다는 것을 안다. 나아갈 뿐 멈출 줄 모르는 인간의 욕망을 따라 생산 확대와 증강을 좇을 필요는 어디에도 없다.

수년 전부터 벌어지고 있는 맛좋은 쌀 만들기 운동이 어떠한 결과를 가져왔는가? 맛있는 보리, 맛있는 쌀이라며 욕망이 가는 대로 품종 개량과 다수확에만 매달림으로써, 인간은 그것으로 얼마만큼 행복을 얻었나? 울어야 하는 사람은 농부뿐이다. 단맛을 약간 더 높이기 위한 품종 개량에도 자연은 강하게 저항한다. 맛을 위해, 그것도 아주 적은 맛의 변화를 위해 수확량의 저하라든가 병충해에 대한 저항력 약화 등 농민이 감수해야만 하는 고생을 도시 사람들은 상상도 하지 못하리라.

자연은 인간의 부자연스러운 요구에 경고를 보내고 저항을 하고 있다. 그러나 자연은 아무 말도 하지 않는다. 인간이 지은 죄는 인간 스스로 갚지 않으면 안 된다. 게다가 한 번 맛본 단맛은 이제 잊어버릴 수가 없다. 인간의 혀가 가진 욕망은 나아갈 뿐 후퇴를 하지 않는다. 그 때문에 인간이 부담해야 하는 고생이 계속 늘어나도, 그건 남의 일이라고 무시하는 것이다. 아름다운 과일과 꽃 등 계절을 모르는, 도시 사람들의 멈출 줄 모르는 요구에 따라 공급에 노력하는 농민, 이 모습을 옳다 여기며 추종하고 있는 것이 과학농법의 길이다.

가을 야산의 과일은 자연 그대로 아름답고 달다. 꽃은 들에 나가보아야 한다. 자연농법은 자연을 자연 바깥에서 분해하려고 하지 않고, 자연의 품으로 들어가서, 자연을 정복하지 않고, 자연을 따른다. 인간의 욕망에 봉사하지 않고, 자연에 봉사하며 자연의 아름다운 과일과 술을 퍼내는 것이다. 무욕 상태에서는, 자연은 항상 아름답고 달다.

F. 무대책이 상책

자연이 완전하다면 인간은 아무것도 하지 않아도 된다. 그러나 실제로는, 인간의 눈으로 본 자연은 불완전하고 모순투성이인 것처럼 보인다. 내버려두면 병이 생긴다. 벌레가 먹는다, 쓰러진다, 시든다 등 여러 가지 현상이 일어난다.

하지만 이런 불완전한 현상은, 잘 보면, 불완전한 자연 상태에서만 일어난다는 것을 깨달을 수 있다. 즉 인간이 자연에 뭔가 인위를 더하면 어딘가가 부자연스러워진다. 부자연스러운 채 내버려두면, 반드시 파탄이 일어나서 더 불완전하게 되거나 마침내는 파국을 맞이하게 될 수도 있다.

불완전하게 보이는 자연은, 인간이 앞서 무엇인가 인위적인 행위를 가해놓고 방치한 경우다. 자연이 자연 그대로 유전, 운행될 경우는 스스로 파멸을 부르는 일은 없다. 균형을 유지하기 위한 섭리라든가 상보상쇄와 같은 작용이 일어나는 일은 있지만, 이것은 반드시 하나의 질서와 절도를 가지고 행해지는 것이다.

산에 난 소나무는 곧게 자라면서 사방으로 가지를 뻗는다. 잎은 잎대로, 가지는 가지대로 같은 간격을 유지하면서 자라기 때문에 몇 년이 지나더라도 가지끼리 부딪치거나 겹쳐서 죽는 일은 없다. 모든 가지나 잎에 햇볕이 공평하게 내리쬐도록, 대단히 좋은 모양새를 취하며 자라는 것이다.

그러나 소나무를 정원에 옮겨 심고 한 차례 가위질을 하면 소나무는 일변한다. 자연의 것과는 아주 다른 모습으로 변하며, 천변만화해서 이른바 정원수로서의 구불구불하며 기괴한 모습으로 바뀐다. 그것은 한 차례 전지를 한 가지로부터는 이미 정상적인 싹과 가지가 나올 수 없기 때문이다. 불규칙하게 자라난 가지는 복잡하게 교차하고 굽고 휘어져 겹치게 되기 때문이다. 가운데 줄기 끝을 조금 자르기만 하면, 원추형의 귤나무가 세 줄기 모양이 된다거나 배상형盃狀型, 곧 술잔 모양이 된다거나 한다. 다른 모든 수목들도 이와 같다.

인간이 손을 댈 때, 자연의 나무는 자연스러운 모습을 잃고 부자연스러운 모습을 갖게 된다. 부자연스러운 모습의 나무는 가지와 가지가 뒤섞인다거나, 과밀해진다거나, 지나치게 성기어진다. 통풍이 잘 안 되거나 볕이 잘 안 들게 되면, 그 부분에 병이 발생하거나 벌레가 집을 짓게 된다. 교착된 나뭇가지 사이에서는 생존 경쟁이 벌어지며, 한편은 번창하고 다른 한편은 시들어 죽어간다. 아주 작은 어린 순 하나를 따는 것만으로도 자연의 조건이 무너지며, 평화와 공존의 세계가 약육강식의 세계로 일변해가는 것이다. 무서운 일이다.

인간의 행위가 자연의 질서를 파괴하고 균형을 깬다는 것은, 처음에는 인간의 아주 작은 부주의 혹은 그릇된 생각에서 출발해서 그것이 확대하고 발전하며, 이윽고 정신을 차렸을 때 이미 일은 돌이킬 수 없는 상황에 이르러 있기 마련이다. 한 번 이상해진 정원의 소나무는 다시는 본래의 나무로 돌아갈 수 없다. 과일나무의 자연형을 파괴하기 위해서는 줄기를 조금 자르기만 하면 된다.

자연이 한 차례 자연스러움을 잃고 부자연스럽게 되면 그때, 거기에는 무엇이 남게 될까? 그때부터 쉴 새 없는 인간의 고생이 시작된다. 가지와 가지가 혼란해지며 경합한다. 그것을 막기 위해 해마다 가지치기를 아주 꼼꼼히 하지 않으면 안 된다.

가지 하나를 따면, 그 가지에서 몇 개의 불규칙한 가지가 난다. 그렇게 나온 몇 개의 가지는 다음 해에 또 따주지 않으면 안 된다. 그리고 그다음 해에는, 더 많은 가지가 더 복잡하게 나서 자라기 때문에 가지치기로 인한 고생이 더 늘어난다.

과수원의 가지치기 기술이라는 것도 마찬가지다. 한 번 인간이 가지치기를 하면, 일생 동안 그 나무 뒷바라지를 해야 한다. 한 번 가지치기를 하면, 나무는 더 이상 스스로 가지 간격을 생각하거나 방향을 정해서 성장하지 않는다. 인간한테 다 맡기고 가지치기를 한 그 자리에 멋대로 가지를 뻗는다. 가지치기는 인간의 몫이다. 지나치게 난 곳은 인간이 솎아줘야 한다. 그렇게 하지 않으면 나무는 혼란에 빠지며, 이내 가지가 시들어버리고 병충해의 온상이 되며 죽어버리게 된다.

이처럼 인간이 무엇인가 하지 않으면 안 된다는 것은, 인간이 무엇인가 하지 않으면 안 되는 원인을 앞에서 만들어놓았기 때문이다. 인간의 행위가 자연을 부자연스럽게 만들고, 그 부자연한 상태가 초래한 결점을 보충하거나 바로잡기 위해서 인간의 또 다른 행위가 요구되는 것이다.

농업 기술이라는 것도 알고 보면, 하지 않으면 안 되게 인간이 만들어놓고 그것을 한 것에 지나지 않는다. 논갈이, 모내기, 사이갈이, 제초, 병충해 방지 등이 그렇다. 이 모든 기술이 다 그렇게 하지 않으면 안 되도록, 인간이 앞에서 자연을 인위적으로 바꿔놓았기 때문이다. 인위를 가해 자연을 부자연하게 만들어놓은 데 원인이 있다.

논갈이가 필요한 것은, 그 전해에 논갈이를 한 뒤 논에 물을 대고 써래질을 함으로써 땅속의 공기가 줄어들고 흙이 단단하게 굳어졌기 때문이다. 진흙 담장을 만들기 위해 흙을 이기는 것과 같은 일이 해마다 논에서 벌어진다. 그 결과 해마다 논을 가는 작업이 필요하고, 또한 그 효과도 있는 것처럼 보이는 것이다.

병충해 방제 또한 농작물을 건강하게 키우지 못하고 있기 때문에 그 필요성이 생기는 것일 뿐이다. 인간이 스스로 병충해 발생 원인을 만들어놓고, 그것을 치료한 뒤 자랑스럽게 생각하고 있는 것이 농업 기술이다. 건강한 작물을 만드는 것이 선결 문제다.

과학농법에서는 자연의 결점을 인간의 행위로 개선해서 바로잡아가고자 한다. 자연농법에서는 결점이 나왔을 때, 먼저 그 원인을 찾고, 그 원인이 되는 인간의 행위를 바로잡고 억제하는 방향으로 노력해간다.

결론적으로 말해서 무위무책, 곧 아무것도 하지 않고, 아무런 대책도 세우지 않는 것이 최상의 대책이다.

새 시대의 자연농법

A. 현대 농업의 최첨단을 가다

자연농법은 보기에 따라서는 무위도식의 길로, 혹은 소극적인 원시 농법으로의 복귀라 여겨지기 쉽다. 하지만 자연농법은 시공을 초월하여 불변, 부동의 자리를 지키기 때문에 항상 가장 오래된, 가장 새로운 농업으로 현대 농업의 최첨단을 가는 농업도 되는 것이다.

진리는 일정하고 변함이 없다. 하지만 사람의 마음은 항상 변하고 머무는 법이 없기 때문에, 때와 경우에 따라, 시대의 흐름에 따라서 보는 입장을 바꾸고 수단을 바꿀 수밖에 없다. 중심에 있는 진리에는 접하지 못하고, 그 주위를 빙빙 돌며 유전해가는 것이 인간의 모습이고 과학 발전의 발자취다.

과학농법 역시 그 발자취를 밟으며 맹목적인 나선형의 길로 나아간다. 오늘의 새로운 기술이 내일이면 낡은 기술이 되고, 내일의 혁신도 훗날에는 구태의연한 것이 된다. 입장을 바꾸어보면, 오늘의 오른쪽이 내일에는 왼쪽으로, 내일의 왼쪽이 모래에는 오른쪽으로 보인다. 빙빙 돌면서 그 굴레를 확대하고 확산해간다.

그래도 중심에 있는 진리를 멀리서 바라보며 그 주위를 돌았을 때는 좋았다. 인간은 자연과 진리의 바깥으로 뛰쳐나가려고 하지만, 이 원심력에 대항하여 자연으로 돌아가자는, 진리를 맛보고자 하는 마음이 구심력이 되어 아슬아슬하게 균형을 유지할 수 있었기 때문이다. 그러나 중심의 실이 끊어졌을 때, 그때 인간은 잔돌처럼 진리로부터 멀리 날아가 버린다. 그 위험이 마침내 과학의 세계에 다가오고 있다. 과학농법에는 미래가 없다.

B. 자연 축산의 행방

축산에 나타난 폐해

농업의 근대화라는 미명 아래, 혁신 농업의 눈보라가 몰아치기 시작하고 있다. 모든 농업 기술에 공통적으로 나타나고 있는 하나의 경향을 살펴보기로 하자.

축산 분야에서 근년에 빠른 기세로 각지에 보급되고 있는 혁신 기술이 있다. 그것은 인공 사료에 의한 닭, 돼지, 소 등의 대량 사육이다. 자연 사료 약간에(그것도 최근에는 폐지되어 가고 있다) 건강을 지키기 위해서라며 갖가지 약품, 비타민, 영양소 등이 배합된 보존식을 사료로 쓴다. 그 때문에 가축에게는 이미 그전처럼 뛰어다니는 운동을 시킬 필요가 없다. 몸이나 간신히 들어갈 수 있는 우리나 닭장 속에 넣고, 몸을 움직일 수도 없는 상태로 키우는 게 능률이 좋다는 것이다. 최소한의 땅에서 최대의 생산을 올릴 수 있기만 하면 그것으로 좋다는 것이다.

이 방법은 매우 능률적이고, 사육자는 편하게 많은 생산을 올릴 수 있기 때문에, 아무런 문제도 없는 것처럼 보인다. 그러나 이 방법은 공장 생산물과 마찬가지로, 생산물의 시장 공급과 유통이 까다롭다는 문제가 있다. 가격이 안정되지 않고 폭락과 폭등에 시달리기 때문에 개인적 이해타산만이 농부의 머리를 지배하게 된다.

자연 속에서 자유롭게 놀며 번식하고 성장한 쇠고기나 달걀과 비교해보면, 그 품질이 모든 면에서 뒤떨어진다. 그뿐만 아니라, 여러 가지 항생 물질이나 방부제 혹은 기호증진제나 호르몬제, 농약(축적되는) 따위를 많이 사용해서 만든 사료로 사육됐기 때문에, 우유나 고기, 달걀 속에는 인간의 몸에 해로운 독물이 많이 포함돼 있다. 그것들이 인간의 몸에 조금씩 쌓여가는 것이다. 쇠고기가 쇠고기가 아니고, 달걀이 달걀이 아닌 시대가 오고 있다. 완전 사료가 고기로, 달걀로 탈바꿈됐을 뿐이다. 자연을 상대로 한 축산이 아닌 것이다. 닭은 알을 낳는 기계에 지나지 않고, 돼지와 소도 각각 고기 만드는 공장과 우유 만드는 기계일 뿐이다. 그 제품이 완전할 수는 없는 것은 두말할 필요도 없는 일이다. 하지만 그 제품이 좋든 나쁘든, 능률적 대량 생산 방식으로 한 사람당 몇만 마리, 몇십만 마리를 사육할 수 있으면 좋다는 것이다. 그것은 인간이 키우는 것이 아니라 자본이 키우는 것이다. 농민이 아니라 회사가 거대 공장 조직으로 키우는 것이다.

자연 방목이 이상적이다

이와는 다른 자연농법의 축산은 이미 낡은 것일까? 물론 자연농법의 축산은 방목 형태를 취한다. 넓디넓은 땅에서 햇빛을 충분히 받으며 뛰어다니면서 자란 소, 돼지, 닭 등의 생산물이 인간에게 변함없이 소중한 식량이 되는 것은 너무나 당연한 사실이다.

문제는 자연농법을 비능률적이라고 보는 편견에 있다. 혼자서 거의 아무것도 안 하고 몇백 마리의 소를 사육하는 방목은 비능률적이지 않다. 오히려 고능률의 생산인 것이다.

넓은 들판이나 산에서 장기간에 걸친 소와 돼지, 닭 사육에 문제가 없을 리 없다. 여러 가지 독초도 있을 것이다. 질병이나 산 진드기 따위로 고생을 하는 일도 있을 것이다. 보기에 따라서는 비위생적이라고도 할 수 있다. 그러나 이것들의 대부분은 사람의 행위가 빚어낸 결과이고, 또 당연히 해결할 수 있는 문제다. 동물은 본래 자연 속에서 태어났고, 자연 속에서 살아갈 수 있다는 대전제는 확실하기 때문에. 이런 문제의 해결에는 꾸준한 관찰이 필요할지 몰라도 방법은 반드시 있다. 요는 자연을 살리며 적지에 적당한 종류의 가축을 기르는 것이다.

장미나 덩굴풀이 무성해서 도저히 방목을 할 수 없을 것 같은 곳도 염소나 면양이라면 방목할 수 있다. 그들은 가시가 있는 장미나 덩굴풀 등을 즐겨 먹기 때문에, 아무리 우거진 정글이라도 깨끗이 아래 잎을 청소해준다.

소 또한 인간이 재배한 목초지가 아니면 방목할 수 없다고 생각할 필요가 없다. 잡목 숲 속에서도, 혹은 노송나무나 소나무를 심어놓은 산속에서도 가능하다. 산에 나무를 심으면 7~8년은 풀을 베어주어야 하는데 그 작업을 소가 대신해주기 때문에 일석이조인 셈이다. 삼나무나 노송나무를 심은 숲에 소를 방목하면, 물론 소가 특별히 잘 다니는 길에 심은 어린 나무는 조금 해칠 수도 있지만 나머지 나무에는 거의 입을 대지 않는다. 이것은 뜻밖의 일인 것처럼 보이지만, 자연 상태에서는 자기 먹이가 되지 않는 한, 즉 자기와 관계가 없는 것은 함부로 해치지 않는다는 동물의 본성으로부터 생각해보면 당연한 일이다. 인공림이 아니라 자연림이 적합한 것은 두말할 나위도 없다.

산과 들에서 방목을 할 때 독초의 유무가 문제가 될 때도 있는데, 독초가 변하여 약초가 될 것이 틀림없다. 동물에는 본래 본능적으로 이것을 가릴 수 있는 선천적인 능력이 있다. 만약 그것이 불가능하다면, 그렇게 된 이유가 틀림없이 있을 것이다. 고사리가 독초가 된다는 이야기도 많이 듣지만, 고사리가 산에 많이 나는 것은 반드시 어떤 원인이 있고, 소가 그것을 너무 많이 먹어서 해를 입었을 때는 소에게 뭔가 문제가 있었다고 봐야 한다.

인공 수정과 인공유로 키운 가축에게 생존 능력에 결함이 생기기 쉬운 것은 당연한 일이다. 함부로 개량된 가축이 뜻밖의 곳에서 결점을 나타내는 것은 흔히 있는 일이다. 가축 개량은 많은 경우에 반자연적인 것으로서, 부자연스러운 기형 동물을 만들어놓고 그것을 우수하다고 착각하고 있는 데 불과하다.

자연에서 멀어진 오늘의 가축을 갑자기 산이나 숲에 놓아서 기르면, 그때는 무리가 있을 수도 있고, 짧은 시간 안에 성과를 올리기는 어려울 수도 있을 것이다. 그러나 느긋한 마음으로 연구를 한다면 타개할 수 있는 길이 반드시 열릴 것이다. 적어도 2, 3대를 산이나 숲에 방목을 하여 익숙해지도록 키우는 사이에, 서서히 도태될 것은 도태되고 자연에 적응한 가축만 남게 될 것이다.

방목에서 특히 고생을 하는 것은 진드기 때문이다. 그러나 진드기 또한 때와 경우에 따라서 발생 상황에 큰 차이가 있다. 산의 남쪽에는 많은데, 북쪽에는 적다. 습기나 온도하고도 관계가 깊다. 환경의 정비로써 미리 예방할 수 있는 것이다. 근본적으로는, 진드기를 없애는 익충의 보호 육성과 소의 체질을 개선하면 좋다.

소는 소만을 놓아 기른다는 고정된 사고방식과 선입견을 버리고 생각해볼 필요도 있다. 과수원에 돼지와 토끼 등을 함께 놓아먹이면 어떻게 될까? 돼지는 산골짜기와 습지에서 땅속에 있는 벌레나 지렁이를 즐겨 먹기 때문에, 땅을 파 일구는 경운기 구실을 한다. 돼지가 파고 간 땅에 클로버나 콩 씨 따위를 뿌려놓으면, 소나 돼지의 똥오줌만으로도 충분히 훌륭한 목초지가 조성될 것이다. 이렇게 해서 목초가 우거지면 닭이나 염소나 토끼를 방목할 수 있을 것이다.

현재의 대량 사육 방식의 축산은 획일적인 기계 공장에 지나지 않는다. 거기에는 자연의 힘이나 하늘의 혜택이 없다. 인간이 과학의 힘만을 가지고 만들어낸 것이다. 무에서 유를 낳는 자연과는 달리 단순하게 유에서 유를 만들어내고 있을 뿐이다.

공장 방식의 축산이 능률적이므로 유리하다 여기는 것은, 시간과 공간에 제한된 입장에서의 근시안적 평가에 근거했을 때만 그렇다. 좁은 닭장이나 우리 속에서 몸조차 제대로 움직일 수 없는 닭이나 돼지나 소의 불쌍한 모습은, 동물의 자연 상실을 뜻할 뿐만 아니라 인간의 자연 위반과 상실 또한 의미하는 것이다. 가축 사육에 직접 종사하는 농부도, 그 생산 식품을 먹는 도시 사람들도, 어느새 마음의 부자연화로 건강함을 상실하고 인간성을 잃어버릴 수밖에 없다.

진리를 탐구하는 축산

과학농법에서는 조건을 붙인 진리를 진리라 여기며 또 그것으로 만족하고 있지만, 자연농법에서는 극력 전제 조건을 배제하고 조건이 없는 진리를 목표로 삼아야 한다.

예를 들면 가축의 사료 하나를 연구할 때도, 과학농법에서는 일정한 우리에 갇힌 소에게(환경 조건) 여러 가지 사료를 주어보고 성적을 가장 많이 올린 사료를 가장 좋은 사료라고 판단한다(귀납적 실험에 의한 결과). 그리고 "소 사료는 이러이러한 것이다"는 결론을 내리고, 그것을 진리라고 생각하는 것이다.

자연농법에서는 그런 사고방식이나 실험 방법을 취하지 않는다. 무조건적인 진리를 발견하기 위해서는, 먼저 환경 조건을 중요시하는 입장을 출발점으로 한다. 광대한 자연 속에서 소는 과연 어떻게 살아가고 있느냐는 데서 출발한다. 그렇다고 해서 당장 언제 어디서 어떠한 것을 먹고 살고 있느냐 하는 분석적 연구를 시작하는 게 아니라, 대국적으로 보며 어떻게 소는 태어나고 자라는지를 관찰한다. 단순히 소 사료에만 마음을 쏟게 되면 소가 무엇으로 살아가고 있는지, 그 전체를 잃어버리게 되는 것이다. 생명은 식량만으로 유지되는 것이 아니다. 또한 식량 문제는 식료만으로 해결하는 것도 아니다. 기후, 풍토, 생활환경, 운동, 수면 등 많은 문제가 생명과 관련된다. 먹이라고 해도 소가 먹지 않는 것, 싫어하는 것, 영양가가 적은 것 등 일반적으로 필요가 없다고 생각되는 것도, 때와 경우에 따라서는 거꾸로 필수적인 것이 되기도 한다. 요컨대 인간과 가축과 자연의 관련 속에서 자유분방한 삶의 방식, 즉 사육 방법을 찾아내야만 한다.

본래 자연농법에는 사육 방법이란 말이나 생각이 있어서는 안 된다. 자연이 살리고 키우는 것이고, 인간은 그 뒤를 따라가며 소가 어떻게 무엇으로 사는지 알면 그것으로 좋은 것이다. 우사나 계사 하나를 세울 경우에도, 인간적인 이성이나 감정으로 설계하면 안 된다. 덥다든지 춥다든지, 통풍이란 문제도 그 문제만을 내세워 일정한 방식으로 자란 송아지나 병아리를 실험 재료로 삼아 성적을 내면, 여름은 시원하고 겨울은 따뜻한 것이 좋다는 결과가 나오는 것이 당연하다. 그들을 기르는 데 적온이 필요하다는 결론(과학적 진리)이 나오는 것은, 실험재료로 삼은 송아지나 병아리의 사육 방식에서 나오는 것일 뿐이기 때문에 그때의 적온은 불변의 진리가 아니다.

자연에는 본래 온도의 높낮이는 있어도 덥다, 춥다는 없다. 소, 말, 돼지, 면양, 닭, 오리 등 이들 모든 가축은 덥다든지 춥다는 것을 잘 알고 있지만 덥다, 춥다며 자연을 향해 불평하지 않는다. 우리나라 풍토 속에서는 여름 더위와 겨울 추위가 성장에 좋다 혹은 나쁘다며 일시적인 결과에 울고 웃고 할 필요는 없다. 더군다나 죽는다, 산다고 소란을 떨 정도의 일은 일어나지 않을 게 틀림없다.

자연에는 추위와 더위가 있으면서도 없는 것이다. 언제 어디서나 적당한 온도, 적당한 습도라고 보고 출발해도 무방하다. 가축우리의 크기와 높이, 입구의 크기와 구조, 창문, 밑바닥 등은 여러 가지 이론에 의거해서 개량을 거듭해왔지만, 원점으로 돌아가서 대전환을 해볼 필요가 있다. 추위와 더위가 없다면, 가축우리는 본래 필요 없다. 인간의 편리를 위한 최소한도의 오두막, 젖을 짜는 장소라든지 닭이 알을 낳기 위한 둥지 같은 것이 있으면 되는 것이다. 동물은 밤이나 낮이나 푸른 하늘 아래에서 자유롭게 먹이를 찾고, 잘 곳을 찾아내며 건강하게 자란다. 최근에 가축의 병이 축산 농가의 성공과 실패를 크게 좌우하는 문제가 되었다. 축산 농가는 그 대책에 고심하고 있는데, 이 문제도 근본적으로는 병에 걸리지 않는 건강한 가축을 키운다는 원점으로 돌아가지 않으면 해결할 수 없는 문제일 것이다.

일본 땅은 8할이 산촌으로, 골짜기가 많다는 것이 특징이다. 도시로 가버리고, 몇 집 안 남은 그런 산촌 등은, 마을 입구에 울타리를 만들면 그것으로 가축의 커다란 방목장이 된다. 그곳에 여러 자기 가축을 동시에 풀어놓고, 몇 년 뒤 무엇이 어떻게 변했는지 보는 규모가 큰 실험이 없어 아쉽다.

요컨대 과학적인 실험은 항상 몇 가지 조건 중에서 하나를 가지고 실험을 하고, 그 결과에 대해서 어떤 가정을 예상하고 있다. 이와는 달리 자연농법에서는 모든 조건을 제거할 뿐만 아니라, 과학의 출발점을 버리고 원점으로 돌아간 시점에서 이론과 법칙을 발견하려고 힘쓰지 않으면 안 된다.

조건과 가정이 없고, 나아가 시공이 없는 실험만이 불변의 진리를 찾아낼 수 있다.

c. 자연을 추구하는 자연농법

자연과 방임은 근본적으로 다르다. 방임이란 인간이 무엇인가를 자연에 한 다음에 내버려둔 것을 말한다. 마당에 소나무를 옮겨 심고, 가지치기를 한 뒤, 자연으로 돌아가게 한다고 그냥 두는 것이 방임이다. 축사에서 인공유로 키우던 송아지를 갑자기 산에 놓아 기르면, 그것은 방임이다.

작물이나 가축은 벌써 자연의 것이라고 할 수 없다. 그러므로 진짜 대승적 자연농법에 도달하기는 벌써 불가능에 가깝다고도 할 수 있지만, 적어도 자연에 더 가까운 자연농법(소승적)을 탐구할 수는 있다. 이 자연농법은 자연 본래의 모습을 아는 것이 목표다. 그러기 위해서는 먼저, 눈앞의 방임 상태를 주시하며 배우는 것으로부터 시작해도 좋다. 자연의 방임 상태를 관찰함으로써 그 배후에 있는 자연의 진짜 모습을 엿볼 수도 있기 때문이다. 즉 방임 상태의 자연을 주시함으로써 앞에서 가해진 인위적인 요소를 없애며, 인간의 행위가 개입하지 않았을 때의 자연은 어떤 것인지 알아내는 것이다.

하지만 그것만으로 자연의 실상을 알 수 있는 것은 아니다. 인위적 요소를 제거한 자연도 인간의 상대관으로 파악한 자연으로서, 인간의 주관적 개념이란 옷을 입은 자연에 지나지 않기 때문이다. 자연농법의 길은 자연으로부터 인위적인 옷을 벗겨내고, 거기에 주관적 개념이라고 하는 속옷까지 벗겨내야 한다.

손쉽게 인간의 주관적 개념에 따라서 인과관계를 결정한다거나, 우연과 필연의 문제나 연속과 불연속의 관계를 상정해서는 안 된다. 먼저 생각하지 않고, 보지 않고, 행하지 않고, 모든 가정, 지혜, 행위, 조건을 부정하고, 자연에 가까이 다가서야 한다. 그때의 자연이란 곧 신神이다.

D. 이 길밖에 없는 미래의 농업

인류는 멈춤 없이, 무한하게 발달을 계속할 수 있는 것일까? 세상 사람들은, 현실은 모순되지만 좌우로 정반합으로 헤매면서도 나아가서, 소위 변증법적으로 무한한 발달을 계속할 수 있을 것으로 생각하고 있는 듯하다.

그러나 세상의 모습, 삼라만상은 이렇게 직선적으로, 평면적으로 발달하는 것이 아니다. 입체적이고 원심적인 팽창과 확대를 계속하지만, 극한에 가서는 폭발, 분열, 붕괴, 소멸하지 않을 수 없다. 그러나 소멸한 것으로 알았던 것이 반전하여 구심적 수축, 응결의 방향을 향해서 또다시 모습을 드러낸다. 즉 형태가 있는 것은 발달의 극한에 가서 모두 분해되며 다시 무로 돌아가고, 무는 응결되어 다시 형태를 가진 것으로 나타난다. 그 되풀이다.

나는 이 발달 형식을 법륜法輪적 발달 혹은 태풍적 발달이라고 이름 붙이고 있지만, 그것은 마치 태풍이나 회오리가 대기를 거두어들여 싸잡아서 소용돌이치고 휘돌아가면서 팽창, 발달하다가 이윽고 분열, 소멸돼가는 것과 같다(나의 다른 책 《무의 철학》 참조).

인류의 발달도 파멸로 가는 발전과 다름없다. 문제는 언제 어떤 형태를 취하며 붕괴하는가이다. 나는 필연적으로 다음 방면에서 붕괴해 갈 것이라고 생각한다. 그리고 인간은 그때 어떻게 해야 하는지에 대해 말해보기로 하자.

첫 번째는 인지, 곧 인간 지식의 붕괴다. 인지는 분별적인 지식에 지나지 않으며, 불가지의 지혜에 지나지 않는다는 것을 인간은 알지 못한다. 인간은 당연히 이런 불가지의 지혜와 착각의 지혜, 그것들의 집적과 발달에 따라 혼란에 더 깊이 빠지며, 정신분열적인 발달에서 끝내 탈출하지 못하고, 궁극적으로는 정신 분열과 붕괴를 초래할 수밖에 없다.

두 번째는 생명과 물질의 파괴다. 이 두 가지의 유기적 결합체인 지구가 인간에 의해 분해 분단되어 이용되기 때문에, 점차 지구상의 자연은 평형 상태를 잃고, 그 질서와 자연 생태계는 파괴되고, 이윽고 물질도 생명도 그 본래의 기능을 잃어간다. 인간이라고 예외가 될 수 없다. 자연환경에 대한 적응성을 잃고 자멸해가거나, 외계外界의 미세한 압력에 의해 팽창한 풍선이 작은 바늘 하나로 파멸되는 것처럼, 한꺼번에 파탄을 불러올지도 모른다.

세 번째는 인간이 무엇을 해야만 하는지를 모른다는 데서 오는 파멸이다.

자연과학의 발달에 따라 팽창한 산업 활동은, 근본적으로는 에너지 소비 촉진 운동으로서 에너지 생산이 아닌 허영의 낭비 활동에 지나지 않는다. 인간이 자연개발이라는 입장을 취하는 한, 지상의 물질과 자원은 고갈되고, 산업 활동은 자기모순의 증가로 막다른 골목에 다다르게 되며, 어쩔 수 없이 전환을 강요받게 될 것이다. 그때는 자연히 정치, 경제, 사회 기구의 변혁도 어쩔 수 없을 것이다.

자기모순은 에너지 효율의 악화에서 단적으로 나타나고 있다. 화롯불보다 물레방아에 의한 발전이, 수력을 이용하는 것보다 화력 발전이, 그리고 원자력 발전이 거대한 에너지원이 된다고 꿈꾸게 되면서 그 효율(거기에 필요한 에너지 총량과 생산되는 에너지의 총량의 비율)이 가속도적으로 악화돼가는 문제에는 사실 눈을 감고 있다. 그것은 내부 모순의 축적을 늘리며 마침내는 폭발할 위험을 초래한다.

원자력 에너지가 고갈되면 태양 광선을 이용하면 좋다, 혹은 풍력을 이용하면 공해도 없고 모순도 생기지 않으니 그 방향으로 바꾸면 된다고 쉽게 생각하는 과학자도 있는 것처럼 보인다. 그러나 에너지 효율이 떨어진다는 점에서는 결국 같은 어리석음을 범하고 있는 것으로서, 인류 파멸의 속도를 증가시킬 뿐이다.

인간이 과학적 진리는 절대적 진리가 아니라는 사실을 깨닫고 가치관의 대전환을 이루지 않는 한, 인간은 무엇을 해야 하는지를 모르는 채 맹목적으로 돌진하며 제 손으로 파멸을 불러오게 될 뿐이다.

그때 인간이 할 수 있는 일은 아무것도 없다. 억지로 말하면, 아무것도 안 하고도 살아갈 수 있는 자세를 유지해갈 수 있을 뿐이다. 겨우 생명 유지를 위한 농업만이 인간이 할 수 있는 일이 될 것이 틀림없다. 그러나 농업 또한 농업만이 독립해서 존립할 수 있는 것이 아니기 때문에, 그때의 농업은 당연히 오늘날의 농업과는 다른 모습일 것이다. 같은 연장선 위에 있을 수 없는 것이다.

대형 기계에 의한 현대 농업보다 소형 기계에 의한 쪽이, 그보다는 유축농법 쪽이 에너지 효율이 좋았다. 근본적으로는 자연농법을 이길 만큼 에너지 효율이 뛰어난 농사법은 없다는 것이 명확해지면, 저절로 인간이 해야 할 일이 무엇인지가 명백해질 것이다.

미래에는 자연농법밖에 없다. 그 길밖에는 인간의 미래는 없다.

4장

자연농법의 실제

I

자연농원의 개설

자연농법의 농원을 열고자 할 경우 먼저 해결해야 할 문제는, 어디서 어떠한 땅을 골라 사느냐이다.

나무 사람*처럼 삼림 속에 들어가 고고함을 즐기는 것도 좋지만, 보통은 산기슭에 농원을 여는 것이 제일 안전하다. 조금 높은 곳이라면 기상적으로도 쾌적한 곳이 많고, 땔나무와 푸성귀 등 의식주의 재료를 얻기가 쉽다. 가까이 시냇물 등이 있으면 농사짓기도 쉽고, 수월하게 살림을 이어갈 수가 있다.

어떤 땅에서나 노력에 따라 작물을 재배할 수 있는 것이지만, 자연

---

* 木人: 아마도 지은이가 만든 말인 듯하다. 지은이가 노장사상에 정통하다는 점에서 보면, 〈장자〉 달생 편에 나오는 다음의 글이 목인이라는 낱말을 이해하는 데 도움이 될 듯하다. 역주. ― 기성자紀省子라는 이가 임금을 위해 싸움닭을 기르러 왔다. 열흘이 지난 뒤 임금이 물었다. "이제 싸울 만한 닭이 되었는가?" 기성자가 대답했다. "아직 멀었습니다. 사나운 척하며 제 기운만 믿고 있습니다." 다시 열흘이 지났다. "아직도 멀었습니다. 다른 닭의 소리만 들어도, 모습만 봐도 덤비려고 합니다." 다시 열흘이 지났다. "아직도 안 되었습니다. 다른 닭을 보면 눈을 흘기며, 기운을 뽐내고 있습니다." 또다시 열흘이 지났다. "이제 거의 다 되었습니다. 다른 닭이 울며 덤벼도 조금도 태도를 변치 않습니다. 마치 나무로 깎아 만든 닭과 같습니다. 덕이 온전해져서 다른 닭이 감히 덤비지 못하고, 오히려 달아나버립니다."

속에 풍요로운 땅이 있으면 그것보다 좋은 조건은 없다. 산에는 큰 나무가 우거지고, 땅은 검거나 흑갈색이 깊어야 하고, 맑은 물을 얻을 수 있는 곳, 또 풍광명미風光明媚한 곳이라면 이상적이다. 환경이나 풍경의 좋고 나쁨은 물심양면으로 쾌적한 생활을 영위하기 위해서 고려해야만 할 필수 조건이다.

자연농원이란 의식주 등 모든 생활 자재를 공급할 수 있는 곳이어야 한다. 따라서 논밭뿐만 아니라, 그 주변 숲도 포함된 종합적인 자연농원을 열어야 한다.(250쪽의 자연농원의 모습 참조).

A. 자연 보호림

자연농원 주변의 숲은 농원의 보호림인데, 유기비료의 공급원으로서도 직접 또는 간접적으로도 이용이 가능하다. 자연농원의, 오랜 기간 완전 무비료 재배를 위한 근본 대책은 비옥한 토양을 만드는 일인데, 다음과 같은 방법이 있다.

1) 농원 안에 땅속 깊은 곳까지 자라는 초목을 심어 서서히 토양 개량을 시도한다.

2) 과수원 위쪽의 산림이나 숲의 부엽토 등에 축적돼 있는 영양분이 빗물 등으로 흘러내리도록 하여 농원을 비옥하게 한다.

요는 지력의 근원이 되는 부식의 공급원을 농원 가까이에 확보하는 일이다.

위쪽에 있는 산림은 보호림으로 개선한다. 숲이 없을 때는 새로 보호림으로 쓸 숲이나 대숲을 만들면 좋다.

보호림은 녹색이 짙은 자연림을 만드는 것이 주목적이지만, 토지를 비옥하게 만드는 수종의 나무를 심는 한편, 이용 가치가 높은 나무, 새나 짐승의 사료가 되는 나무, 천적 보호에 쓸모가 있는 나무 등을 섞어 심는다.

보호림의 육성

일반적으로 산꼭대기는 척박하고 건조하여 대머리 산이 되기 쉬운데, 이런 곳에서는 우선 덩굴 식물인 좀쑥바귀, 칡 등을 키워 흙의 유실을 막고, 그 뒤에는 소나무류, 화백나무 등의 씨앗을 뿌려서 소나무 산을 만든다. 처음에는 잘 나는 잡초인 참억새와 비자, 양치류인 고사리, 발풀고사리, 싸리, 사스레피나무, 아기향 등 작은 키의 떨기나무 등이 우거지는데, 점차 식물이 변하여 풀고사리, 칡, 잡목 등이 나서 자라게 되며 흙도 그에 따라 비옥해진다.

보호림으로는 대숲을 이용하는 것도 좋다. 대나무는 죽순이 1년 만에 자라며, 성장량은 보통 나무보다 빠르다.

죽순대의 죽순은 야채로서 팔릴 뿐만 아니라, 그 뿌리는 단단하고 덩어리 모양을 이루고 있어 부식의 축척량이 대단히 많기 때문에 토양의 구조 개선에 대단히 효과적인 식물이다. 3년 동안 연속해서 죽순을 따면 대나무를 근절할 수 있기 때문에 계획적으로 실시하는 것이 좋다.

산중턱은 노송나무, 녹나무 등의 상록수를 심고 팽나무와 느티나무, 오동나무, 벚나무, 중국단풍나무 등의 낙엽수를 섞어 심어놓으면 좋다. 산기슭이나 골짜기는 비옥하기 때문에 삼나무, 모밀잣밤나무, 떡갈나무 등의 상록수 속에 호두나무나 은행나무 등을 섞어 심는다.

경사지 자연농원의 모습

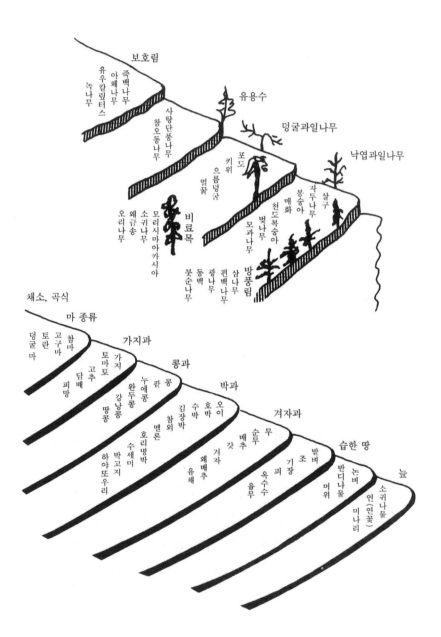

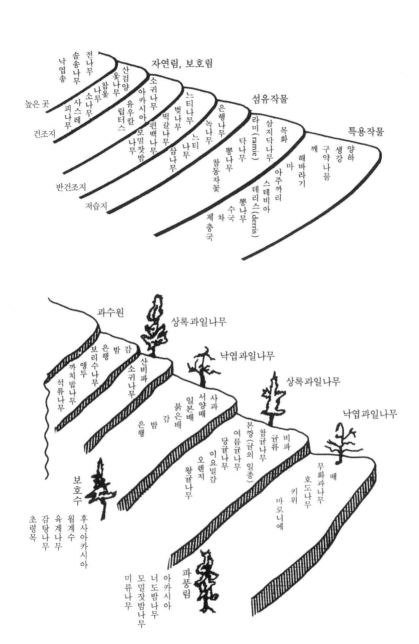

자연림, 보호림

높은 곳

건조지

반건조지

저습지

전나무
낙엽송
솔송나무
참옻나무
산검양옻나무
소나무
사스레피나무
아카시아
유우칼립터스
소귀나무
빗나무
편백나무
떡갈나무
모밀잣밤나무

느티나무
느티나무
삼나무

섬유작물

은행나무
녹나무
닥나무
뽕나무
참동자꽃
수국
차
제충국

목화
라미(ramie)
삼지닥나무
마
아주까리
데리스(derris)
해바라기
스테비아

특용작물

양하
생강
구약나물
깨

과수원

상록과일나무

낙엽과일나무

상록과일나무

낙엽과일나무

은행
밤
감
산비파
소귀나무

보리수나무
앵두
까치밥나무
석류나무

은행
밤
감

일본배
서양배
사과
붉은배

여름귤나무
당귤나무
이요밀감
오렌지
왕귤나무

봉깡(귤의 일종)
참귤나무
귤류

비파
귤류

무화과나무
호도나무
키위
마로니에

배

보호수

후사아카시아
월계수
육계나무
감탕나무
초령목

파풍림

아카시아
너도밤나무
모밀잣밤나무
미류나무

방풍림

방풍림防風林이나 파풍림破風林은 단순히 바람의 피해를 막는 데 유용할 뿐만 아니라, 지력 보호나 환경 개선 등에서도 중요한 역할을 담당한다.

생장이 빠른 나무 종류로서는 삼나무, 노송나무, 아카시아, 녹나무 등이 있고, 생장은 조금 느리지만 동백나무, 왜금송, 소귀나무, 붓순나무 등이 인기가 있다. 곳에 따라서는 떡갈나무, 졸가시나무, 후피향나무, 감탕나무 등도 이용할 수 있다.

B. 과수원 만들기

농원을 만들 때의 나무 심기는 숲의 나무 심기와 거의 같은 방법을 취해도 무방하다. 즉 간벌間伐한 뒤에 나무의 굵은 둥치나 가지, 나뭇잎 등 어느 하나 농원 바깥으로 버리지 않고 등고선에 따라 늘어놓아 자연적으로 부식하기를 기다린다.

자연농원은 개간하지 않은 채 만드는 것을 원칙으로 하지만, 일반적으로는 굴삭기로 개간한다. 그러면 비탈면의 울퉁불퉁한 것이 평평해지므로 넓은 농로를 개설하여 기계화 농장을 만들 수 있다. 근대화된 과수원에서는 굴삭기 개간이 상식이다.

그러나 기계화로 편리해지는 것은 시비와 농약 살포 정도다. 그러므로 과일 수확 말고는 자연농법에서는 중요 작업이 아니므로 가파른 비탈 등을 무리하게 개간할 필요는 없다.

또한 개원 당초부터 어떤 자재나 자금도 쓰지 않고 맨손만으로 출발하는 것이 오히려 성공하기 쉽다.

나무의 가지나 잎은 뿌리와 함께 수년 뒤에는 썩어서 유기 비료원이 되고, 과일나무가 거의 같은 크기로 크게 자랄 때까지의 영양분으로서 오래 도움이 되기 때문이다. 또한 그동안 유기물에 의한 피복 등으로 잡초 발생 방지에 도움이 되고, 토양 유실을 방지하고, 미생물의 번식을 촉진함으로써 토양 개선과 비옥화에 기여하기 때문이다.

과일나무를 심을 때는 산림에 나무를 심는 것과 마찬가지로 등고선에 따라서 일정한 간격으로 심는다. 가능하면 항아리 형태의 구덩이를 파고, 조대 유기물을 파묻은 뒤에 심는 것이 좋다.

자연농원을 시작할 때 굴삭기 개간을 피하는 것이 좋은 이유는, 지질이나 속흙의 상황에 따라서도 다르지만, 굴삭기로 땅을 고르게 되면 오랫동안 쌓여온 다량의 유기물을 포함하고 있는 겉흙이 유실되기 때문이다.

굴삭기로 개간하고 그대로 10년 동안 내버려둔 과수원은 겉흙의 유실로 경제적 수명이 아주 짧다.

흔히 개간할 때 작업에 방해가 된다며 나뭇가지를 베어내어 보통 태워버리지만, 이것은 화전과 똑같은 행동으로 지력을 한꺼번에 감퇴시켜버린다.

또 땅속 깊이 뻗어 있는 나무뿌리는 땅속의 영양원이 되거나 땅속의 불용성 양분을 수용성으로 바꾸는 역할을 한다. 그러므로 굴삭기를 써서 땅속 깊이 뻗어 있는 뿌리 등을 파내어버리면 자연 상태는 격변하며, 개원한 뒤 땅을 파고 같은 양의 조대 유기물을 묻는다 해도 땅은 본래의 지력을 회복하지 못할 정도의 타격을 입게 된다.

30센티의 표토가 있으면 10년, 1미터 깊이의 기름진 표토가 있으면 거의 30년 동안 무비료로도 과일나무를 키울 수 있는 양분이 땅속에

과수원의 초목

나무 종류	종류	기간	밑풀
보호수 비료목 유용수	아카시아 소귀나무 왜금송 오리나무 사탕단풍나무 계수나무 월계수	1년 내내	녹비 채소
녹비작물	라지노 클로버 알팔파	1년 내내	
	개자리 겨자과 채소 루핀	봄용 겨울용	
	헤어리베치 살갈퀴	겨울용	
	콩 땅콩 광저기	여름용	
상록 과일나무	귤류 비파		머위, 털머위 메밀
낙엽 과일나무	감, 밤, 복숭아, 오얏나무 살구, 배, 사과, 젤리		구약나물, 감자, 백합, 생강 메밀, 양하
덩굴성 과일나무	포도, 으름덩굴 키위		조, 기장, 피 보리

들어 있다고 보아도 무방하다. 자연림의 비옥한 토양을 그대로 유지할 수 있으면 무비료 재배도 가능하다.

또한 개간하지 않고 나무를 심으면 나무의 성장량이나 열매를 맺는 양이 줄어든다고 흔히 생각하기 쉽다. 하지만 실제는 아무런 손색이 없을 뿐만 아니라, 나무의 수명도 오히려 길어지는 경향을 보인다.

c. 밭 만들기

보통 밭은 밭작물을 전문적으로 재배하는 곳을 뜻하지만, 과수원의 과수 사이를 이용해 특용작물이나 채소를 하초下草, 곧 밑풀로 기르는 것도 자연스러운 모습이므로, 과수원을 채소나 곡물의 밭으로 삼아도 아무런 문제가 없다.

물론 굳이 말하자면 과일나무를 주체로 하느냐, 밭작물을 주체로 하느냐에 따라서 재배 체계가 크게 달라진다.

과일나무를 주 작물로 하고 곡물이나 채소는 사이짓기로 하려는 밭의 조성은 과수원 조성과 거의 똑같다.

개원 초기에는 잡초 발생 방지와 토양의 숙성을 주된 목적으로 삼아야 하기 때문에, 재배하는 작물도 첫해 여름에는 메밀, 겨울에는 유채나 갓 씨앗 등을 뿌리는 것이 좋다. 그리고 그다음 해의 여름은 녹두나 동부 등이, 겨울에는 헤어리베치와 같은 아주 튼튼하고 거름을 안 주어도 잘 자라는 덩굴풀이 좋다. 다만 덩굴풀은 어린 과일나무를 타고 오른다는 흠이 있다.

기름진 밭이 되어감에 따라서 갖가지 작물을 기를 수 있다.

잡초의 변천과 채소 심기 차례 (밭을 만든 뒤, 해가 바뀜에 따라 잡초도 변해간다. 잡초의 변화를 보고 같은 과의 채소를 심는다.)

1 양치류	풀고사리→밭풀고사리→고사리	
2 벼과	참억새→띠, 강아지풀, 바랭이	피, 조, 기장, 보리, 벼
3 천남성과	반하	구약나물, 토란
4 마과	참마	마, 쓰쿠네이모, 야마토이모
5 명아주과	개여뀌, 까치 수영	명아주, 메밀, 시금치
6 엉거시과	망초, 민들레, 엉겅퀴, 쑥, 쑥부쟁이	쑥갓, 상치, 우엉
7 나리과	무릇, 산백합, 튤립, 아스파라거스	부추, 마늘, 염교, 파, 양파
8 꿀풀과	방아풀	차조기, 박하, 깨
9 콩과	칡, 새콩, 살갈퀴, 개자리, 토끼풀	콩, 팥, 강낭콩, 완두콩, 누에콩
10 메꽃과	메꽃	고구마
11 미나리과	독미나리, 땅두릅	미나리, 반디나물, 당근, 파슬리
12 겨자과	냉이	무, 순무, 배추, 갓
13 박과	하늘타리, 새박, 호리병박	하야또우리, 박고지, 여주, 호박 김장박, 수박, 오이
14 가지과	꽈리, 해당화	고추, 감자, 담배, 가지, 토마토

전용 밭의 조성

밭은 산기슭의 구릉지나 들판에 만드는 것이 보통이다. 재배하는 밭작물은 1년생 작물이 주이고, 대부분은 수개월부터 반년 단위의 단기 작물이다.

풀 길이 1미터 정도가 대부분인 야채는 당연히 뿌리도 얕게 내리는 천근성淺根性이다. 또 파종부터 수확까지의 기간이 짧고 1년 동안 몇 번이나 되풀이되기 때문에 땅이 태양에 노출되는 기간이 길다고 볼 수 있다.

따라서 밭작물 전용 밭은 강우에 따른 흙의 유실이 많으므로 척박한 땅이 되기 쉽다는 것, 가뭄이나 한파에도 약하다는 것을 전제로 해야 한다.

밭을 만들 때는 토양 유실을 방지하는 것이 가장 중요한 과제이기 때문에, 계단 모양으로 만들어 밭 표면을 수평이 되게 할 필요가 있다. 따라서 밭 만들기에는 흙이나 돌을 쌓아 계단식의 밭을 만드는 것이 맨 처음 해야 할 일이다.

흙의 성질을 알아서 무너지지 않는 둑을 만드는 기술이나, 그 밭에서 파낸 돌 등을 이용한 돌쌓기 기술의 솜씨 여부가 그 밭의 성공과 실패를 결정하기도 한다.

계단식 밭의 표면이 수평이냐, 조금이라도 비탈이 있느냐는 작황이나 농작업의 능률에도 크게 영향을 미친다.

밭의 토양을 개량하기 위해서 과거에는 깊은 홈을 파고 조대 유기물을 투입한 뒤 파묻었지만, 또 한 가지 좋은 방법은 흙을 쌓아올려 높은 두렁을 만드는 토양 퇴적법이다.

등고선에 삽으로 참호를 팜과 동시에 파낸 흙으로 높은 두렁을 만들어가면 좋은데, 이때 조대 유기물을 넣으며 쌓아야 한다. 단순한 고랑보다는 퇴적토 쪽이 바람의 소통이 좋은 만큼 보다 빨리 토양이 숙성하고, 메마른 점토질 토양일지라도 잠재된 지력이 보다 빨리 유효화해서 무비료 재배가 가능해진다.

D. 논 만들기

오늘날에는 대부분 대형 기계를 써서 개간하고, 돌을 골라내고, 땅고르기를 하기 때문에 쉽게 논을 만들 수 있다. 단위 면적을 넓히고 그뒤 기계화 농업을 하기 위해서는 그쪽이 편리하다.

그러나 여기에도 흠이 없는 것은 아니다. 조잡한 공법이기 때문에 다음과 같은 문제가 생긴다.

1) 지반의 고저에서 오는 표토의 두껍고 얇음, 생장의 불균형이 나타난다.

2) 크고 무거운 기계가 토양에 강한 압력을 가하기 때문에 필요 이상으로 토양이 눌려 가라앉게 된다. 지하수가 고여서 썩으며 이상 환원 상태를 야기하며 작물의 뿌리가 썩게 되므로, 기대한 효과를 올리지 못하는 경우도 많다.

3) 더욱 중요한 문제는, 두렁 등이 모두 콘크리트화되고, 토양 중의 미생물계가 이변을 일으키거나 사멸해버리며, 점차 흙이 죽어간다는, 곧 광물화해간다는 것이다. 소위 죽은 흙에서 논농사를 할 위험이 있다는 것이다.

이 근대적인 논 만들기 방법에 대해서는 이만 줄이기로 하고, 여기서는 옛날부터 해온 논 만들기를 소개하기로 한다.

보통 무논이라고 하면 평지에 개간하는 것이 상식처럼 돼 있다. 그러나 고대인들은 큰 강가에 있는 기름진 평지가 아니라 하천가나 홍수나 강풍의 염려가 적은 산중턱에 논을 만들고 거기서 살았다. 산골짜기에 논을 만든다거나, 산중턱에 계단식 논을 만들고 농부가 되었던 것이다.

옛날 사람은 산골짜기에 개울물에서 물을 끌어오는 수로를 내어 산골짜기 논을 만들거나 돌을 높게 쌓아서 계단식 논을 만들어야 했는데, 이러한 일들이 옛날 사람들에게는 지금 사람들이 생각하는 정도로 어려운 일은 아니었으며 또 고생을 고생이라고 생각하지도 않았다.

이런 논에는 논두렁 풀이나, 그늘을 없애기 위해 베는 주변의 잡초와 나무의 어린 가지 등을 넣으면 아주 쉽게 무비료 재배를 할 수 있다. 30평 정도의 작은 논 배미 하나를 만들어놓으면 영원히 한 사람의 생명이 보증된다. 그 안심입명의 정신과 논을 만드는 소박한 즐거움은 상상 이상이다. 거기에는 현대의 기계화 농법에서는 맛볼 수 없는 기쁨과 즐거움이 있었던 것이다.

사람이 사는 마을로부터 떨어진 깊은 산 속에서 숨겨놓은 듯이 보이는 작은 산골 논들을 만나면 "참 잘도 만들었구나!" 하고 놀랄 때가 많다. 오늘날의 경제학자의 눈에는 그 논들이 너무나 서툴게 만든 것처럼 보일 수 있다. 하지만 산속 깊은 곳에서 홀로 유유자적 자연을 벗삼으며, 고고한 인생을 즐기며, 옛날 사람들이 만든 이 논은 훌륭한 작품이라고도 할 수 있는 것이다.

산골짜기 나무그늘을 요리조리 누비며 물을 끌어들이는 수로의 뛰어난 모습, 지형과 지질을 잘 살펴 만든 돌의 배치, 그 돌에서 사는 이끼의 아름다움 등, 그 장소의 자연을 최대한 살린 치밀한 배려는 자연과 다름이 없고, 이름이 없는 농부가 만든 훌륭한 정원이라고도 할 수 있다.

이런 옛 농촌의 풍경은 근대화의 물결에 휩쓸리며 급속히 사라져가고 있다. 논을 자신의 마음의 논이라 여기며 논에 뜬 달을 보는 고대인의 풍류까지 근대화에 밀려 사라져가고 있다. 하지만 언젠가 반드시 어딘가에서 이런 마음을 가진 논이나 밭이 부활하리라고 나는 믿는다.

이것은 단순히 회고자의 꿈만이 아니다. 아직 개발되지 않은 광활한 평원이나 고원에서는 이런 방식의 논 만들기가 가장 현실에 맞는 방법이라고 생각하기 때문이다.

E. 윤작輪作 체계

종합적인 관점에 서서 만든 자연농원에서는 당연히 과일나무, 채소, 벼, 보리 등이 서로 양호한 유기적 관련을 유지하면서 재배되어야 한다.

근대 농법에 의해서 토양이 파괴되고 지력이 쇠퇴해온 것은, 많은 농작물이 다목적으로 나눠지고 고립되어 재배되거나 넓은 면적에서 단작單作(한 곳에 한 가지 작물만을 심는 것. 역주)과 이어짓기(연작連作)를 해왔다는 사실에서 비롯된다. 지력을 유지하면서 토지를 영원히 연속적으로 이용하기 위해서는 단작이나 연작이 아니라 확고한 돌려짓기(윤작輪作) 체계가 확립돼 있어야 한다.

과일나무는 산림의 나무나 밑풀과 무관하지 않다. 밀접한 연관 아래서 비로소 건전한 성장을 이룩할 수 있다. 밭 채소를 자연에 맡겨보면, 언뜻 보기에는 무질서하게 보이지만 실은 연작 장해, 기피, 병충해의 제약, 지력 회복 등의 문제를 자연적으로 해결하고 극복하면서 훌륭하게 자라는 것을 볼 수 있다.

고대인이 화전火田을 시작했을 때부터, 어떤 작물을 재배해야 하느냐는 작물 선택의 문제는 어느 나라 농부든 모두가 고민해온 최대의 사안이었다. 그런데도 아직까지 결정적인 윤작 체계가 확립돼 있다고 할 수 없는 상태에 머물러 있다.

유럽에서는 목초를 주체로 한 윤작 체계가 일단 수립돼 있다고 할 수 있지만, 그것은 소나 말을 위한 돌려짓기일 뿐 땅을 위한 게 아니다. 그런 윤작 체계는 경작지의 지력 감퇴를 초래하여 오늘날에는 그 개선이 필요한 상황이다.

일본에서는 갖가지 작물이 재배되고, 지역에 따라 우수한 윤작 체계가 행해지고 있는 것 같다. 하지만 아직 일반적으로 보급될 수 있는 기본적인 윤작 체계에까지는 이르지 못했다고 생각된다.

그 이유의 하나는, 농작물의 조합은 다양하고, 수량을 안정시키고 다수확을 도모하기 위한 요소는 무한하게 많다는 데 있다. 이것을 통괄해서 일정한 윤작 체계를 세우는 게 참으로 쉽지 않기 때문이다

다음 그림은 윤작 체계의 이해를 돕기 위한 것이다

자연 윤작 체계(기본도)

자연농원은 일견 어수선하고 무질서해 보이지만, 자연 생태계를 살린 윤작 체계에 따른 농작물의 정연한 작부作付 체계, 곧 심기 차례를 지키지 않으면 안 된다. 자연 윤작 체계의 기본도는 종래의 과학농법으로부터 자연농법으로 전환하기 위해서는 절대적으로 필요한 기본 조건이다.

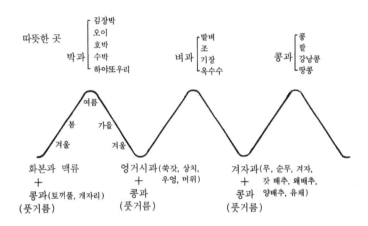

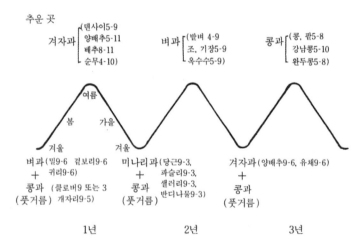

(겨울 1월·2월, 봄 3월·4월·5월, 여름 6월·7월·8월, 가을 9월·10월·11월, 겨울 12월)

※ 진흙경단으로 백 가지 씨앗을 혼파하면, 자연이 스스로 완전한 조화를 갖춘 윤작 체계를 취한다. 그러므로 262~267쪽의 그림은 무시해도 좋다(과학자에게는 참고가 될 것이다).

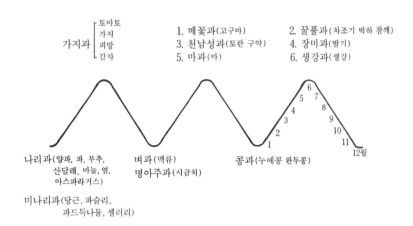

가지과
  토마토
  가지
  피망
  감자

1. 메꽃과(고구마)   2. 꿀풀과(차조기 박하 참깨)
3. 천남성과(토란 구약)   4. 장미과(딸기)
5. 마과(마)   6. 생강과(생강)

나리과(양파, 파, 부추,
  산달래, 마늘, 염,
  아스파라거스)

벼과(맥류)
명아주과(시금치)

콩과(누에콩 완두콩)

12월

미나리과(당근, 파슬리,
  파드득나물, 셀러리)

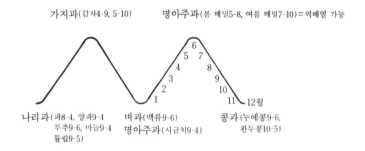

가지과(감자4·9, 5·10)   명아주과(봄 매밀5·8, 여름 매밀7·10)=역배열 가능

나리과(파8·4, 양파9·4
  부추9·6, 마늘9·4
  튤립9·5)

벼과(맥류9·6)
명아주과(시금치9·4)

콩과(누에콩9·6,
  완두콩10·5)

12월

4년   5년

작물의 윤작(일반 농가가 이용할 수 있는 구체적인 윤작 체계)

(1) 쌀 · 보리 연속 돌려짓기

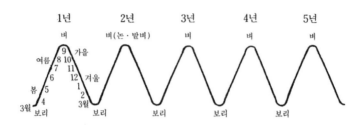

(2) 곡식과 채소를 섞어 돌려짓기(A)

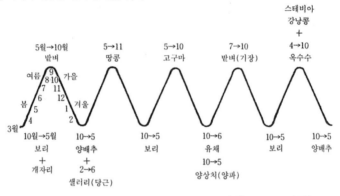

(3) 곡식과 채소를 섞어 돌려짓기(B)

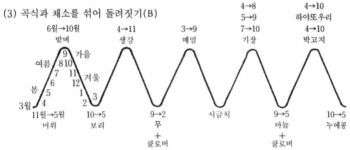

주곡 · 야채 돌려짓기

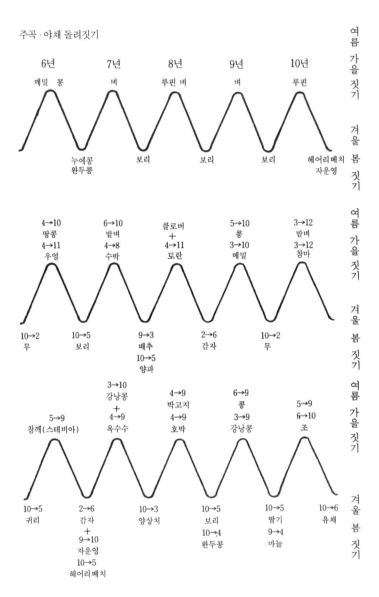

여름 가을 짓기

겨울 봄 짓기

6년 7년 8년 9년 10년

메밀 콩 벼 루핀 벼 벼 루핀

누에콩 보리 보리 보리 해어리베치
완두콩   자운영

4→10 6→10 클로버 5→10 3→12
땅콩 밭벼 + 콩 밭벼
4→11 4→8 4→11 3→10 3→12
우엉 수박 토란 메밀 참마

10→2 10→5 9→3 2→6 10→2
무 보리 배추 감자 무
              10→5
              양파

5→9 3→10 4→9 6→9 5→9
참깨(스테비아) 강낭콩 박고지 콩 6→10
              + 4→9 3→9 조
              4→9 호박 강낭콩
옥수수

10→5 2→6 10→3 10→5 10→5 10→6
귀리 감자 양상치 보리 딸기 유채
        + 10→4 9→4
        9→10 완두콩 마늘
        자운영
        10→5
        해어리베치

채소의 윤작(텃밭에서도 응용할 수 있는 윤작 체계)

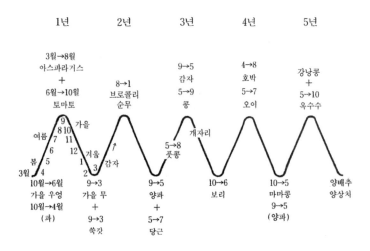

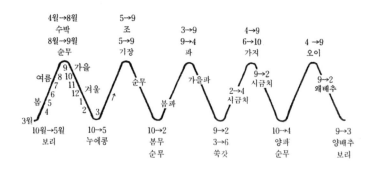

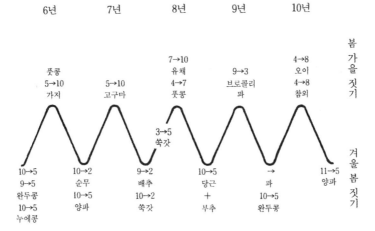

봄
가
을
짓
기

풋콩
5→10
가지

5→10
고구마

7→10
유채
4→7
풋콩

9→3
브로콜리
파

4→8
오이
4→8
참외

3→5
쑥갓

10→5
9→5
완두콩
10→5
누에콩

10→2
순무
10→5
양파

9→2
배추
10→2
쑥갓

10→5
당근
+
부추

→
파
10→5
완두콩

11→5
양파

겨
울
봄
짓
기

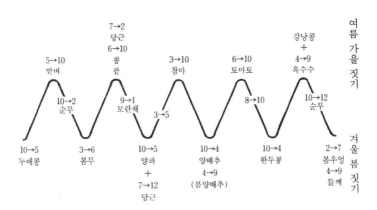

여
름
가
을
짓
기

5→10
밭벼

10→2
순무

7→2
당근
6→10
콩
팥

9→1
모란채

3→10
참마

3→5

6→10
토마토

8→10

강낭콩
+
4→9
옥수수

10→12
순무

10→5
누에콩

3→6
봄무

10→5
양파
+
7→12
당근

10→4
양배추
4→9
(봄양배추)

10→4
완두콩

2→7
봄우엉
4→9
들깨

겨
울
봄
짓
기

윤작의 효과와 문제점

[벼와 보리] 벼-보리 농사를 이어서 재배하는 윤작 체계는, 동양에서는 예부터 아주 상식적인 일로서 오랜 기간 같은 수량을 올릴 수 있는 것도 당연하게 생각되고 있지만, 외국 사람들의 입장에서 보면 경이로운 농사법으로, 이런 윤작 체계가 정착되어 있는 나라는 아주 드물다.

벼와 보리를 해마다 이어 경작할 수 있었던 것은, 벼를 무논에 기르고 우수한 관개법에 의해 지력을 키웠기 때문이다. 동양의 농부들이 만들어낸 이 훌륭한 농법을 자랑스럽게 생각하고, 앞으로는 해외에도 보급시켰으면 한다.

예를 들면, 벼와 보리가 흡수하는 질소 비료의 70퍼센트는 지력이 공급하고, 인공적으로 비료에 의해서 주는 양은 30퍼센트 정도로 보인다. 나락 이외의 짚 전량을 논에 환원하면, 인간이 벼와 보리에게 주어야 하는 분량은 많아야 15퍼센트 정도라는 것이다.

수분 함유량이 70퍼센트나 되는 야채나 과일에 있어서는, 실제로 주어야 하는 비료 성분은 아주 적을 것으로 예상된다.

최근에 유전자 공학이 발달되며, 콩의 뿌리혹박테리아 유전자를 벼의 유전자 속에 넣어 질소 고정 능력을 가진 벼를 만들면 무비료로 재배할 수 있다는 보도가 있었다. 그러나 자연은 더욱 자연스러운 방법으로 무비료 재배를 달성하고 있다고 할 수 있다. 나의 '녹비초생미맥작綠肥草生米麥作'(풋거름 풀과 함께하는 벼와 보리 이어짓기 재배를 뜻함. 역주)은 단순하게 자연의 흉내를 내었을 뿐이고 불완전한 것이다. 하지만 자연을 대규모로 파괴할 위험을 안고 있는 유전자 공학에 의존하지 않고도 보다 안전하고 자연스러운 방법으로 농사를 지을 수 있는 길이 거기에 있다.

밭벼와 잡곡

[밭벼] 인류의 주식은 밀과 쌀이 반반이라고 할 수 있지만, 만약 밭벼가 보급되어 밭에서도 쉽게 다수확을 올릴 수 있다면 비약적으로 쌀을 먹는 인종이 증가하게 될 것이다. 쌀을 먹는 인종의 증가는 세계적 식량 부족에 대처할 수 있는 좋은 방법의 하나가 되리라고 나는 생각한다. 그런 의미에서 밭벼 재배를 중요시하고 싶다.

일반적으로 밭벼는 가뭄을 타는 일이 많고 불안정한 작물이며, 수량도 논벼보다 떨어지고, 또 연작을 하면 차차 지력이 떨어지며 수량이 점차 줄어드는 것이 흠이다.

그러나 각종 녹비 작물이나 채소를 조합한 윤작을 통해 보수력을 높이고 지력을 점차로 키움으로써 이런 흠을 극복할 수 있을 것이 틀림없다.

[잡곡] 조, 기장, 피, 옥수수 등의 포아풀과 잡곡과 메밀, 율무와 같은 잡곡류는 일반적으로 쌀이나 보리와 비교할 때, 맛이나 이용 방법의 연구 부족으로 경시되고 있다. 하지만 인간의 건강을 유지하기 위해서는 꼭 필요한 오래된 건강 식량으로서, 대단히 중요한 가치가 있는 작물로서 다시 평가되어야 한다.

일반 식물이나 채소류도 같다. 원시적이고 야생의 맛을 그대로 지니고 있는 것일수록 건강식 또는 약초로서의 가치가 높은 것이 많다.

기호의 변천에 따라 잡곡류 재배는 급격하게 줄어들고 있다. 이제는 씨앗의 보존조차 걱정되는 실정이다. 그러나 잡곡류는 식량이나 가축의 먹이로서 인류에게 도움이 될 뿐만 아니라 토양을 보존하기 위한 조대 유기물원으로서도 매우 중요한 역할을 담당해왔다.

잡곡류는 단작이나 연작을 하면 땅을 척박하게 만들지만, 녹비 식물이나 근채류 등과 혼작을 함으로써 토양을 개량하고 비옥하게 할 수 있다. 이런 이유로 나는 잡곡의 부활을 꾀하고 싶은 것이다.

채소

채소는 일반적으로 허약한 작물이라서 재배가 어렵다고 생각하기 쉽다. 그러나 극단적인 데까지 품종이 개량되며 병약해진 오이, 수박, 토마토 등 몇 가지 종류를 빼면 예상 밖으로 강한 작물이고, 조방재배도 이겨낼 수 있는 작물이 채소다.

겨울철의 겨자과 채소 등은 겨울 잡초가 나기보다 조금 일찍 씨앗을 뿌리면, 힘차게 자라 잡초를 눌러버린다. 또 깊은 곳까지 뿌리를 뻗기 때문에 토양 개량에 있어서도 매우 효과가 높다.

콩과의 녹비 작물이 여름 잡초 발생을 방지하고 토양을 기름지게 하는 것은 두말할 나위도 없다. 그러므로 녹비 작물이 돌려짓기 체계에서 중요한 위치를 차지하는 것도 당연한 일이다.

갖가지 채소를 혼작하거나 윤작 체계를 짜기에 따라서는 농약을 안 쓰고도 병충해의 피해를 막을 수 있으며, 실제로 이용하는 데 아무런 문제가 없는 채소를 수확할 수 있다.

또한 무작위적인 자연의 윤작 체계라 할 수 있는 야초화 재배를 통해서, 여러 가지 채소를 거의 무비료로 재배할 수 있다는 사실은 이미 실증이 됐다.

과일나무와 윤작

과일나무는 여러해살이 식물인데다 연속 재배를 하기 때문에 당연히 연작 장해가 있다. 이 장해를 자연적으로 해소하고 과일나무 수명을 늘리는 목적을 가진 것이 보호림이고, 과수의 초생草生 재배이다. 혼식한 비료나무(肥料木: 비료가 되는 나무. 역주)와 과일나무의 관계, 과일나무와 밑풀과의 관계는 마치 일종의 입체적 윤작 관계라고도 할 수 있다.

과일나무 아래에 채소 농사를 지으면 주요 해충이 줄어드는 경향이 있다. 과일나무와 채소 사이에는 공통적인 병충해도 있고, 여느 종류의 병충해도 있다. 또 이들 병충해의 천적류도 갖가지이고, 발생 시기도 다르다. 말하자면 과일나무와 채소, 해충과 익충이 적당하게 균형을 유지하고 있으면 병충해의 실제 피해를 막을 수 있다는 것이다.

또 비료목이나 방풍림을 심는다거나 상록수와 낙엽과수를 섞어 심음으로써 병충해의 피해를 줄일 수 있다. 그 이유도 마찬가지다.

대개 과일나무의 중요 병충해(하늘소나 패각충 등)는 지력 저하로 인한 나무의 세력 약화와 나무 모양의 혼란, 통풍, 채광에 원인이 있을 때가 많다. 따라서 지력을 보존하고 유지하기 위한 녹비 초생 재배나 비료나무 혼식이 근본적인 병충해 대책이라고 할 수 있다.

자연농법의 과수 재배는 문자 그대로 종합적, 입체적이다. 초목뿐만 아니라 가금, 가축, 인간 등도 포함하여 이 모든 것들이 일체가 되는, 이른바 유기적 결합체이다. 자연농원을 하나의 소우주라 보고 관리 운영을 하면 자급자족할 수 없을 리가 없다.

자연은 이른바 자급자활이 원칙이고, 사람의 지혜는 본래 필요 없었던 것이다. 익충 또는 해충이라고 구별하는 병충해의 세계도, 무심히 보면, 공존공영의 세계다. 비료와 에너지의 대량 투입을 필수적인 일이라고 보는 과학농법의 실체는 지력 약탈 농업이 저지른 악업의 보상에 지나지 않는다. 무위자연으로 돌아가면, 모든 것이 얼음 녹듯 해결되리라고 생각한다.

벼와 보리

A. 벼농사의 발자취

상서로운 벼이삭의 나라라고 불리는 일본에서 벼는 단순히 농민의 주 작물이라는 이유 이상의 깊은 뜻이 있었을 것이 틀림없다. 벼이삭의 나라에서는 농부가 벼를 재배하는 것이 아니라 벼가 스스로 자란다. 이 나라에 태어난 사람들은 이 자연의 은혜를 누릴 수가 있다. 그렇게 천지의 혜택을 감사한 마음으로 향수할 수 있는 일본 민족의 환희, 그 표현이 상서로운 벼이삭의 나라였을 것이다.

하지만 벼를 인간이 재배한다고 생각했을 때부터, 과학적 분별에 의해서 벼이삭의 국토와 벼는 분리된다. 천지와 사람과의 일체감을 잃어버리면, 거기에는 인간 대 벼농사, 인간 대 토양의 관계만이 남을 뿐이다.

근대적 사고방식 아래서, 쌀도 하나의 단순한 식품에 지나지 않는다고 생각하게 되었다. 그와 동시에 벼농사(신神을 섬긴다)에 열심인 농부의 모습은(합리적, 과학적, 아니면 경제적인 처지에서 보면) 비합리적이고 비과학적으로서, 생산 능률이 나쁜 경제 활동이라고 보이기 시작한 것이다. 그러나 여기서 잘 생각해볼 필요가 있다. 과연 쌀은 하나의 단순한 식품에 지나지 않는 것일까? 농업 또한 단순한 경제 활동의 한 분야일 뿐이고, 농부는 식량 생산에 종사하는 일개 노동자였던가?

쌀이 흔한 물질이나 식품의 하나로 전락하게 된 것은, 국민이 쌀의 참된 가치를 잃어버리고, 농민 또한 풍요롭게 결실을 맺은 쌀을 신에게 바치며 가을에 감사하는 마음을 잊어버렸을 때부터이다. 물질로서의 쌀을 과학적으로 보면, 거기에는 단순히 인간의 식량으로서의 영양적 가치밖에 없다. 예를 들어 노동의 대상으로서의 결과는 있어도, 거기에는 하늘과 땅과 인간의 합작품이었다는 기쁨도, 대자연의 존엄하기 이를 데 없는 생명의 발로였다는 기도도 없다. 일본 땅에서 거둔 쌀은 생명의 양식으로서의 물질이라기보다 일본 민족의 정신 그 자체였다.

그러나 농부의 생산 활동이 하나의 식품, 하나의 상품으로서의 쌀 생산에 지나지 않는다고 생각되기 시작했을 때부터, 그 목표 또한 차차 전락할 수밖에 없었다. 벼농사가 목적이 되지 않고 전분 생산이 목적이 되고, 나아가 전분의 제조와 판매에 의한 이윤 추구가 목표가 되어갔다. 그에 따라 보다 많은 수입을 위해 보다 많은 수확을 바라는 자세가 농업의 본류라고 생각하게 되었다.

벼 재배법의 변천

일본의 벼농사는 지난 50년 동안 크게 나눠 다음과 같이 바뀌어왔다.

1) 원시적 농법(경종耕種 개선 시대) - 1940년
2) 유축농법(퇴비 비료 증산 시대) - 1950년
3) 과학농법(기계 화학의 시대) - 1960년

4) 기업적 경제 농법(에너지 다량 투입 시스템 농업의 시대) - 1970년

즉 과학농법이 발달되기 전에는 작물을 기르는 어머니인 땅에 오직 봉사한다는 것이 벼농사의 모든 것이었다. 그러나 그것이 차차 토양 관찰로부터 지력을 증강한다는 사고방식으로 옮겨가며, 지력이란 무엇이냐는 논의로 발전돼갔다.

지력을 증강하기 위해서는 보다 깊이 갈고 보다 유기물을 많이 넣는 것이 효과적인 수단이라는 판단에 따라, 농기구의 개량과 벤 풀이나 짚을 재료로 한 퇴비 증산 운동이 전국적으로 전개되었던 것은 널리 알려진 사실이다.

다음으로는, 다수확은 두엄이나 퇴비를 많이 사용함으로써 달성될 수 있다는 생각에서 유축농업이 장려됐다. 그러나 두엄이나 퇴비 만들기는 쉬운 일이 아니기 때문에 중노동에 시달린 데 비하면 수량은 나아지지 않고 600킬로그램에 머물렀고, 그 이상을 바라는 시도는 오히려 수량이 줄어드는 위험이 따름에 따라 결국은 유축농업도 일부에 보급된 독농篤農 기술에 그쳤다.

1950년경에 중국으로부터 심경深耕, 밀식, 다비多肥 등에 의한 놀라운 다수확 이론이 전해지며 한때 일본 학자들도 다투어서 그 기술을 흡수하려고 했다. 그러나 실상이 명백해짐에 따라서 평가도 갖가지로 나타나며 그 다수확 이론도 용두사미의 기술로 끝나고 말았다.

이 무렵에 벼의 각 생육 과정에 대한 형태학적인 연구가 성행하며 파종 시기, 파종량, 모내기 때의 모의 숫자, 포기 간격, 모의 깊이 등에 관한 정밀한 비교 연구가 이루어졌다. 모두 다수확이 목표였다. 그러나 그것도 이른바 5퍼센트 증산 기술의 범위를 넘을 수가 없었다. 현재는 이런 분석 기술을 통괄 종합한 다수확 기술을 확립하려 하고 있다.

그러나 실제 수량은 '옛날에도 600킬로그램, 지금도 600킬로그램'이라는 말 그대로 정체돼 있다. 다만 수확이 낮았던 지역에서 기반 시설 정비나 관배수로 개량 등으로 드물게 증수가 됐을 뿐이다. 통계상의 증수는 산골에 있는 논이나 척박한 논이 통계에 빠진 결과로 보인다.

지난 50년간 일본의 농업기술은 겉으로는 급속한 진전을 이룬 것처럼 보이는데, 토지의 생산성은 반대로 떨어졌다. 특히 질적으로는 진보는커녕 오히려 퇴보했다고 할 수 있다.

오늘날의 벼농사는 노동 생산성이 강조됨에 따라 수익성이 추구될 뿐이고, 그 때문에 유축농업이 사라지며 과학농법, 특히 기계화와 화학농법 일변도로 바뀌게 되었다. 과학농법의 독주 결과로 빚어진 환경오염 문제를 계기로 일부에서 유기농법이 선전되고 있지만 이것도 사실은 과학농법의 범위를 넘을 수 없고, 대세는 석유 에너지의 다량 투입에 의한 기업적, 상업적 농법으로 기울어지게 된 것이 사실이다.

이런 시기에 농업의 근간인 벼-보리 농사에 자연농법이 도입 정착되면, 과학농법을 부정하고 그 독주를 막을 수 있다고 하겠다. 반자연적인 조건 아래에서 실시되는 시험장 실험의 다수확 벼는 실제 밭에서는 결과가 다르게 나온다.

여기서 생각할 수 있는 것은 형태적, 생태적, 생리적 다수확 이론을 잘 이어서 하나의 경종 설계도를 만들 수 있으면, 이 이론도 도움이 되리라는 것이다. 이런 생각에서 각종 조건을 만족시킬 수 있을 듯이 보이는 벼 재배 방법을 제시해본다.

1) 다수확인데도 비료를 적게 바라고, 병해에도 강한 품종을 쓴다.

2) 심경, 곧 땅을 깊이 갈아 토양을 개량한다.

3) 밀식, 종래의 한 평당 30~40포기 정도 심던 포기 수를 두 배 이상

으로 늘린다.

4) 퇴비 등 유기물을 다량으로 넣는다.

5) 객토를 한다.

6) 토양의 투수성透水性을 높인다.

7) 인산 비료 등 밑거름을 땅속 깊이 많이 넣어준다.

8) 정방형 모심기를 가로수형 심기로 바꾼다.

9) 간단間斷 관수, 곧 물 대었다 떼기를 반복함으로써 통기성을 높인다.

10) 이삭을 키우는 데 중점을 둔 웃거름 주기를 행한다. 혹은 후기 이삭 거름에 중점을 두고, 어린 이삭 형성기 이전의 비료 효과를 억제한다(마쓰시마松島의 V자형 이론).

11) 키가 작고 잎이 넓은 직립형의 벼를 만들어 지나치게 무성해지지 않도록 주의하며, 키는 작지만 열매는 많이 맺는 벼를 만든다.

12) 건전한 뿌리 증대를 목표로 한다.

13) 초숙初熟 기간을 연장한다.

하지만 이상의 모든 항목을 동시에 만족시킬 수 있는 재배는 용이한 일이 아니다. 다수확을 위한 조건을 여러 가지 들어보지만, 그것은 "다수확을 올리기 위해서는 형태적으로는 물론 생태적으로도 무리가 없는 균형이 잡힌 벼를 만들고, 또 생리적 기능을 충분히 발휘할 수 있게 관리하면 좋다"는 말과 결과적으로 거의 차이가 없는 것이다. 결국 언뜻 보기에는 벼농사 이론이 확대되고 기술도 복잡해져서 개선이 돼온 것처럼 보이지만, 실제로는 헛수고를 되풀이해왔을 뿐이었다고 할 수 있다. 다수확 이론이 발전되고 확대되었다고 본 것은 환영이고, 환영이 거품처럼 사라짐과 함께, 이론은 순환하여 본래의 자리로 돌아간 데 불과하다.

B. 보리농사의 발자취

식량으로서의 보리는 쌀 다음으로 중요한 작물이다. 현미와 함께 보리밥 맛은 일본 농부에게는 잊어서는 안 되는 맛이었다. 그런데 그 보리가 일본 땅에서 없어지려고 하고 있다. 십수 년 전까지만 해도 일본의 겨울 논은 어느 한 부분도 방치된 적이 없었다. 무엇인가가 자라고 있었고, 그 대부분은 보리였다. 그것은 당연한 일로서, 단위 면적당 생산량이 여름에는 벼농사를 짓고 겨울에는 보리농사를 짓는 것이 최고였기 때문이다.

종래의 보리농사는 가을에 벼를 벤 뒤 땅을 갈고, 이랑을 만들고, 그 위에 보리씨를 뿌리는 것이 보통이었다. 이랑을 만든 이유는, 맥류는 일반적으로 습기에 대한 저항력이 약하다고 생각됐기 때문이다.

하지만 이런 방식의 보리 파종은 용이한 일이 아니었다. 경운, 쇄토 碎土, 고랑 만들기, 씨 뿌리기, 흙덮기, 두엄 뿌리기 등을 해야만 보리 파종은 끝난다. 그리고 곧 첫 번째 김매기를 하고, 새 봄이 되면 서둘러 두 번째, 세 번째 제초를 해야 한다. 또한 제초를 겸한 사이갈이를 하고, 괭이로 북을 주는 작업을 해야 한다. 보리밟기를 몇 번 되풀이한 뒤, 마지막 북주기를 끝낼 때쯤에는 농약을 두 번 쳐야 하고, 그제야 보리 이삭이 패고 익어가기를 기다릴 수 있는 것이다. 추울 때 이런 작업을 끝내고 맞이하는 보리 베기는 1년 중에서 여름보다 더 더위가 심하다는 5월 말이다. 더구나 조금 늦게 익는 밀이나 겉보리는 장마철이 추수기와 겹쳐 나락 말리기가 어렵다. 그러므로 문자 그대도 물과 불로 고생을 하는 것이 보리농사였던 것이다.

미국 밀의 수입을 막기 위해 밀 씨앗을 개량하고 밀농사가 장려됐던 일이 40년 전에 있었다. 겉보리나 쌀보리 대신에 많은 양의 밀 씨앗을 뿌렸는데, 일본 풍토에서는 식빵용 밀이 늦게 익는 무리가 있어 수확량이 안정되지 않았다.

그러나 1935년경부터 일본의 농림성은 '보리는 필요 없다, 외국 보리를 이길 수 없다, 외국산의 식량이 싸다'는 등을 이유로 식량이나 가축의 먹이는 외국에 의존하자는 방침을 세웠다. 그 바람에 밀농사 지대의 농가들은 밀농사를 포기하기 시작했다.

값이 싸고 게다가 고생까지 많은 보리농사를 농가에서 버티며 해온 것은 돈 때문도 아니고 그 무엇 때문도 아니었다. '겨울 동안에 논을 그대로 놀리는 건 아깝다, 게으른 농부가 되고 싶지 않다'는 농부 정신이 일본의 작은 땅을 남김 없이 갈게 했던 것이다. 그래서 비싼 보리는 필요 없다며 보리의 안락사라든지 객사를 바란다는 그런 말이 지도자의 입에서 나오게 되면서 흔들리기 시작한 농부들의 붕괴는 예상 이상으로 빨랐다. 25년 동안 보리농사가 반으로 줄며 멸망 상태에까지 이르게 된 것은 이런 이유 때문이다.

30년 전에는 거의 모든 식량을 자급자족하던 일본이, 수년 전부터는 자급률이 40퍼센트 이하로 떨어지며 식량 자원 확보가 문제가 되기 시작했다. 그 바람에 보리도 재생산을 향해서 조금씩 다시 장려되기 시작했지만, 과연 농민의 마음까지 부활할 수 있을 것인지는 알 수 없다.

일본에서 보리농사 무용론이 퍼질 때 외국산 보리가 싸고 내국산 보리는 비싸다고 했지만, 나는 "외국 보리에 대항할 수 있는 보리 재배법이 있다. 본래 작물 가격은 근본적으로 세계 어디서나 동일해야만 하는데, 그것이 국가 사이에서 높아진다거나 낮아지는 것은 인위적 경제 조작에 의한 것으로서 농부 탓이 아니다"라고 계속 주장해왔다.

논밭에서 보리농사만큼 높은 칼로리를 생산할 수 있는 작물은 그리 많지 않다. 벼와 함께 일본의 풍토에 적합하여, 예나 지금이나 장래나 꼭 지어야만 하는 작물이라는 데는 변함이 없다. 일본의 논은 대부분이 조금만 개량하면 벼-보리 농사를 연속적으로 이어 지을 수 있다. 그래서 나는 벼농사와 보리농사가 일체가 된 재배를 농업의 근간으로 삼아야 한다는 자세를 처음부터 끝까지 꾸준히 취해온 것이다.

자연농법의 보리농사에 이르기까지

내가 걸어온 보리농사의 변천을 크게 나누어보면 다음과 같다.

경운을 하고 이랑을 만든 시대, 간단한 반 갈이 평이랑 재배 시대, 그리고 최종적으로는 무경운 재배를 기본으로 한 자연농법의 시대다.

1) 경운을 하고, 이랑을 만들고, 줄 뿌리기

일본의 보리농사는 보리나 밀 모두 폭 90센티 정도의 높은 이랑을 만들고, 15~18센티 사이를 두고 줄 뿌리기를 하는 것이 보통이었다.

나는 40년 전, 이 파종 이용 면적을 25퍼센트, 30퍼센트, 40퍼센트로 점점 넓혀갔다. 그 당시는 넓은 폭으로 드물게 뿌리는 것이 다수확 이론의 주류를 차지하고 있었기 때문이다. 그래서 파종 폭을 24~30센티 이상으로 넓혔는데, 눈에 띄는 증수는 없고, 오히려 불안정했다. 1~2미터 이랑에 폭 18~24센티의 두 줄 뿌리기로 줄 간격을 넓혀 지나치게 자라는 걸 방지하자 수량이 늘어났다.

하지만 이렇게 하니까 이랑 사이의 고랑 폭이 좁고, 또 자연적으로 낮아지며 낮은 이랑이 돼버렸고, 사이갈이와 김매기 등 모든 작업을 괭이로 해야만 하게 됐다.

나는 두 줄 뿌리기로부터 더욱 수량을 올리기 위해 좁은 폭의 세 줄 뿌리기로, 네 줄 뿌리기로 나아갔다.

이 무렵에는 좁은 폭 뿌리기라기보다 한 알의 줄 뿌리기가 되며 점 뿌리기와 똑같아져 버렸다.

재배 양식의 변천

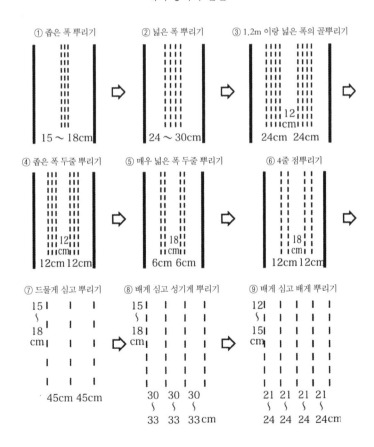

자연농법의 실제

2) 반 경운 낮은 이랑—평이랑 재배

90센티 이랑에 세 줄, 네 줄 뿌리기는 낮은 이랑에서 평이랑에 가깝기 때문에, 반 경운법(半耕法)에 줄 뿌리기를 점 뿌리기로 바꿨다.

쌀보리는 높은 이랑이 아니면 지을 수 없다는 게 일반적인 생각이었으나, 간단한 반 경운법으로도 재배할 수 있는 것을 알았다.

그러나 반 경운법으로는 발아기에 습해를 받기 쉬운데, 그 점에서는 무경운 쪽이 오히려 안전하다는 것을 알았다. 그래서 1950년부터 무경운 점파點播 연구를 시작하며 차츰 자연농법의 보리농사가 궤도에 오르기 시작했다.

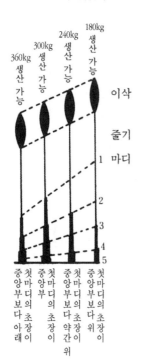

하지만 곤란했던 것은 제초 대책으로, 보리와 동시에 라지노 클로버 씨앗을 뿌려 잡초에 대비한다든지 볏짚을 뿌려보게 되었다. 그 당시에는 논에 볏짚을 뿌리는 사람이 거의 없었다. 농업기술자도 병해 방지상 논에 짚을 방치하는 것을 엄격히 금하고 있었다. 내가 굳이 볏짚을 썼던 것은, 제2차 세계대전 전에 고치 현에서 겨울 동안 내버려둔 볏짚이 봄까지 오는 동안 썩으며 병원균이 죽는 것을 확인했기 때문이다. 이 볏짚 뿌리기로 잡초 대책에도 희망을 갖게 됐다.

3) 무경운 직파 재배

파종기를 만들어보고, 구멍 뿌리기로부터 줄 뿌리기로 바꾸고, 또 뿌림 골을 만들고, 골에 점 뿌리기로 바뀌며, 그와 함께 볏짚을 까는 방법도 철저하게 함으로써 차츰 무경운 직파에 확신을 가지게 되었다.

그 뒤 드물게 뿌리기에서 조금씩 배게 뿌리기로 바꾸고, 다시 드물게 심기에 산파, 곧 흩어 뿌리기의 현재 재배법이 됐다.

그 당시 내가 얻은 확신은 다음과 같다.

첫째로, 보리와 벼의 무경운 연속 줄 뿌리기를 수십 년 동안 계속해본 결과, 무경운이 흙을 악화시키지 않을 뿐만 아니라 오히려 갈이흙(耕土)이 개선되며 비옥하게 변한다는 것을 확인했다.

둘째로, 재배 방법이 지극히 단순하고 발아 및 잡초 대책도 거의 완전해졌다. 다른 재배법과 비교해보면 일손을 줄이고도 수확이 늘어났다.

셋째로, 이 방법은 자연농법의 철학 위에서, 그리고 벼 직파 재배와 결합해서 실시했을 때 비로소 진가를 발휘하게 된다는 사실이다.

보리농사를 시작할 때부터 내게 의문이었던 것은, 보리하고 벼는 같은 볏과 식물이면서 왜 보리는 직파를 하고 벼는 모를 길러 모내기를 해야 하느냐는 것이었다. 그리고 왜 보리는 이랑을 만들어서 재배하고, 벼는 평이랑 재배를 하느냐는 것이었다.

자연적이라는 입장에서 보면 양쪽 모두 직파에 평이랑이라야 하지 않겠느냐는 생각을 처음부터 하고 있었던 것이다.

그러나 실제로는 이런 생각, 즉 원칙적으로는 벼와 보리를 같은 방법으로 지을 수 있다는 생각은 공상의 영역을 떠날 수 없는 것이었다. 그래서 그 생각은 오랜 세월 동안 나의 단순한 소망의 하나에 지나지 않았다.

하지만 해마다 실패를 거듭하면서도 계속 벼-보리 농사를 짓는 사이에, 어느새 그 방법에 비슷해져 갔고, 마침내는 하나가 되며 혼파에서 동시 뿌리기까지 가능하게 되었다. 이것으로 드디어 염원하던 자연농법의 기본을 확립하게 되었다고 확신할 수 있었다.

c. 내가 걸어온 벼농사의 길

나는 처음에는 농업기술자로서의 길을 걸으려고 했다. 가업이 농업이고 맏아들로 태어났기 때문에 언젠가는 고향으로 돌아가야 한다고 생각하고 있었지만, 당분간은 자유로운 길을 걷고 싶었다.

나의 전문은 식물 병리다. 기후岐阜 농업대학교의 히무라 마코토 교수 밑에서 기초를 배우고, 오카야마 농업시험장에서 이가 스에히코 기사로부터 실제적인 지도를 받았다. 요코하마 세관 식물검사과에 근무하게 된 뒤에는, 같은 연구실에 있던 구로자와 에이치 선생님 아래에서 연구를 계속했다. 당시 나는 평범한 길 위에서 청년 시절의 행복을 향유하고 있었다.

그러나 어느 날 갑자기 나의 운명은 엉뚱한 세계로 날아가게 됐다. 그것은 '인간은 무엇인가', '인생이란 무엇인가'에 대해 고민하는 모색하고 있던 어느 날 밤, 갑자기 내 머리에 번뜩인 것, 그것이 모든 것을 해결해주었기 때문이다. …자연이란 이름 붙일 길이 없는, 경악하지 않을 수 없는 어떤 것이었다… 그 한 순간에 내 내면에 형성된 것은, 말하자면 '무無'의 철학이었다. 그 철리로부터 출발하고 구성되고 만들어진 것이 나의 자연농법이다. 처음에 내 머리에 떠오른 것은, '이 세상에는 아무것도 없다, 인간도 그저 자연에 따라 살아가면 된다, 아무 것도 할 필요가 없었다'는 확신이었다.

1940년경의 농업시험장 안에는 아직 연구자에게 자유가 있었다. 나에게 맡겨진 병충부의 일을 마친 뒤에는 내 꿈속에 사는 게 가능했다. 그렇게 농업기술자로서는 이단적인, 즉 과학 기술을 부정하는 기술을 탐구할 수 있는 자유를 농업시험장이 허락해준 것은 내게 큰 행운이었다.

그러나 전쟁(제2차 세계대전을 말함)이 급박해짐에 따라, 기본적인 연구보다 식량 증산 업무가 급박해지며 농업기술자도 그 지상명령에 따라 총동원되었다. 식량 중에서도 특히 전분 생산량의 증대가 다른 농작물을 희생해서라도 필요했다.

그에 따라 고치 현 농정사상 획기적인 계획이 실시됐다. 삼화명충(삼화명나방애벌레로 체장 약 2센티, 1년에 세 차례 발생하며 벼 줄기 속으로 파먹어 들어가는 해충임. 역주)을 잡아 없애기 위한 논벼의 만화晩禾 재배, 곧 늦게 심어 기르기가 그것이었다. 이 만화 재배 실험은 그 당시 벼농사의 최고 기술을 종합적으로 집약한 것이었다. 따라서 만화 재배를 안다는 것은 그 당시 과학농법의 기술 수준을 아는 것이 되기 때문에, 그때의 상황을 조금 자세히 설명해보기로 한다.

그 당시 고치 현의 벼농사는 지역에 따라 서로 달라, 고치 시를 중심으로 한 가쵸高長 평야에는 벼의 2기작*이 행해지고 있었고, 그 밖의

---

* 2모작이 아니다. 2모작이 한 해에 서로 다른 두 종류의 작물을 심어 가꾸는 것을 말한다면, 2기작은 한 해에 한 작물을 두 차례 재배하는 것을 말하다. 2모작의 대표적인 예는 벼와 보리의 이어짓기로, 5월에 보리를 수확한 뒤 벼를 심고, 10월에 벼를 수확한 뒤 보리를 심는 방법이다. 한국에서는 경남과 전남 지방에서 가능하다. 하지만 2기작은 한국에서는 어렵다. 일본에서도 2기작이 되는 곳은 불과 몇 곳 안 된다. 역주

지방에서는 조생-중생-만생 등으로 갖가지 벼농사가 자유롭게 지어지고 있었다. 따라서 모내기는 4월에서부터 8월 상순까지 오래 이어지고 있었다.

그런데 고온이고 일견 벼농사에 적당하다고 보이는 고치 현의 벼 수확량이 전국에서 가고시마 현 다음으로 낮았다. 그 때문에 적극적인 증산 기술의 확립보다는 낮은 수확량에 대한 원인 규명이 먼저 해결해야 할 과제였고, 그 위에서 감손 방지 기술의 확립을 서둘러야 했다. "가쵸 평야의 벼는 한 포기도 제대로 된 것이 없다"는 나의 말이 물의를 빚은 것도 이 무렵의 일이다. 그러나 사실은 사실이고, 고치 현의 증산은 병충해에 의한 감손 방지가 먼저 해결돼야만 한다는 것에는 이론이 없었기 때문에, 결국 '삼화명충 박멸 대책'이 세워지고 고치 현의 명령에 따라 벼농사 통제령이 발령됐던 것이다.

이 만화 재배 실시에 즈음해서는 고치 현의 농산과, 농업시험장, 농협 등 해당 기관 소속의 모든 농업기술자가 총동원되었을 뿐만 아니라, 완전히 한 덩어리가 돼서 지도를 펼쳤다.

지금 생각해보면, 전쟁 중이었기 때문이라고는 하지만, 잘도 그렇게 대담한 해충 방제 대책을 실시했구나 하는 감탄이 절로 난다. 고치 현만이 아니라 이런 벼농사 개혁은 일본 벼농사의 역사에서도 많지 않은 사례일 것이다. 첫해에는 동부 지역인 아게 군安藝郡, 둘째 해에는 서부의 하타 군幡多郡, 셋째 해에는 고치 현의 중부 지대에서 실시됐다.

이 방법은, 삼화명충은 벼만 먹는다는 점을 이용해서 7월 8일(두 해째는 3일)까지, 1개 군이나 2개 군에 걸친 광범위한 지역에서 벼농사를 금지하는 것이었다. 이렇게 하면 삼화명충 제1회 발생 기간에 벼가 하나도 없기 때문에 삼화명충이 굶어 죽게 된다. 삼화명충을 완전히 없앤다는 이론은 아주 간단하지만, 마디충의 제1회 발생기의 종료기를 7월 며칠로 하느냐는 문제는 내 나름대로의 고생도 있었고 상당한 결단을 필요로 하는 일이기도 했다. 만약 실패하면 큰일이었기 때문이다.

그보다도 더 큰 고생은 다른 부문에도 있었다. 모내기를 7월 상순까지 안 한다는 건 농부들에게는 물론 농업기술자들에게도 큰 부담이었다. 고치 현에서는 4월에서 8월 상순까지 극조생, 조중만, 제2기작 순으로 모내기가 이루어진다. 더구나 그 시기는 그 지대에서 경영상, 또는 증수 기술상 최고의 시기로 오래전부터 자리를 잡고 있었다. 그런데 그것을 전부 다 통제하고 만화 재배만을 고집하여 7월 상순까지 모든 농가에게 모내기를 금지했기 때문에, 농부들의 이해와 협조를 얻기가 얼마나 어려웠을지는 미루어 짐작할 수 있을 것이다.

한편 농업기술자 쪽에서도 7월 상순 이후에 모내기를 하기로 함에 따라 경종법은 물론 비료 설계까지 모든 것을 완전히 바꿔야 했다. 재배 방법의 변화, 품종 갱신 등 모든 점에서 전면적인 기술 혁신을 해야만 했다.

모내기가 늦어짐에 따라 생기는 수많은 난제를 다음과 같이 대처해야 했다.

1) 본 논의 이식 모와 포기 수의 증가.

2) 그에 따른 못자리 넓이의 확장과 확보.

3) 돋움 모판 절충못자리*의 보급과 모 찌기의 어려움 해소.

4) 만화 재배용 씨앗의 선정과 확보.

5) 노력과 자재의 확보.

6) 앞그루인 보리 재배 지도.

또한 비료부에서는 비료 설계의 변경과 실시에 충실을 기하기 위해서 모든 힘을 다해야 했다. 만화 재배에 의한 수확량 감소를 방지하고, 또 어떻게 하면 증수까지 기술을 끌어올리느냐 하는 방향에서 연구하며 계획을 세웠던 것이다. 각 부의 전문 기술자들은 비록 다른 부의 일이라고 해도 방관하는 자세는 허용되지 않았다. 각 부에서 나온 전문적인 의견이 종합 통괄된 뒤, 모든 기술자가 같은 보조로 함께 종합 기술을 배운 뒤에 농부에게 가서 지도하라는 명령이었다. 각 기술자들은 자신을 갖고 각자가 배치된 마을에 가서 모든 책임을 지고 지도했다.

현의 명령이 발표되기까지는 이론이 많이 나오고 말썽도 많았던 만화 재배였지만, 한번 방침이 결정되자 일치돼서 온 힘을 다해 일했다. 이 사업은 실로 장대한 것이었다.

D. 만화 재배에 대한 반성

삼화명충을 없앤다는 명목, 그리고 쌀과 보리 이모작에 의한 식량 증산이라는 이 두 가지 이유로 강행된 고치 현의 만화재배는, 삼화명충은 완전히 없앴지만 증산 목표는 달성하지 못하는 결과를 낳았는데, 이런 결과를 어떻게 받아들여야 할까?

---

* 못자리 바닥의 높낮이에 따라 돋움모판, 평상, 지상으로 구분하는데 돋움모판은 둘레의 땅바닥보다 못자리판을 높이는 방법이다. 절충못자리란 물못자리와 밭못자리를 절충한 방법이며, 두 가지의 장점을 이용하자는 것이다. 이 못자리는 땅을 고르는 방법이나 물대기에 따라 수답식水畓式과 건답식乾畓式이 있다. 절충못자리로는 발아가 고르고 튼튼한 모를 기를 수 있다. 온난 지역의 다수확 재배에 알맞은 육모 방법으로, 한랭지에서는 일찍 씨앗을 뿌릴 수 없다는 흠이 있다. 역주

우선 마디충 대책이었던 만화 재배에 대해서 반성해보자. 마디충이 끼친 피해의 실체가 어느 정도 조사되고 파악되어 있었던가? 마디충의 피해는 지나치게 과장됐기 쉽고, 특히 이삭이 나온 뒤의 피해로 생기는 흰 이삭은 눈에 띄기 쉽기 때문에 피해율을 그대로 감수율로 착각하기 쉽다. 실제로 조사를 해보면, 거의 전멸로 보이는 경우에도 30퍼센트 정도이고, 실제 피해는 거의 대부분 20퍼센트 정도밖에 안 된다. 아주 심한 피해라고 말하는 경우인 10~20퍼센트 피해율도 마지막 수확량에 미치는 영향은 거의 10퍼센트 이하, 5퍼센트 이내인 것이다. 따라서 넓은 지역 전체의 피해율 조사는 대개의 경우, 지나치게 크게 어림잡아지고 있는 것이다.

병충해 피해는 대부분 한정된 지역적 현상이고, 넓은 지역에 마디충이 크게 발생했을 경우에도 자세히 보면 상황은 각양각색이다. 피해가 30퍼센트에 이르는 곳이 있는가 하면 거의 없는 곳도 있는 것이다. 보통 피해가 없는 곳은 아무 생각도 없이 지나치게 되고, 피해가 심한 곳에만 과학의 눈을 돌리게 마련이다(자연농법의 입장에서 보면, 오히려 피해가 없는 곳을 보았어야 했던 것이다).

1헥타르(3천 평) 중 1아르(30평)에만 비료를 많이 주고 벼를 키워보면, 마디충은 그 부드러운 벼에 집중적으로 덤벼 들어 피해를 입힌다. 이 습성을 이용하여 마디충을 한군데 모아서 없애는 방법도 있다. 하지만 만약 그대로 내버려두면 그 장소의 마디충들이 주위의 논으로 넓게 퍼져 나가며 심한 피해를 주느냐 하면, 그렇지는 않다. 피해는 1아르에 멈춘다.

참새가 가을에 벼이삭에 모이면 그 논은 피해를 입는다. 그러나 이것을 못 본 척하기 어려워 허수아비를 세워 참새를 쫓아내면, 이웃의 논에서도 허수아비를 세울 수밖에 없다는 생각이 든다. 그렇게 온 마을 사람들이 참새를 쫓는 일에 열중하게 되면, 마침내는 온 마을의 논에 새그물을 치게 된다. 만약 내버려두면 어떻게 될까? 그럴 경우, 온 마을의 벼가 큰 피해를 입느냐 하면, 그런 일은 없다. 참새의 발생량을 결정하는 것은 단순히 벼라는 곡식만이 아니다. 다른 부산물이나, 참새가 보금자리를 트는 대숲의 면적 등과도 관계가 있을 수 있다. 겨울의 눈이나 여름의 고온 등 기상 조건이나 천적과의 관계도 깊은 연관이 있을 것이다. 참새는 벼이삭이 나온 뒤에 갑자기 번식하는 것이 아니다.

마디충도 이와 마찬가지로 단순히 벼가 많다고 해서 번식하거나 감소하는 것이 아니다(삼화명충은 벼 이외의 식물에는 붙지 않기 때문에 특별한 경우일 뿐이다). 자연은 편향된 폭주를 하지 않는다. 스스로를 제어하는 기능이, 인간이 모르는 곳에서 작동되고 있는 것이다.

삼화명충이 없어져도 이화명충이나 밤나방애벌레(거염벌레 혹은 도둑벌레라고도 한다. 역주) 피해가 늘어나게 되면 의미가 없다. 해충과 병해는 상쇄되는 일이 있다. 만약 해충이 줄어든다고 해도 도열병이나 균핵병이 늘어난다면 긁어 부스럼이 된다. 아직 정밀한 조사가 행해지지 않았기 때문에 장담할 수는 없지만, 병충해가 줄어들었는데도 수확량이 별로 많아지지 않았다는 사실에는 이런 현상이 그 원인 가운데 하나였다고 할 수 있다.

해충을 보면 농업기술자는 바로 죽여야 한다고 생각하지만, 사실은 그 발생 원인을 찾아내어 그 근원을 끊는 것이 선결 문제이고, 그것이 자연농법이 가야 하는 방향이기도 하다. 물론 과학농법에서도 마디충의 발생 원인을 찾아내어 대책을 세우는 일을 게을리한 것은 아니었다. 삼화명충이 크게 번지게 된 것은 채소의 발달, 특히 촉성促成 채소의 발달과 보급, 그리고 모내는 시기(벼)에 혼란이 일어나고 그것이 오래 이어지며 삼화명충 발생에 좋은 환경을 제공했다는 점 등에 원인이 있었다는 것을 쉽게 상상할 수 있다.

하지만 실제로는 진짜 원인을 발견하는 데까지는 이르지 못한 채 돌아서서, 눈앞의 해충 구제에 쫓기게 마련이다. 예를 들면, 모내는 시기의 혼란이 어떤 이유로 병충의 대량 발생을 초래하느냐는 의문은 밝혀지지 않았다. 제1화기 마디충의 발생량은 월동충의 순조로운 겨울나기에 의해서 결정된다고 보인다. 하지만 마디충이 겨울을 나는 벼 그루터기와 모내는 시기의 혼란이 어디서 어떻게 결부되는지를 알아낼 수 없는 한, 마디충의 먹거리가 풍부하다는 것만으로는 모내는 시기의 혼란을 마디충의 대량 발생의 원인으로 보기 어렵다. 고치 현에 삼화명충이나 이화명충, 그 밖의 여러 해충이 많다는 것은 다른 원인이 있다고 보아야 한다. 나는 오히려 그 원인은 환경에 있는 게 아니라 벼농사 방식 자체의 불건전함에 있을 것이라고 보고 있다.

해충을 보면 곧바로 없애야 한다고 여기며 직접 죽이려는 데 문제가 있다고 나는 본다. 제2차 세계대전 전에는 고치 평야에 설치된 유아등*으로, 제2차 세계대전 뒤에는 유기인제 일제 살포에 의해서 박멸이 시도되었다. 만화재배에 의한 삼화명충 대책은 간접적이지만 발본대책이 될 것처럼 보였다. 하지만 수십 종류의 해충 가운데 한 종류의 해충 대책이었기 때문에 결과적으로는 일시적인 일개 해충 대책으로

---

* 誘蛾燈: 빛을 보면 몰려드는 주광성走光性 해충을 꾀어서 죽이는 장치. 전등이나 석유등 따위의 아래에 물을 담은 그릇을 놓아 빛에 이끌려온 해충이 빠져 죽게 돼 있음. 역주

끝날 수밖에 없었다.

병충해는 자연의 질서가 파괴되었을 때 균형을 회복하기 위하여 자연 자신이 취하는 자위책임을 잊어서는 안 된다. 벼의 균형 파괴, 즉 이상 현상에 대한 하늘의 경고가 해충이다. 병든 몸의 회복을 위하여 독으로 독을 다스리는 방법으로, 자연 발생의 병충해는 그 자체가 병충해 대책이 되고 있다고 보아야 한다.

고온다습한 고치의 벼는 언제나 지나치게 우거진다. 병충해가 많이 발생하는 것은 그것을 억제하기 위해 자연이 스스로 취하는 하나의 수단이라고도 할 수 있다. 병충해에 의한 피해를 손해라고 생각하는 것은 인간의 근시안적 판단이다. 그것들의 발생에는 그것 나름의 구실이 있다고 봐야 한다.

그런데 최종 목표였던 식량 증산이라는 관점에서 만화 재배는 얼마나 효과가 있었을까? 결론적으로 말하면, 증수 기술을 종합한 만화 재배가 실제로는 영속성을 가진 증수 기술이 되지는 못했다는 것이다.

과학농법에서는 품종 선택에 있어서도, 보통 이르게 심은 벼는 감온성*의 씨앗을 고르고, 늦게 심는 벼는 감광성**의 씨앗을 선택한다는 식이다. 만화 재배의 경우는 감광성이나 적산온도積算溫度

---

* 感溫性: 작물이 정상적으로 꽃이 피고 열매를 맺기 위해 발아 초기의 어느 일정한 기간 동안에 일정한 저온이나 고온을 필요로 하는 성질. 저온을 필요로 하는 작물은 가을에 씨를 뿌리는 보리, 밀, 호밀 등으로 겨울의 저온에 견디는 식물이다. 고온을 필요로 하는 작물은 벼, 옥수수, 수수, 담배, 콩 등으로 봄에 씨를 뿌려 여름에 자라는 작물이다. 역주

** 感光性: 식물이 정상적으로 꽃이 피고 열매를 맺기 위하여 일정한 낮과 밤의 길이의 비율을 필요로 하는 성질. 이 기간에 낮 길이가 밤 길이보다 짧아야 하는 벼, 옥수수, 콩, 담배, 국화 따위 식물을 단일短日 식물이라 하면, 낮 길이가 밤 길이보다 길어야 하는 토마토, 밀, 보리, 카네이션 따위의 식물은 장일長日 식물이라 한다. 역주

(생물의 생장 시기와 관련된 온도의 총계. 역주) 등으로 계산하여, 7월에 심는 게 적당한 씨앗을 골랐다. 이것은 인위적으로 결정한 시기에 적합한 품종을 고른 데 지나지 않는다. 진짜 기준이 되는 기반은 아무것도 없다. 따라서 인간이 고른 품종은 다만 편의주의적인 목표에 합치하는 역할밖에 가지고 있지 않다. 만화 재배용 씨앗은 늦게 심는 데 적당하고 늦게 심어도 소출이 줄지 않는다는 정도의 것으로, 처음부터 그 이상의 적극적인 증수 품종이 될 수는 없었던 것이다.

수량 결정에 중요한 역할을 한다고 보이는 모내는 시기의 결정도, 그 가장 좋은 시기는 인간이 알 수가 없다. 만화 재배는 마디충을 막기 위한 대책으로 유리하게 보인다는 점에서 그와 같은 시기를 결정했음에 불과했다.

만화 재배라는 바탕 위에 설계된 모든 기술이, 늦게 심은 데서 오는 감소를 최소한도로 줄이자는 소극적인 입장에 머물 수밖에 없었던 것은 아주 당연한 일이다. 즉 만화 재배를 포함한 그 당시의 증수 기술은, 기본적으로는 현상 유지 기술일 수밖에 없었다.

하지만 종합 기술의 정수로 보이는 만화 재배가 감손 방지 기술에 지나지 않았다는 것을 증명했다는 데 오히려 보다 중요한 의의가 있었다고도 할 수 있다. 만화 재배라는 대규모 대책은, 과학농법의 기술이 근본적으로 언제나 인간의 편의적인 목표를 출발점으로 한 기술 체계이기 때문에 아무리 종합적인 기술을 모은다 하더라도 일시적이고 편의적인 기술 대책의 범위를 넘을 수가 없다는 것을 증명한 중대한 실험이었다고 할 수 있다.

이 만화 재배 실험은 나에게 인위를 기반으로 하지 않는, 자연농법으로 가고자 하는 결의를 더욱 깊게 한 중요한 계기가 되었다.

E. 자연농법 벼농사의 발족

나는 고치 현 농업시험장에서 표면적으로는 과학적 식량 증산 운동에 힘쓰면서도, 그 뒤에서는 농업 본래의 길이라고 확신했던 자연농법 연구에 마음을 두고 있었다. 그러나 그 당시는, 아직 구체적인 자연농법의 모습을 잡을 수가 없었고 다만 막연하게 꿈을 꾸고 있는 정도였다. 하지만 그 가운데 우연히 몇 개의 힌트를 얻을 수 있었다. 그 하나는 자연의 '씨를 뿌리지 않는 씨 뿌리기'였다.

자연 파종

삼화명충 박멸 작전인 만화 재배가 실시됐던 그 해의 일이다. 내 역할은 6월 말까지 고치 현 동부 일대에 제1화기 마디충의 먹이가 될 만한 벼가 하나도 없도록 감시하는 일이었다. 나는 깊은 산 속에서부터 해안까지 자세히 조사하며 다녔다.

그때 우연히 고토가하마 해안의 소나무 숲 속에서, 벼의 탈곡 자국이 아주 분명히 나 있는 곳에 떨어진 벼에서 발아한 다수의 어린 볏모를 발견했다. 절로 나고 자란 그 벼가 나중에 나의 해넘이(越年) 재배의 실마리가 되었다. 한 번 눈에 띄기 시작하자 이상하게도 그 뒤에는 남부의 해안이나 논밭에서도 지푸라기에 붙은 볍씨에서 싹튼 자연 해넘이 벼를 가끔 볼 수 있었다.

그리스도의 말이 아니더라도, '자연은 씨를 뿌리지 않고 씨를 뿌린다'는 이것이 자연농법 벼농사의 첫걸음으로 여겨졌다.

하지만 이 관찰로부터 곧바로 벼의 월년 재배를 할 수 있었던 것은 아니다. 사람이 가을에 볍씨를 뿌린다고 해서 간단히 볍씨가 해넘이를 하는 것은 아니라는 것을 알았을 뿐이다.

자연 속의 벼는 가을에 열매를 맺은 뒤 줄기나 잎이 죽어가고, 씨앗은 땅에 떨어진다. 그런 자연 현상에는 자연에는 미묘한 배려가 있다. 옛날 벼는 잡초처럼 씨앗이 쉽게 떨어졌고, 더구나 한 이삭 중에서도 순서대로 끝에 있는 것부터 차례로 떨어졌다. 하지만 땅 위에 떨어진 씨앗이 무사히 겨울을 나고 다음 봄까지 살아남는 경우는 극히 드물다. 실제로는 새나 짐승에 먹히거나 병해를 입어 죽어버리는 경우가 많다. 자연은 참혹한 세계라고도 할 수 있다.

하지만 자세히 조사를 해보면, 자연의 낭비라 여겨지는 이 많은 양의 씨 뿌리기는 겨울 동안에 곤충이나 소동물의 귀중한 먹이로 도움이 되고 있다. 자연은 팔짱을 끼고 아무것도 하지 않는 인간들한테까지 국물을 남겨줄 정도로 후하지 않았을 뿐이다.

내가 겨울에 쥐 등의 피해를 막기 위해서 씨앗에 바르는 장기 보호제(합성수지에다가 농약을 혼합)를 개발하여 해넘이 벼를 만드는 데 겨우 성공한 것은 그로부터 십수 년이나 지난 후의 일이었다. 그리고 그 보호제조차 필요 없는 방법을 생각해내고서야 겨우 현재와 같은 진흙경단 뿌리기를 하는 자연농법이 확립되었던 것이다.

당시 내가 고치 현에서 해넘이 자연 벼와 함께 흥미를 가지고 관찰했던 것은, 벼의 그루터기에서 나오는 재생 벼였다. 그 당시 나는 불분명했던 여름과 가을 멸구의 월동 상황을 파악하기 위해(최근에 멸구는 외국에서 날아오는 것으로 판명되었다는 보고가 있는데, 문제는 남아 있는 것으로 보인다) 여러 곳을 돌아다니면서 멸구가 해를 주는 벼와 잡초, 그리고 재생 벼의 월동 상황을 관찰했다.

서리가 내리지 않는 지대에서는 재생 벼를 그대로 이용할 가능성이 없지 않았다. 벼를 베기 전에 비료를 주면, 제1기작이나 조생종 벼의 그루터기에서 재생 벼가 기운차게 나와 여러 가마의 쌀을 수확할 수 있는 경우가 있기 때문이다.

연속해서 모내기를 하지 않고 2기작(재생 벼를 말함)이나 해넘이 재배를 할 수 있으면 이것보다 좋은 일은 없다. 하여튼 벼는 봄에 씨를 뿌리고 가을에 베는 1년생 작물이라는 고정 관념에 묶일 필요는 없다. 이어서 두 번 수확한다든지, 월동시켜서 벼를 다년생 식물화하는 것도 불가능한 일만은 아니다. 그러나 이 방법은 아직 실용화되기에는 이르지 못하고 있다. 따뜻한 지방에서는 검토할 가치가 충분히 있다고 생각한다.

자연농법의 결론은 처음부터 나와 있었지만, 그것이 구체화되기까지의 길은 아주 길었다.

왜 그렇게 오랜 세월 관찰을 하지 않으면 안 되는가 하면, 겨울에 씨앗은 어떤 상황에서 월동하는가, 월동할 수 없는 원인은 무엇인가, 그 원인을 알고 제거할 수 있어도 과학적 수단이나 농약은 쓰고 싶지 않다, 무엇보다도 월동 재배의 의미와 가치는 무엇이냐 등을 고려할 수밖에 없었기 때문이다.

자연농법의 씨 뿌리기는 파종 방법만으로 매듭이 지어지는 문제가 아니라 벼농사의 전반과 관련해서 보아야 한다. 하지만 과학농법에서는 볍씨의 발아는 발아 문제라고 하고, 경운은 경운, 직파는 직파, 모내기는 모내기 문제라고 해서 서로 다른 전문가의 손에서 해결된다.

한편 자연농법의 입장을 취하면, 모든 것은 일체이고 동시가 아니면 안 되기 때문에, 문제는 별개라 해도 나뉜 상태로 해결하면 의미가 없다. 벼농사는 논 만들기, 파종, 경운, 복토, 시비, 제초, 병충해 방제 등 이 모든 것이 유기적으로 서로 결합되어서 이루어진 것으로서, 모든 분야의 일이 동시에 해결돼지 않으면 무엇 하나 해결됐다고 말할 수 없는 것이다.

일사一事가 만사다. 한 가지 일을 해결하기 위해서는 만사가 해결되어야 한다. 한 가지 일이 변혁됐을 때, 만사가 변혁되는 것이다.

최종적으로 볍씨는 가을 파종을 원칙으로 한다고 내가 결의했을 때는, 모내기를 그만두고, 경운도 그만두고, 화학비료의 사용을 중지하고, 퇴비 만들기를 그만두고, 농약 사용을 그만둘 수 있었을 때였다.

실제로 월동 재배가 일진일퇴했던 것은 모내기냐, 직파냐 하는 문제가 먼저 해결돼 있어야만 했기 때문이었다.

자연 직파

내가 직파 연구를 시작한 것은 자연의 상황에서는 모든 식물이 다 직파인 것을 알았을 때부터였다. 벼나 보리나, 모를 길러 모내기를 하는 것은 인간의 지혜에서 나온 것이다. 그러므로 벼의 자연농법은 당연히 직파가 되어야 한다는 생각 아래, 가을에 씨앗을 뿌려보았다. 하지만 실패했다. 월동이 되지 않았다. 생각해보면 인간의 손에 의해 개량된 현재의 벼나 보리는 원래의 자연 그대로가 아니기 때문에 자연으로 돌아갈 수 없다. 자연에 가까운 파종이 오히려 부자연스럽고 무리다. 그 어떤 보호나 사람의 힘을 더하지 않고는 성립할 수 없는 방식이었다.

하지만 부자연스러운 품종으로 바뀌어 있다고 해서 더욱 부자연스러운 재배를 하면 점점 더 자연에서 멀어지기 때문에, 자연의 반격 또한 더 심해진다. 부자연스러운 것이라도 자연에 가까워진 재배 방법이 반드시 있을 것이다. 또 월동이 어렵다, 보리는 여름을 넘기지 못한다는 점에만 사로잡히게 되면 자연의 깊은 뜻을 끝내 알아내지 못하고 말 것이다 등 여러 가지로 생각해가면서 먼저 왜 월동이 안 되느냐에 초점을 맞추어갔다.

그 예상을 할 수 없는 채, 1942년경에 행한 실험은 경운 담수 직파였다. 물 못자리를 만드는 것과 같은 방법으로 땅을 갈고, 물을 대고, 써래질을 해서 봄에 직파를 했던 것이다.

시험은 줄 뿌리기, 점 뿌리기, 흩어 뿌리기 등으로 하고 파종 양식과 밀도와 적량을 아는 것을 주목적으로 했다. 한 알 뿌리기로 1평방미터당 약 20, 30, 60, 100, 230, 1,000알 뿌리기를 했다. 그 결과는 당연한 일이기도 하고 의외의 일이기도 했는데, 극단적인 여러 알 뿌리기를 빼고는 모두 1평방미터당 이삭 수가 500~600본이었고, 한 이삭의 벼 알 수는 60~120알로 수량에서 큰 차이가 없었다.

결국 그때의 결론은, 토양에 유기물이 많고 악수惡水가 들어가는 곳 등은 씨앗이 매몰되며 발아가 나쁘고, 물을 깊이 대면 도복하기 쉽다는 등의 결점은 있지만, 경운·관수·직파로도 벼가 충분히 자란다는 것을 확인하는 데 그쳤다.

그 당시는 제초로 고생을 했기 때문에 실용 가치가 희박했다. 그러나 지금은 녹비 작물 파종으로 제초 문제를 해결하고 습전濕田, 곧 물기가 많은 논이나 반습전에서도 무경운에 직파를 하면 충분히 실용화할 수 있음을 확인했다.

F. 벼와 보리 무경운 연속 직파 시도

여러 가지 직파를 시도해보았는데, 앞그루인 보리는, 처음에는 높은 이랑에 줄 뿌리기 방식이었기 때문에 옛날 농민들이 일부에서 시도하던 이랑 어깨에 뿌리기에서 착안해서 고랑 위 줄 뿌리기를 시작했다. 이것이 소위 맥간麥間 직파, 곧 보리 사이 직파로 이어져가게 됐다.

이 맥간 직파를 수년 동안 계속했는데, 볍씨의 발아와 제초 대책에 고심해야 하는 일이 많아 결국 실용에는 이르지 못했다. 그러나 그동안 여러 가지 방법을 시도해왔기 때문에 다음 시도에 도움을 줄 수 있는 힌트가 되기는 했다. 그 상황을 정리해본다.

첫 번째 시도: 보리 사이 직파

1) 발아가 나쁘고 땅강아지나 참새나 쥐 등의 피해를 방지할 수가 없었다. 여러 가지 약도 써보았지만, 발아는 완전하지 못한 채 끝났다.

2) 보리를 벤 뒤, 높은 이랑의 흙을 괭이로 갈거나 고랑으로 퍼서 평평하게 고르는 작업을 해보았는데, 이것도 쉬운 일이 아니었다.

3) 관수를 해도 물이 쉽게 빠지고, 수면에 노출이 되는 이랑의 높은 부분에는 밭 잡초가 나서 자라고, 거기에 물가나 물속의 잡초도 함께 나서 그 문제로 시달려야 했다.

4) 제초 방법에 대해서 고민하던 끝에, '풀은 풀로써'라는 생각에서 과수원에서 시험했던 클로버와 자운영을 보리 베기 1개월 전에 이랑 위에 뿌리고 보리 속에서 자라도록 하는 방법을 시도해보았다. 이 방법은 이것만으로는 성공했다고 할 수 없지만, 나중에 클로버와 함께 하는 벼-보리 농사로 발전하는 데 하나의 단서가 되었다.

5) 또 두 줄 뿌리기 보리농사의 높은 이랑에 보리 사이로 채소, 콩

과, 오이과 작물의 씨앗을 뿌려보았다. 어느 것이나 자가용이 될까 말까 하는 양이었지만 윤작 관계를 아는 데 참고가 됐다.

6) 앞의 경험과는 반대로 토마토, 가지, 오이 등의 밭 속에 볍씨를 뿌리는 재배를 해보았다. 논에서 채소를 기르고 그것을 수확한 뒤 벼를 심는 것보다 벼 그 자체의 성적은 좋았다. 그러나 작업이 약간 어렵다는 것이 흠이었다.

두 번째 시도: 벼와 보리 연속 직파

앞에서도 썼듯이, 나의 벼 건답乾畓 직파 연구는 보리 직파와 밀착돼서 진행됐다. 보리 재배가 높은 이랑에서 낮은 이랑, 평이랑으로 바뀜에 따라 벼의 직파도 평이랑 직파로 이행돼갔다. 넓은 간격(45센티 정도)의 한 줄 뿌리기에서 좁은 간격(15~20센티) 줄 뿌리기로, 그리고 15×20센티 간격의 점 뿌리기로 변해가다가, 결국은 논을 전혀 갈지 않고 보리를 직파하게 됐다.

이것이 최초의 보리 무경운 직파였다. 이 방법은 보리의 다수확 재배로, 밀식에 점파로 바뀌어갔기 때문에 그 속에 볍씨를 뿌리기가 점차 어려워졌다. 그 당시에는 보리 사이에 씨앗을 잘 뿌릴 수 있는 파종기가 없었다는 이유도 있었다.

그러나 보리가 평이랑에 점파로도 충분히 재배될 수 있다는 것이 판명되고, 또 무경운으로도 가능하다는 것이 확실해졌다. 한편 벼도 보리 속에 같은 간격으로 뿌려놓으면 충분히 자란다는 것이 밝혀지면서, 벼와 보리를 동일한 방법으로 재배할 수 있고 더구나 그 둘을 이어서 재배할 수 있다는 것을 알게 되어 그 둘을 합친 '무경운 벼-보리 연속 직파'라는 하나의 새로운 재배 체계를 구상할 수 있었던 것이다.

그러나 무경운 벼-보리 연속 직파 체계가 일거에 확립된 것은 아니다. 그 사이에는 여러 가지 우여곡절이 있었다. 보리 사이에 벼를 직파하는 방법이 불편하여, 벼는 보리를 수확한 뒤에 직파하거나 보리 수확 10~20일 전에 보리 이삭 위에서 볍씨를 흩뿌리는 방법도 시도했다.

볍씨를 보리 이삭 위에서 산파하는 방법은 무척 거친 방법이지만, 뜻밖에도 참새나 땅강아지의 해가 적고 발아율이 좋았기 때문에 재미있는 방법이라고 생각했다. 그러나 그 당시는 깊이 연구하지 않고 일부 논에서 실시해보는 정도에 머물러 있었으며, 보리 벤 뒤의 직파에 중점을 두었다.

보리를 벤 뒤의 볍씨 직파는, 땅을 갈지 않고 뿌려보았는데 파종기 작동 상태가 나빴다. 단순히 땅에 떨어뜨리는 데 그쳤기 때문에, 오히려 보리 이삭 위 흩뿌리기가 나을 정도였다. 그 당시는 재배 방법과의 관계도 있어 도복하기 쉬웠기 때문에 한때 천경淺耕, 곧 얇게 갈고 직파를 하기도 했다. 또 보리는 몰라도 벼의 다수확 제1조건은 심경深耕, 곧 깊이 갈기라고 모두 믿고 있던 때이기 때문에 볍씨 직파도 경운을 원칙으로 해야 하는 게 아닌가 하는 생각도 들어 여러 가지로 혼란스러웠다.

하지만 천경에 직파로 하자면, 못자리의 만들 때처럼 쇄토碎土, 곧 굳어서 덩어리진 흙을 부수어 깨뜨리고 그 뒤에 평평하게 고르는 일 등이 필요한데 이것은 쉬운 일이 아니었다. 특히 반습전半濕田의 경우라든지 강우량이 많은 해는 위험률이 아주 높은 작업으로, 도중에 비가 오기라도 하면 논은 진흙 상태가 되기 때문에 직파에 곤란이 많았다. 수년 동안 실패를 거듭하면서, 나는 오히려 무경운 직파를 원칙으로 하는 것이 좋지 않을까 하는 생각을 하기 시작했다.

제3의 시도: 벼-보리 연속 무경운 직파

'벼-보리 연속 무경운 직파'(米麥連續無耕耘直播)라는 말은 현재 아무렇지 않게 사용되고 있지만, 내가 처음에 이 '무경운 재배'라는 말을 쓰며 제창하기까지는 남에게 말할 수 없는 나만의 굳은 결심이 필요했다. 무경운 재배라는 말을 사용하겠다는 마음을 먹는 데는, 논을 경운기나 트랙터 등 그 무엇으로도 갈지 않아도 된다는 확신이 필요했기 때문이다.

밀 재배에서 일시적인 반경운半耕耘 방법을 취한다든지, 벼농사에서 초기에 부분적으로 논을 갈지 않는 일은 있었어도, 벼나 보리 모두 다수확을 올리기 위해서는 심경이 꼭 필요한 조건이라고 생각하던 그 당시에, 1년 내내, 그리고 연속해서 몇 년 동안이나 논을 갈지 않는다는 것은 상상조차 할 수 없는 일이었다.

나는 여러 해 무경운 벼-보리 농사를 지어보았다. 그 사이의 관찰을 통해, 또 그 밖의 다른 시점에서, 차차 논은 갈지 않아도 된다는 확신을 가질 수 있었다. 하지만 그것은 아무래도 관찰이 주체이지, 토양학적인 조사 자료가 있는 것은 아니었다. 그렇지만 나의 논을 조사한 요코이橫井 교수가 말하고 있듯이, "조사는 어디까지나 무경운에 의해 일어난 변화를 보는 데 그쳐야만 하고, 경솔하게 지금까지의 관념에서 그 좋고 나쁨을 단정할 수 없는" 것이다.

그렇다면 목적은 최후의 수량에 있다. 무경운 재배를 계속했을 경우 수량에 어떤 변화가 나타나느냐, 줄어드느냐, 아니면 늘어나느냐 하는 것이 이 과제를 매듭짓는 열쇠가 될 것이다. 나는 이 열쇠에 기대를 했다. 나도 처음에는 수년 동안 무경운 재배를 계속하면 수량이 줄어들 것이라고 예상했는데, 벼와 보릿짚이나 등겨 등을 모두 환원하는 방법을 취해서 그런지 한 번도 지력 감퇴로 수확이 줄어드는 현상은 보이지 않았다. 이 결과에서 나는 직파 재배로도 무방하다는 확신을 가지고, 이것을 원칙으로 했던 것이다.

이 체험에 기초하여 나는 그 내용을 1963년에 〈농업 및 원예〉 지(5, 6월호)에 '벼와 보리 직파 재배의 실제'라는 이름으로 보고했다. 이 보고는 당시로서는 대단히 이례적인 내용이었기 때문에 벼의 직파 연구에 관심을 가진 이에게는 강렬한 충격이 되었던 것 같다. 당시의 농림성 가와다河田 과학기술연구소장은 "이색적인 연구로서, 일본 벼농사의 지표가 될 것으로 생각한다"고 기뻐하며 격려해주었다.

G. 자연농업의 벼 - 보리 농사

나는 자연농법의 입장에서, 독자적인 방법으로, 일찍부터 모내기 방식을 버린 벼-보리 농사에 몰두했다. 그 목표에 한 걸음 가까이 가는 방법으로서 점차 보리와 일체가 된 벼의 무경운 평이랑 직파를 시작했다. 이것인 현재 일반인에게 보급되어 있는 '건답 직파'의 최초의 원형이라고 할 수 있다. 그 시기에는 계속해서 땅을 갈지 않고 벼-보리 농사를 지을 수 있으리라고는 누구도 생각하지 못했다.

그 뒤 한 걸음 더 나아가 농약이나 비료를 거부하는 방향으로 연구를 진행한 결과, 자연농법의 목표에 알맞은, 가장 단순화된 '벼-보리 연속 무경운', '짚 피복 직파'라는 재배 방식을 시작하고 이것을 자연농법의 기본형으로 삼았다.

이 방법은 그 뒤 여러 곳의 농업시험장에서 검토되며, 연속해서 논밭을 갈지 않은 채로도 벼-보리 농사를 지을 수 있다는 것과 짚 피복이라는 기본적인 문제에 대해서는 거의 이의가 없이 확인이 됐다. 그러나 그것만으로는 잡초 대책 등이 불충분했기 때문에, 다른 많은 고생을 거듭한 결과, 벼와 보리 무경운 직파 위에 녹비 초생, 벼와 보리 혼파, 월년 재배라는 특이한 방법을 더한 재배 방식을 취하게 됐다.

내가 굳이 이 방법을 자연농법의 벼-보리 농사의 기본형으로 삼았던 것은, 이 방법으로서 비로소 완전한 무농약, 무화학비료의 농법이 가능하다고 확신했기 때문이다. 또 굳이 '클로버 혁명의 벼-보리 농사'라고 하는 것은, 그것이 자재나 대형 기계를 사용하는 근대 과학농법과의 대결을 은근히 의도하고 있었기 때문이다.

그 밖의 논문

이것들은 어느 것이나, 잡지의 성질로부터 농업기술자와 일반 농가를 위해 쓴 것으로서, 본래의 자연농법에서는 한 발 후퇴한 내용을 포함하고 있다는 것을 밝혀둔다.

1) 나의 벼 직파 재배법, 〈에히메 농업〉, 1964, 6

2) 벼와 보리 연속 및 혼파 무경운 직파 재배, 〈농업 및 원예〉, 1965, 11

3) 무경운 직파로 증수, 〈현대 농업〉, 1966, 3-4

4) 무경운 직파로 300킬로그램 수확, 〈현대 농업〉(편집부 편), 1966, 5

이중에서 앞에서 언급한 '벼-보리 직파 재배의 실제'와 4)의 '무경운 직파로 300킬로그램 수확'을 이 책에 재록하여 참고로 삼아본다.

〈농업 및 원예〉, 1964년, 5~6월호에 게재한 것을 고쳐 쓴 것.

벼-보리 직파 재배의 실제

벼와 보리 직파 재배에 관해서는 제2차 세계대전이 끝난 뒤부터 여러 가지로 시험을 해보았지만, 벼와 보리 양쪽 다 일관해서 직파 체계를 취하게 됐기 때문에 그 내용을 보고하고 여러분의 채찍을 기다리기로 한다. 한편 벼의 직파는 건답 직파다.

1. 벼와 보리의 심기 차례

지금까지 실시했던 벼-보리 직파법을 작부 체계, 곧 심기 차례에 따라 분류해서 기술하면 다음과 같다.

1) 보리를 벤 뒤의 벼 직파법

보리나 밀을 벤 뒤 볍씨를 직파하는 것이기 때문에, 벼 건답 직파로서는 가장 일반에 맞다. 벼와 보리 연속 직파법이라고 부르기로 한다.

2) 볍씨 겨울철 직파법

볍씨의 자연 저온 처리 효과를 노린 것으로써 더욱 세분하면 다음처럼 구분할 수 있다.

- 벼-보리 동시 직파, 가을 파종(11월 하순)
- 가을 채소 수확지 등에서 행하는 겨울 직파(12월, 1월)
- 녹비 작물 뒤에 행하는 봄철 직파

3) 클로버 초생, 벼-보리 직파법

벼를 베기 전에 클로버를 뿌려두고, 벼를 벤 뒤 보리를 직파하고, 보리를 벤 뒤에 볍씨를 직파하는 방법이다.

이상의 양식을 도표화하면 다음과 같다.

재배법	전작	(월)11 12 1 2 3 4 5 6 7 8 9 10 11	벼농사
1) 벼 보리 연속 직파법	쌀보리 보리	○ ─── × ○ ─── × ○ ─── × ○ ─── ×	올벼 늦벼 올벼 늦벼
2) 벼 겨울 직파			
• 벼 보리 동시 직파법 (가을 파종)	쌀보리 (조생)	○○ ─── × ○○ ─── ×	올벼 늦벼
• 벼 동파 춘파 직파	가을 채소	○○ ─── ××× ○○ ─── ×	올벼 늦벼
• 맥간 직파법	쌀보리	○ ─── × ○○ ─── ×	올벼 늦벼
3) 초생 벼 보리 직파법	쌀보리 토끼풀	○ ─── × ○ ─── ×	늦벼

○······파종기　×······수확기

녹비 초생 벼-보리 연속 직파는 때와 경우에 순응한 방법을 취해야 한다. 그 방법을 분류해보기로 한다.

1) 녹비 초생 벼-보리 연속 무경운 직파법

ㄱ. 이삭 위 직파(벼를 베기 전에 벼이삭 위로 보리 씨앗을 직파하고, 보리를 베기 전에 볍씨를 직파한다)

ㄴ. 앞그루의 수확이 끝난 뒤 직파

벼-보리 연속 직파, 보리 직파 분얼기의 모습 25×15센티   벼-보리 연속 직파, 보리 성숙기, 무경운 25×15센티

2) 벼-보리 동시 무경운 직파법(벼 해넘이 재배)

ㄱ. 한랭지의 벼-보리 직파(가을에 보리를 뿌리고, 초겨울에 볍씨를 뿌린다)

ㄴ. 따뜻한 곳의 벼와 보리 동시 파종(초겨울에 볍씨와 보리 종자를
   동시에 뿌린다)

3) 천경 직파법

ㄱ. 깎아내기 파종(교반법攪拌法. 벼와 보리를 산파하고, 괭이로 얇게 갈거나,
   경운기로 얇게 교반한다)

ㄴ. 천경 파종(얇게 간 뒤 파종하거나 파종기로 점파 혹은 조파한다)

벼와 보리 연속 직파, 보리 성숙기, 천경 25×15센티

자연농법의 실제

4) 벼 단작 직파법

ㄱ. 벼의 녹비 초생 직파법(클로버 혹은 거여목 속에 볍씨를 뿌리고 물을
   깊이 댄다)

ㄴ. 채소를 수확한 뒤의 직파법(겨울철 혹은 봄에 채소를 수확한 뒤
   파종한다)

2. 벼-보리 직파 체계의 개요

벼와 보리 연속 직파

무경운으로 밀식 직파하는 보리농사 뒤에, 보리와 같은 방법으로
벼를 밀식 직파한다. 이 방식은 벼의 건답 직파 중에서 가장 일반적인
방법이다. 나는 벼와 보리를 연속해서 직파하기 때문에, 이 경우 보리
수확기에 따라 벼의 파종 시기가 결정된다. 즉 조생 보리, 보통 보리,
밀 순으로 늦어진다. 벼의 생육은 5월 중하순 파종이 가장 좋지만, 파
종이 늦어지면 마디충의 제1회 발생을 피할 수 있고 또한 잡초 발생도
적다. 수량은 5월 중순에 파종한 것도 6월 중순에 파종한 것과 큰 차이
가 없다.

보리 사이에 볍씨 직파

봄인 3월 하순부터 4월 중순에 보리 사이에 볍씨를 직파하는 것인
데, 파종에 불편한 점이 있고 또한 벼의 잡초 방지가 어렵다는 점이 결
점이다.

벼-보리 동시(가을 파종) 직파

가을에 기온이 떨어져 볍씨가 더는 발아하지 않는 11월 하순 이후에 볍씨와 보리 씨앗을 동시에 직파하는 방법이다. 예를 들면 35×15센티 간격으로 직파한 조생 보리의 사이로, 교호해서 볍씨를 직파하도록 만들어진 원반형 파종기로 파종하는 것이다. 이 방법은 보리농사가 조금 늦어진다는 것과 보리를 높게 베어야 한다는 결점이 있다. 또한 품종 문제도 불명확한 점이 많다. 볍씨 발아가 고르지 않은 현상을 막기 위해, 씨앗에는 반드시 헵타 분제와 수은제를 칠해야 한다. 또한 파종 뒤에 짚을 펼 때, 톱밥 퇴비 등을 함께 쓸 필요가 있다(현재는 진흙경단).

벼-보리 연속 직파, 보리 성숙기, 무경운 25×15센티

볍씨 추울 때(가을 파종, 겨울 파종, 봄 파종) 직파

이 방법은 1기작 뒤, 가을 채소 뒤, 녹비를 거둔 뒤 등에 행한다. 파종 전에 이미 발아한 잡초를 철저히 제거하는 작업이 필요한데, 그러기 위해서는 시안산 소다 혹은 PCP가용 머신유제를 사용한다. 이것들은 특히 봄풀이 발아하기 전에도 사용한다.

잡초가 이미 많이 자랐을 때는, 전자는 300평당 6킬로그램, 후자는

3킬로그램을 사용한다. 볍씨 처리는 앞의 방법처럼 주의를 기울여야 한다.

볍씨의 한파寒播, 곧 '추울 때 뿌리기'는 볍씨의 저온 처리 효과로 발아율이 높고 강건하며 이삭이 크다는 등 흥미로운 점이 많다. 또한 조생 볍씨를 써서 9월 중순에 거둘 수 있도록 하면 야간의 기온이 낮을 때 분얼이 이루어져 유효 분얼이 많고, 등숙기는 8월의 기온이 높을 때 맞기 때문에 결실이 좋다는 점 등 다수확이 될 가능성이 높다. 다만 봄풀 대책과 제1회 마디충 대책, 발아가 고르지 않다는 난점 등이 있기 때문에 앞으로의 연구를 기다려야 한다.

클로버 초생 벼와 보리 직파법

벼를 거두기 전인 10월 상중순에 클로버 씨앗을 논 전면에 뿌려놓고(파종량은 300평당 18킬로그램), 벼를 베기 전후에 보리를 직파한다.

봄의 보리 수확기에는 보리 아래에 클로버가 빼곡하게 자라고 있다. 보리를 클로버와 함께 베어낸 곳에 시안산 소다를 300평당 3~6킬로그램 산포하면 잡초와 클로버를 죽일 수 있다(물 깊이 대기로 클로버를 죽여도 좋다).

그 뒤에 볍씨를 직파하는 것이다. 클로버 뿌리는 일부 살아남아 벼의 분얼기에 다시 상당히 무성해진다. 클로버는 물 깊이 대기로써 생육이 저해되기 때문에, 날이 더울 때는 물 깊이 대기로 며칠 만에 죽일 수도 있다.

물 깊이 대기로 클로버의 생육과 잡초 발생을 제어하면서 벼의 성장을 돕는 것이 이 방법의 특징이라고 할 수 있다.

이 방식은 보리의 다수확은 곤란하지만, 보리와 클로버를 사료 작

클로버 초생 벼-보리 직파, 보리 성숙기

물로서 이용하면 그 가치가 높다. 또한 밀을 일찍 뿌리고(10월 하순), 자란 밀을 1월에 한 차례 베고, 다시 자란 밀로 수확을 하는 길도 있다 (300평당 300~400킬로그램).

이 방법은 클로버를 통한 잡초 방지, 그리고 토양 개량의 면에서 실용 가치가 충분하다고 생각한다.

재배법 개요

1) 벼와 보리 둘 다 직파 재배로, 매년 연속한다.

2) 벼와 보리 둘 다 무경운으로 지장이 없지만, 논 주변 등에 벼와 보리 공용의 관배수구, 곧 물을 대고 빼는 도랑을 설치한다.

클로버 초생 벼-보리 연속 직파, 보리를 벤 뒤 약 10일째, 벼 직파 직전의 모습

3) 파종 전에 밑거름과 고농도의 제초제를 뿌려놓는다.

4) 파종기를 써서 파종한다. 파종기의 원반이 쪼개 연, 좁은 뿌림 골 속에 깊이 점파한다(지은이 고안 원반형 파종기).

5) 파종은 벼와 보리 모두 25～35×15센티(3.3평방미터당 100그루 정도) 가 무난하다.

6) 파종 뒤 복토하지 않고, 보리농사 때는 볏짚을, 벼농사 때는 보릿짚을 논 전면에 피복한다.

7) 그 뒤에는 논에 들어가 사이갈이를 하지 않고, 제초기를 사용하지 않고, 병충해 방제제, 비료, 제초제의 산포, 관배수 관리 등을 할 뿐이다.

벼-보리 직파 재배법에는 공통점이 많기 때문에 이하 벼농사에 관해서 기술하고, 보리농사에 관해서는 거기에 덧붙여 말하는 정도로 한다.

3. 직파 재배상의 여러 문제

보리 사이 직파에서 실패를 하는 일이 있는데, 그 대부분은 제초 대책, 발아가 고르지 않다는 점, 도복 등에서 중대한 장해가 일어났을 때다. 이 점에 대한 내 경험과 견해는 다음과 같다.

경운 문제

보통 재배에서는 경운을 원칙으로 하고, 깊이 갈수록 수량도 늘어난다고 여기고 있다. 하지만 벼-보리를 이어서 무경운 직파 재배를 한 경우, 예상됐던 장해가 의외로 나타나지 않고 발아나 분얼 및 생육 등에서 경운한 경우와 별 차이가 없어 통상의 수량을 올리는 데 별다른 어려움이 없었다. 오히려 대형 트랙터를 사용하면 토양이 파괴된다.

그 이유를 여러 각도에서 살펴보기로 한다.

1) 무경운과 토양의 변화

관행 재배에서는, 벼농사의 경우 경운, 심수, 써레질, 모내기, 사이갈이, 제초 작업 등으로 토양을 깨고 으깨고 굳힘으로써 단립화 상태를 파괴한다. 직파 재배를 하며 연간 무경운인 경우는, 논의 토양이 밭 상태에 점차 가까워지며 부드러워진다.

지표면에 짚을 덮어 땅이 굳어지는 것을 막고, 또한 미생물의 활약을 촉진함으로써 토양의 단립화, 통기, 보수력 등도 점차 양호해진다.

무경운 혹은 천경 재배를 하더라도, 다량의 유기물을 해마다 투입하면 갈이흙 층의 질적 개선이 이루어져 부식에 의한 비료 흡수 능력도 증대하며, 어느 정도 무경운의 결점을 보충할 수 있다고 생각된다.

수도작의 경우, 배수구를 이용한 급속한 관배수를 통해 이식 재배의 때와 같은 유해물의 생성, 뿌림 썩음 따위의 장해를 줄일 수 있다.

2) 무경운과 물

벼 직파 재배에서는 전반은 절수 재배이거나 밭 상태 재배로 좋고, 후반은 심수도 하지만 적어도 3할의 용수를 절약할 수 있다. 물이 잘 빠지는 논이나 건조한 논에서 해마다 무경운 재배를 하는 경우는 일시적으로 물 부족 우려가 있다. 하지만 짚 덮기 등의 조대 유기물 시용으로 보수력이 점차로 높아지기 때문에, 실제로는 용수 부족으로 치명적 실패를 하는 일은 거의 없다. 전체적으로 보아 이식 벼보다 내한성이 강하다.

3) 경운과 발아, 분얼의 관계

벼와 보리를 함께 파종한 뒤 복토를 하는 경우는 얕게 갈고, 흙을 부수고, 평평하게 고르고, 적은 양의 흙으로 덮는 것이 가장 발아가 고르게 된다. 물기가 많은 땅에서 깊이 갈고 거친 흙으로 복토한 경우가 가장 발아가 나쁘다.

그러나 앞에 쓴 것처럼, 파종한 뒤 복토를 하지 않고 짚 덮기를 한 경우는 경운이냐 무경운이냐가 발아나 분얼에 영향에 미치는 일이 거의 없다.

4) 경운과 잡초의 관계

[벼] 일반적으로 땅을 갈면 한 차례 잡초를 죽일 수 있고, 뒤에 잡초가 나더라도 고르게 나기 때문에 제초제를 효과적으로 사용할 수 있다. 따라서 앞그루나 잡초의 발생 상황에 따라서는 제초제 효과를 높이는 의미에서 얕게 가는 쪽이 좋은 경우도 있다. 그러나 벼-보리를 이어서 연속 무경운 재배할 경우는, 처음 1~2년은 봄 잡초의 종류, 양 등이 많고 아울러 고르지 않은 발아로 방제에 곤란을 겪기도 하지만, 그대로 방치하고 무경운 직파를 계속하면 잡초의 종류가 해가 감에 따라 격변하고 단순화돼가기 때문에 잡초 대책은 예상하는 만큼 힘들지 않고 오히려 용이해진다.

[보리] 벼를 벤 뒤 바로 보리를 파종하는 경우는 땅을 갈고 이랑을 만들 필요가 거의 없다.

일반적으로 보리농사는 과습을 피하기 위해 높은 이랑에서 재배해야 한다고 하지만 논 주변 혹은 경우에 따라서 논 중앙 등에 배수구를 내어놓으면, 대부분의 경우는 높은 이랑을 만들 필요가 없다. 곧 경운을 하면, 비 온 뒤의 지표 건조 속도는 오히려 늦어지며 또한 잡초 발생수도 많아지는 것이 보통이다.

흔히 클로버, 자운영 등이 나는 정도의 논이라면, 무경운에 펑이랑 보리 직파가 충분히 가능하다.

5) 경운과 지력의 관계

흔히 경운이 지력 증강에 직접 좋은 결과를 가져온다고 하지만, 무경운 직파를 계속해보면 그 효과의 정도, 속도 등에서 커다란 의문이 생긴다. 갈이흙의 물리적, 화학적, 생물적 개선은 단순히 경운에 의해서만 잴 수 있는 게 아니고 유기물의 시용, 관배수 등의 관리와 밀접한 관련을 고려한 조사를 해야 하는 것이다. 후술하는 짚 펴기 법, 관개법 혹은 녹비 초생법 등을 행하면 연속 무경운 직파를 해도 지력이 증강된다.

결론을 말하면, 기계에 의한 물리적 경운보다 자연의 생물적 경운 쪽이 좋다는 것이다.

클로버 초생, 벼-보리 직파. 벼 분얼 초기의 모습.
파종 골에만 제초제를 사용(전면 사용 쪽이 좋다)

잡초 문제

직파 재배에서 가장 어려운 잡초 대책에 관해서 나는 처음에는 생물학적 방제에 중점을 두었지만, 화학적 방제제는 실패를 했을 경우에만 사용하는 데 머물고 싶다.

[제초제의 결점] 각종 제초제를 가지고 흔히 생각할 수 있는 사용법, 곧 경운, 파종, 복토, 진압 순으로 시험한 경우의 결과를 종합하면, 벼-보리에는 약해가 없고 잡초에만 유효하다는 완전한 선택성을 가진 제초제는 없고, 특히 벼와 동시에 나는, 2~3센티 이상의 화본과禾本科 잡초에 유효한 제초제는 없다.

PCP나 DCPA는 기준량에서 70~90퍼센트 잡초 방지 효과를 가지지만, 1평방미터당 몇 그루의 바랭이, 드렁새 등의 잔존 잡초가 있으면 후반에는 강대한 성장으로 그 방제가 힘들어진다.

제초제의 다량 사용은 자연 생태계를 어지럽히고, 내농약성의 잡초를 증가시킨다.

미국에서는 벼 속에 나는 피 따위의 잡초를 제거하기 위해, 해마다 다섯 차례나 대형 트랙터로 경운을 하거나 작물을 재배하지 않고 1년간 논을 놀리고 있지만, 현명한 방법은 아니다.

녹비 초생 위에, 수생 잡초는 논을 건조시켜서, 육생 잡초는 물 깊이 대기로 구제하는 등 경종적 종합 대책이 필요하다.

짚 펴기 문제

짚 펴기는 발아, 지력 유지에 덧붙여 물리적으로 잡초 발생을 방지하는 것이 그 목적이다.

1) 사용 방법

전술한 것처럼, 보리 때에는 전작인 볏짚과 왕겨 등을, 벼 때는 전작인 보릿짚을 모두 논 전면에 돌려주는 방법을 쓴다.

보통 짚 산포량은 300평당 800~1200킬로그램으로, 지표면이 보이지 않을 정도로 두껍게 편다.

절단기로 잘게 자르면 약 일곱 시간, 2 혹은 3등분하면 네다섯 시간, 자르지 않고 그대로 뿌리면 세 시간이면 끝난다.

벼-보리 연속 직파, 분얼기 25×15센티

자르지 않은 긴 짚 산포는 조금 균일하지 않은 곳이 생기기 쉽지만, 부식화가 늦기 때문에 잡초 발생 방지 기간이 길다는 장점이 있다. 그러므로 짚을 자르지 않고 그대로 흩뿌려도 좋다. 다만 보릿짚은 강한 비나 바람에 날아갈 우려가 있기 때문에, 산포 초기에는 주의하는 게 좋다.

2) 짚 덮기와 잡초

짚을 덮으면 잡초 발생 수를 약 절반 정도 억제할 수 있다. 또한 발생 시기를 늦추는 효과도 있다.

벼 직파 재배에서 가장 방제에 곤란을 겪는 바랭이는 짚 펴기에 의한 차광에 약해 도움이 된다. 또한 다량의 보릿짚과 겉겨 등을 뿌려놓고, 날이 더울 때 단시간 안에 물을 깊이 대면 토양 또한 격렬하게 환원 상태가 되는데, 이 점을 이용하여 잡초의 어린 싹을 고사시킬 수 있다.

보리 재배 때는 볏짚 피복으로 잡초 발생을 지연시킬 수 있고, 그 효과 또한 크다.

3) 짚 펴기와 발아, 분얼의 관계

발아는 짚 피복으로써, 벼·보리 모두 복토와 같은 효과를 얻을 수 있다. 물론 극단적으로 두껍게 짚을 피복하면 발아에 안 좋지만, 보통 상태면 오히려 발아에 도움이 된다. 파종기로 깊고 좁게 뿌림 골을 파고 옅게 파종했을 때 역시, 설혹 비가 내리지 않더라도 발아가 잘 된다. 그러므로 벼·보리 모두 침종浸種, 곧 물에 담그는 과정을 생략하고 직파하는 쪽이 안전한 일이 많다. 겨울 파종은 지나치게 습하거나 건조한 상태를 피하기 위해 톱밥 따위를 구해 덮어주는 것도 좋다.

이 방법은 복토를 하지 않기 때문에 초기 분얼이 좋고, 후기에는 자연 매몰로 북을 주는 효과가 생기기 때문에 도복을 방지할 수 있다는 것이 특징이다.

4) 짚 펴기와 병충해의 관계

벼농사 때 보릿짚을 펴는 것은 병충해와 직접적인 관계는 없지만, 보리농사 때 볏짚을 펴는 것은 보리의 붉은곰팡이병이나 벼의 균핵병, 도열병 등의 제1발생원이 되지 않겠느냐는 우려는 당연하다. 그러나 보통 11월 중에 산포한 볏짚은 다음 해 봄까지는 썩고, 병원균은 잡균에 의해 사멸한다. 사실 지금까지 볏짚 산포로 병이 많아지는 징후는 한 번도 나타나지 않았다. 그러나 12월 중순 이후의 긴 짚 산포는 가뭄이 든 해에는 잘 썩지 않는다는 어려움이 있다.

5) 참새 피해

직파를 했을 때, 참새에 치명적인 피해를 입는 일이 많다. 그 피해로 발아가 고르지 않을 때는 보식補植에 대단히 많은 시간을 써야 한다.

파종한 볍씨 위에 보릿짚을 덮어줌으로써 참새 피해를 피할 수 있다. 그 이유는 볍씨가 참새 눈에 잘 안 띄기 때문이라고 생각된다. 한편 참새가 독성이 강한 붉은곰팡이균이 붙어 있는 보릿짚을 피하기 때문이 아닐까 하는 짐작도 하고 있다.

6) 짚 펴기와 지력의 관계

볏짚이나 보릿짚은 두엄으로 만들어 해마다 논에 돌려주는 것이 이상적이라고 알려져 있지만, 바쁜 수확기에 방대한 양의 짚을 운반하고, 쌓고, 두엄으로 만드는 일은 매우 힘이 든다. 실제로는 보릿짚은 논에서 소각되고, 볏짚은 매각되고 있다.

[수확 후의 짚] 탈곡이 끝나면 거기서 나오는 짚 전량을, 다음 작물의 씨앗을 파종한 뒤의 논 전면에 고르게 뿌려놓는 것이 가장 힘이 덜 든다. 일거에 일을 마칠 수 있다.

처음 이 방법은 지력 유지상 문제가 있지 않을까 하는 우려가 있었으나, 실제로 30년 넘게 이어서 해본 결과, 아무런 지장이 없었을 뿐 아니라 오히려 지력 증강에 크게 도움이 된다는 것을 확인할 수 있었다.

[고찰] 볏짚은 두엄으로 만들어 펴기보다, 앞 작물인 보리 재배 초기에 그대로 펴놓는 것이 성적이 좋다. 볏짚을 잘게 잘라 논에 갈아 넣고 바로 직파를 한 경우는, 병원균의 발생을 촉진시키는 짓이라 보이지만 벼 그 자체의 생육은 양호하다.

보릿짚을 벼 재배 때 펴면 부식이 빠르게 일어나기 때문에, 따로 보릿짚을 구해 촉성 퇴비로 만들어줄 필요는 없다. 다만 다량의 보릿짚을 넣어주고, 곧바로 물을 깊이 대고 오래 두는 일은 피해야 한다. 그런 기술은 다만 잡초 대책으로서 일시적으로 행하는 것이 좋다.

다량의 볏짚과 보릿짚을 사용하면 초기에는 당연히 질소 기아 현상이 일어난다. 그러므로 시비는 약간 많은 쪽이 좋다. 이런 뜻에서 보리농사 첫해에는 밑거름으로 석회질소를 준 곳에 볏짚을 모두 돌려주는 것이 합리적이다.

무경운 직파는 처음에는 땅이 조금 딱딱한 것처럼 보이지만, 볏짚과 보리 짚 사용으로 차츰 부드러워지며, 통기성과 보수력 등이 좋아짐에 따라 무경운에 따른 장해가 점차 해소된다.

직파를 계속하면, 처음에는 2~3일 물 떼기로도 균열이 크게 생기던 논이, 10여 일 물 떼기에도 균열이 안 생기는 상태로 변화해간다. 볏짚과 보릿짚 피복은 예상 이상으로 미생물의 활약을 촉진시키며, 토양을 비옥하게 만들고 단립화해서 보수력을 점차적으로 높여간다.

벼-보리 연속 직파, 벼이삭이 나오기 직전 25×15센티

나는 빠른 지력, 부식 증가의 한 방법으로 톱밥, 수피, 혹은 닭똥 퇴비(재료는 소나무, 삼나무, 잡목)를 줘보고 있는데, 겨울철에 보리 사이에 주는 게 용이하다. 날것 혹은 덜 발효된 것을 줘도 보리와 벼농사에 아무런 지장이 없이 소기의 목적을 달성할 수 있다.

한편 대략 1년쯤 된 톱밥 퇴비의 PH는 7로, 대단히 양질의 퇴비로 바뀌는 것을 확인할 수 있었다(PH 4.5의 토지는 톱밥을 주면 PH 5.5가 됐다).

볏짚이나 보릿짚은 퇴비로 만들어 주기보다 그대로 다음 작물의 피복재로 주는 쪽이 편리할 뿐만 아니라 효과적이라고 나는 본다.

생물학적 잡초 방제와 심기 차례를 통한 잡초 대책

1) 클로버 초생 벼-보리 직파법

잡초 방제 방법으로 가장 근본적인 것은 역시 생물학적 방제법이다.

독은 독으로, 풀은 풀로써 제어한다는 사고방식이기 때문에, 나는 벼-보리 농사의 잡초 대책으로 클로버 초생에 관한 실험을 계속해왔다.

[방법] 가을에 벼이삭 위로 클로버 씨앗을(30평당 60그램) 논 전면에 흩뿌려둔다. 보통 10월 중순이지만, 벼가 없는 때는 9월 상순이나 중순이라도 좋다. 벼를 거둬들인 뒤, 땅을 갈지 않고 보리를 직파한다. 처음에는 클로버도 작아 여느 잡초와 공생하는 상황이지만, 다음 해 3월로 접어들면 급격히 자라, 보리 수확 전후로 맹렬하게 번식하며 다른 잡초를 압도해간다.

보리 수확 때 클로버도 같이 벤다. 그 보리 그루터기에 땅을 갈지 않고 볍씨를 뿌리는데, 이때 잠시 물을 깊이 대거나 제초제로 클로버를 한 차례 고사에 가까운 상태로 만들어놓지 않으면, 클로버가 먼저 자라 벼를 압도해버린다.

벼 생육 기간에는, 물을 대었다 떼고 대었다 떼는 간단間斷 관개로써 클로버를 죽이지도 않고 살리지도 않은 정도로 제어하며 잡초 발생을 막는다. 클로버는 고온일 때는 물 깊이 대기로 생육을 정지시킬 수 있고, 고사시킬 수도 있다.

이 방법은 잡초 대책 및 지력 증강 대책으로서는 재미있지만, 다수확 재배 방법으로 쓰기에는 무리가 있다. 그러나 방법에 따라서는 다수확과 동시에 일손을 줄이는 재배법으로도 응용이 가능하다.

2) 심기 차례를 이용한 잡초 대책

잡초 발생을 미연에 막기 위한 방법으로 효과적인 것은 심기 차례를 이용한 방법이다. 작물과 작물을 이어서 재배한다. 곧 앞그루를 수확하기 전에 다음 작물이 그 사이에서 자라게 하는 것이다. 이런 상태가 잡초 발생을 줄여준다.

벼 수확 전에 보리를 직파하고, 보리를 거두어들이기 전에 볍씨를 직파한다. 맥간麥間 직파, 곧 보리 사이 볍씨 직파는 이 이론에 따른 것이지만 실제로는 잘못하면 실패하기 쉽다. 그러므로 다음과 같은 점에 주의하면 좋다.

- 보리의 그루 간격을 좁힘으로써 벼 재배 시의 잡초 발생량을
  줄인다.
- 품종이나 심는 시기를 바꿔본다.
- 경종법이나 관배수 방법을 바꿔본다.

물 대는 방법

벼 직파 재배에서는 모를 길러 심는 경우와는 다른 관개법이 필요하다. 그쪽이 유리하다. 만약 모내기 재배의 경우와 같은 방법을 취하면, 생육과 수량 양면에서 모내기 벼와 같아진다.

나는 벼의 전반(가지치기가 가장 왕성할 때까지)은 밭 재배로부터 출발하여 간단 관개를 행하고, 이삭 형성기 이후에는 간단~절수 재배를 행하는 것이 좋다고 보고 있다.

[물대기의 일례] 파종한 뒤 1개월은 물을 빼지만, 잡초 구제를 위해 한때 물을 깊이 대는 일이 있다. 유효 분얼기에는 10일~15일에 한 차례 물을 깊이 대고(수분 50~60퍼센트), 이삭 형성기 이후에는 5~7일에 한 차례 물을 대고(수분 60~80퍼센트), 이삭이 팬 뒤에는 7~10일에 한 차례 물을 대고(수분 60~100퍼센트), 물을 뗀 뒤에도 지나치게 건조해지

는 것은 피한다.

다수확을 목표로 비료를 많이 주고 밀식 재배를 할 때는, 특히 전반은 절수 재배를 통해 생육을 억제하고, 후반에 중점을 둔 재배 방식을 취할 필요가 있다.

직파 재배에서는 용수의 3~4할을 절약할 수 있지만, 후반에는 부족해서는 안 된다. 후반에 부족하면 수량만이 아니라 품질을 떨어뜨린다.

비료 주기

벼 직파 재배의 경우 비료 효과가 막연하고 분명하지 않은 점이 많은데, 그것은 허용량이 크기 때문이라고 보인다. 시비량에도 폭이 있어, 소량의 비료에서는 모를 길러 모내기를 한 벼처럼 민감하게 비료 효과가 나타나지는 않는다.

직파는 비료 효과가 나쁘고, 초기에는 모를 길러 낸 벼보다 2~3할 비료를 더 주는 쪽이 무난한 것 같다. 이것은 직파에 밭 상태로 재배하면 초산화硝酸化로 유실이 심한 것, 그리고 관계용수에 의해 공급되는 비료분이 적은 것 등에 원인이 있는 것처럼 보인다.

그러나 직파는 극히 적은 비료로도 표준의 9할 수량을 올릴 수 있고, 직파가 근본적으로 다량의 비료를 필요로 하는 것은 아니다.

용수 사용량을 줄임에 따라 비료 시비량을 늘리는 것이 좋은 것은 사실이다. 즉 분얼기, 특히 그 후기에 절수를 하면 벼가 크게 자라지 않기 때문에 도복 우려는 대단히 줄어든다.

나는 절수 재배를 원칙으로 하고, 표준에서 5할 정도를 늘린 다비 재배를 실험한 일도 있다. 그때도 물대기 방법에 따라 도복하기도 하

벼-보리 연속 직파, 벼 성숙기 25×15센티

고, 전혀 도복하지 않기도 한다. 기준은 닭똥 30킬로그램이다.

보리농사의 시비량도 앞에서 소개한 것과 같은 방식으로 좋다.

다만 시비 시기는, 밑거름은 파종 전, 웃거름은 1월 중하순, 이삭거름은 3월 상순으로 한다. 웃거름은 나눠서 주어도 좋다.

보리농사에는 밑거름으로 석회질소를 300평당 80킬로그램 주면 제초 대책도 되어 편리하다. 닭똥 300킬로그램 주는 것을 기준으로 했다.

기계화, 특히 파종기의 문제

기계화는 되도록 하고 싶지 않지만, 파종기나 수확기는 피할 수 없는 면이 있다.

종래의 파종기에는 여러 가지가 있지만, 어느 것이나 토양을 삽날로 파고, 로터리로 잘게 부수고, 이랑을 짓고, 파종, 복토, 진압하는 것을 원칙으로 한다.

그러므로 파종 깊이가 일정하지 않은 게 많고, 복토된 흙의 상태에 따라 발아가 고르지 않은 일이 많다. 또한 복토, 진압을 한 뒤 제초제를 살포하기 때문에, 농도가 높을 때는 약해를 나오고, 낮을 때는 잡초 방지 효과가 충분히 나타나지 않는다. 더욱 깊이 파종하면 발아가 안 되고, 얇게 파종하면 도복하기 쉽다.

나는 벼-보리를 직파한 뒤, 복토하지 않고 짚을 펴는 방법으로 바꾸었다. 따라서 파종기에 대해서도 이 목적에 맞는 원반형 파종기를 고안해보았다. 그 구조는 원반과 파종기를 연결해 하나로 만든 것이다. 토양이나 벼 그루터기를 회전하는 원반으로 잘라 열고, 폭 1~2센티, 깊이 3~5센티 정도의 뿌림 골을 만들어간다. 동시에 연동하는 파종기에서 씨앗이 점 혹은 줄을 따라 뿌려지는 구조로 돼 있다.

원반형 직파기

결론

벼-보리 직파 재배의 결론을 요약하면 다음과 같다.

1) 매우 적은 일손으로도 재배가 가능하다.

2) 벼-보리 직파 재배의 결점으로 거론되던 잡초 대책, 발아가 고르지 않은 점, 도복 등의 문제가 거의 다 해결됐다.

3) 수량도 보리는 보통 이상이 확보되게 됐고, 벼농사도 모내기 방식보다 뒤떨어지지 않는 데 그치는 게 아니라 밀식, 다비 재배가 용이하게 가능하고, 안전하고 다수확 가능성이 높다.

4) 파종 양식

벼-보리 다 파종 전에 밑거름과 제초제를 뿌리고, 좁은 뿌림 골 안에 점파하고, 복토하지 않고 짚을 덮는 방식을 취한다.

5) 파종법

벼-보리 모두 점 뿌리기, 줄 뿌리기 등 여러 가지를 실험해보았다. 생육, 잡초, 수확 등에서 볼 때 점파와 그루 파종(株播: 일정한 간격으로 여러 알의 씨앗을 뿌리는 것을 말한다. 역주)이 가장 실용적이다.

파종 간격은 25×35센티 정도가 가장 무난하고, 벼-보리 다 같아도 좋다고 생각했는데, 그 뒤 점점 더 배게 심어 현재는 둘 다 25×15센티를 기준으로 하고 있다.

6) 직파한 벼는 뿌리 부분의 생육이 좋기 때문에, 뿌리 썩음이나 추락 현상이 적고 결실이 좋다는 것이 특징으로 건강한 벼농사가 가능하다.

7) 보통 시기에 직파한 벼는 제1회 마디충 발생을 피할 수 있다. 또한 호마엽고병이나 균핵병의 발생도 줄어드는 것 같다.

다만 일찍 파종하면 풀멸구가 많이 생기고, 마디충의 2차 피해에도 주의를 요한다.

8) 품종은 줄기가 굳세고 수중형穗重型, 곧 이삭이 굵은 것이 좋지만 반드시 수수형穗數型, 곧 이삭 수가 많은 것이 나쁜 것은 아니다. 직파에 맞는 품종 개량이 필요하다.

9) 벼-보리 직파 재배는 무경운 혹은 소형 경운기로 얇게 갈고 파종해도 문제가 없다. 그러나 수년에 한 번은 다량의 유기물을 깊이 갈아 넣는 것이 좋다고 생각되기 때문에, 앞으로는 중형 이상의 트랙터에 의한 심경을 염두에 두어야 한다.

또한 이 파종법에 따르면 앞으로는 수확기, 탈곡기, 도정기를 바꿀 필요가 있다. 예를 들면 콤바인 등의 실용화가 재배 면에서 가능해진 것이다.

10) 클로버와 함께하는 벼-보리 직파법

이 방법은 가축의 사료 대책과 지력 증강이라는 면에서 농가 경영 상 유리한 방법이라 할 수 있다. 관개법에 주의하면, 충분히 실용 가치 가 있다고 생각된다.

벼 베기 전

11) 볍씨 겨울 뿌리기에 대해서는 아직 관찰 실험 단계이기 때문에 상세한 것은 다음 기회에 소개하기로 한다. 원반형 파종기로 낸 뿌림 골에 톱밥과 태운 왕겨 등을 뿌려 겨울철의 과습을 막고, 수분을 50~ 60퍼센트 이하로 유지함으로써 볍씨의 부패를 방지하면, 겨울 파종이 가능해진다.

〈현대 농업〉, 1966년 5월호에 게재된 유아사 이쿠오湯淺幾男 씨의 글

무경운 직파로 300킬로그램을 수확

새로운 벼농사 방법을 소개한다. '무경운 직파 재배'라 부르는 것이다. 이것은 다만 새로울 뿐만이 아니라, 다음과 같은 주목할 만한 내용을 가지고 있다.

- 따뜻한 지방의 벼가 가진 결함을 날카롭게 지적하고 있다.
- 직파 재배로 수확이 늘어났다.
- 일손을 줄이는 벼농사 방법이다.

그렇게 달콤한 벼농사가 과연 가능하겠는가 하는 의문을 가지시는 분이 있겠지만, 좌우간 읽어주시길 부탁한다.(현대 농업 편집부)

따뜻한 지방의 수도작水稻作 농가가 주목할 만한 새로운 기술이 전파되고 있다. 그 이름은 무경운 직파. 이미 10여 년간 이 기술의 확립을 위해 애써온 후쿠오카 마사노부 씨는 안정되게 300킬로그램을 수확하고 있다. 보리를 벤 뒤에 무경운 상태로 직파하고, 그 위에 보릿짚을 덮어놓는다. 벼를 벤 뒤에도, 경운을 하지 않고, 보리 씨앗을 뿌리고, 볏짚을 덮는다. 이것을 반복하며 10년이 넘게 땅을 갈지 않았으나 성적은 매우 좋다. 벼는 초장이 짧지만 이삭이 긴 모양을 하고, 이삭이 나오고 50일이 지난 뒤에도 살아 있는 잎이 다섯 장이나 있다.

파종 직후

씨앗을 뿌리고도 흙을 덮지 않는다. 그 대신 보릿짚으로 전면을 덮는다. 300평당 1톤은 필요하다(수확한 보릿짚 전량).

씨앗을 뿌린 뒤, 여러 날 많은 비가 내리며 물이 깊이 차면 발아가 대단히 나빠지기 때문에, 5~6미터 간격에 폭 25센티, 깊이 20센티 이상의 배수구를 반드시 만든다.

파종은 후쿠오카 씨가 고안한 기계(325쪽)로 한다. 파종기의 원반이 깊이 3센티의 V자 골을 파면, 뒤에 달린 파종기가 거기에 일정한 양의 볍씨를 떨어뜨려 나간다. 땅을 파는 것은 이 파종 골과 배수구뿐이다. 파종 골에 떨어진 볍씨는 볏짚에 덮여 습기와 공기를 풍부하게 제공받기 때문에 발아는 거의 걱정하지 않아도 된다.

가지치기 초기

마침내 보릿짚을 뚫고 어린 벼가 얼굴을 내민다. 발아 초기에는 너무 작고 어려 약간 미덥지 못할 수도 있다. 그러나 그것은 직파에서 흔히 있는 일로서 조금도 걱정할 필요가 없다. 이 사진은 가지치기 초기의 사진으로, 조금씩 벼다워지고 있다.

보릿짚이 있기 때문에 제초에 거슬린다. 파종 전에 한 차례 제초제 처리를 해두면, 뒤에는 분얼기 중에 논에 물이 없을 때를 틈타 스탐 유제를 뿌리면 된다. 짚은 땅을 비옥하게 만들기 때문에 무경운을 가능케 할 뿐만 아니라, 잡초를 막는 효과도 있다.

8월 중순

분얼기 후반

점차 성장이 활발해진다. 물은 아직 대지 않는다. 한 달에 한두 차
례 비가 내리는 것으로 충분하다. 물은 어린 이삭 형성기 이후에 처음
으로 댄다. 물 깊이 대기와 습윤한 상태를 2~3일씩 반복한다. 배수구
에만 물이 가득 차 있는 정도가 좋고, 표면을 물이 달리듯 하면 너무 많
다. 이삭이 다 난 뒤에는 습윤 상태를 유지한다.

클로버 초생 무경운 직파

이삭이 나기 전후

이삭이 나기 직전에 초장은 허리 정도. 잎은 곧추서 있기 때문에, 요즘 떠들썩하게 이야기되고 있는 수광 태세도 좋다. 그 덕에 힘 있는 이삭이 나온다. 평당 100포기로, 한 포기에 15~20줄기의 이삭이 나와 평당 이삭 수는 2,000~3,000본을 확보할 수 있다.

보통의 직파한 벼(우)와 땅을 갈지 않고 직파한 벼(좌)의 초장 비교

수확

다수확의 벼는 사진에서 보는 것처럼 잎이 튼튼하고, 살아 있다. 줄기는 최후까지 푸르다. 초장은 80~90센티다. 하지만 같은 직파라도, 모를 길러 낸 일반 벼처럼 연약한 모양으로 자라고 수량도 보통인 것이 있다. 이 차이는 분얼 시기에 물을 깊이 댄 결과다. 물 때문에 초장은 많이 자라지만 이삭이 적고, 가을에 빨리 시든다. 물대기를 늦춘다 → 그걸 위해 짚을 편다 → 무경운이 가능해진다고 하는 후쿠오카 마사노부의 이 방법은, 참으로 독창적이고 합리적인 직파 기술이라고 하지 않을 수 없다.

H. 녹비와 함께하는 벼-보리 연속 무경운 직파

이 방법은 콩과의 녹비 식물과 화본과인 벼와 보리를 하나로 통합한 재배법이다.

재배 개요

벼를 베기 전인 10월 상순쯤에 벼이삭 위에서 클로버 씨앗을 뿌리고, 그다음 벼를 베기 2주일 전쯤에 보리 씨앗을 뿌려놓는다. 발아한 보리를 밟으면서 벼를 벤 뒤, 건조대에 걸어 말린다. 탈곡이 끝나면, 그때 생기는 볏짚은 자르지 않고 그대로 논 전체에 곧바로 뿌려놓고, 닭똥(또는 부식 유기 비료)을 준다. 또 벼의 해넘이 재배일 경우에는, 11월 중순 이후에 씨앗을 진흙경단으로 만들어 뿌려놓는다. 이것으로 벼와 보리 파종은 일단 끝난 셈이다. 보리 성숙기에는 보리 아래에 클로버가 무성하고, 그 속에서 볍씨가 발아한다.

보리 베기를 하는 5월 하순쯤(조생 보리는 5월 20일)에는 벼가 쑥쑥 자란다. 보리를 베면서 동시에 클로버도 베는데, 작업에 방해되지는 않는다. 벤 보리는 3일 정도 말려서 건조시킨 다음에 묶어서 탈곡한다.

그때 나오는 보릿짚은 자르지 않고 그대로 논바닥 전체에 뿌려놓고, 그 위에 닭똥을 뿌린다. 얼마 뒤에는 이 보릿짚 속에서 벼가 머리를 내밀고, 클로버도 다시 난다.

6월 상순, 클로버가 너무 무성해지며 벼의 성장을 방해할 때는 물이 새지 않도록 논두렁을 손보고 물을 대서 4일 내지 7일 정도 물이 고여 있게 하면, 클로버는 반죽음 상태가 된다. 그 뒤에는 물을 빼고, 벼가 건강하게 자라도록 한다. 어린 벼의 영양 생장기에는 물을 대지 않아도 좋은데, 성장 상황을 봐가면서 일주일이나 열흘에 한 번쯤 물이흐

재배법	전작	(월)11 12 1 2 3 4 5 6 7 8 9 10 11	
1) 벼 보리 연속 직파법	쌀보리	○ ××○ ××	올벼 늦벼
	보리	○ ×○ ×	올벼 늦벼
2) 벼 겨울 직파			
• 벼 보리 동시 직파법 (가을 파종)	쌀보리 (조생)	○○ × ×	올벼 늦벼
• 벼 동파 춘파 직파	가을 채소	○ ×× ○○ ×	올벼 늦벼
• 맥간 직파법	쌀보리	○ × ○○ ×	올벼 늦벼
3) 초생 벼 보리 직파법	쌀보리 토끼풀	○ ×○ ×	늦벼

○······ 파종기   ×······ 수확기

르는 정도의 물대기로 좋다. 이삭 형성기 이후에도 간단 관수를 되풀
이하는데, 토양에 수분이 80퍼센트 정도면 좋다. 다만 5일 이상 연속
해서 물을 대지는 않도록 한다.

한마디로 말하면, 벼의 전반은 밭벼에 가까운 상태가 좋고, 자람에
따라서 차츰 관수량을 늘리고, 벼이삭이 나온 뒤에는 많은 물을 필요
로 한다. 이때 깜빡하면 안 된다. 300평당 1톤을 목표로 할 경우에는
무체수無滯水 재배, 곧 물이 정체되지 않는 재배를 원칙으로 하므로 세
심하게 물 관리를 해야 한다.

농작업

이 벼농사 방법은 매우 간단하지만 조방 재배는 아니다. 오히려 가
장 고도의 기술이 요구되기 때문에, 농작업은 매우 정확하고 엄격하
게 이루어져야 한다.

가을에 벼를 베기 전후부터 하는 작업을 순서대로 적으면 다음과 같다.

1) 배수, 도랑 파기

보통 논을 벼-보리 연속 무경운 직파 재배로 바꿀 경우, 처음에 해야 할 일은 배수구를 설치하는 일이다.

벼 수확기가 가까워지면, 논을 벼 베기에 지장이 없을 정도로 말릴 필요가 있다. 벼를 베기 2주 내지 3주 전에 수문을 열어서 물을 완전히 뺀다.

배수가 잘 되게 하기 위해서는 정성 들여서 깊게 파야 한다. 배수구의 폭이나 깊이는 어느 쪽이나 20센티 정도가 좋은데, 깊을수록 좋다. 보통 삽날 깊이가 좋다. 폭 또한 삽날 정도면 된다.

이런 배수구를 보리를 벤 뒤의 논에 4미터 내지 5미터 간격으로 설치해놓으면, 물기가 많은 논에서도 녹비와 보리가 잘 자란다. 이 배수구는 한 번 만들어놓으면 오랫동안 사용할 수 있다. 보리농사 때는 물론 벼농사 때도.

2) 벼 베기, 탈곡, 도정

잎이 두세 장쯤 자란 클로버와 보리를 밟으면서 벼 베기를 한다. 기계로 벨 수도 있지만 자급 정도의 소규모로 농사를 짓는 농가라면, 낫으로 벤 뒤 발탈곡기를 이용한 탈곡으로도 충분하고, 그쪽이 경제적으로도 더 유리하다.

3) 녹비와 보리와 볍씨 파종

• 흩어뿌리기 ─ 녹비와 보리 씨앗은 벼 베기 전에 벼이삭 위로 뿌려놓으면, 토양에 수분이 있기 때문에 쉽게 발아한다. 아직 겨울풀이 나지 않을 시기이기 때문에 잡초 대책으로도 좋다.

• 점뿌리기 또는 줄뿌리기 ― 보리와 볍씨는 벼를 벤 뒤, 간이 파종기로 줄뿌리기 아니면 점뿌리기를 해도 좋은데, 벼 베기 전에 손으로 뿌리는 것이 일손을 줄일 수 있고 발아, 생장, 잡초 대책상 유리하다.

• 파종량

(300평당)	파종 시기(월)
클로버 500g	9월~10월, 또는 3~4월
보리 3~10kg	10월 하순~11월 중순
볍씨 3~10kg	11월 중순~12월

다수확을 목표로 한다면 한 알씩 고르게 뿌리는 것이 좋겠지만, 처음에는 벼와 보리 다 같이 10킬로그램 정도 뿌리는 것이 좋다.

• 품종 ― 보통 수량을 올리기 위해서는 그 지방에 적당한 품종이 좋지만, 다수확을 올리기 위해서는 굳세고 잎이 곧추서고 수중형, 곧 이삭에 벼가 많이 달리는 품종이 좋다.

• 해넘이 벼(越年稻) ― 이 경우는 볍씨를 코팅할 필요가 있다. 장기 보호제로서 합성수지 용액 속에 살균제, 살충제를 혼합하여 종자에 씌운 뒤에 뿌리면 해넘이 재배가 가능해진다. 농약을 쓰고 싶지 않다면 진흙경단으로 만들어 뿌린다.

• 진흙경단 만들기 ― 가장 조잡한 방법으로는, 종자량의 5~10배 이상의 진흙이나 찰흙을 잘게 잘 부순 다음 종자를 섞고, 물을 부어 발로 밟아서 버무린다. 그 뒤 그것을 구멍 크기가 1센티인 철망에서 밀어내어 반나절쯤 건조시킨 뒤, 누르고 비비거나 믹서 속에서 굴려서 대략 새끼손가락 끝(1센티) 크기의 경단을 만든다. 한 개의 경단 속에 네다섯 알 정도의 볍씨가 들어 있는 것이 이상적이다.

한 알의 경단 만들기를 위해서는, 물로 축인 볍씨를 바구니에 넣거나 믹서에 넣고 분무기로 물을 치면서 찰흙가루를 묻히면 눈사람을 만드는 것처럼 흙이 붙어서 0.5센티 내지 1센티 크기의 진흙경단을 만들 수 있다. 다량인 경우는 콘크리트 믹서 같은 것을 사용하면 좋다.

찰흙을 섞은 밭흙을 사용해도 좋지만, 이 경우는 초봄이 되기 전에 너무 일찍 경단이 부서지며 쥐 피해를 입는 일이 있다.

• 일모작인 경우 ─ 보리농사를 짓지 않고 벼농사만 지을 경우도, 클로버를 가을에 뿌려놓고 봄이 되면 그동안 자란 클로버 속에 볍씨를 뿌리고 물을 대면 좋다. 한편 자운영과 보리를 일찍 뿌려놓고 2월과 3월 사이에 한 번 베어서 그것을 가축의 사료로 써도, 그 뒤에 다시 난 보리로 250킬로그램 내지 300킬로그램의 보리를 수확할 수 있다.

밭벼 일모작의 경우는 개자리나 연*을 써도 좋다.

• 얕게 갈고 직파(긁어 뿌리기) ─ 가을에 보리와 볍씨를 각각 10킬로그램씩 동시에 뿌리고 긁거나, 경운기로 얕게(5센티) 간 뒤 클로버와 보리씨, 볍씨를 뿌리고 볏짚을 덮는 방법 등이 있다. 혹은 얕게 간 뒤 파종기로 점 뿌리기나 골 뿌리기를 해도 좋다. 누수 지대에서는 처음에는 이 방법을 취하고, 차차 무경운 직파로 하면 좋다.

4) 비료 주기

벼 베기가 끝나면, 볏짚을 뿌리기 전이나 후에 닭똥을 300평당 300~400킬로그램 정도 뿌려놓는다. 이삭거름으로 100킬로그램을 2월 하순에 주는 것도 좋다. 벼농사를 위해서는 보리를 벤 뒤에 준다.

---

* 수련과의 다년생 풀로, 연못에 나는데 논밭에서 재배하기도 한다. 뿌리줄기는 굵고 가로 벋으며 마디가 있다. 잎은 둥근 방패 모이며 물 위에 뜨고, 여름에는 희거나 붉은 꽃을 피운다. 뿌리는 먹고, 열매는 연밥이라 하여 한방 약재로 쓰인다. 역주

다수확을 목표로 할 경우에는 보릿짚을 덮어주기 전이나 후에 건조한 닭똥을 200~400킬로그램 뿌려주면 좋은데, 어린 모일 경우 생똥은 피해를 입을 수 있으니 주의할 필요가 있다. 웃거름은 보통 줄 필요가 없는데, 줄기 속에 이삭이 생길 무렵(이삭이 패기 24일 전)에 소량(100~200킬로그램)의 닭똥을 주어도 좋다.

그러나 자연농법의 입장에서 보면, 인위적으로 닭똥 등을 주는 것보다 볏모가 어른 모가 됐을 때쯤 논에 오리 새끼를 300평당 열 마리정도 놓아 기르는 것이 좋다. 오리가 잡초와 벌레를 먹고 논을 휘젓기까지 해주니 일석삼조다. 다만 들개나 소리개를 막아야 한다. 어린 잉어 새끼를 구해 넣는 것도 좋다. 논을 입체적으로 보고 활용하면 고단백 식량을 동시에 생산할 수 있다.

5) 짚 펴기(짚 멀칭)

자연농법의 벼농사는 짚으로부터 출발했다. 보리의 발아를 촉진하면서 아울러 겨울 잡초의 발생을 막고, 또 논흙을 비옥하게 만들기 위해서는 논 전면에 볏짚을 펴줄 필요가 있다.

벼를 수확하고 탈곡하면 짚이 생기는데, 이 짚 전부를 자르지 않고 긴 채로 논바닥 전면에 고르게 펴놓는 것이다.

보리를 벤 직후에 보릿짚을 뿌리는 것도 마찬가지인데, 건조한 짚이 한 번 비에 젖으면 무거워져서(다섯 배 이상) 운반하기 어려워질 뿐만 아니라 칼륨 등은 곧바로 빠져나가 버린다. 그러므로 탈곡을 하면 바로 논에 뿌려놓는 것이 좋다. 정성스럽게 하겠다고 카터기 등을 준비한다거나 하다 보면 품이 들어서 오히려 짚을 방치하는 결과로 이어지는 경우가 많다.

농부의 일은 사소하게 보이는 일이더라도 매우 면밀한 작업 체계

속에서 이루어진다. 그러므로 날씨가 갑자기 변하거나 일의 순서가 조금만 바뀌면 때를 놓치며 큰 실패를 하게 되는 경우가 있다. 탈곡 직후에 바로 볏짚을 뿌리면 무게도 가볍고 또 아무리 난폭하게 뿌려도 좋기 때문에, 두세 시간 만에 일을 끝낼 수가 있다.

이것은 일견 조잡하고 대수롭지 않은 일 같아 보이지만, 볏짚을 논에 펴는 것은 벼농사 기술상에서 보면 지극히 획기적이다.

지금까지 볏짚은, 농업기술자의 눈에는 벼 병충의 소굴로 여겨졌기 때문에, 두엄으로 완전히 부식시킨 뒤에 사용해야 한다는 것이 상식이었다. 도열병의 제1차 발생원을 끊겠다는 뜻에서 과거에 병리학자의 제안으로 홋카이도에서 대대적으로 볏짚을 소각했던 것처럼, 태워서 버리지 않으면 안 된다는 사고방식인데 이것이 농업기술자의 통념이었다. 볏짚을 논에 그대로 뿌린다는 것은 너무나 위험하고 무모한 일이라고 생각하던 시절의 일이었다. 나는 감히 퇴비 무용을 부르짖으며 보리농사에는 볏짚을, 벼농사에는 보릿짚을, 그것도 탈곡 후 생기는 짚 전량을 전면에 펴주자는 제안을 했다. 이것은 건강하고 강한 보리를 기른다는 것을 전제로 비로소 확립되는 기술이다. 그러나 오늘날에는 그런 건강한 벼-보리 농사에 중점을 두지 않은 채, 볏짚의 일부를 카터로 절단하여 논에 갈아 넣는 소극적인 기술로서 짚의 이용이 장려되기 시작한 정도인데, 그것은 아주 유감스러운 일이다.

일본의 논에서 생긴 짚은, 일본 논의 흙을 지키고 살리는, 즉 유기질 비료원으로서 가장 중요한 재료다. 그러나 이것을 아낌없이 태워버리고 돌이켜보지 않는 풍조가 오늘날 일본 열도 전체를 지배하고 있다. 가을에 논에서 볏짚을 태우는 연기가 길게 뻗치며 평야를 덮는 풍경을 보면서도 그것을 의문시하는 사람이 없다.

얼마 전까지만 해도, 퇴비 만들기가 얼마나 어려운지 전혀 경험이 없는 농업기술자나 농업지도사의 제안으로, 짚을 재료로 퇴비를 만들어 땅 비옥화하라는 퇴비 증산 운동이 전개되었다. 지금은 어떤가? 대형 기계로써 수확 작업을 한꺼번에 손쉽게 끝내게 되며, 그때 나오는 짚은 방치하거나 태워버리는 것이 현실이다. 볏짚 펴기는 그렇게 단순하지 않다. 일본의 국토를 지키느냐 황폐화시키느냐의 갈림길이 거기에 있기 때문이다. 그런데 그것을 통감하는 농부나 농업기술자나 농정가가 이 나라에는 한 사람도 없다.

일본 농업의 혁명은 이런 사소한 일로부터 출발하는 것이다.

6) 보리 베기와 탈곡

보리는 파종과 볏짚 펴기가 주된 작업이므로, 그 두 가지 작업을 마치면 보리 수확기까지는 아무것도 할 일이 없다. 따라서 보리 베기까지의 노동은 300평당 한 사람만 있으면 충분하다. 보리 베기와 탈곡을 포함해도 다섯 사람이 있으면 되고, 그 수확량도 600킬로그램 이상이다.

흩어 뿌리기를 해도 낫으로 보리를 벨 수가 있다.

7) 물 관리

벼-보리 농사의 성패는 발아와 잡초 대책에 달려 있고, 처음 10일부터 20일 사이에 거의 결정된다.

벼농사의 재배 관리는 관수와 배수가 주인데, 용수 관리는 벼농사 전 기간에 걸쳐 중요한 문제일 뿐만 아니라 농사를 시작한 지 얼마 되지 않은 햇병아리 농부일 경우에는 특히 힘들어하는 문제다.

모내기를 하는 일반적인 벼농사 지역에서 자연농법과 같은 특수한 재배법을 취할 경우는, 서로 파종 시기나 물 대는 시기가 다르기 때문에 주위 사람들과 말썽이 일어나기 쉽다. 특히 용수로는 공동 관리를 하기 때문에, 혼자서 긴 수로를 통해 남보다 일찍 물을 끌어오기는 쉬운 일이 아니다. 설령 물을 댈 수 있다고 해도, 주위의 보리밭이나 경운 전의 논으로 물이 새어나가서 폐를 끼치는 일이 일어나는 등 어려움이 많다. 이때는 서둘러 논두렁을 보수해야 한다. 하지만 물을 댔다 뺐다 하다 보면 논두렁에 균열이 생기며 다시 물이 새는 일도 있다. 또한 논두렁을 일찍 만들면 만들수록 두더지 구멍 때문에 고생을 하는 일도 있다.

흔히 '두더지 구멍 정도야'라며 얕보기 쉽다. 하지만 두더지는 갓 만든 논두렁에 하룻밤 사이에 10미터가 넘는 긴 땅굴을 파서 논두렁을 엉망으로 만들어버리는 일을 예사로 한다. 두더지가 세로로 논두렁을 관통하면 논두렁이 약해지고, 땅강아지나 지렁이의 구멍에서도 물이 새기 시작하며, 오래지 않아 논두렁에 커다란 구멍이 뚫리게 된다. 논두렁에 생기는 크고 작은 구멍을 찾아내는 일쯤은 누구나 다 할 수 있을 것처럼 보이지만, 논두렁의 잡초를 언제나 깨끗이 깎아두지 않으면(1년에 세 번 이상 깎는다) 구멍의 입구나 출구를 일찍 발견하지 못하고, 구멍이 커진 뒤에서야 비로소 알아채게 되는 경우도 많다.

또한 벤 풀이나 짚단이 논두렁에 방치되어 있으면 반드시 그곳에 지렁이가 생기고, 지렁이가 생기면 거기에 두더지가 모여들게 된다.

구멍은 밖에서 볼 때는 작아 보여도, 내부는 가로 세로로 넓게 뚫려서 마치 동굴과 같은 경우가 많기 때문에 한두 줌의 흙으로 메울 수 없다. 구멍이 작더라도 하룻밤 내내 흙이 흘러나가면 그 양이 상당히 많다. 그것을 보수하기 위해서는 수십 킬로그램의 흙이 필요할지도 모른다. 또 연한 흙으로 대충 보수를 해놓으면 하룻밤 새에 다시 뚫리게 되는 일도 있기 때문에, 단단하게 개어서 보수를 하지 않으면 물을 완전히 막을 수 없다. 어중간한 보수로 실패를 되풀이하다 보면, 두렁이 크게 무너진다거나 구멍이 크게 난다거나 하여 고통을 겪는 일도 있다.

두더지 퇴치에는 여러 가지 기구가 있는데, 대통에다 판을 붙인 아주 간단한 도구라도 두더지의 통로에 설치해놓으면 쉽게 잡을 수가 있다. 두더지를 쉽게 잡을 수 있고, 둑에 난 구멍을 막을 수 있고, 또 논에 물을 가득 댈 수 있다면, 일단은 제 몫을 하는, 제대로 된 농부라고 할 수 있다.

물로 인한 고생을 체험해본 뒤에라야 비로소 자연농법의 어려움과 고마움을 알 수 있는 것이다.

얼마 전부터 산간의 높은 두렁을 콘크리트 두렁으로 바꾼다든지 비닐 시트로 덮고 있다. 이런 방법으로 담수가 가능할 것처럼 보이지만, 콘크리트의 낮은 부분이나 시트 밑은 두더지가 살기에 아주 좋아 2~3년 정도 지나면 흙으로 만든 논두렁보다 오히려 곤란한 일이 더 많이 벌어지는 일도 있다. 결과적으로 이런 공법은 농부의 일손을 덜어주지 못한다.

결국 논두렁은 해마다 다시 바르는 것이 좋다. 어떻게 하나? 먼저 낫으로 논두렁의 풀을 정성껏 벤다. 그다음 삽으로 원래의 논두렁을 삽날 폭으로 깎아내고, 고랑 부분은 괭이로 판 뒤, 물을 끌어오며 파놓은 흙을 쇠스랑으로 쇄토하며 버무린다. 이 작업이 끝나면 흙을 다시 논두렁 쪽으로 끌어올리고, 한나절 혹은 하룻밤 쉰 다음에 나머지 흙을 끌어올려 마감을 짓는 것이 순서이다.

논두렁 보수 작업에는 예로부터 써온 일본의 대표적인 농기구가 거의 다 사용된다. 그 간소하면서도 세련된 농기구로 논두렁의 입자 배

열 상태가 차례로 능률적으로 바뀌는 과정을 보면 합리적이고, 또한 토양 공학적으로 보아도 고도의 세련된 기술이라고 하지 않을 수 없다. 콘크리트나 비닐보다 우수하다는 것은 두말할 것이 없다.

또한 솜씨 좋게 이루어지는 논둑 보수 작업은 예술작품을 만드는 것과 같다. 농부가 논두렁을 바르고 진흙투성이가 되어 모내기를 하는 그 모습을 그저 비과학적 노동으로밖에 보지 않는 근대인의 시야에서 탈피하여, 그것을 예술적이며 종교적인 일로 보는 것이 자연농법의 사명이기도 하다.

8) 병충해 문제

"인간은 양생을 잘 못하기 때문에 의사가 필요하지만, 농작물은 정직하기 때문에 건강하게 벼를 재배하려는 마음가짐을 잃어버리지만 않는다면, 어느 해나 농약은 필요 없다"는 것이, 30년 동안 농약을 사용하지 않으며 관찰을 해온 나의 확신이다.

그러나 의심스러워하는 사람의 과학적인 눈으로 보면, 이 문제는 간단히 해결할 수 있는 문제가 아니다. 우연히 일어난 성공이 아니냐, 병충해가 크게 발생한 일이 없었기 때문에 그런 게 아니냐, 주위 논에서 뿌린 농약의 영향은 없었느냐, 단순한 회피가 아니냐, 해충의 이전 상황은 어떠냐 등의 문제에 대해서는 나는 오랫동안의 경험으로 이미 충분히 해결되었다고 보고 있다.

과거 30년 동안에 두서너 번 벼멸구*가 발생한 일이 있었는데, 에히메 현과 고치 현 농업시험장의 자연농법 조사 성적을 보아도 무농약으로 아무런 문제가 없다는 것을 알 수 있다. 이런 조사가 해마다 이루어지면 더욱 안심할 수 있을 테지만, 그보다 더 중요한 것은, 실제 논 속의 소동물 세계가 얼마나 복잡한 드라마의 세계인가를 아는 것이다.

농약의 영향이 얼마나 큰 것인지는 앞에서 말한 바와 같다. 농약을 뿌리지 않은 우리 논 위의 하늘에만 고추잠자리가 떼를 지어 날고, 벼 속에서는 메뚜기나 청개구리가 뛰어 돌아다닌다. 하늘에서는 수십 마리의 참새가 떼를 지어 날아다니고, 제비도 날고 있다.

농약 살포의 필요성을 논하기 전에 생물 순환의 세계에 인간이 손을 대는 게 얼마나 어리석고 위험한 일인지를 우리는 먼저 알아야 한다. 대다수 병충해는 생태적 예방으로 거의 다 해결할 수 있는 것이다.

I. 벼과 보리의 다수확 재배

자연농법은 과학농법에 비해 수확량이 뒤진다고 생각하기 쉬운데, 과학이 자연에 뒤지는 것이 원칙이다.

분석적이고 과학적인 사고방식의 입장에 서면, 다수확을 하기 위해서는 벼의 수량 구성 요소를 분해하고, 각각의 요소에 대해서 연구를 진행하고, 그것을 종합하고 조합해 나가면 수량이 차차 늘어나리라고 생각하기 쉽다. 그러나 이런 사고방식은 마치 등불 하나를 들고 어둠 속을 걷는 것과 같다.

어두운 밤 멀리 등대(이상향)를 향해서 등불 없이 가는 것과 달라서,

---

* 멸구과에 달린 곤충의 하나. 몸길이 8~10센티. 머리 꼭대기의 홑눈 사이에 두 개의 검은 무늬점이 있고, 어른벌레는 작은 매미와 비슷하며, 몸과 날개는 푸르고, 배와 다리는 황색이다. 여름과 가을에 나타나서 보통 잡초 속에 살며, 들풀에도 모여들고, 옆으로 걸어가는 것이 특징이다. 초식성인데 식물의 줄기 속의 액즙을 빨아먹어 과일나무나 그 밖의 농작물에 큰 피해를 주고, 벼의 위축병 등을 일으킨다. 흙 속이나 작물의 그루터기 등에서 어린 벌레로 겨울을 난다. 우리나라, 일본, 중국, 대만, 시베리아, 유럽 등지에 분포한다. 역주

목표가 없는 맹목적인 전진이라고도 할 수 있다.

이것은 기술의 출발점인 연구 대상이 제각각이고, 그 목표 또한 서로 같지 않기 때문이다. 가령 석 섬을 수확할 수 있는 벼에 대한 연구로 얻은 여러 가지 기술은, 여섯 섬이나 여덟 섬을 수확할 수 있는 벼에는 적용할 수가 없다는 것이다. 열 섬의 한계를 넘는 지름길은 우선 여섯 섬이나 여덟 섬을 수확할 수 있는 벼의 모습을 아는 것이 선결 문제로서, 목표를 정하고 기술을 그 방향으로 집중해야 한다.

줄기 길이와 첫 마디 사이의 길이 비교

구 별	A	B	C
줄기 길이(cm)	51.5(53)	55.8	62
첫마디사이길이(cm)	24.0(27)	24.3	23
비율	47 (51)	43	37

이상적인 벼의 모습

(단위 : cm)

구 별		A	B	C
이삭 길이		17.5	16.5	15.0
마디사이길이	제1	24	24.3	23
	제2	13.5	15.5	16
	제3	11	10	13
	제4	3	6	7
	제5	0	0	3
줄기 길이		51.5	55.8	62
잎몸길이	제1	23	22	21
	제2	29	31	29
	제3	25	40	36
	제4	19	42	38
	제5	—	—	30
	계	96	135	154
잎짚길이	제1	24	23	22
	제2	18	18	17
	제3	16.5	18	17
	제4	14.0	19	18
	제5	—	—	16
	계	72.5	78	90

잎몸의 길이 + 잎집의 길이 비교

(단위 : cm)

구 별	A	B	C
제1잎	47	45	43
제2잎	47	49	46
제3잎	41	58	53
제4잎	33	61	56
제5잎	—	—	41

세 그루를 조사한 평균치이다.

벼는 8등신이 좋은지, 6등신이 좋은지, 아니면 3등신이라도 좋은지, 이것이 정해져 있으면 농부의 목표도 뚜렷해지고 다수확에 이르는 지름길을 따라갈 수가 있다.

이상향의 벼를 먼저 안다

나는 벼를 실험실에서 분해하고 연구한 뒤 그 결과로부터 하나의 결론을 찾아내려고 하는 방법에서 한 걸음 물러서서, 그저 멀리서 벼를 바라볼 뿐 벼를 보지 않는 데(열 섬에 머물고 있는 벼의 모습에 미혹되지 않는 태도), 기존의 관념을 버리는 데 중점을 두었다.

이런 방법은 일견 무모하고 터무니없어 보이지만, 나는 그 방법 속에서 벼의 진짜 모습을 찾으려고 노력해온 것이다. 자연 벼의 모습, 건전한 벼는 어떤 벼인가를 알고 싶었고, 그 모습을 유지하면서도 인간이 요구하는 다수확 또한 가능한 벼를 찾고 싶었던 것이다.

나는 벼와 보리와 클로버를 동시에 키웠다. 클로버가 밀생한 속에서 수확기를 맞은 벼는 줄기가 짧고 아래 잎까지 건강하였으며, 이삭은 아름다운 황금색이었다. 그 뒤 가을~겨울 뿌리기의 벼농사를 시험했다. 그리고 무비료에 가까운 곳이나 지나치게 건조한 곳 등, 대단히 조건이 나쁜 곳에서 생장한 벼가 뜻밖에도 다수확이 될 가능성이 있다는 것을 알았다.

그 뒤 여러 해 이어서 땅을 갈지 않은 논에서도 다수확이 가능하다는 확신을 가지고, 이상형의 벼가 어떠한 곳에서 어떻게 자라는지, 거기에 중점을 두고 관찰해왔다.

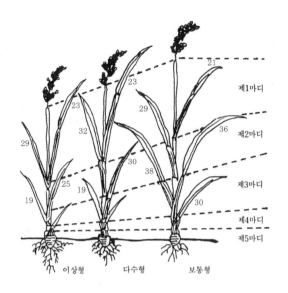

제1마디
제2마디
제3마디
제4마디
제5마디

이상형   다수형   보통형

이상적인 벼의 모습이란?

이상적인 벼의 특징을 정리하면 다음과 같다.

1) 줄기가 짧고, 그래서 키도 작다. 일견 단단해 보이고, 잎은 짧지만 크고, 직립형이다.

이요치카라伊予力(벼 품종의 하나임. 역주)는 본래 직립 단간短稈, 곧 줄기가 짧은 직립 품종이기는 하지만, 그보다 더 짧아 줄기 길이가 52센티 정도다.

논을 보고 느낀 것은, 한 그루에 15~22개 정도 가지치기를 했는데도, 작은 벼이기 때문에 이웃 논의 벼보다 못해 보였다. 그러나 성숙기에는 이삭이 고르게 많이 나왔고, 기운찼고, 이삭 색깔은 선명한 황금색이었다.

2) 짚 무게에 비교해 볍씨 무게는 150~167퍼센트였다. 보통 모내기를 한 벼는 대개 40~70퍼센트였다.

이상형의 벼

벤 벼를 건조시킨 뒤에 손가락으로 받쳐보면 이삭 가까이에서 균형이 이루어지는데, 보통 벼는 짚의 중앙부에서 균형이 이루어진다.

3) 상위 제1마디 사이 길이가 줄기 길이의 50퍼센트 이상이고, 제1마디에서 접으면 이삭이 짚의 기부보다 아래에 놓인다. 이 제1마디 사이 길이가 길고, 전체 줄기 길이와의 비율이 크면 클수록 좋다.

4) 위에서 두 번째 잎의 길이가 다른 잎에 견주어 최대인 것도 큰 특징이고, 아래 잎일수록 짧다.

5) 잎집은 비교적 길고, 제1엽의 잎집이 가장 크고, 아래 잎일수록 작다. 잎 길이와 잎집의 길이를 합해보면 제2엽과 제1엽이 서로 비슷하게 길고, 아래 잎일수록 짧아진다. 다수확이 안 되는 벼는 반대로 아래 잎일수록 크고, 제4엽이 가장 크다.

6) 신장절伸長節은 상위 네 마디로, 더구나 제4마디는 길이가 짧고 아래에 있기 때문에, 벼를 베어보면 그 짚은 마디가 둘이나 세 마디밖에 없다. 제4마디 위를 베게 되기 때문이다. 보통은 5~6마디가 있기

때문에, 이것과 비교해보면 이상해 보이기조차 한다. 벨 때는 네다섯 장의 잎이 있는데, 위의 완전 잎 세 장만으로도 한 이삭에 100알 이상의 완전한 나락을 얻을 수 있다. 그걸 보면 전분 합성을 위해 필요한 잎의 면적은 예상보다 적다. 대체로 한 알의 벼를 만들기 위해서는 1 평방센티미터까지도 필요가 없다. 0.6평방센티미터면 될 것 같다.

수량 조사

구 별	A	B	C
1㎡당 포기수	24	24	24
한 포기당 이삭수	18	20	20
한 이삭당 벼알수	115	70	53
한 이삭당 쭉정이수	10	18	21
한 이삭당 가감폭	90~150	62~128	56~116
한 포기당 벼알수	2,070	1,400	1,060
한 포기당 벼알의 무게	55.9	38.5	28.6
한 포기당 현미의 무게	47.6	32.2	24.4
한 포기당 짚의 무게	33	46	45.6
벼알과 짚의 무게 비율	167	83	62
벼알 1,000개의 무게	27	27.5	27
현미 1,000알의 무게	23	23	23
300평당 수확량(kg)	1,142	772	585
300평당 수확량(1섬: 60kg)	7.6	(5.1)	(3.8)

7) 초형草型이 좋으면, 절로 쌀알에 실속이 있어 현미 1,000알의 무게는 소립종小粒種일 경우 23그램, 보통 크기로는 24.5~25그램이다.

8) 강강직립형强剛直立型의 초소형超小型 벼, 곧 강건하고 직립하는 극히 작은 크기의 벼라면 1평방미터당 줄기 수가 고르게 600개라도 한 이삭에 달리는 나락 수나 여무는 정도에 영향을 주지 않는 것으로 보인다.

벼의 이상적인 모습

벼의 이상적인 모습에 대해 알아보자.

1) 초장草丈도 잎몸의 길이도 보통 벼와는 다르게 무척 작기 때문에, 다음과 같은 이야기를 할 수 있다.

나는 이전부터 벼농사에는 짚이 필요 없다는 생각에서, 짚의 성장을 촉진하기보다는 억제하는 데 노력을 기울여왔다. 생육 전반에는 물대기를 하지 않고, 볏짚 사용으로 밑거름의 비료 효과를 억제해왔다. 이 생각은 틀리지 않았다. 제5~6절의 성장은 저지하는 것이 좋았다. 나는 지금 벼는 지상부 3절, 곧 세 마디면 충분하다는 생각을 하고 있다.

2) 이상형의 벼에서는 마디와 마디 사이의 길이가 위에서부터 규칙적으로 반감하고 있다. 이것은 벼가 규칙적으로 순조롭게 자랐다는 뜻으로, 마디 사이의 신장은 어린 이삭 형성기 이후만으로 한정돼 있다.

3) 제2엽이 가장 길고 아래에 있는 잎일수록 짧다는 것은, 네 번째 잎이 가장 긴 따뜻한 지방의 벼나 일반적으로 생각되고 있는 바른 자세의 벼와는 완전히 반대다. 역삼각형 모양인 것이다. 그런데 이쪽이 가을이 되면 오히려 후자를 이기는 벼가 된다고 나는 보고 있다.

모든 잎이 다 직립하고 있으면, 위의 잎이 클수록 좋은 벼가 된다. 하지만 불건전하고 나약하다면, 위의 잎이 작을수록 직립이 되며 그늘을 만들지 않기 때문에 다수확이 된다. 따라서 위의 잎을 크게 키우면 늘어지고 그와 함께 수량이 줄어들게 된다는 것은, 이미 벼가 불건전하고 아래 잎이 지나치게 크기 때문이다.

4) 잎집이 잎몸의 길이에 비해서 길다. 잎집 길이가 길다는 것은 이삭 형성기에 영양 상태가 가장 양호했다는 것을 의미한다.

5) 이 벼는 일단 유묘기幼苗期는 별도로 하고, 영양 성장기에는 황색의 작은 벼로 있다가 생식 성장 이후에는 차츰 잎의 색깔이 짙어진다. 마디 사이 조사에서도 엿볼 수 있듯이 영양 상태의 변화는 대단히 평범하고 순조롭고, 비료 효과는 벼가 자라남에 따라서 늘어난 것 같다. 비료 효과에 혼란이 있었다고 생각되지는 않는다.

결국 이상적인 벼이삭은, 한마디로 말하면 후쿠스케*형의 세 마디풀(三節草)이라고 불러도 되는 이삭에 지상부로 보이는 마디는 서너 마디 정도인데, 거기서 볼 수 있는 것처럼 상부 마디 사이는 길수록 좋고 아래 제4마디와 제5마디 사이의 길이는 짧을수록 좋다. 팔등신 미인형이 아니라 작은 키에 튼튼한 수중형穗重型, 곧 이삭 하나당 벼 알 수가 많은 남성적인 벼이다.

물론 품종에 따라서 수수형穗數型(한 이삭에 열리는 벼 알은 적으나 이삭 수가 많은 벼. 역주)과 장간형長幹型, 곧 줄기가 긴 모양의 벼가 있는데, 그 벼들의 특성 자체가 나쁘다고 단정하는 것은 아니다. 내가 말하고 싶은 것은, 어디까지나 성장 촉진을 통해 나약하고 키만 큰, 그래서 쓰러지기 쉬운 벼를 만들지 말고, 억제해서 수렴 재배를 해야 한다는 것이다. 응결된 벼는 말하자면 강대한 에너지를 감춘 벼로서, 과밀한 가운데서도 수광 태세, 곧 빛을 받아들이는 자세가 혼란해지지 않고, 씨알에 실속이 있고, 병충에도 강하기 때문에 다수확을 올릴 수 있다는 것이다.

다음 문제는 어떻게 이런 벼를 논에서 길러낼 수 있느냐 하는 거다.

---

* 福助: 복을 가져온다는 인형의 이름. 키가 작고 머리통이 큰 남자가 상투를 틀고 일본 옷을 입고 앉은 모습이다. 한마디로 머리가 크다는 뜻이다. 역주

이상적인 자연 설계도

광합성 효율이 좋은 다수확형의 벼 한 그루를 기르기는 쉽다. 하지만 그것을 논 전체에서 기르기는 용이하지 않다.

원래 건전한 자연 벼라 하는 것은, 그 벼가 자라는 데 충분한 공간이 주어진 경우라는 것은 두말할 필요도 없다. 즉, '한 알 점 뿌리기'의 '드물게 뿌리기'로 하면, 벼 자신에게도 가장 바람직한 자연형이 된다. 그러므로 벼는 자신이 가지고 있는 최고의 능력을 발휘할 수가 있다.

자연형의 벼를 기르면, 벼는 잎차례에 따라서 규칙적으로 바르게 잎이 나오고 벌어진다. 햇볕이 끝까지 들기 때문에 각 잎의 수광 태세가 무너지는 일이 없다. 이런 이유에서 건강한 벼농사를 위해서는, 어떻게 해서든지 '한 알 성기게 뿌리기'를 해야 한다는 것은 애당초부터 예상했던 바이다.

하지만 실제로 무경운 직파 초기에는, 발아가 나쁘고 잡초 대책에도 고민을 하는 상태였기 때문에, 어쩔 수 없이 배게 심거나 뿌리지 않으면 수확을 안정시킬 수가 없었다.

그러나 배게 뿌리기는 아무래도 너무 무성해지기 쉽고, 개체 환경의 악화 때문에 무성해지는 것을 막으려고 해도 막아지지 않고, 특히 비가 많은 해 등에는 연약하면서 키만 큰 벼로 자랐다. 그런 해에는 벼가 쓰러져서 실패하는 일이 많았다. 무슨 일이 있어도 300평당 600킬로그램 이상의 안정된 다수확을 도모하기 위해서는 역시 드물게 뿌리지 않으면 안 됐다. 다행히 잡초 대책도 호전되고 지력도 좋아졌기 때문에, 점점 드물게 뿌리기가 가능한 조건도 갖추어가게 됐다. 한 알 뿌리기라고도 할 수 있는 흩뿌리기와 15~30센티 간격의 고르게 뿌리기를 해보고, 그 성적을 정리한 것이 다음 도표이다.

벼의 다수확 재배를 위한 설계

구별	목표 수량 (300평당)	파종량 (300평당)	발아수 (1㎡)	파종 간격 (평방 cm)
1	1,500kg	1kg	10	30
		1.4	15	27
2	1,200kg	2	20	25
		3	30	17
3	900kg	4	50	15
		6	100	10
4	750kg	8	250	6
		12	500	4
5	600kg	15	1,000	3
		20	1,000	2

벼농사 개요

	품 종	파종기	토양
1	초(超)수중형 해피힐* 2·3호	가을파종(11~12월)	비옥한 땅
2	수중형 해피힐 1호	겨울파종(12~3월)	비옥한 땅
3	수중형 또는 중간형	봄파종(4~5월)	보통 땅
4~5	수중형 또는 수수형	늦파종(6~7월)	척박한 땅

비고　초수중형:해피힐 2·3호 메벼, 찰벼　　수중형:해피힐 1호 메벼, 찰벼
　　　중간형:한국, 일본의 수중형　　수수형:일본 보통종
　　　보리농사의 파종은 본 도표에 준한다

1평만 베어서 조사한 성적(1963년)

품종＼항목	파종기(월·일)	1㎡당 그루수	1그루의 낱알수	풀길이(cm)
a	6.18	23	15 -20	80
b	6.18	23	10	89
c	6.18	23	8	102
d	7. 1	30	15 -20	75

*해피힐─해피힐이란 저자가 만든 개량종 볍씨의 이름임. 저자의 이름 福岡을 영역하여 福
　을 Happy, 岡은 Hill을 뜻함.

가지치기수(1그루)		총이삭수(1㎡당)		한 이삭당 낱알수		총이삭수(1㎡당)		비고
초수중형	(수중형)	초수중형	(수중형)	초수중형	(수중형)	초수중형	(수중형)	
25	(40)	200	(350)	(300)	—	—	(—)	초다수확
20	(30)	250	(400)	270	—	68,000	(—)	
15	(25)	300	(450)	250	(120)	75,000	(5.4)	집약다수확
12	(20)	350	(500)	200	(110)	70,000	(5.5)	
8	(13)	400	(550)	180	(90)	60,000	(5)	안정다수확
4	(10)	450	(600)	160	(80)	50,000	(4)	
2	(3)	500	(650)	150	(70)	50,000	(4)	일손을 줄인 재배
1.5	(1.5)	600	(700)	140	(60)	40,000	(4)	
1	(1)	700	(700)	130	(55)	40,000	(4)	조방재배
1	(1)	800	(800)	120	(50)	30,000	(3)	

닭똥 (kg)	물 관 리	파 종 법
600(밑거름 3, 웃거름 1, 이삭거름 2)	무체수(無滯水)	한 알 점뿌리기
500(3, 0, 2)	무체수(無滯水)	한 알 점뿌리기 또는 2-3알 점뿌리기
500(2, 0, 2)	간단 관수	한 알 점뿌리기 또는 4-6알 점뿌리기
300(1, 0, 2)	절수 재배	흩뿌리기

1그루당 가지치기수	이삭 하나당 낱알수	낱알1000개의 무게	300평당 현미무게	300평당 현미용량	수량순위
35	88	28.0g	1,163kg	7.7섬	1
26	73	26.0	875	5.8	2
16	104	30.0	773	5.1	3
28	67	26.5	786	5.2	4

(1섬은 60kg)

드물게 뿌릴수록 관리 면에서는 어려운 점도 있지만, 건전한 자연 벼로 자라기 때문에 이론 그대로 다수확을 할 수 있다는 것이 확인되었다.

파종량이나 간격은 절대적인 것이 아니라 때와 경우에 따라서 융통성 있게 대처해 나가야 하는 것은 당연한 일이다.

다수확의 의미와 한계

자연농법에 의한 작물의 다수확은, 자연 에너지를 최대한으로 흡수하고 축적하는 것이라도 해도 좋다.

그러기 위해서는 작물이 가진 모든 능력을 발휘해야 한다. 바꾸어 말하면 자연의 동식물을 인간이 이용하는 것이 아니라, 동식물과 그들을 둘러싼 생태계 자체의 활발한 활동을 돕는 것이 농부의 역할이다. 작물은 대지의 에너지를 흡수하고, 햇빛과 그 열기를 받아들여 합성한 에너지를 체내에 축적하기 때문에, 인간이 도울 수 있는 일에는 한계가 있다. 인간은 다만 대지의 파수꾼이 될 수 있을 뿐이다.

인간은 논밭을 갈아 작물을 기르는 것이 아니라 대지의 모든 미생물과 동식물의 활기찬 생활, 공존공영이라든지 약육강식의 질서를 수호하는 데 힘쓰면 좋다. 그러나 지상의 생태계를 파괴하고 생물 순환이나 윤회를 흩트리는 것은 항상 인간뿐이다. 따라서 대지의 파수꾼이라고 하지만, 사실은 대지를 지키는 것이 아니라 대지를 망치는 인간을 단속한다는 뜻이다.

수박밭의 파수꾼이 수박을 지키는 것이 아니라, 수박 도둑을 지키는 것과 마찬가지다. 자연은 스스로 자연을 지키며, 동식물의 무한한 발전을 돕고 있다. 인간은 그중의 일원일 뿐 지배자가 아니며, 또 방관

자가 돼서도 안 된다. 인간은 자연과의 일체관에 서야 한다. 이런 이유에서, 자연농법에서는 자연의 일원으로서의 분수 지키기가 엄격히 요구된다. 인간적인 욕망 때문에 다른 존재를 희생하는 일은 허용되지 않는다.

과학농법으로 작물을 재배하는 것은, 자연계에서 골라낸 특정한 작물 중에서 인간의 욕망에 맞는 것을 자기 자신을 위해서 재배한다는 것을 뜻한다. 따라서 다른 동식물의 번영을 희생해야 하고, 그에 따라 그들의 반발도 각오해야 한다.

가령 과학자가 한 배미의 논에서 다수확 재배를 계획했을 때, 벼 아래서 자라는 잡초는 벼의 영양분과 일광을 가로채는 존재로밖에 보이지 않는다. 따라서 이 방해자인 잡초를 철저하게 제거함으로써 태양의 에너지를 독점할 수 있으면 최대 수량을 올릴 수 있다고 생각하는 것은 당연한 일이다. 하지만 제초제로 잡초를 제거하면, 자연계의 순환에 혼란이 일어난다. 즉 잡초를 중심으로 생활하고 있던 곤충이나 미생물의 생태계가 파괴되며, 땅 위와 땅속의 생명 순환에 변화가 일어난다. 유기적 생명체인 흙이 균형을 잃게 되면, 그 흙에서 자라는 작물도 균형을 잃을 수밖에 없다. 그런 논의 벼는 약하기 때문에 병충해로부터 큰 피해를 입기 쉽고, 그것은 당연한 일이기도 하다.

잡초가 사라지며 벼가 태양 에너지를 독점하면 그 덕에 최대 수량을 얻을 수가 있다고 생각하는 것은 착각이다. 병약한 벼는 태양의 혜택을 충분히 흡수하지 못하며, 에너지를 헛되게 낭비할 뿐이다. 과학농법에서는 국부적인 파악에 그치기 때문에, 대국적 입장에 서서 종합적으로 파악하는 자연농법의 태양 에너지 활용에는 미치지 못하는 것이다.

자연농법에서는 풀을 제거하기 전에 그 풀의 존재 의미를 먼저 생각한다. 그 풀이 사람의 행위에서 온 부자연한 것인지 절로 난 것인지를 먼저 알아보고, 만약 후자라면 존재 가치가 반드시 있을 것이라고 생각한다. 풀은 풀로써 살린다. 자연의 흙을 지키기 위한 자연의 풀은 풀로서의 사명을 다하도록 배려되어야 한다.

사람들은 벼 아래에 벼와의 공존이 허락된 녹비가 우거지고, 물을 대면 물풀이 생길 경우, 이런 풀들이 직간접적으로 햇빛을 막아 벼의 수광성을 줄인다 생각한다. 그러므로 수확을 늘리는 데 마이너스가 되는 것처럼 생각한다.

하지만 이 모습이 자연 상태에 가까운 것이라면 결과는 달라진다. 종합적으로 보면, 벼 혼자 태양 광선을 축적했을 때보다 벼와 녹비와 물풀 등이 흡수한 에너지의 총량이 많다고 할 수 있다. 에너지의 가치는 단순히 양이나 칼로리의 계량만으로는 잴 수가 없다. 흡수된 에너지가 식물 체내에서 전환되는 에너지, 그것의 질적 가치도 당연히 종합하여 판단해야 하기 때문이다. 벼의 수광량만으로 단순히 판단하는 것과, 태양 광선에서 나오는 에너지의 양적, 질적 이용을 입체적으로 고려하는 것과는 서로 다르다.

태양 에너지가 녹비에 흡수되고, 그 녹비가 죽어서 질소원이 되고, 물풀로 이어지며 인산원이 된다. 그 영양분이 흙 속 미생물의 영양원으로서 활용되며, 그 미생물이 번식하고 죽어서 벼의 뿌리로 흡수된다. 이런 에너지나 원소의 순환 체계 전부를 동시에 인간이 파악할 수 있다면, 그것은 과학 이상의 과학이 된다. 자연에서 격리된 태양광선 에너지만을 생각하고 벼 잎만의 전분 합성량을 조사하는 데 그치면서, 태양 에너지를 활용하고 있는 것처럼 착각하고 있다.

자연의 일부를 단편적이고 분석적으로 아는 것이 얼마나 공허한 일인지, 그리고 일사일물一事一物의 가치 판단으로는 전체적인 파악을 할 수 없다는 것 등을 먼저 알지 않으면 안 된다. 과학자가 바람이나 태양 에너지를 활용하여 다수확을 꿈꾸기 시작한 순간부터, 인간은 풍력이나 햇빛이 무엇인지 그에 관한 전체관을 상실하고 에너지 효율 또한 떨어진다는 것을 알아야 한다. 빛이나 바람을 물질로 보는 그 자체가 벌써 잘못이라고 말할 수 있다.

나 자신도 작물을 재배하면서 그 성장 상황을 해석하고 있지만, 그것은 어디까지나 사람의 지식이나 지혜로 다수확을 얻으려는 것이 아니다. 그것은 인간이 자연의 활동이나 순환을 어지럽히며 그에 따라 일어나는 감손을 방지하기 위해 고생할 수밖에 없는 여러 사정을 해석해서, 인간의 반성을 촉구하기 위한 일일 뿐이다.

진짜 다수확은 자연의 살아 있는 활동 속에서 생기는 것이지, 자연에서 고립되고 멀어진 상태에서 달성되는 것이 아니다. 만약 부자연스러운 환경에서 증산을 꿈꾼다면, 그것은 반드시 기형적이며 변질적인 형태가 될 수밖에 없다. 겉으로 드러나는 양과 질의 다수확만으로 끝나는 것이다. 근본적으로 보면, 인간은 자연에 더할 것을 아무것도 가지고 있지 않고, 힘도 없다.

한 배미의 논이 받는 태양 에너지에는 한계가 있다고 보면, 당연히 자연농법의 수량에는 한계가 있다. 하지만 인간의 지식은 대체 에너지를 개발할 수 있는 힘을 가지고 있기 때문에 과학의 발달, 수량의 증가는 무한하다고 일반 사람들은 생각하고 있는 것 같다. 그러나 사실은 완전히 거꾸로다. 인간이 무無의 입장에 서면, 태양은 무한의 힘을 발휘하지만, 인간의 욕망의 대상이 되면 태양 또한 유한한, 미력한 존재로 바뀔 수밖에 없다. 결국 자연 다수확 이상의 과학적 다수확 대책은 없다. 사람의 지혜에서 출발한 노력은 헛수고로 끝나고 무위의, 대책을 넘어선 대책만 남게 된다.

내가 제안하는 '녹비 초생 무경운 연속 직파', 곧 풋거름 풀과 함께하는 무경운 연속 직파가 자연농법의 하나의 원형이라고 할 수 있느냐 없느냐 하는 문제도, 이 방법이 보다 자연에 가까운 무위의 대책이라고 할 수 있느냐 없느냐에 따라 결정된다.

일본 국토에서는 앞그루로 벼, 뒷그루로서 보리가 가장 적당하기 때문에 총 생산량이 높은 벼와 보리 연속 재배가 국토를 살리는, 바꾸어 말하면 자연의 힘을 최대한으로 활용하는 농법이라고 할 수 있다.

내가 볍씨를 가을에 뿌리고 1년이 걸려서 짓는 해넘이 재배에 힘을 쓰는 것도, 그 오랜 기간의 재배가 1년을 통해서 자연 에너지를 가장 많이 흡수할 수 있다고 생각하기 때문이다.

벼를 녹비와 함께 재배하는 것은 공간의 입체적 활용이고, 볏짚의 피복/환원은 자연 상태계의 순환을 활성화하기 위해서다. 모든 것은 최종 목표인 무위자연에 가까워지고자 하는 노력의 현현이었다고 할 수 있다. 나의 벼농사 연구 과정을 정리한 구심적 수렴의 도표를 보면, 처음부터 내가 무엇을 목표로 해왔는지, 어떤 일을 해왔는지 일목요연하게 알 수 있다(37~39쪽 참조).

내가 발상하고 제안하고 있는 방법은, 전체적 입장에서 보면 모든 면에서 적어도 한 걸음 자연에 가까워진 농법이 되어 있을 것이 틀림없다. 그러나 과학자의 눈으로 보면, 이 자연농법도 평범한 백 개의 농법 가운데의 한 사례에 지나지 않는다고 생각될 것이다.

과일나무

A. 과수원의 개설

과수원의 나무 심기는 산림의 나무 심기와 거의 같은 방법을 취하면 된다. 즉 나무를 베고, 베어서 넘어뜨린 나무의 가지나 잎을 무엇하나 바깥으로 내지 않고, 등고선에 따라서 늘어놓고 절로 썩기를 기다린다.

과일나무 심기는 산에 나무를 심는 것처럼 등고선에 따라서 일정한 간격으로 심으면 된다. 할 수 있다면 구덩이를 깊이 파고, 그 안에 조대 유기물을 파묻고, 그 위에 심는 것이 좋다.

실생묘實生苗와 접목묘接木苗

다음 문제는 대목臺木이다. 자연농법의 입장에서 보면 당연히 접붙인 나무보다는 실생묘가 좋지 않을까 하는 생각이 든다. 흔히 접붙인 나무가 사용되는 것은, 접붙인 나무를 심으면 열매를 맺기까지의 기한을 앞당길 수 있다든지, 품질이 통일된 과일이 나온다든지, 성숙기가 빨라진다든지, 추위나 질병에 잘 견디는 성질을 갖고 있다는 등의 이유 때문이다. 그러나 접목을 하면 그 접합부에서 수액의 흐름이 방해를 받기 때문에 나무는 키가 잘 크지 않고, 비료를 많이 주어서 재배해야 하며, 나무의 수명 또한 짧고, 더위나 추위를 이기는 힘이 약하다.

실생묘는 대개의 경우 개량 전의 품종 특성이 다시 나타나거나 퇴화하기 때문에 성장이 고르지 않고 열악한 나무로 자라서 실용 가치가 없지만, 나무의 기본적인 모습이나 성장 속도를 알 수 있는 실마리는 되지 않을까 하여 시험 삼아 심어보았다.

원칙적으로는 실생묘의 성장 속도가 접목묘보다 빠르지만, 실제로는 처음 2~3년은 실생묘가 접목묘의 성장을 따라갈 수가 없고 그동안의 관리도 불편하다. 그러나 용의주도한 관리 아래서 키우면 실생묘가 가장 빨리 자라고, 감귤류로는 유자나무, 여름 귤나무와 접을 붙인 나무 순으로 자라고, 탱자나무와 접을 붙인 나무가 제일 성적이 안좋고, 뿌리도 같은 순서대로 낮게 내린다.

일반적으로 귤류는 뿌리를 깊이 뻗고 키도 크게 자란다. 뿌리를 얕게 내리지만 추위를 잘 견디는 탱자나무와 접을 붙인 접목묘를 사용하거나, 사과는 키가 작은 품종을 골라 작게 키우는 것도 좋다. 하지만 직파로 실생묘를 키워 웅대한 자연형의 나무를 만들어보는 것도 경우에 따라서는 좋을 것 같다. 과일은 천차만별로 열리고 고르지 않기 때문에 일반 시장에 낼 수 있는 물건은 안 되지만, 그런 이상한 종류 속에서 희한한 과일이 생길 가능성도 있다. 변화가 많은 자연농원을 만들고 그것을 즐기는 인생도 나쁘지 않다.

관리 문제

자연농원을 목표로 나무를 벤 뒤, 곳곳에 조금 큰 구덩이를 파고, 삼나무 묘목을 심듯이 가지치기를 하지 않은 묘목을 심는다거나 소나무 씨앗 직파와 같은 방식으로 씨를 뿌린 뒤 방치하는 것이기 때문에, 그 뒤 잡목의 그루터기에서 싹이 나 높이 자란다거나 사람 키 이상으로 잡초가 무성해지는 것은 당연하다. 따라서 농원 관리는 1년에 두 차례 산림용의 큰 낫을 이용하여 잡초를 베어내는 것이 주된 일이다.

[나무 모양의 교정]

옮겨 심은 어린나무는 초기에 가지다듬기의 의미로 다소 순치기를 하는 것이 좋다. 어린나무를 이식할 때 잎이나 가지 끝이 시들어 말라버렸다거나 뿌리가 많이 잘려나간 경우에는 부자연스럽게 다수의 싹이 돋거나 혼란스럽게 날 때가 있기 때문이다.

또는 어른 나무의 그늘에 가려서 키만 삐죽하게 큰다거나, 아래 부분의 가지가 시들어 올라가는 경향이 강해지는 일도 있다. 그것을 그대로 방치하면, 나무는 일생 동안 부자연스러운 모양으로 말미암아 고생을 해야 한다. 그때는 하루빨리 자연형에 가깝게 만들어주는 것이 좋다. 부자연스러운 곳에서 나온 싹은 재빨리 따줘야 한다.

처음부터 순조롭게 자란 나무는 자연형에 가깝기 때문에, 그 뒤는 방임해도 아무런 문제가 없다. 따라서 처음 한두 싹을 따는 작업이 대단히 중요하다. 그 작업이 잘 됐느냐 못 됐느냐에 따라 그 나무 평생의 수형樹形이 정해지고, 과수원의 운명 또한 그런 작은 일에서 좌우되는 것이다.

하지만 실제로는 어떤 싹을 남기고 어떤 싹을 따내는 것이 좋을지 그 판단이 어려운 때도 많다. 나무가 너무 어릴 때 원가지*나 곁가지를 인간의 지혜로 무리하게 정하고 전지를 하면, 그 밖의 생육 환경에 따라 원가지와 곁가지가 어긋나는 일이 있기 때문에 이른 전지가 헛고생이 되는 일도 있다. 자연 상태 속에서 키우면 자연형의 나무로 자랄 것이라고 생각하기 쉽지만, 예상과 달리 방임수가 돼 버린다. 자연형으로 만들기 위해서는 방임이나 조방粗放 재배가 아니라 보다 효율적인 관리와 보호가 필요하다고 하겠다.

[잡초]

관리 면에서 가장 흥미로웠던 것은 잡목이나 잡초의 추이였다. 나무를 심고 4~5년 지나자 참억새 등의 잡초가 많아지며, 어느 곳에 나무가 있는지조차 알 수 없어 제초 작업이 쉽지 않을 때도 있었다. 초생 재배, 곧 풀과 함께 가꾸기가 아니라 수간 재배, 곧 나무 사이 재배라고 이름붙여 본다거나 할 정도였다.

이런 잡목 속의 과일나무 중에는 성장이 너무 고르지 않고 성적이 나쁜 것도 생기지만, 그러나 재미있는 것은 병충의 피해가 없었다는 점이다. 풀베기를 계속해가는 동안에 차차 잡목이 줄어들며 수많은 잡초, 고사리, 띠, 쑥, 칡 등이 자라났다. 이 무렵에 클로버 등을 전면에 뿌려서 잡초를 몰아내도록 하는 것이 좋다.

---

* 가지를 나누는 용어로서 원가지主枝, 곁가지側枝, 버금가지亞主枝 등이 있다. 원줄기에서 직접 나서 자란 가지를 원가지(primary scaffold branch)라 하고, 원가지에서 나서 자란 가지를 곁가지 (secondary branch)라 한다. 역주

[계단 만들기]

5~6년이 지나며 조금씩 열매를 맺는 나무가 생기기 시작할 때, 작업상의 편리함을 위해 나무 뒤의 경사면을 삽으로 파서 계단이나 농로를 만들면 좋다. 계단이 만들어지고, 잡초도 급속히 밭 잡초인 별꽃, 여뀌, 바랭이 등으로 바뀌어 자라기 시작하고, 그것이 또 클로버로 바뀌면 과수원답게 되는 것이다.

B. 입체적 자연 과수원

자연으로 복귀한 입체적 자연 과수원의 모습을 나는 다음과 같이 그리고 있다. 적지적작에 산은 산, 골짜기는 골짜기를 살리고, 과수 단수종 재배, 곧 한 가지 수종 재배를 그만두고 낙엽과수와 상록과수에 반드시 거름나무*를 섞어 심는다. 그 거름나무도 질소 비료를 만드는 콩과의 아카시아류는 물론 인산이나 칼륨 등의 양분을 만든다고 생각되는 개복숭아나무, 오리나무, 나한송 등을 섞어 심는다.

또 이들 큰키나무**와 떨기나무***에는 덩굴성의 포도나 으름덩굴이나 키위 등이 타고 올라가며 자라도록 하는 것도 재미있는 방법이다.

과일나무의 밑풀로는 콩과 녹비 작물은 물론, 흙을 기름지게 하는 데 도움이 되는 각종 잡초를 심는다. 또한 목초나 야채를 들풀처럼 무

---

*　肥料木: 거름으로 쓰기 위해 심는 나무로 뿌리는 땅속을, 줄기나 가지와 잎은 지상을 비옥하게 만든다. 역주

**　喬木: 줄기가 곧고 굵으며 높이 자라고 비교적 위쪽에서 가지가 퍼지는 나무. 소나무, 전나무 따위. 역주

***　灌木: 키 2미터 안팎의 나무로 원줄기가 분명하지 아니하고 밑둥에서 가지가 많이 나는 나무. 진달래, 사철나무, 앵두나무 등이 이에 해당한다. 역주

성하게 기른 다음, 가금이나 가축을 놓아먹이는 것도 좋다.

이렇게 입체적으로 공간을 살린 자연 과수원은 종래의 획일적인 대량생산 방식의 과수원과는 모습을 완전히 달리하므로, 자연과 함께 살려고 하는 자연인에게는 지상의 낙원이 될 것이다.

C. 과수원의 땅 만들기(무비료 재배)

과수원에서도 무비료 재배가 가능한 것은 벌써 앞에서 이야기했다. 여기서는 땅 만들기를 위한 초생 재배*에 대해 말하기로 한다.

땅 만들기를 위한 초생 재배

토양 관리의 목적은 암석이 풍화되고, 그 풍화물이 작물의 성장에 적당한 토양으로 바뀌며 비옥해진다는 데 있다. 땅을 죽은 무기물로부터 유기물화(생물화)시키는, 즉 땅을 살려서 무비료 재배를 하기 위한 첫 번째 방법이 초생 재배, 곧 풀과 함께 가꾸기다.

그러나 현재 일반적으로 행해지고 있는 토양 관리의 기본은 토양을 광물화시키는 청경淸耕 농법이다. 물론 거기에는 이유가 있다. 누가 뭐라 해도 제초를 되풀이하고 화학비료를 주며 용의주도하게 관리를 하면 수량도 많아지고 상품도 좋아진다고 모두 굳게 믿고 있기 때문이다.

최근에는 경운이나 제초제로 땅이 척박지며 보릿짚이나 볏짚을 나

---

* 거름으로 쓰기 위해 가꾸는 식물 또는 그 식물 가꾸기. 클로버, 자운영, 수단그라스, 호밀, 헤어리 베치 등이 여기에 해당한다. 역주

무 밑에 덮는 방법도 행해지고 있다. 하지만 이것도 토양 관리의 기본을 바꿨다고 하기보다는, 김매기를 생략할 수 있다는 이유로 시작된 것이다. 피복 재료를 논의 볏짚에서 구하고 있는 한, 그것은 토양 관리의 기본을 바꾼 것이 아니다. 논에서 난 짚을 과수원으로 가져가고 과수원의 풀을 논으로 가져간다는 것은 결국 플러스 마이너스 제로의 방법으로 농부를 지게꾼으로 만들 뿐이다.

논, 밭, 과수원을 떼어놓은 토양 관리는 무의미하다. 셋을 동시에 비옥하게 만드는 방법이라야 한다.

20년 전부터 초생 재배를 해온 이유

땅을 살리는 토양 관리는 어디까지나 초생 재배를 기본으로 삼아야 하고, 그렇게 하면 과수원은 과수원에서, 논은 논에서, 밭은 밭에서 저절로 토양이 비옥해져 간다. 과수원에는 비료를 주기보다 녹지를 만든다든지, 거름나무를 심는다든지 하는 방법으로 과수원의 흙은 과수원 안에서 스스로 비옥하게 만드는 쪽이 더 현명하다.

제2차 세계대전 직후 황폐한 과수원(늙은 과일나무가 있던)의 부흥을 시도했을 때, 내가 무엇보다도 먼저 토양 개량, 특히 초생 재배 연구부터 시작한 것은 다음과 같은 이유 때문이었다.

첫째는, 겉흙이 흘러가며 척박해진 메마른 땅에서는 노목의 소극적인 회복 기술, 비료 많이 뿌리기, 뿌리 접목, 꽃따기 등을 해보아도 상태가 점점 나빠지기만 할 뿐이었고, 어린나무를 심어봐도 성장이 매우 나빴기 때문이다.

둘째는, 아버지 대부터 시작된 50년간의 귤농사 수지 총결산을 보면, 최초 13년간은 적자, 다음 20년 동안은 흑자, 그다음 10년은 적자였다. 전쟁이라는 깊은 상처의 기간을 감안하더라도, 한때 에히메 현 안에서 우량 과수원이라고 칭송을 받던 과수원의 총결산이 제로라는 사실에 놀라지 않을 수 없었기 때문이다.

"귤은 돈벌이가 된다, 나무가 자라면 재산도 따라서 늘어난다"며 기 뻐하는 사이에 흙은 척박해져 갔던 것이다.

나무도 자라지만 땅도 비옥해지는 그런 과수원을 만들려고 한 것이 내가 초생 재배를 시작한 직접적 원인의 하나였다.

라지노, 알팔파, 모리시마가 좋다

사멸한 흙을 되살리기 위해서는 어떻게 하면 좋을까?

나는 콩과, 십자과, 볏과 식물을 30종류 정도 과수원에 뿌리고 여러 가지로 관찰했다. 그 결과를 종합적으로 판단한 뒤, 라지노 클로버를 주로 하고, 알팔파와 루핀과 개자리 등을 부로 하는 초생 재배를 실시하 게 됐다. 또한 유독 단단하고 메마른 땅의 개량을 위해서는 거름나무인 모리시마 아카시아나 소귀나무, 젖꼭지나무 등을 섞어 심었던 것이다.

라지노 클로버

라지노 클로버의 특징과 파종법은 다음과 같다.

• 특징

1) 라지노 클로버를 풋거름 풀로 심으면 잡초가 없어진다. 1년생 잡 초는 1년 만에, 2년생 잡초는 2년 만에, 밭 잡초의 거의 대부분은 2~3 년 만에 완전히 없어지며 클로버 일색이 된다.

2) 토양을 40~45센티 정도까지 개량할 수 있다.

3) 6년에서 10년 이상 씨앗을 다시 뿌릴 필요가 없다.

과수원의 초생 재배용 풀의 종류

· 표 중요

	종 류	생장기	용 도
벼 과	이탈리안 라이그라스 오차드 그라스	] 봄—여름	낙엽과수 밑풀용
	티모시 메귀리 보리류	] 여름, 겨울—봄	여름풀방지, 덩굴성 과일나무용
콩 과	살갈퀴 새완두 · 헤어리베치	] 겨울—봄	] 봄풀방지, 상록수용] 봄풀방지, 낙엽수용
	· 녹두 팥저기 강낭콩 칡	] 봄—여름	여름풀방지, 교목 낙엽수용
	· 라지노 클로버 레드 · 화이트 클로버 · 알팔파 크림슨 클로버 스위트 클로버 서브 클로버	I년 내내	I년내내 풀방지, 모든 과일나무용
	· 개자리 · 자운영	겨울—봄 봄	] 봄풀방지, 여름채소 및 과일나무용
	· 땅콩 · 콩 · 팥 · 루핀	] 봄—여름	] 여름풀방지 ┐ 풋거름용
	· 누에콩 · 완두콩	] 겨울—봄	] 봄풀방지 ┘
	매듭풀 새콩 여우콩	] 봄	봄풀방지
겨 자 과	· 무, 순무 · 겨자 갓 배추 · 유채 그 밖의 채소	가을—겨울	겨울풀방지, 모든 과일나무용

4)   과일나무와의 비료 경합, 수분 쟁탈이 적다.

5)   베어도 다시 잘 나고, 건강하게 자란다. 짓밟혀도 강건하게 자라난다.

6)   농작업에 지장이 적다. 다만 여름의 고온과 건조에서 균핵병이 생기고, 여름에 잘 시들고, 그늘과 나무 아래서 성장이 좋지 않은 것 등이 흠이다.

• 파종법

초가을에 조파, 곧 줄 뿌리기를 하는 것이 좋다. 늦으면 벌레 피해를 받기 쉽다. 복토를 하면 실패하는 일이 많기 때문에 진압 정도로 그치는 것이 좋다. 둑이나 길가 등에서는, 늦가을에 잡초가 시들며 죽기 시작할 때 그 잡초 속에 흩뿌려놓으면 서서히 무성해진다. 봄 뿌리기는 처음에는 잡초에 지기 쉽다. 어느 쪽이든 1년 동안은 풀 베기를 해서 번식을 도와야 한다. 봄에 고구마 덩굴을 심듯이 담쟁이덩굴을 심는 것도 좋은 방법이다. 그렇게 하면 여름까지는 밭 전체로 퍼져간다.

라지노 클로버의 관리법

클로버는 크게 무성해지며 잡초를 압도하고 몰아내는 힘은 적다. 단지 빈틈없이 빽빽하게 나기 때문에 다른 잡초의 발아를 막고 초기의 성장을 저해하므로 점차 잡초가 소멸해가는 것이다. 또한 짓밟힌다든지 잘라도 클로버는 오히려 강하게 자라나는데 비하여 다른 풀은 쇠약해지기 때문에, 잡초가 점점 사라지는 것이다. 이 성질을 알고 관리하지 않으면 실패한다. 처음에는 잡초와 공생 상태로 자란다. 이때 공연한 걱정으로 잡초를 뿌리까지 뽑는다든지, 체념해서는 안 된다. 하지만 무성해진 뒤에도 안심하고 그대로 내버려두면, 지나치게 우거지며 점무늬병이나 백견병白絹病 등이 발생하고, 잡초도 다시 나서 5~6년 안에 또다시 잡초밭이 돼버린다. 그러므로 오랜 세월 동안 클로버 밭을 유지하기 위해서는 잔디 손질처럼 용의주도한 관리가 필요하다. 특히 수영, 민들레, 쇠무릎과 같은 여러해살이 잡초나 들딸기, 메꽃 등의 덩굴성 식물과 띠나 고사리 등이 많은 곳은 베는 횟수를 늘리고, 나뭇재 또는 석회를 사용하는 것이 좋다.

클로버는 옆으로 퍼져가는 속도가 느리기 때문에, 처음부터 밭 구석구석까지 씨앗을 뿌리고 관리를 잘하면 잡초 대책은 필요 없어진다. 풀베기 일손도 잡초밭과는 비교가 안 될 정도로 적다. 여러 가지 점에서 라지노 클로버를 뿌리는 것이 좋다.

건조지에는 알팔파도 적당하다

잡초 대책으로는 라지노를 이기는 것이 없지만 따뜻한 지방, 여름에 시들기 쉬운 곳이나 건조지는 알팔파를 섞어 뿌리는 것이 좋다. 특히 둑 같은 곳에 좋다.

알팔파는 대단한 심근성深根性으로, 그 길이가 2미터 이상 자라기 때문에 토양 심층 개량에 뛰어나다. 여러해살이풀이고 강건한데다 추위나 가뭄에도 잘 견디고, 또한 고온에도 강하기 때문에 실용 가치가 높다. 그러므로 클로버와 섞어 뿌리면 다른 잡초도 없어진다. 알팔파는 토양 비옥화, 사료 가치 등 여러 면에서 널리 일반적으로 보급되어야 할 만한 풀이다. 그 밖에 루핀(여름 농사)이나 동부 등도 좋다.

봄 잡초 방지력이 강한 개자리는 여름철에는 시들지만 가을에 다시 나서 겨울 잡초를 억제하는 특수한 풀이므로, 과일나무뿐만 아니라 여름 채소의 앞뒤 그루로서 이용 가치가 높다.

거름나무 모리시마 아카시아

모리시마 아카시아는 비료목, 곧 거름나무로 좋기 때문에 언급해두고 싶다. 모리시마 아카시아를 과수원의 나무 사이에, 300평당 서너 그루에서 열 그루 정도 심어두면 좋다. 모리시마 아카시아는 콩과 거름나무로서 다음과 같은 효과가 있다.

1) 토양의 심층 개량을 빠르게 할 수 있다.

2) 방풍림으로도 좋지만, 나무 사이에 심으면 파풍수破風樹, 곧 바람을 흩어주는 역할도 한다.

3) 따뜻한 지방에서는 여름에 햇빛을 가려주고, 토양의 황폐화 방지에 유용하다.

4) 해충, 특히 진드기 발생 방지에 도움이 된다. 또 모리시마 아카시아는 나무껍질에서 탄닌을 채취할 수가 있을 뿐만 아니라 비싸게 팔리기도 한다. 줄기는 책상의자의 재료가 되고, 꽃은 양봉의 밀원이

굴 과수원에 심은
모리시마 아카시아(5~8년생)

된다. 콩과의 상록수로 모리시마 아카시아보다 성장이 빠른 나무는 없다. 1년에 1~2미터씩 자라서 3년에서 4년이면 방풍림을 만들 수 있고, 6년이면 목재 기둥으로 쓸 수 있을 만큼 자라고, 7~8년 정도 되면 한 아름(직경 60센티)이 넘는 큰 나무로 자란다.

나는 5~6년이 되면 벌채하여 지상부를 땅속에 파묻는다. 묘목을 길러 심으면 뿌리 내리는 게 나쁘기 때문에 직파하는 것이 좋다. 굴 과수원 여기저기에 씨를 뿌리

고 6년 정도 지나면, 멀리서 볼 경우 귤 과수원인지 아카시아 숲인지 모를 정도로 자란다(사진 참조).

나는 처음에 초생 재배와 함께 흙을 빨리 살리는 방법으로, 구덩이를 파고 유기물을 넣는 방법을 시도해보았다. 짚, 베어낸 잡초, 나뭇가지, 양치류, 톱밥, 목재류 등 여러 가지 재료를 비교해보았다. 가장 싸게 먹히리라 생각했던 베어낸 잡초, 짚, 양치류가 결과적으로는 더 비싼 셈이었고, 톱밥이 더 쌌다. 그러나 운반에 비용이 든다. 결국 목재가 제일 좋은 재료이고 비교적 싼 셈인데, 이것도 장소에 따라서는 나르기가 쉽지 않았다. 그래서 목재를 귤 과수원에서 직접 만들자는 생각을 하게 되었던 것이다. 과수원에서 자란 나무를 순환시키는 것이 제일 쉽고, 제일 편하고, 제일 유리하다는 생각 아래 여러 가지 나무 중에서 모리시마 아카시아를 골라 심기 시작한 것이다.

실제로 5~6년이 지나면, 나무 한 그루 주변 30평 정도는 아무리 단단하고 메마른 땅일지라도 다공질의 부드러운 토양으로 바뀐다. 다이너마이트로 폭파하고 유기물을 넣는 것보다 훨씬 쉽고 또 효과가 높다. 게다가 지상부의 가지나 잎 300~600킬로그램 이상을 매몰 재료로 얻을 수 있다. 구덩이 파기를 장려해도 재료가 없으면 하고 싶은 생각이 안 나는 법인데, 재료가 손 가까이 있으면 구덩이를 팔 수 있다.

아카시아는 천적 보호수

노후화된 과수원의 새로운 나무 심기에도 나는 모리시마 아카시아 이용을 권한다. 적어도 과수원이 40~50년이 되었을 때는, 모리시마 아카시아를 나무 사이에 많이 심고 5~6년이 지나면 과수와 모리시마 아카시아를 동시에 벌채한 뒤 3~4년생 묘목을 일제히 심는 것이다. 이 방법은 노후화된 과수원을 굴삭기로 밀고 나무를 새로 심는 것보다 훨씬 좋은 토양 개선법이고, 과수원을 다시 젊게 만드는 방법이라고 나는 보고 있다.

아카시아는 1년 내내 쉴 새 없이 자라고 늘 새싹이 있기 때문에 해충인 진딧물이나 깍지벌레가 붙고, 이것을 먹이로 삼아 살아가는 무당벌레가 번식한다. 즉 천적 보호수로서의 역할을 다 해준다. 과수원 300평당 다섯 그루 정도 심어두면, 패각충貝殼蟲이나 진딧물의 발생을 현저하게 막아준다.

천적 보호수(어머니 나무)로서는 아카시아 말고도 여러 가지 나무 종류가 앞으로 개발될 것이다.

풀과 함께 가꾸기의 실제

자연농법에서는 풀과 나무로 땅을 만든다. 달리 말하면 초생草生 재배인데, 어떻게 할까?

클로버 초생은 한 번 파종하면 6~7년까지가 최성기이고, 그 뒤에는 차차 쇠퇴해간다. 관리에 따라서 다르지만 보통 10년 정도 지나면 쇠미해지며, 그에 따라 잡초가 다시 나기 시작한다. 이때 제일 먼저 자라는 잡초는 주로 덩굴성인 계요등, 덩굴, 메꽃, 칡, 산딸기, 그리고 여러해살이풀인 수영, 쇠무릎, 괭이밥 등이다. 클로버에 저항력이 강한 풀이 살아남아서 부활했다고도 볼 수가 있다.

하여튼 클로버 초생도 10년이 지나면 원래의 잡초 밭으로 되돌아가지만, 농작업에 지장이 없는 정도라면 잡초 밭이라도 무방하다. 사실 한 종류의 식물이 오랫동안 계속해서 군생하고 있다는 것은 오히려 토양의 성질을 한쪽으로 치우치게 만들 것이 틀림없으므로, 그 점에서 생각해보면, 잡초가 이어서 나고 사라져가는 모습이 오히려 자연적이고 토양의 비옥화나 발달이라 보아도 무방할 것이다.

지금 나는 클로버 초생을 고집할 생각은 없다. 잡초가 되면 잡초라도 좋다. 하지만 너무 잡초가 무성해지면 풀베기 작업으로 힘이 든다. 그러므로 이때는 또 새로운 클로버 씨앗을 뿌리거나 채소 초생을 통해 풀 베는 일을 줄이면 좋다.

토양을 비옥하게 하기 위한 초생 재배라는 점에서 이것이 좋다, 그것은 나쁘다고 단정하는 일을 아직은 피하고 싶다. 극단적으로 말하면, 그것은 때와 경우에 따라 달라지는 것이기 때문이다. 어떤 풀이거나 그 땅에 났다는 데는 의미가 있다. 흙이 비옥해짐에 따라서 나는 잡초도 해마다 달라진다. 그 잡초와 같은 과의 채소를 풀 속에 뿌려놓으면, 잡초가 같은 과의 채소로 바뀌어간다. 이렇게 야초화한 채소는 채소로서의 역할만이 아니라 잡목의 강력한 방지책이 되어 토지 개량에서 중요한 역할을 다한다.

예를 들면, 야초화한 채소는 지금 과수원 안의 오두막에서 자연식을 하며 생활하고 있는 청년들의 식사에 좋은 재료가 되고 있다. 가을에는 십자과의 채소를, 봄에는 가지과의 채소를, 초여름에는 콩과의 채소 씨앗을 잡초 속에 뿌린다. 그 방법만으로도 충분히 강대한 채소를 만들 수가 있다. 이것은 나중에도 설명하게 되는데, 하여튼 잡초 속에 채소 씨앗을 뿌리고 그것을 잡초 대책으로 삼는 이 방법은 과수원의 토양을 개선하는 데 좋은 하나의 수단인 것만은 분명하다.

흙은 흙을 보기보다 풀을 보고 아는 것이 빠르다. 풀은 풀에 의해서, 흙 또한 풀에 의해서 해결할 수 있다.

나는 황무지나, 오랜 기간의 과학농법으로 수명이 다한 과수원 등의 나무와 토양 회복을 도모하는 수단으로 이 방법을 적용해왔다. 내가 30년 넘게 걸려 안 것이 있다면, 그것은 자연농법으로 저절로 토양을 다시 젊게 만들 수 있었다는 것과, 귤의 자연형은 이러한 것이라는 확신뿐이다.

토양 관리

하지만 자연농법을 통한 토양 개량에는 오랜 세월이 필요하다.

현재처럼 대형 굴삭기가 보급되어 있으면, 당연히 이 기계의 힘으로 손쉽게 아래위 흙을 파 뒤집고 조대 유기물이나 유기질 비료를 다량으로 사용함으로써 단기간에 토지 개량을 할 수 있다. 하지만 그 방식에는 막대한 자본과 자재가 투입되어야 한다는 것도 사실이다.

초생 재배에 의한 토지 개량은 표층의 흙 15센티를 개량하는 데만도 무려 5년이나 10년이 걸린다. 현재의 경제적인 감각에서 보면, 시간이 너무 걸린다는 것이 자연농법의 하나의 결점이다. 국시적인 입장에서 보면, 자연농법은 뒤떨어진 방식이라고 할 수 있다. 하지만 농지를 세습적인 것이라고 보면, 그 평가는 자연히 달라질 수밖에 없다. 땅을 갈지 않고 화학비료를 쓰지 않고도 어느새 흙이 절로 비옥해진다는 것은, 노력과 자본의 축적일 뿐만 아니라 무형의 재산이 증가하고 있다는 것을 의미한다. 단순한 물리적 개량은 거기에 더한 인위만큼의, 더구나 일시적인 효과에 머물지만, 자연농법을 통한 토양 개량은 생물의 힘에 의한 물리적, 화학적 토지 개량으로서 과일나무 재배와 종합적으로 밀착해서 진행된다. 그 최종적인 효과는 나무의 내용耐用 연수, 곧 그 나무를 몇 년이나 쓸 수 있느냐에서 나타난다. 이 말은 곧 나무의 수명이 길어진다는 것이다. 아마도 과학농법으로 자란 나무보다 두 배, 세 배도 가능할 것이다.

그 이유는 인공적으로 만들어진 토양에서 인공 비료로 길러진 나무는, 인공 사료로 사육장에서 기른 닭, 돼지, 소 따위와 마찬가지로 체질이 허약해짐을 피할 수 없고, 왜소화한다든지 덩치만 커서 천수를 다할 수 없기 때문이다.

두 번째로 생각해야 하는 문제는, 토양의 질적 개선은 어떻게 일어나느냐는 점이다. 과학농법에서도 물론 불량 토양 개선에 유의한 대책을 강구할 것이다. 가령 토양이 산성이면 석회를 주어 망간의 과잉 흡수를 막고, 인산이나 마그네슘의 결핍을 방지한다. 또 통기가 나쁘고 뿌리 발육이 나빠서 아연이 결핍되면, 그 보급에 힘을 쓴다는 등의 대책이 취해질 것이다. 반대로 알칼리성이 돼도 망간이나 아연이 결핍되기 때문에, 산도 조절 하나만 해도 이처럼 용이한 일이 아니다.

토양의 좋고 나쁨의 문제는 그렇게 간단한 것이 아니다. 물리적, 화학적, 생물적으로 보아야 한다. 달리 말해, 무한 요소와 조건의 종합 판단이다. 한 줌의 토양 속에는 어떤 종류의 미생물이 몇 마리 있으면 좋으냐? 유기물의 양은 어느 정도가 좋으냐? 물은, 공기는, 가스는 등등… 전혀 기준이 없는 이야기다.

온갖 대책을 취한 과학농법의 토양과 아무것도 하지 않는 자연농원의 토양 중 어느 쪽이 좋으냐는 우선 편리한 대로 나무의 성장량, 과실의 수량과 질, 해거리의 유무에 의해 추측할 수밖에 없을 것이다. 이 비교는, 실제의 관찰에 따르면, 30년 동안의 자연농법이 과학농법에 조금도 뒤지는 것으로 보이지 않았다. 오히려 과학농법은 고생이 많으면서도 효과가 적은 농법임을 통감했을 뿐이다.

석회는 물론이거니와 그 어떤 종류의 미량 요소도 사용하지 않았음에도 불구하고 아무런 결핍증도 생기지 않았다. 실제로 장해가 된 것은 하나도 없었다. 다만 그동안 농원 내의 초생 상황이 시시각각 바뀌었다는 것은 토양 또한 시시각각 변화하고 있다는 것을 뜻하며, 그 속에서 나무도 그 변화에 적응해서 순조롭게 자라고 있었다는 뜻이 된다.

D. 병충해 방제

본래 자연의 수목에는 여러 가지 병충이 기생한다. 그럴 경우, 인간이 농약으로 방제하지 않으면 나중에 나무가 시들어 죽어버리지 않느냐는 의문이 생기는데, 그런 일은 없다는 것이 원칙이다.

현재 일본의 소나무는 전멸할 것처럼 보일 정도로 심한 피해를 입고 있는데, 그 이유는 무엇일까? 이것은 일본 열도의 환경이 이상해진데서 기인하는 것으로, 지극히 이례적인 일이라고 말할 수밖에 없다 (이 문제에 대해서는 별도로 다루기로 한다).

농작물이 병충해의 피해를 받기 쉬운 것은, 작물이 인공적으로 개량되며 자연의 것보다 약해진 것과 재배 환경이 부자연스러워졌음에 기인하는 경우가 많다. 따라서 과수도 자연에 가까운 품종을 골라서 강건하게 자라도록 도우면, 농약을 사용하지 않고도 재배할 수 있는 것이다.

그러나 현실에서는 과수의 종류에 따라서 특종 병충해 등에 시달리는 일이 많다.

과수마다 다르다. 어떤 것은 강하고, 어떤 것은 약하다. 그것을 도표로 정리하면 다음과 같다.

나무에 따라 다른 병충해에 견디는 힘

	강	중	약
상록과수 (중요 해충과 방제)	소귀나무 비파(산비파) 금귤, 홍귤나무	비파 　하늘소—포살(捕殺) 　상비충—봉지 씌우기 여름귤나무, 레몬 　깍지벌레—천적 이요밀감, 분땅, 핫사꾸 　깍지벌레—천적	참귤나무 　깍지벌레—천적 　진드기—천적 오렌지 　하늘소—포살
낙엽과수 (중요 해충과 방제)	오얏, 살구, 모과, 매화(흑성병—혼식) 무화과[벌(蜂)] 으름덩굴, 키위, 개머루 앵두나무, 감(떫은 감) 석류, 대추 은행, 호도	천도복숭아 　복숭아 유리나방 애벌레 　　—혼식 밤나무 　복숭아 유리나방 애벌레 　　—청소 감꼭지나방—품종 감(단감) 　복숭아 유리나방 애벌레 　　—청소	복숭아 　복숭아 유리나방 애벌레 　—혼식 또는 봉지 씌우기 사과 　진딧물—혼식 배 　적성병—품종 포도 　풍뎅이—유살(誘殺)

도표에 실린 과일나무 중에서 병충해에 '강强'인 것은 물론 '중中' 정도의 것도 특수 병충해에만 주의하면, 농약을 쓰지 않고도 기를 수 있다. 물론 이런 중요 병충해의 특징과 습성을 숙지하여 미연에 발생을 막는다든지, 병충에 강한 품종의 나무를 골라서 심어야 한다.

자연농법에 의한 과일나무 재배에 있어 가장 해결하기 어려운 문제는 병충해 대책일 것이다. 특히 충해에 문제가 있다.

과수 종류에 따라서는 농약을 사용하지 않고 재배할 수 있는 것도 많지만 복숭아, 사과, 배, 포도, 참귤 등은 저항성 품종을 선택해야 할 뿐만 아니라, 극독제의 살포까지는 필요 없다고 하더라도 특수 병충해는 주의를 해야 한다.

주요 병충해에 대한 나의 관찰과 경험을 아래에 적어놓는다.

깍지벌레류

참귤나무, 분땅, 오렌지, 이요 밀감 등에는 화살깍지벌레의 발생이 심하고, 현재는 이 해충이 있기 때문에 완전 무농약은 어렵다. 이 해충의 해결 대책은 천적 이용과 나무 형태의 개조로 가능하다. 자연농원에서는 천적인 무당벌레만 해도 네다섯 종류가 있고, 기생벌이 발생한다. 이들이 열심히 해충을 먹는 곳에서는, 농약을 쓰지 않아도 큰 피해를 입는 일은 없었다. 다만 천적이 있다 하더라도 가지치기를 하지 않아서 가지가 교차하거나 지나치게 우거지게 되면 피해를 심하게 입게 된다. 지나치게 무성한 나무는 아무리 강력한 농약을 쳐도 화살깍지벌레의 구제 효과가 올라가지 않는다.

수형, 곧 나무 형태의 혼란 및 일조량이나 그늘의 정도가 화살깍지벌레 발생의 증감에 중대한 영향을 미친다. 그러므로 나는 해충을 죽이는 천적의 보호와 함께, 미세 환경을 개선함으로써 근본적인 해결이 보다 빨리 가능해진다고 보고 있다.

사실 이 해충에 대해서는 겨울철에 방한제용의 머신유제를 사용한다든지, 여름에 유충기의 진드기 방제와 겸해서 석회 유황합제를 살포한 일이 있지만, 다소 겉모양이 불량하더라도 신경을 쓰지 않는다면 농약을 전혀 사용하지 않고 재배하는 것도 가능하다. 근년에는 모두 완전 무농약이다.

진드기류

20~30년 전까지는 과수의 진드기에는 석회유황합제가 특효약이라고 보고, 여름에 두 차례 정도 산포해왔다. 그리고 그 당시에는 진드기가 중요한 해충이 아니었다.

그것이 제2차 세계대전 뒤에 유기인제나 염소제와 같은 극독제를 쓰게 되면서 온갖 해충이 전멸됐다며 기뻐한 것은 수년 동안에 불과했고, 그 뒤에는 몇 번을 뿌려도 특히 진드기는 끊임없이 크게 발생해서 농부들을 고민에 빠지게 만들고 있다.

어떤 연구자는 그 원인이 진드기에게 저항력이 생긴 탓이거나, 다른 종류의 진드기가 생긴 탓이라고 했다. 또 어떤 사람은 천적이 죽어 없어졌기 때문이라고 설명하기도 했다. 그리고 계속해서 새로운 농약이 개발되었지만, 결과적으로는 오히려 해충 방제와 농약 공해 문제를 심화한 데 지나지 않았다.

나는 진드기가 많이 발생하는 원인을 이러저러하다고 규명하는 일보다, 옛날에는 진드기로 그다지 고생을 하지 않았다는 사실에 주목하고 싶다. 과일나무에 붙는 진드기류는 종류도 많고, 발생 상황도 각

양각색이다. 1년 내내 진드기 발생이 전혀 없는 재배는 거의 불가능하지만, 진드기가 있더라도 진드기의 피해가 없으면 그것으로 좋다.

과일나무 주위의 수목, 방풍림, 잡초 등에는 진드기가 언제나 발생할 가능성이 있지만, 실제로는 크게 발생하여 수목이나 풀을 죽이는 일은 거의 없다. 진드기가 많이 생기며 과일나무에 큰 피해를 주게 된 것은, 해충에 원인이 있는 것이 아니라 오히려 인간이 가한 인위에 원인이 있다고 보면 좋은 것이다.

진드기류의 발생에는 깍지벌레 이상으로 미세 기상이 영향을 미친다. 앞에서 설명한 바와 같이 모리시마 아카시아나 방풍림을 그늘나무*로 삼으면 잘 알 수 있는데, 일조량과 통풍에 따라서 진드기나 깍지벌레의 발생량은 반으로 줄어들거나 전혀 발생을 하지 않는 경우도 있다. 탄닌 성분을 가진 모리시마 아키시아가 벌레가 싫어하는 특수 물질을 분비하는 것이 아닌가 하는 점도 생각해볼 수 있지만, 직접적으로는 환경의 변화에 따른 것이라 보인다.

상록 과수와 낙엽수를 섞어 심는 것도 이들 해충의 발생을 방지할 수 있는 대책이 된다.

일조량, 통풍, 온도, 습도 등이 진드기 발생에 미치는 영향 등 이런 기초적인 연구조차 하지 않고 농약을 뿌리는 것이 얼마나 무모한 일인가는 두말할 것이 없는 일이다. 농약과 천적이나 유익균의 관계, 그 유익균을 죽이는 해로운 균과의 관계를 무시한 채 강력한 극독약이 살포되고 있는 것이 현실의 모습이다. 약제보다 먼저 해결해야 할 문

---

* 日陰樹: shadow tree라고도 한다. 직사광선으로부터 과수를 보호하기 위해, 우산 역할을 하도록 심는 나무를 말한다. 키가 큰 나무가 적당하다. 역주

제가 거기에 있다.

하지만 그렇다고 해서 나는 이 기초적인 문제가 과학자의 손에 의해서 해결되리라고는 기대하지 않는다. 그들은 천적에는 해가 적고 해충만을 죽이는 새로운 농약을 개발한다든지, 막대한 설비의 통풍냉방탑의 건설 등을 계획하는 정도가 고작일 테고, 그러면 그것은 더욱 문제를 확대시키고 복잡하게 만들 뿐이기 때문이다.

다시 한 번 말하지만, 인간이 아무 일도 하지 않았다면, 진드기는 지금처럼 중요 해충이 되지 않았을 것이라는 사실이다. 산림의 수목 속에 심은 자연농원의 귤나무에는 진드기가 생기지 않았는데, 이 사실 속에 해결책은 절로 밝혀져 있는 것이다.

이세리아 깍지벌레

옛날에는 이세리아 깍지벌레가 귤나무의 3대 해충 가운데 하나로 꼽혔다. 하지만 이세리아 깍지벌레는 30년쯤 전에 베타리아 무당벌레의 방사로 자연적으로 소멸된 벌레였다. 그러나 제2차 세계대전 뒤 일반 농가에서 야노네 깍지벌레를 방지하기 위해 유기인제를 살포하며, 그와 동시에 갑자기 많아지면서 처치 곤란한 해충이 됐다. 하지만 농약을 사용하지 않는 자연농원에서는, 옛날 그대로 이 해충은 몇 종류의 무당벌레에 의해 완전히 괴멸되어 그 피해가 거의 없다 해도 좋은 상태다.

루비깍지벌레

옛날에는 반드시 송지합제松脂合劑를 뿌려서 죽여야 했던 3대 해충 중의 하나다. 이 해충은 뜻밖의 결과라고나 할까, 전쟁으로 송지합제의 원료인 송진이 사라지며 송지합제 살포가 중지됐을 때부터 루미깍지벌레에 기생하는 작은 벌 등이 크게 발생하며 언제부터인가 없애지 않아도 좋은 해충의 하나가 됐다.

하지만 제2차 세계대전 뒤에 루비깍지벌레에 탁월한 효과가 있는 농약이 나오고, 그것을 농가에서 사용하기 시작하자마자, 그때까지는 아주 조금밖에 없던 이 해충이 갑자기 많아지기 시작했다. 또한 이 약제의 사용 금지 조치가 취해짐과 동시에 루비깍지벌레의 발생도 수그러들게 됐다. 여기서 알 수 있듯이 이 해충을 없애는 가장 좋은 방법은 무농약, 곧 농약을 쓰지 않는 것이다.

그 밖의 해충

그 밖에도 복숭아의 복숭아유리나방, 감의 감꼭지나방, 포도의 풍뎅이와 그 밖에 잎에 붙는 잎말이나방, 가루이, 일본날개멸구, 과실에 붙는 톡토기, 배추흰나비애벌레 등 여러 가지 종류의 해충이 있다. 하지만 이런 해충은 환경 정비나 나무 형태 개선과 정상화를 전혀 고려하지 않은 방임 상태의 과수원에서만 해충이 된다. 과수원을 청결하게 유지하고, 월동 중일 때 구제하는 것이 현명한 대책이다.

다만 귤나무나 밤나무 등의 뿌리에 침입하는 하늘소의 벌레만은 발생할 때 잡아서 죽일 필요가 있다. 이것은 방임 상태의 과수원이나 쇠약한 나무에 발생하기 쉽다.

다음은 앞으로 문제가 될 것 같은 외국산 해충이다. 그에 대한 나의 의견을 적어둔다.

지중해광대파리와 코드린나방

과일의 국제화, 무역의 자유화라는 시류를 타고 유럽이나 아프리카에서는 포도와 밀감이 유입되고, 북쪽에 있는 나라에서는 사과가 유입되고 있다. 이런 과일류의 유입과 함께 일본에 침입해 들어올 것으로 예상되는 해충이 지중해광대파리와 코드린나방이다. 이 두 곤충은 과일 수입을 두려워하는 농민에게 과일 수입 이상의 고민을 불러올 것으로 예상되는 해충이다.

지중해광대파리의 애벌레는 일본의 귤, 배, 복숭아, 사과 등의 과일나무뿐만 아니라 가지, 토마토, 오이, 수박 등 주요 야채의 열매 속에 붙어서, 코드린나방은 사과나 배 등 장미과의 과일에 침입해서 맹위를 떨친다. 이 해충들을 없애기는 지극히 어렵기 때문에 한 번 들어오면 절망적인 피해를 입게 될지도 모른다. 일본 세관의 검역사업은 이 두 가지 벌레의 일본 침입을 막는 것이 사명이었다고 해도 지나친 말이 아니다. 그러므로 이 두 가지 벌레의 침입을 지금까지 막아온 것만으로도 일본 세관의 식물 검역사업은 그 존재 가치가 있었다고 말할 수 있다.

다시 말해서 이 두 가지의 해충을 막기 위해 일본 세관에서 절대 수입 금지(검사가 아니다) 품목으로 정한 외국 식물이나 과일은, 유럽의 지중해 연안이나 아프리카 방면의 과일과 채소류, 만주나 북방에서의 사과 등이다. 지금까지는 유럽이나 아프리카로부터 단 한 개의 귤이나 토마토도, 북쪽으로부터는 단 한 개의 사과도 일본에 수입되는 것을 허용하지 않는, 엄격한 법률이 확실하게 실행돼왔다. 그러나 앞으로 과일의 수입 자율화와 함께 이 해충들의 일본 상륙은 불가피하다고 생각된다. 그리되면 단지 세관의 일이 반으로 줄어드는 데 그치지 않는 문제가 생기게 될 것이다.

과실 속에 깊이 들어가 있는 애벌레는 외부 소독으로도 효과가 없고, 가스에 의한 훈증 방법도 효과가 없다. 가능한 방법이 있다면 장기간의 냉동 처리와 같은 물리적 대책이지만, 품질을 하락시키지 않을 정도의 처리로 뜻한 바의 살충 효과를 얻을 수 있을까 하는 점은 의문이다. 그리고 그 해충이 일본의 밭이나 과수원에 퍼졌을 경우, 농민이 받을 타격과 부담은 상상 이상일 것이다.

과일의 자유로운 이동은 인간 욕망의 일시적인 만족을 위한 것인데, 그 일시적인 만족을 위해 나무는 너무나 큰 보상을 지불해야 한다. 이 점을 나는 경고해두고 싶다(수년 전에 미국에서 그것들이 발생했다는 보도가 있었다. 내가 두려워했던 것이 현실이 되었다).

E. 가지치기를 안 해도 되는 이유

과수 재배의 가장 복잡한 기술로서 농부를 고민하게 만드는 것이 전정剪定 기술, 곧 가지치기 기술이다. 가지치기는 나무 형태를 가꾸고, 수세樹勢를 조절해서 생장과 결실의 조화를 유지시키고, 다수확을 올리면서도 약제 살포, 김매기, 제초, 시비 등의 작업과 관리가 편리해지도록 하는 것이 목적이라고 할 수 있다.

기본 방식은 없다

과수 재배에서 가장 중요한 작업이라고 할 수 있는 이 가지치기에는 일정한 기본 방식이 없다. 그러므로 가지치기를 잘 한다는 것은 쉬운 일이 아니다. 누구나 다 고생을 하는 것이 가지치다. 이렇게 하면 좋다고 숫자로 표시할 수가 없다. 일정한 기본 방식이 없다는 것은, 때와 경우에 따라서 여러 가지로 변화하는 전정 방식을 취해야 한다는 뜻이다. 따라서 가지치기는 하는 사람과 지방에 따라서 의견과 방식이 다르고, 오랫동안의 경험이나 실험이 누적되어 온 오늘날에는 오히려 그것이 과일나무를 재배하는 사람의 마음을 헷갈리게 만들고 있다.

하지만 정말로 가지치기는 과일나무 재배에서 없어서는 안 되는 필수 작업일까? 사람들이 가지치기를 시작한 최초의 동기를 생각해보자.

실제로 가지치기를 하지 않으면 나무의 형태가 혼란스러워지고, 원가지가 엇갈리고, 가지나 잎은 빽빽하게 나서 자라며, 관리상 모든 면에서 불편을 초래한다. 농약을 살포해도 다량의 농약이 필요할 뿐, 그 효과가 없다. 나무가 오래됨에 따라서 헛가지가 나고, 그 결과 옆 나무의 가지나 잎과 서로 뒤엉키게 된다. 그 상태에서는 아래 가지는 햇빛을 받을 수 없어 자연적으로 쇠약해지고, 통풍도 나빠진다. 그 결과 병충해가 많아진다. 죽은 가지도 많이 생기며, 나무 위쪽에서만 열매가 여는 상황이 벌어진다. 과수원에서 실제로 볼 수 있는 이런 사실에서 가지치기가 과수 재배에 절대적으로 필요한 작업이라고 여겨지게 됐다.

또 생각해볼 수 있는 것은, 나무의 성장 작용과 열매 맺기 작용은 항상 서로 상쇄적이라는 점이다. 나무의 성장이 너무 왕성하면 열매 맺기가 줄어들고, 열매를 많이 맺으면 성장이 잘 안 된다. 따라서 흉작이 예상되는 해에는 열매 맺기를 촉진하여 과일의 품질을 끌어올리는 데 중점을 둔 가지치기를 하고, 반대로 지나친 풍작이 예상되는 해에는 수세가 왕성해지는 가지치기를 해야 한다. 항상 성장과 결실의 조화에 힘써 해거리를 막지 않으면 안 된다. 이런 생각 아래서 복잡하고 어려운 전정 기술이 생기게 됐다.

한마디로 말해서 방임하면 나무 형태가 혼란스러워지고, 그에 따라 해마다 열매를 잘 맺지 못한다. 그런 이유로 가지치기를 하는 것이다.

그러나 방임이 아니라 자연 그대로의 모습이라면 사정이 달라진다. 자연 그대로의 나무라고 하지만, 사실은 자연 그대로의 나무는 지금까지 아무도 본 사람이 없고 고찰해본 사람도 없다.

자연이란 우리에게 가장 가까이 있고 간단한 것인 동시에, 가장 인간의 손이 닿지 않는 먼 세계이기도 하다. 하지만 인간은 자연 그대로인 나무를 알 수 없다고 하더라도, 자연에 가장 가까운 나무의 모습을 찾아볼 수는 있다.

자연 상태로 방임된 나무는 원가지가 복잡하게 뒤섞이고, 가지와 잎이 빽빽하게 나며, 햇빛을 받지 못하는 가지나 잎이 생기고, 그에 따라 아래 가지나 속가지가 시들고, 과일이 잎 끝에서만 열리는 사태가 일어날 것인가? 그런 모습은 자연에 방임한 경우에 일어나는 것이 아니라, 방침 없는 가지치기를 한 다음 방치한 경우에 많이 보이는 현상이다.

야산에 방치된 소나무나 삼나무는 어떤가? 소나무나 삼나무의 줄기는 인간이 줄기의 중간을 자르거나 상처를 내지 않는 한, 여러 개로 갈라지거나 구부러지는 일이 없다. 한 그루의 나무에서 자란 좌우 가지가 충돌하거나, 서로 붙어 빽빽이 난다거나, 그곳의 가지 중의 일부가 고사한다든가, 혹은 아래와 윗가지의 간격이 지나치게 가까워 햇빛을 받지 못하는 잎이 생긴다거나 하는 등의 일은 없다.

원래 아무리 작은 식물이라도, 혹은 거대한 수목이라도, 나무는 잎

한 장, 줄기와 싹 하나 허투루 나지 않는다. 정연하고 일정한 배치법에 따라 나도록 기초돼 있다.

가령 어긋나기나 마주나기는 식물에 따라서 일정하고, 잎이 나는 각도 또한 정확해서 작은 혼란조차 없다. 어떤 과일나무의 잎사귀 한 장과 다음 잎사귀의 각도가 72도라면, 그다음 잎도 72도로 난다. 복숭아나 감나무, 귤나무, 앵두나무 등의 제1엽 바로 위에는 반드시 제5엽이 있고, 제10엽이 그 위에 있다. 그런 식으로 식물의 잎차례는 일정한 법칙을 굳게 지키고 있다. 따라서 가지에 난 순과 순의 거리는 3센티 정도고, 자랄 때는 한 장의 잎과 거기에 겹치는 그다음 잎과의 사이에 정확히 15센티 정도의 거리가 규칙적으로 유지되고 있다. 15센티 이내로 두 장의 잎이 겹치는 일도 없거니와, 두 개의 작은 가지가 생기는 일도 없다.

싹이나 가지 하나가 나는 방향, 각도, 개도開度 등은 언제나 질서정연하다. 절대로 가지와 가지가 붙거나, 아래위 가지가 일정한 거리를 유지하지 않고 겹치는 일이 없다. 따라서 자연의 식물에서는 모든 가지와 잎이 평등한 통기는 물론 햇빛을 받도록 되어 있는 셈이고, 단 한 잎의 낭비도, 단 한 가지의 결여도 없는 것이 자연의 본래 모습이다.

산속에 있는 소나무 한 그루를 보면 그것을 이해할 수 있다. 원줄기 하나가 똑바로 서 있고, 거기에 등간격을 유지하며 바퀴살 모양으로 몇 개의 가지가 난다. 1년째, 2년째, 3년째라고 '난 해'를 정확하게 읽을 수 있고, 그 간격이나 각도가 정연하고 규칙적이다. 한 가지가 너무 자라서 다른 가지와 붙거나, 한 잎이 햇살을 가려 다른 잎에 그늘을 만드는 일도 없다.

대나무 가지의 발생 상황을 보거나, 볏잎이 나는 방식을 보거나, 모두 각 종류 고유의 정확한 법칙을 따르고 있다. 삼나무는 삼나무 모습을, 동백은 동백의 모습을, 단풍은 단풍다운 모습을 하고 있는 것도 모두 각자의 특유한 잎차례와 순서를 지키면서 자라고 있기 때문이다.

만약 과수도 산에 사는 소나무와 밤나무처럼 자연 그대로 자랄 수가 있다면 어떻게 됐을까? 과일나무의 전지가 목표로 하는 목적이 저절로 달성되며, 가지가 서로 붙거나 빽빽하게 자라거나 시들어 죽거나 하는 일은 없었을 것이다. 감나무는 감나무대로, 복숭아는 복숭아나무 본래의 성장 그대로, 귤은 귤이 성장하는 대로 맡겼더라면, 감나무 줄기를 톱으로 자른다거나 하는 일은 벌어지지 않을 것이다.

자신의 오른손을 왼손으로 때리는 바보가 없는 것과 마찬가지로, 감나무나 밤나무도 오른쪽과 왼쪽 가지가 서로 경쟁하며 오른쪽 가지가 너무 자라 잘라야 한다든지, 동쪽 가지가 남쪽으로 와서 그늘이 지니 방해가 된다든지, 속가지에는 햇빛이 들지 않아 죽었다든지 하는 등의 일은 없는 것이다. 또 가지치기를 하지 않으면 해마다 열매가 열리지 않는다, 성장과 결과가 조화를 이루지 못한다는 말도 이상한 이야기가 된다.

소나무에도 솔방울(열매)이 생기는데, 만약 소나무에 가지치기 기술을 써서 성장을 촉진한다든지 열매 맺기를 억제한다고 하면 기묘한 일이 벌어질 것이다. 소나무를 자연 그대로 자라게 두면 가지치기를 하지 않아도 되는 것처럼, 과일나무도 처음부터 자연 그대로 키웠더라면 어려운 가지치기 기술은 필요 없었을 것이다.

자연의 모습은 알려져 있지 않다

그러나 예로부터 오늘에 이르기까지 원예가는 한 번도 자연의 모습으로 과일나무를 만들어보려는 노력을 하지 않았다. 첫째로 그들은 자연의 모습 그대로라는 것이 어떤 것인지조차 거의 생각하지 않는다. 이렇게 말하면 기술자는 "아니다. 자연형을 생각하지 않는 것이 아니다. 특히 요새는 자연형을 기본으로 해서 더욱 공들인 나무 모양을 만들려고 노력하고 있다"고 말할 것이다.

그러나 진심으로 자연의 모습을 응시하고자 한 적은 없었다는 것이 분명하다. "귤나무의 잎차례나 배치법은 몇열식이기 때문에, 또 개도開度는 어느 정도이기 때문에 자연형은 어떤 형태를 취한다, 원가지와 곁가지는 몇 도가 좋다"는 것처럼, 근본적인 고찰을 하며 가지치기 방법을 논하고 있는 책은 하나도 없기 때문이다.

보통 자연이라고 일컬어지는 것은, 방임된 나무를 보고 상상한 형태를 막연하게 가리키고 있는 데 지나지 않는다. 그러나 자연형과 방임형은 전혀 다르다. 자연 본래의 진짜 모습은 사람이 알 수 없다고도 할 수 있다. 사람들은 "소나무는 이런 형태다, 노송나무와 삼나무는 이렇게 다르다"고 하지만, 소나무의 본래 모습은 좀처럼 알 수가 없다. 해안에서 구부러진 형태로 마치 땅을 기는 듯이 자라고 있는 소나무가 자연형인지, 들판의 삼나무처럼 호생互生, 곧 어긋나기로 난 가지가 아래로 늘어져 사방으로 퍼져 자라는 것이 자연형인지, 숲 속의 소나무처럼 바퀴살 모양으로 가지가 나서 40~50도의 앙각을 취하고 있는 것이 진짜 모습인지 고민하지 않을 수 없다.

정원에 옮겨 심은 녹나무, 바닷가의 거센 바람에 시달리면서 피는 동백, 폭포 위로 가지를 뻗으며 자라는 단풍나무 등 비바람을 맞고, 날

짐승한테 상처를 입고, 벌레 피해를 입으며 자라는 식물은 때와 경우에 따라 천변만화한다. 과일나무에 있어서도 복숭아의 자연형, 귤나무의 진짜 모습, 포도의 자연형 등을 찾아보면 진짜 자연형은 아무것도 알려진 것이 없다.

귤나무의 자연형은 반구형으로 부챗살과 같은 몇 개의 원가지가 40~50도부터 60~70도 각도로 넓게 벌어진 모습이라고 농업기술자들은 말한다. 그러나 귤 본래의 모습이 거목으로 높이 자라는 큰키나무인지, 낮게 자라는 떨기나무인지 아무도 모른다.

삼나무처럼 원줄기가 하나 높이 자라는 것이 진짜인지, 동백나무나 단풍나무와 같은 모습을 취하는 것인지, 혹은 삼지닥나무처럼 동그랗게 자라는 것이 자연형인지조차 분명하지 않다. 감, 밤, 사과, 포도 등도 같다. 진짜 자연형을 알지 못한 채 가지치기를 하고 있다.

원래 원예가는 처음부터 자연형이라는 것을 그다지 문제 삼지 않았는데, 앞으로도 그럴 것이다. 왜 그럴까? 제초, 시비, 병충해 방제 등이 전제가 되는 과수 재배에서는 이런 여러 가지 작업이나 수확에 편리한 모습을 이상적인 나무 모양이라고 보고 있기 때문이다. 즉 자연형보다 편의상 편리한 모양, 인위적인 가지치기를 통해 정리한 형태 쪽을 목표로 하고 있는 것이다. 하지만 자연형이 무엇인지 모르는 채 자연의 힘, 그 미묘함을 보지 않고 무작정 인위적인 가지치기로 가는 것이 과연 농부에게 유리한 대책이 될까?

경사지의 과수는, 귤나무의 경우 수확 또는 약제 살포, 가스 훈증 등을 고려하면 나무 높이는 최대 3미터, 넓이는 4미터의 편원형扁円型인 나무가 이상적이라고 처음부터 머리에 정해져 있었다. 그리고 열매를 맺는 데 도움이 되도록 사이를 띄우는 전정을 하고, 또 수세樹勢를 좋게 하기 위해 단축 전정을 해야 한다며 나무 곳곳에 전정가위를 사용한다. 포도나무는 외줄기 모양이 좋다, 아니 세 줄기 모양이 좋다며 원가지를 빼고는 전부 다 베어버린다. 복숭아나무는 세 줄기 모양의 넓게 벌려주는 자연형이 좋다며, 가운데 있는 원줄기를 톱으로 자른다. 배나무는 두세 가지를 40~50도 각도로, 혹은 수평으로 벌리고, 그 밖의 작은 가지는 전부 겨울 동안에 잘라버린다. 감나무는 또 변칙주간형變則主幹型이 좋다며 윗부분을 누르는 전정을 통해 수많은 가지가 짧게 잘리거나 제거된다거나 한다.

가지치기는 정말로 필요한 것인가?

하지만 다시 한 번, 왜 가지치기를 해야만 하는지, 복잡한 기술을 써가며 수많은 가지와 잎을 따내는 일이 반드시 필요한 일인지를 다시 한 번 검토해보자.

편의상 전정은 어쩔 수 없다고 한다. 예를 들면, 과수 아래 가지는 제초나 시비를 할 때 방해가 된다며 잘라낸다. 하지만 제초나 시비 작업이 없어지면 이야기는 달라진다. 과일을 딸 때를 빼고는 편의상 혹은 작업상의 고려를 할 필요가 없기 때문이다.

근본적으로는 가지치기를 하지 않으면 안 되는 이유는 없다. 종래에는 다만 편의상, 즉 다른 여러 작업에 관련하여, 또는 일정한 나무 형태를 머릿속에 그려놓고 거기에 가깝게 다가가기 위해서 해야 하는 일에 불과했다. 또한 잘 살펴보면, 가지치기는 가지치기를 했기 때문에 다시 할 수밖에 없게 된 작업이라고도 할 수 있다.

산의 자연생 소나무를 정원에 옮겨 심었다고 하자. 그 나무는 그 뒤 정원사가 가위로 가지 끝을 조금이라도 잘라내면 그때부터 벌써 방임

할 수 없는 나무로 바뀐다. 자연 그대로라면 모든 가지가 아무런 혼란도 없고 충돌하는 일도 없이 자란다. 하지만 한 번 새순의 작은 일부라도 잘라내면, 그때부터 그 상처는 나무의 일생 동안을 떠나지 않고 혼란의 불씨가 된다.

일정한 기준에 따라서 정연하게, 전후좌우로 바른 각도를 가지고 나와야 가지는 충돌하거나 서로 붙는 일이 없는데, 만약 그 속의 가지 하나를 잘라버리면, 그 잘라낸 곳에서 몇 개의 순이 나고, 그 순은 헛가지로 자라기 시작한다. 그 가지는 필요 없는 가지로, 다른 가지와의 간격과 거리가 짧기 때문에 다른 가지와 밀생하여 자란다. 자라며 계속해서 다른 가지와 충돌하고 교착한다. 교착하며 구부러진 가지는 다른 가지에도 영향을 미치게 되며 혼란은 더욱 커진다.

이처럼 어린 나무일 때 새로 난 싹을 조금 따기만 해도, 소나무 모습은 매우 이상해지며 분재형의 소나무가 생기는 것이다. 가지치기에 따라 소나무는 큰키나무로 자라기도 하고 분재가 되기도 한다. 한 번 분재가 된 소나무는 다시는 큰키나무로 자라지 못한다. 무서운 일이다.

정원에 심은 소나무는 정원사가 가위로 전정을 한다. 2년째는 거기서 수많은 가지가 옆으로 퍼져 난다. 그 끝을 또 자른다. 소나무 가지는 3년째가 되면, 서로 붙고 휘며 복잡괴기한 모습이 된다. 이 복잡하고 괴기한 모습이 정원수로서의 가치이기 때문에 가능한 한 혼란에 혼란을 일으키며 좋다고 하는 것이 분재의 세계다.

한 번 가지치기를 하면 그 옆에서 수많은 헛가지가 난다. 그 뒤에는 그냥 둘 수 없다. 다시 가지치기를 해야 한다. 해마다 그 작업을 되풀이해야 하므로, 한 그루의 소나무에 여러 사람이 필요하게 된다. 여러 사람이 붙어서 정성을 들여 가지치기를 하지 않으면, 가지의 교착과 혼란으로 쇠약한 가지, 시들어 죽는 가지가 생긴다. 멀리서 보면 정원의 소나무와 산의 소나무는 큰 차이가 없는 것처럼 보인다. 하지만 자세히 보면, 정원의 소나무는 사람의 힘으로 복잡하고 혼란한 가지를 정리해서 가지와 잎이 햇살을 잘 받도록 한 것이고, 자연의 소나무는 사람의 손이 없이도 같은 성과를 달성하고 있는 것이다.

과일나무는 자연형이 좋냐, 또는 인위적인 모양이 좋냐 하는 문제는 마치 자연의 소나무가 좋냐, 정원의 소나무가 좋냐를 묻는 것과 같다.

과일나무는 처음에는 어린 나무를 캐내어 뿌리를 다듬고, 반드시 원줄기를 한두 자 높이로 자른 뒤에 심는다. 이 단 한 번의 가지치기 때부터 과일나무는 자연의 나무가 아니다. 헛가지가 나며 혼란이 야기되기 때문에 잠시라도 전지가위를 놓을 수 없는 것이다.

사람들은 귤나무 앞에 서서 "이 부분은 가지가 너무 배어 햇빛이 들지 않는다"며 가위질을 한다. 그 단 한 번의 가지치기가 나무에게 얼마나 큰 영향을 주는지 사람들은 생각해보지 않는다. 하지만 그 단 한 번의 가위질로, 농부는 일생 동안 한 해도 거르지 못하고 가지치기로 고생을 하게 되는 것이다.

나무 끝의 새순 하나를 잘라내기만 해도, 바로 그 소나무는 외줄기로 자라야 하는 나무인데 그렇게 자라지 못하고 여러 줄기를 가진 소나무로 바뀐다. 감나무가 밤나무와 같은 모양으로 바뀐다. 밤나무가 복숭아나무처럼 변해간다. 배나무를 2미터 길이의 쇠로 만든 그물 선반 위를 기게 해서 기를 때는 가지치기가 절대적으로 필요하다. 그러나 한 그루를 곧게 삼나무처럼 높이 키워보면, 애당초 가지치기는 필요 없다. 포도는 철망 위에서 재배되는데, 버드나무처럼 곧게 키우고 가지를 사방으로 드리우는 방법도 있다. 처음에 줄기를 어떻게 하느냐에 따라서 아주 다른 형태가 되므로, 그에 따라 가지치기 방법도 완전히 달라진다.

최초의 출발점에서 하는 얼마 안 되는 전정이나 전지에 따라서 나무는 완전히 모습이 달라진다. 처음부터 자연 그대로의 형태를 취하면 가지치기를 해야 하는 양이 적고, 자연에서 벗어난 나무 형태를 취할수록 해야 할 가지치기의 양이 많아지고 복잡해진다. 가지치기는 한 번 했기 때문에 다시 해야 하는 작업이고 기술임에 지나지 않는다. 만약 처음부터 자연에 가까운 나무 형태로 가지치기를 한다면 전정가위는 필요 없다.

자연 본래의 모습을 머릿속에 그리고, 그 지역 환경으로부터 나무를 지키고자 하는 마음만 가지면, 나무는 왕성하게 자라고 해마다 과일이 열린다. 인간이 나무에 손을 댈 필요가 없다. 가지치기를 전제로 해서 출발하면 가지치기는 필수 작업이 된다. 하지만 가지치기가 필요 없는 나무도 이 세상에는 많이 있다는 것을 알고, 그런 나무를 만들면 된다. 그래도 나무는 잘 자라고 열매를 맺는다. 성장과 함께 매년 많은 양의 가치지기를 해야 하는 쪽으로 나무를 기르기보다 자연 형태로 복원시키기 위한 교정법을 취하기만 하면 점점 더 무전정에 가까워지므로, 이 방법이 보다 더 현명하고 편리한 농법이라고 할 수 있다.

F. 과일나무의 자연형

방임은 자연이 아니었다

과일나무의 가지치기 기술은 재배 기술 중에서 가장 고도의 기술을 요하는 작업으로, 상농上農과 하농下農의 차이는 단지 가지치기 기술에 달려 있다고도 할 수 있을 정도다. 나는 앞에서 말한 대로 무전정無剪定을 주창하면서 실제로 과수를 재배해왔지만, 처음에는 입으로 자연형을 말할 수는 있었어도, 실제로 과수 종류별로 자연형을 확실하게 파악하고 있었던 것은 아니었다. 그래서 자연형이란 어떤 모습인지를, 여러 가지 식물과 과일나무를 관찰해가면서 그 기본형을 파악하려고 했다.

이제까지 과수 잡지 등에 가끔 실리는 자연형은 진짜의 자연형이 아니다. 그것은 한 번 사람이 손을 댄 뒤에 내버려둔 방임수에 지나지 않는다. 낙엽과수의 대부분에 대해 주간형, 곧 원줄기형을 자연형으로 단정하는 일은 비교적 쉬웠다. 하지만 가장 어려웠던 것을 귤류였고, 특히 참귤나무는 오랫동안 고심하지 않을 수 없었다.

자연농법을 처음 시작했을 때, 나는 참귤나무가 수백 그루 있는 3천 평의 농원을 대상으로, 막연한 상태에서 과수원을 자연농법으로 바꾸어보려고 했다.

그 당시의 나무 형태는 배상형盃狀形, 곧 술잔 모양이었고, 2미터 정도에서 나무 높이를 누르고 있던 것을 바로 가지치기를 하지 않고 방임 상태로 두었기 때문에, 다수의 원가지와 곁가지가 동시에 나서 자라기 시작했다. 당연히 가지와 가지의 교차, 그리고 헛가지의 난립으로 이어졌다. 그 결과 가지나 잎의 혼란이 일어난 곳은 병충의 소굴이 되고, 시든 가지가 또 다른 시든 가지를 유발하는 원인이 됐다. 나무 형태의 혼란은 가지나 잎의 혼란만이 아니라 결실에도 영향을 미쳐 과소, 과밀, 해거리 등의 문제를 야기했다. 그러므로 나도 방임이 황폐화로 이어져가는 것을 인정할 수밖에 없었다.

나는 수형의 혼란을 바로잡기 위해서 이번에는 태도를 180도 전환해서, 가지치기를 강하게 해보았다. 그래도 네다섯 개의 원가지를 가진 나무가 많았기 때문에 가지와 가지 사이의 간격이 불충분했고, 그로 인해 곁가지가 많이 난 탓인지 열매를 맺는 안쪽 가지의 성장이 순조롭지 못하며 차츰 시들어갔다. 그에 따라 수확량이 급격히 줄어들었다. 방임하면 자연형에 가까워지지 않을까 했던 나의 생각은 잘못된 것이었다.

제2차 세계대전 뒤에 농업기술자에 의해 제창되고 발달한 것이 개심자연형開心自然型이었다. 즉 나무 중앙부의 원가지를 잘라내고, 몇 개의 원가지가 42도 정도로 뻗고, 각 원가지에 곁가지를 두어 개 둔 형태다.

그러나 나의 목표는 어디까지나 자연농법에 있었기 때문에, 어떻게 하면 가지치기를 하지 않는 것이 가능하냐는 것이었다. 자연형이 되면 가지치기를 하지 않아도 될 것이 틀림없었다. 나는 술잔 모양으로부터 방임수형, 그리고 이것을 정리, 전정을 하며 귤의 자연형을 찾았다. 종래의 학설에 의문을 가지기 시작했던 것이다.

과수에 관한 책이나 문헌 속에서 다뤄지고 있는 자연형은 반구형으로, 몇 개의 원가지가 구불구불 휘어가며 위로 자라는 그림뿐이었다. 그러나 그것들은 진짜 자연형이 아니라 방임수라는 것은 나 자신의 쓰라린 경험에서 통감한 것이었다. 자연의 나무는 스스로 시들어 죽어갈 리가 없다. 시들어 죽어가는 것은 어딘가에 부자연스러운 데가 있기 때문이다. 나는 자연형을 찾기 시작했다. 뒤에서 말하겠지만, 여러 가지 이유로 나는 귤의 자연형을 찾고 있는 동안 그 과수원의 대략 절반에 해당하는 400그루의 나무를 시들어 죽게 만들어버렸다.

과학적으로 보면, 방임하면 시들어 죽는다는 것은 원가지와 원가지, 곁가지와 곁가지의 간격이 너무 좁다는 데 원인이 있기 때문에, 적당한 간격을 알 필요가 있다고 보인다. 그 간격은 사람의 지혜로 여러 가지로 생각하고, 실험을 해가면 차차 밝혀지리라 생각할 수 있다. 하지만 이 경우의 결론은, 때와 경우에 따라서 "몇 센티, 또는 몇 미터가 좋다"고 결정할 수 있는 있어도, "언제 어디서나 그렇게 해도 좋다"는 결정적인 간격은 나오지 않는다. 술잔 모양의 경우와 개심자연형의 경우는 각기 다른 결과가 나올 것이 틀림없다. 그래서 어느 쪽이 좋으냐 하는 문제는, 일장일단이 있다는 이유로 어물쩍 딴청을 피우면서, 시대의 변화에 따라 계속해서 변화해가는 것이 과학농법의 길이다.

하지만 자연농법의 사고방식에 따르면, 본래 자연형을 취한 나무는 일생 동안 가지나 잎이 스스로 혼란해지거나 시든다거나 할 리가 없다. 자연형이라면 원가지는 몇 개가 좋다, 곁가지의 수나 각도, 가지와 가지 사이의 간격은 어느 정도가 좋다는 등의 연구를 하거나 고찰할 필요가 조금도 없는 것이다. 자연이 절로 알고 이런 문제를 스스로 해결해줄 것이 틀림없기 때문이다.

요컨대 자연농법에서는 그 결론인 자연형으로 해놓으면 모든 것이 해결된다. 그러나 어떻게 해놓으면 자연형이 되느냐는 점이 문제이다. 방임하면 절로 자연형이 될 것이라고 막연히 생각했다가 오히려 실패를 했다. 방임하기 전에 귤에는 벌써 가위로 술잔 모양으로 정지와 전정이 행해져 있었다. 어린 나무는 옮겨 심을 때부터 벌써 부자연형이 돼 있었던 것이다. 그러므로 방임해도 자연으로 돌아가지 않고, 오히려 더욱더 부자연한 정도가 심해졌던 것이다.

자연형의 귤나무를 만들기 위해서는 씨앗을 직파하는 것이 당연하다. 그러나 씨앗도 엄격히 말하면 진짜 자연 그대로라고는 할 수 없다. 여러 가지 인위적인 요소로 재배된 귤류 사이에서 교잡(꽃가루로 교배되는)이 행해지고 있기 때문에, 그대로 어른 나무로 자라면 조상나무로 돌아가거나(feed back), 열등한 잡종 과실이 생기기 쉽다. 그러므로 실용적으로는 전혀 기대할 수가 없다. 그러나 귤의 자연형이란 어떤 형태냐를 아는 데는 상당히 참고가 됐다.

나는 씨앗을 뿌리고 나무들이 커가는 것을 관찰하는 한편, 다수의 각종 귤류의 방임수를 보고 있는 사이에 최대공약수적으로 막연하게나마, "자연 귤나무 형태는 이렇다"는 확신을 가질 수 있게 됐다.

내가 처음 "귤나무의 자연형은 지금까지의 자연형과 달리 주간형(외줄기형이라고 해도 좋다)이다"는 발표를 했을 즈음, 일부의 농업기술자들은 비상한 관심을 보였다. 하지만 일반 농가에서는 황당무계한 이야기라며 무시해버리는 상태였다.

귤의 자연형은, 자연농법 속에서는 불변부동의 수형으로 무전정이 가능하다. 어디까지나 자연형이라는 전정법은 자연농법 속에서 가치를 발휘한다. 미래에 어떤 전정 기술이 나타날지 모르지만, 과수의 자연형은 어떤 것인지를 근본적으로 파악해놓는 것은 손해될 것이 없다.

가령 기계화 농원에서도, 자연에 가까우면 가까운 만큼 만사에 무리가 없다. 어디까지나 기본형은 자연형으로 해놓고, 인간의 사정 때문에 할 수 없을 때는 자연형을 다소 변형시키는 정도에 그치는 것이 현명한 대책이 될 것이다.

자연농법의 과수류에 대해서 먼저 고려해야 하는 사항은, 자연의 모습이란 어떤 것이냐를 먼저 알아두는 것이다.

자연형 파악이 어려운 과일나무인 참귤나무 등은 수세가 별로 강하지 않기 때문에 원가지가 곧바로 자라기 어렵다. 그래서 개체 간의 차이가 심하고, 자연형이 어떤 형태인지 판단하기 어려운 일이 많다. 참귤나무처럼 사람의 사소한 행위나 상해에도 천차만별의 자세를 취하는 과일나무는 달리 드물다. 귤나무의 자연형을 알기 위해서는, 귤나무를 보며 참귤나무를 보지 않는 태도가 역시 중요했다. 여름귤나무나 분땅처럼 수세가 강건한 것은 명백히 주간형이었다.

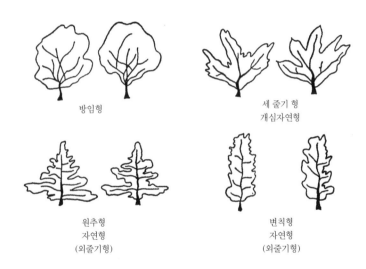

방임형

세 줄기 형
개심자연형

원추형
자연형
(외줄기형)

변칙형
자연형
(외줄기형)

감이나 밤, 배, 복숭아 등이 어떤 모습을 하고 있는가를 알기 위해서는 넓은 시야에서 보아야 한다. 이들은 모두 재배기술로써 가지치기를 한 형태는 각양각색이지만, 그 본질에 있어서는 외줄기형이고, 그 외줄기에서 나오는 곁가지의 숫자나 각도나 방향은 각기 다르기 때문에 모습이 달라지는 정도다. 숲 속의 삼나무, 노송나무, 소나무, 떡갈나무, 참나무 등과 마찬가지다. 본래 주간형인 소나무나 노송나무 등은 어릴 때 나무 끝의 새순을 조금 따기만 해도 완전히 다른 수형으로 바뀐다. 환경이나 사람의 행위로 바뀐 나무를 보고 인간은 착각을 하고 혼동에 빠진 것이다.

• 품종별 자연형

조생 참귤나무: 나무 높이가 낮고 삼각형(피라미드형). 히말라야시다나 개입갈나무 모양

만생 참귤나무: 나무 높이가 조금 높고, 측백나무 모양의 원추형

여름귤나무, 분땅, 감, 밤, 배, 사과, 비파나무: 나무 높이가 높고, 삼나무 모양의 원추형

과일나무의 자연형을 찾아서

가지치기에 대해 쓴 예전의 책을 보면, 자연형이란 외형이 반원형이고 몇 개의 원가지가 총립叢立한, 곧 모여 선 나무 형태를 가리키고 있다. 그러나 이것은 방임수에서 상상할 수 있는 최대공약수적인 모습을 가리키고 있는데 지나지 않는다. 하지만 자연형과 방임수는 전혀 다르다. 그 둘은 구별해야만 한다. "자연에 갖춰져 있는 소질(선천적 소질)은 참귤나무, 여름귤나무, 분땅 등 모두 주간형의 반교목半喬木, 곧 반 큰키나무다. 따라서 귤의 자연형은 원추형의 주간형이다"라고.

분땅이나 여름귤나무는 원줄기가 직립하기 쉽고, 원줄기 굵기에 비해 나무 높이가 높은 삼나무 모양이다. 참귤나무는 요철이 많은 달걀을 거꾸로 세운 형상에서 반원형까지 폭이 넓다. 이렇게 주간원추형이라고 하지만, 나무의 종류나 재배조건에 따라서 여러 가지 모습으

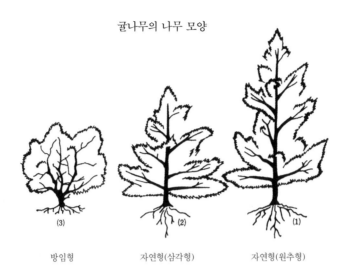

굴나무의 나무 모양

(3)　　　　　　(2)　　　　　　(1)

방임형　　　　자연형(삼각형)　　　　자연형(원추형)

로 나뉜다. 즉 자연형으로 키운 굴나무 속에서도 명백하게 원줄기형
으로 자라는 것은 적고 여러 가지 변칙적인 모습으로 변하는 이유는,
굴이 정아우성*이 약하고, 수관**이 넓게 벌어지기 쉽고, 떨기나무 성
질이 있고, 몇 개의 원가지가 같은 세력으로 자라고, 수형이 혼란하다
는 등을 원인으로 들 수 있다. 하여튼 본래의 자연 소질이 순수하게
유지 육성된 채 자란 자연수(이론적 자연형)에 비해서, 실제 재배에서 생
기기 쉬운, 자연형이 조금 무너진 나무(실제적 자연형)가 있는 것은 사실
이다.

---

* 頂芽優性: 작물의 공통적인 성질이다. 정아頂芽, 곧 맨 윗부분의 순일수록 생장이 왕성하며, 아
　래 부분으로 내려감에 따라 약해져서 밑부분의 눈은 발아하지 않은 채 잠아潛芽가 되는데, 이 성
　질을 정아우성이라고 한다. 역주
** 樹冠: 많은 가지와 잎이 달려 마치 관, 곧 갓 모양을 이루는 나무의 윗부분을 이르는 말. 잎이 충
　분한 빛을 받지 못하면 가지가 말라죽으므로 수관의 발달 상태는 햇빛과 밀접한 관계가 있는 것
　으로, 외따로 서 있는 나무는 수관이 길며, 숲 속에 있는 나무의 수관은 매우 작다. 바늘잎나무의
　수관은 원추형 비슷한 모양을 하고 있으며, 넓은잎나무의 수관은 반구형이나 부채 모양을 하고
　있다. 수관이 모여서 임관林冠을 이룬다. 역주

재배상에서 본 자연형

나는 귤나무를 재배하면서 자연형을 그 나무의 기본 형태로 하고 있다. 그것이 어려워서 자연형이 조금 무너진 변칙자연형, 환경적응형이 됐을 때도 가지치기는 자연형으로 복귀시키는 방향으로 이끌어 가는 것이 좋다. 그것은 다음과 같은 이유 때문이다.

1) 자연형은 재배조건과 환경에 가장 잘 적응하며 자란다. 한 장 잎이나 가지의 낭비도 없이, 최대의 성장량과 수광량은 물론 최대의 수량을 올릴 수 있는 자세이다. 반대로 인위적인 부자연형은 본질적으로 나무의 능률을 혼란시키고 능력을 떨어뜨리는, 인위 일변도의 고생이 많은 방법이다.

2) 자연형은 원줄기가 직립하기 때문에, 인접한 나무와 부딪친다거나 가지나 잎의 혼란이 적다. 가지치기 양이 조금씩 줄어들고 병충해의 발생 비율 등도 적어, 모든 면에서 일손을 줄일 수 있다. 반대로 중심부에 직립한 원가지를 솎아내어 만든 개심자연형은 곁가지가 옆으로 넓게 자라며 인접한 나무와의 마찰이 일어나고, 또 부자연한 각도(세 줄기 모양 등)로 나온 곁가지끼리 서로 엉켜 혼란을 일으킨다. 따라서 어른 나무가 된 뒤부터는 가지치기 양이 늘어나며, 그 일로 고생을 하게 된다.

3) 원추 주간형에서는 비스듬히 비추는 햇살이 나무 아랫부분의 내부까지 들어온다. 반대로 개심형 등은 역삼각형이기 때문에, 아랫부분이나 내부는 수광 태세가 나빠서 시들어 죽어버리는 가지가 생기고 병충해가 발생한다. 수형의 확대가 수량의 증가로 이어지지 않는 것이다. 오히려 줄어들게 된다.

4) 자연형은 원가지나 곁가지로 가는 양분의 유통과 배분이 가장

원활하다. 외적인 균형만이 아니라, 성장 작용과 결실 작용과의 균형
도 잘 잡혀서 해거리가 일어나기 어렵다.

5) 자연형의 경우, 뿌리는 지상부의 나무 형태와 비슷하다. 뿌리를
깊이 뻗기 때문에 건강하고, 외부의 조건에 대한 저항력이 강하다.

자연형의 문제점

모든 과수의 자연형은 이상과 같은 이점이 있다고 할 수 있는데, 문
제가 없는 것은 아니다.

1) 자연형은 어린 나무일 때 감과 사과 등의 경우는, 가지와 잎을
비롯하여 결실 밀도가 낮고, 수량도 적다. 이것은 가지치기를 하지 않
기 때문이므로, 약간 전정을 해서 결과지結果枝, 곧 열매 가지의 밀도
를 높이면 해결할 수 있다.

2) 주간형은 키가 크게 자라기 때문에 수확할 때 나무에 올라가기
가 어렵지 않느냐고 예상되지만, 이것은 어린 나무일 때의 일이다. 어
른 나무가 되어 원가지에 곁가지가 나선 모양으로 규칙적으로 나면,
그렇게 고생이 되지 않는다. 키가 크게 자라는 감, 배, 사과, 비파 등은
나선 계단을 올라가는 것처럼 쉽게 올라갈 수 있다.

3) 순수 자연형을 만드는 것은 쉬운 일이 아니다. 특히 어린 나무일
때 보호 관리에 충분한 주의를 하지 않으면 자연형이 무너진다. 이때
는 변칙주간형으로 해도 좋다. 이상적인 자연형은 실생묘를 사용하거
나, 아주심기 자리에 바탕나무를 키워서 앉은 접*을 붙이는 길도 있다.

4) 어린 나무의 주간, 곧 원줄기를 강하게 직립시키는 것이 자연형

---

* 居接: 나무를 심을 자리에 바탕나무를 키우고, 그 바탕나무에 접을 붙이는 것을 말한다. 역주

낙엽과수의 자연형

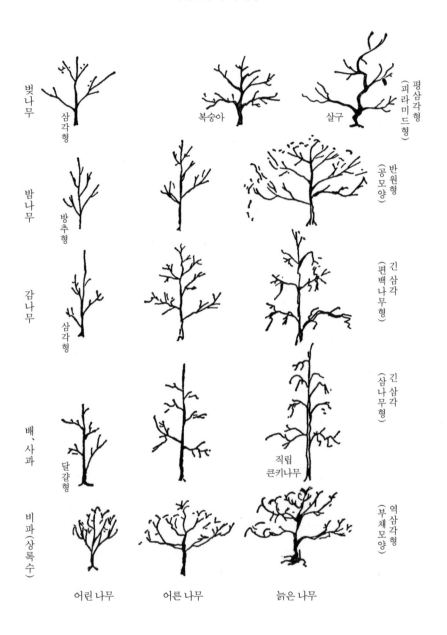

벚나무   삼각형   복숭아   살구   평삼각형(피라미드형)

밤나무   방추형   반원형(공모양)

감나무   삼각형   긴삼각(편백나무형)

배, 사과   달걀형   직립 큰키나무   긴삼각(삼나무형)

비파(상록수)   역삼각형(부채모양)

어린 나무   어른 나무   늙은 나무

의 성공과 실패의 갈림길이다. 어린 나무일 때부터 원가지와 곁가지의 발생 위치 및 각도에 주의해서 부자연스러운 것은 제거해야 한다. 보통 5년 내지 6년에 나무 높이가 2~3미터쯤 자랄 경우는, 대여섯 개의 곁가지를 규칙적으로 나선상으로 나게 하면 좋다. 그 간격은 15~30센티 정도가 좋다. 기본적인 수형이 완성되면, 그 뒤에는 점점 가지치기의 필요성이 적어진다.

5) 주간이 기울어진다든지, 선단부가 약하다든지, 상해를 입었다든지 할 경우에는 자연형이 무너진 개심자연형이 될 때가 있다. 그때 중요한 것은, 순수 자연형을 머릿속에 그리며 되도록 그것에 가까워지도록 정형적, 곧 바른 모양 가지치기에 중점을 둔 전정을 해나가면 좋다. 어린 나무일 때 나무의 형태가 완성돼 있으면, 어른 나무가 된 뒤로부터는 강한 전정은 필요 없어진다. 만약 어린 나무일 때 방치하면, 어른 나무가 된 뒤에 강한 외과적 개조를 해야 한다. 그리고 해마다 다량의 솎기나 잘라내기를 하지 않으면 안 된다. 이 고생과 손실을 생각해서 초기의 정형적 전정은 과감하게 단행하는 것이 좋다.

과일나무의 자연형에 확신을 가지게 되고부터는 과수 재배의 기본 방침이 아주 간단명료해졌다. 따라서 그 뒤 새로 시작하는 농원에 심은 나무는 모두 이 자연형을 목표로 해서 출발했다. 그러나 실제로는 수천 그루라는 많은 숫자였기 때문에 식수 당시에는 거의 손질을 할 수 없었다. 그래서 생각한 대로 자연형의 나무를 만들 수는 없었다. 하지만 종래의 수형과 비교하면 자연형에 가까웠기 때문에, 그만큼 전정량도 적어, 거의 무정전으로도 큰 지장이 없었다.

여기서 자연형의 이점과 앞으로의 예상에 대해 덧붙여둔다.

1) 자연형은 정형整形으로서 모든 점에서 헛수고가 적고, 일손이 적

게 들며, 다수확이 가능하다.

2) 환경에 적응하여 땅 위와 아래의 균형이 가장 잘 잡혀 있고, 뿌리를 깊게 뻗기 때문에 생장이 빠르고, 건강하고, 추위와 가뭄에 견디는 힘 등을 갖추고 있어 재해에도 강해 보인다.

3) 헛가지가 적기 때문에 전정량이 적고, 투광과 통풍도 좋기 때문에 해거리가 적고, 병충의 발생도 적다.

4) 지형에 따라, 혹은 기계화 등을 위해 수형을 개조해야 할 때도, 가장 무리 없이 잘라서 작게 만들 수가 있으므로 원활하게 나무의 형태를 바꿀 수 있다.

5) 보통 과수 재배의 전정기술이란 그 시대에 대응해서 여러 가지로 변화해간다. 하지만 자연형은 어떤 시대가 와도 절대 변하지 않는다. 자연형은 언제나 일손이 적게 들고, 안정 다수확 재배라는 점에서 가장 우수한 대책이 될 것이라고 나는 확신하고 있다. 특히 감, 밤, 사과, 배, 비파 등은 자연형으로 만들기 쉽고 성공하기 쉽다. 키위나 포도에도 당연히 응용할 수 있다.

G. 결론

현재의 과수 재배는 모두 제초를 전제로 하고, 사이갈이를 하고, 비료를 주고, 가지치기를 해야 하는 농법이다. 이와는 반대로 자연농법은 자연으로 되돌리는 것을 전제로, 어린 새싹을 자연 본래의 모습에 가까운 나무로 키우고, 무제초로 흙을 살리고 비옥하게 만들어가며, 무비료로 강건하게, 가지치기를 하지 않고, 정연한 형태로 나무를 키워가는 농법이다.

무제초, 무비료, 무전정이란 어느 하나만으로 성립되는 게 아니다. 모두가 불가분의 관계를 가지고 있다는 것을 되풀이해서 강조해두고 싶다.

제초나 사이갈이가 필요 없는 토양관리, 가령 풀과 함께 가꾸기라 든지, 나무 사이 재배로써 무비료 재배도 가능해지는 것이다. 하지만 갑자기 무비료 재배를 시도해본다거나 제초를 하지 않는 것만으로는 효과가 없다.

병충해 방제도 무방제의 방제법이 낫다. 근본 원리로서는 병충해는 없다. 무제초, 무비료, 무정전의 자연농법이 확립돼감에 따라 병충해 도 차차 감소해간다. 궁극적으로는, 산야의 식물에도 소위 병해충이 라 불리는 벌레가 많이 퍼져 있지만, 실질적인 병충해 피해는 없는 것 과 같은 상태에 이른다.

최근에는 숲 속의 나무에도 비료나 제초제를 줘서 성장을 촉진하 는 방법이 선전되고 있는데, 그것은 거꾸로 온갖 병충해를 불러와 약 제 살포나 시비 등 복잡한 작업을 필요로 하게 만드는 길일 뿐이다. 비 옥한 토양에서 자란 작물은, 그 뿌리는 물론 땅 위의 가지나 잎 모두가 건강하여 병이 들지 않는다. 제초, 시비, 전지 작업 등은 흙과 나무를 혼란시키고, 병에 견디는 힘을 저하시킨다. 그 결과 통기가 나쁘고, 그 늘이 생기고, 병충해의 소굴이 늘어나며, 병충해 방제의 필요성이 생 기게 되는 것이다. 농약 사용으로 병충해 피해를 증가시키고, 가지치 기로 나무를 혼란시키며, 시비로 생긴 결핍증으로 고생을 하고 있는 것이 오늘날의 현실이다.

과학농법이 옳으냐, 아니면 자연농법이 옳으냐는 문제의 마지막 판 정은 인간이 서둘러 무엇을 구하느냐에 따라서 결정된다.

채소

A. 채소의 자연 돌려짓기 체계

농작물은 인간이 인간을 위해서 인위적으로 재배하기보다, 자연에 맡겨서 자연에 가까운 상태에서 기르는 것이 이상적이다.

왜냐하면 농작물은 스스로 어디에(적지), 언제(적기), 어떤 방법으로 자라야 하는지를 잘 알고 있기 때문이다.

자연에 맡겨서 키워보면, 모양과 질 양면에서 일반 사람들의 상상 이상으로 뛰어난 것이 나온다. 그것은, 온갖 작물의 씨앗을 섞어 뿌린 뒤 자연 재배를 하면서 관찰하면 잘 알 수 있다.

예를 들면, 각종의 곡식이나 채소 종자를 혼합해서 잡초나 클로버 속에 흩뿌려보면, 어떤 것은 사라지고, 어떤 것은 살아남고, 어떤 것은 왕성하게 자란다. 그 작물이 꽃을 피우고, 열매를 맺고, 씨앗이 떨어지고, 땅속에 묻히고, 껍질은 썩고, 씨앗은 발아하여, 다른 식물과 경합하거나 도움을 받아가며 자라는데, 그 성장 과정 속에서 펼쳐지는 드라마는 경탄 없이 보기 어렵다. 일견 무질서하게 보이면서도 정연한 합리성을 가진, 조화로운 자연의 묘수에 가르침을 받는 일이 많다.

자급자족을 목표로 하는 작은 면적의 채소밭이나 황무지를 이용한 채소 재배 등에서는, 이와 같은 일견 무모해 보이는 혼식 야초화 재배로도 충분히 족하다.

그러나 대규모 논밭에서 여러 해에 걸쳐서 오랫동안 계속해서 재배를 할 경우에는, 이런 방식에서 한 걸음 더 나아가서, 체계화된 연작 기준을 만들고 그 기준에 따라서 계획 재배를 해야 한다.

그런 뜻에서 만들어진 것이 앞에서(262쪽) 다룬 자연 돌려짓기 체계(기본도)이다. 이것은 자연 재배에서 힌트를 얻어 자연 보존을 최대 목표로 작성한 것인데, 물론 자연에는 미치지 못하고 실제로는 더 연구해서 보완해야 하는 점이 많다.

또 그 도표의 윤작 체계는 콩과 녹비 작물에 의한 토양의 비옥화, 볏과 식물에 의한 유기물의 보급, 뿌리채소에 의한 심경深耕과 토양 개량, 가지과·오이과·십자과 채소의 격리, 백합과·꿀풀과·미나리과·국화과 등의 간헐 혼식 등으로 병충해 피해 경감, 공존 효과상승 등을 목표로 했다. 따라서 그것을 자연 윤작 체계의 기본으로 했다.

표2(264쪽 참조) 이하는 자연을 위한 윤작 체계라고 할 수 없지만, 인간의 이익을 주목적으로 한 종래의 단기간 돌려짓기 체계에서 탈피해서, 조금이라도 땅을 위한 돌려짓기 체계가 될 수 있도록 감안하여 작성된 것이다.

이 돌려짓기 체계의 특징과 주의사항은 다음과 같다.

특징은 무경운, 무비료, 무농약, 무제초 등을 최종 목적으로 하고 있다.

그리고 그 방법은 다음과 같다.

1) 무경운

처음에는 1~2미터 이랑, 또는 4~5미터 간격으로 골을 파서 재배를 하는데, 다음 해부터는 무경운으로 하거나 얇게 갈고 뿌리기(얇게 갈기→파종→뒤섞기攪拌) 정도로 한다.

2) 무비료

콩과 녹비 작물을 연년 기조 작물로 재배하고, 그 속에 코팅한 작물의 씨앗을 혼파하거나 모종을 옮겨 심고, 그리고 뿌리를 깊이 내리는 심근 작물을 심어 무경운으로도 땅이 비옥해지도록 한다.

3) 무제초

되도록 수확 전의 앞그루 속에 뒷그루를 파종 또는 이식해서 맨땅으로 있는 기간을 최대한 줄임으로써 잡초 발생을 늦춘다. 또한 수확 뒤에는 앞그루의 짚이나 줄기나 잎을 피복 재료로 써서 잡초 발생을 억제한다.

4) 무농약

병충해의 발생을 억제한다거나 기피 식물을 이용하는 것도 좋지만, 진짜 무농약은 모든 종류의 벌레나 균이 함께 살고 있을 때 달성된다.

따라서 각양각색의 식물이 공생을 하는 한편, 무경운으로 절로 땅이 비옥해지고 땅속 미생물의 번식을 돕는 돌려짓기를 하는 것이 중요한 의미를 갖는다.

B. **채소의 야초화 재배**

자연농법으로 시장에 출하할 수 있는 채소를 재배하는 일은 쉬운 일이 아니다. 문제는 생산자 쪽에도 있지만, 시장이나 소비자 쪽에도 있기 때문이다.

그러나 앞에서 얘기한 바와 같이, 채소의 돌려짓기 체계를 충실하게 지키고, 뒤에서 다루게 되는 주의사항을 지켜가면 가능성은 높다.

자가 채소의 자연농법

자가 채소를 재배할 때 먼저 생각할 점은, 자기 집 주변에 30평의 밭을 가지고 다섯 내지 여섯 식구의 채소를 공급할 경우와 넓은 들을 이용해서 채소를 기를 경우다.

먼저 자가 채소를 기를 경우 첫 번째 방법은, 한마디로 말하면, 퇴비 등의 유기물을 주어서 만든 비옥한 토양에 적기, 적작으로 재배하는 것이다. 이때 두엄이나 인분 등을 사용하는 것에 의문을 갖는 사람이 있는데, 그 대답은 간단하다.

자연의 생명은 동물(사람이나 가축)과 식물과 미생물(흙) 사이를 차례로 순환한다. 이 상황을 주시함으로써 이해할 수 있을 것이다. 동물은 식물을 먹고 살고, 동물이 날마다 배설하는 분뇨나 수명이 다한 뒤에 죽은 동물의 주검은 땅에 묻혀서 작은 동물이나 미생물의 식량이 된다(이것이 분해되고 썩는 현상이다). 땅속에서 번식한 미생물도 차례로 죽고, 이번에는 그것들이 식물의 양분으로 뿌리를 통해 흡수된다. 이 셋은 일체이고, 함께 먹는 것이고, 공존공영이다. 그것이 자연의 순환이고, 자연의 정상적인 질서다.

다만 이때 인간만은 자연의 동물인 동시에 이단자라고도 할 수 있기 때문에, 인간을 부정한 동물이라 보면, 인간만은 제외돼서 자연의 순환 밖의 존재로 취급해야 한다. 그러나 정상적인 인간은 포유동물의 한 종류로, 그들의 분뇨 또한 정상적인 자연의 일부로서 자연의 활동 속에 참여시키는 것이 당연하다. 사실 옛날의 소박한 농가의 텃밭에서는 혹은 원주민 사회에서는 자연의 이법에 맞는 형태의 자가 채소 재배를 하고 있었다. 정원의 과일나무 아래에서 아이가 놀다가 똥을 싼다. 그 똥을 돼지가 와서 먹으면서 흙을 판다. 그 돼지를 개가 쫓아낸다. 사람은 그 비옥한 땅 속에 채소 씨앗을 뿌린다. 채소가 싱싱하게 자라면 어느새 벌레가 생긴다. 닭이 와서 쪼아 먹는다. 그 닭의 달걀을 아이가 먹는다. 이런 풍경이 사실은 가장 자연에 가깝고, 낭비가 없는 가장 합리적인 생활이었던 것이다.

이와 같은 채소 재배를 비합리적인 원시농법이라고 보는 것은 큰 잘못이다.

최근 청정 채소를 재배할 목적으로, 비닐하우스 안에서 흙을 사용하지 않고 채소를 기르는 방법이 성행하고 있다. 즉 역경礫耕(콘크리트 모판에 흙 대신 팥알 크기의 자갈을 넣고, 청정 야채 따위를 재배하는 방법. 역주), 사경砂耕(모래에 씨앗을 뿌리고, 거기에 필요한 양분을 주어 재배하는 방법. 역주), 수경水耕(흙을 쓰지 않고 각종 양분을 녹인 물속에서 식물을 재배하는 방법. 역주), 액비재배液肥栽培(중요 무기영양소를 일정 비율로 혼합하여 만든 수용액을 주어 작물을 기르는 방법. 역주) 등으로, 이것들은 영양을 포함하고 있는 물을 대준다거나 뿌려줄 뿐인 재배 방법이다. 만약 사람이나 가축의 분뇨를 사용하지 않고 해충과 균이 없는 상태로 재배되고 있다는 이유만으로 청정 채소라고 본다면 엄청난 잘못이다.

인공적인 영양물질을 주며 유리나 비닐을 통한 일광 아래서 인공적으로 기른 채소야말로 가장 비과학적이고 불완전한 식품이다. 그것은 청정 채소가 아니라 오히려 부정한 채소라 불러야 한다. 자연 속에서, 벌레와 미생물과 동물의 합작에 의해서 길러진 채소야말로 진짜 청정 채소인 것이다.

공지空地에 씨를 뿌린다

'채소의 야초화 재배'란 내가 임의적으로 붙인 이름으로, 들이나 과수원 또는 둑이나 공지 등에 채소류의 씨앗이라면 아무것이나 뿌려놓을 뿐인 방법을 가리킨다. 클로버(라지노 클로버 아니면 흰 클로버)를 섞어 뿌려놓으면 차차 클로버가 자라는 채소밭이 된다.

문제는 파종 시기인데, 좋은 시기에 좋은 기회를 잡아서 잡초 속에 여러 종류의 채소 씨앗과 클로버 씨앗을 섞어서 뿌려놓거나 줄 뿌리기를 하면 기대 이상으로 훌륭한 채소가 생기는 것이다.

둑의 잡초 속에 각종 야채가

가을에 뿌리는 채소류는 여름풀인 바랭이, 강아지풀, 개밀, 띠 등이 한창때를 지나 시들어가며 쇠약해지기 시작했을 때가 적기이고, 아직 겨울 풀의 발아가 시작되지 않았을 때가 좋다. 봄에 뿌리는 채소는 겨울 잡초가 고비를 넘은 3월 하순부터 4월까지, 즉 여름풀이 발아하기 전이 좋다. 겨울 잡초에는 논의 뚝새풀, 새포아풀, 갈퀴덩굴이나 밭의 별꽃, 벼룩나물, 개불알꽃, 살갈퀴, 새완두 등이 있다. 잡초 속에 흩어 뿌린 종자는 죽기 전의 잡초가 피복 재료가 되므로, 비가 한 번 오면 풀 속에서 발아한다. 다만 이때 기대한 만큼의 비가 오지 않으면 한 번 발아한 것이 그다음 날 날씨로 시들어버릴 때도 있다. 따라서 이틀이나 사흘 동안 비가 계속되리라고 판단되는 때나, 유채가 필 때면 오는 봄장마를 이용해 뿌리는 것이 비결이다. 특히 콩류 등은 이 점에서 실패하기 쉽고, 우물쭈물하다 보면 새나 벌레의 먹이가 돼서 없어져 버리는 일도 있다.

채소의 씨앗은 대개 발아가 잘 되고, 또한 성장도 일반적으로 생각하는 것보다 왕성하기 때문에, 잡초보다 먼저 발아를 시켜놓으면 잡초보다 먼저 무성해지며 잡초를 압도한다. 가을 엽채소나 무, 순무 등 십자과의 씨앗은 많이 뿌려놓으면 겨울 잡초나 봄 잡초의 발생을 방지하는 효과를 충분히 올릴 수 있다.

다만 과수원 안에서는 봄까지 놓아두면 꽃대가 생기고 꽃이 피어, 밭농사에 지장을 초래한다. 하지만 밭농사에 방해가 안 되는 정도로 군데군데 남겨놓으면, 꽃에서 생긴 씨앗이 땅에 떨어져 부근 일대에 6, 7월에 다시 한 번 1대 잡종의 채소가 많이 나서 자란다. 이 경우의 채소는 원래의 처음 것과는 상당히 다른 느낌을 지닌 혼혈의 채소가 된다. 대개는 거대한 괴물과 같은 채소가 된다.

10킬로그램 이상의 무, 아이의 힘으로는 뽑을 수 없는 순무, 거대한 배추, 갓과 흑채의 혼열아, 배추의 한 종류인 타이사이 등 괴물 채소밭이 생긴다. 그 모습에 인간이 압도를 당해 꽁무니를 빼게 될 정도지만, 먹는 방법에 따라서는 오히려 맛이 있고 흥미도 있는 식품이다.

토양 조건에도 따르지만 척박한 땅에서는 무나 순무가 땅 표면을 구르는 듯한 상태로 나서 자랄 때도 있고, 당근이나 우엉은 뿌리털이 많고 옹이가 많아서 울퉁불퉁하며 굵고 짧은 것밖에 안 생길 때도 있지만, 강렬한 향취가 있다는 점에서는 채소다운 채소라고도 할 수 있다. 마늘이나 산달래, 부추, 참나물, 미나리, 냉이 등의 채소는 한 번 심으면 정착해서 오랜 세월을 산다.

봄부터 초여름에 걸쳐서 뿌리는 채소 중에서 잡초 속에 뿌리기에는 콩류가 좋은데, 그중에서도 동부, 녹두, 팥 등이 제일 쉽게 기를 수 있고 수량도 많다. 완두, 콩, 팥, 강낭콩 등은 들새가 쪼아 먹기 쉽기 때문에 재빨리 발아시키지 않으면 실패하기 쉽다. 이때는 진흙경단 뿌리기를 하는 것이 좋다.

토마토나 가지처럼 연약한 작물은 처음에는 잡초에 지기 쉽기 때문에, 모를 길러서 클로버나 잡초 속에 옮겨 심는 것이 무난하다. 토마토나 가지는 한 가지 키우기로 하지 않고, 방임해서 넘어지면 넘어진 채로 총생叢生, 곧 모여 나게 재배를 하면 좋다. 일으켜 세워 키우기 위해서 지지대를 세우거나 하지 않고 그대로 내버려두면 땅 표면을 기며 줄기 군데군데에서 뿌리를 내리며, 다수의 줄기가 빗자루처럼 일어나 자라며 결실을 맺어간다.

가지과의 식물이지만 감자는 한 차례 과수원 속에 심어놓으면 그곳에 해마다 나며 땅 위를 1~2미터나 퍼지며 강대한 성장을 하기 때문에 잡초에 지지 않는다. 토란이나 곤약처럼 수확을 하되 씨감자를 일부 남겨두면 씨앗이 없어지는 일은 없다.

박과의 하야토우리나 박고지는 경사지나 수목을 기어 올라가며 자라게 하는 것이 좋다. 해를 넘긴 하야토우리는 한 포기가 30평까지 퍼지며, 500개에서 600개의 열매가 달린다. 오이 같은 것은 되도록 땅을 기며 자라는 땅오이가 좋다. 참외, 호박, 수박 등과 마찬가지로 어린 모일 때는 잡초로부터 보호해주어야 하지만, 조금 자라면 강하게 번식하는 작물이다. 기어 올라갈 만한 데가 없을 때는 가지가 있는 대나무나 나무 같은 것을 그 장소에 던져놓으면, 덩굴은 그것들을 감고 올라가기 때문에 성장이나 결실에서 좋은 수단이 된다.

참마와 돼지감자는 과수원 방풍림 아래에서도 충분히 잘 자란다. 참마는 나무를 감고 올라가며 자란다. 지금 나는 고구마 덩굴을 월동시키며 다수확을 꿈꾸고 있다.

채소 중에는 시금치나 당근, 우엉 등과 같이 발아하기 어려운 것도 있다. 이런 종자는 나뭇재를 섞은 찰흙과 버무려서 진흙경단을 만들어 뿌리는 기술이 필요하다.

주의해야 할 일

하여튼 이상과 같은 야초화 재배는 과수원, 둑, 넓은 휴경지라든가 공지 이용이 주목적이고, 단위 면적당 다수확을 목표로 하면 실패하기 쉽다는 점 등을 생각해두어야 한다. 그것은 대개 병충해 피해에 의한 것이다. 일반적으로 채소는 동일 종류의 것만을 집단적으로 재배하는 부자연스러운 방식을 취하면 반드시 병충해 피해를 부르게 된다. 섞어 심어서 잡초와 공존하고 공영하도록 하면 그 피해는 아주 적고, 특히 농약을 써야만 하는 사태 따위는 일어나지 않는다.

성장이 나쁜 경우에는 클로버와 섞어 뿌리거나 닭똥이나 퇴비, 잘 썩은 사람의 분뇨 등을 주면 대부분 잘 자란다. 채소가 잘 자라지 않는 곳에서는 잡초도 잘 자라지 않는 것이 보통이다. 잡초의 종류와 그 성장량을 보면 그곳이 메말라 있는지, 어떤 결점이 있는지도 알 수 있다.

그 결점을 절로 해소할 수 있는 수단을 강구해놓으면, 뜻밖에도 크고 무성한 채소를 얻을 수가 있다. 야초화 재배의 채소는 온갖 요소가 포함된 건전한 토양에서 자란 것이기 때문에 맛과 향기가 뛰어나다. 인간의 몸에 좋을 것은 두말할 필요가 없다. 가장 영양가가 높은 건강식품인 것이다.

채소의 야초화 재배는 앞의 윤작 체계를 따라서, 또 작물의 특성을 고려해서 적당한 시기에 알맞게 파종함으로써 대규모 면적 재배도 가능하다.

C. 채소의 병충해

우리나라의 채소 재배는 자가 채소를 자급하기 위한 목적으로 적은 면적의 밭에서 집약 재배를 해왔다. 즉 닭이나 가축, 사람의 배설물을 주체로 아궁이 재나 부엌의 음식쓰레기를 부로, 거의 농약을 주지 않는 재배를 원칙으로 해왔다. 실제로 농약을 쓰기 시작한 것은 그다지 오래된 일이 아니다.

작년에 먼지가 낀, 거의 잊어버리고 있던 옛날에 내가 쓴 책을 우연히 발견해서 다시 읽어보았다(《채소의 병충해 방제 요령》, 고치농업시험장, 1942년 발행). 실용서로서, 혼자서 병충해 연구를 하려고 하는 사람에게 길잡이가 되었으면 하는 마음에서 쓴 것이다. 내용은 채소별 병충해 검색표, 병충해의 종류, 병원균의 성질과 생태, 전염, 해충의 경과, 습성 등에 대해서는 되도록 상세히 썼다. 그러나 방제법에서는 원시적인 것들뿐으로, 포살捕殺이나 회피가 주체였다. 그 이유는 살충제에 관해서는 거론할 만한 재료가 그 당시에는 거의 없었기 때문이다. 그때의 해충 구제는 제충국, 담배, 데리스근derris根과 같은 약초가 중심이었다. 약제는 소량의 비산연이 쓰일 정도였다. 세균과 곰팡이균에 의한 병해에는 보드도액이 만능약으로 사용됐고, 특수한 병과 진드기에 가끔 유황입제가 쓰이는 정도였다.

지금 생각해보면, 농약이 없었던 덕분에 그때는 병충해의 생태를 알고, 그것을 피하거나 건전한 재배 방법을 써서 예방하는 데 힘을 쏟고 있었다고 할 수 있다.

현재와 같이 농약의 다량, 획일 생산 시대에서는, 농약을 쓰지 않고 채소를 재배한다는 것은 도저히 생각조차 할 수 없는 일이 됐다. 하지만 옛날과 같은 방제 대책을 취하고, 앞에서 얘기한 바와 같은 야초화 재배를 하면, 자급 채소 정도는 무농약으로도 충분히 가능하다.

일반 사람들은 작물의 병충해는 종류가 많기 때문에 전문적인 지식과 농약이 없으면 방제할 수 없는 것처럼 생각한다. 하지만 한 종류의 채소에 해를 가하는 병충해는 10~20종류 정도다. 더구나 공통된 것이 많고, 실질적인 해를 입히는 중요 병충해는 거염벌레, 복숭아유리나방애벌레, 잎벌레, 이십팔점박이무당벌레, 씨앗파리, 진딧물 정도이고 그 밖의 것들은 관리로 막지 못할 것이 없다.

옛날 농가의 자가 채소에는 농약을 쓰는 일이 거의 없었다. 아침저녁에 양배추나 푸른 채소에 붙는 배추흰나비애벌레, 수박이나 오이에 붙는 넓적다리잎벌레, 가지나 감자에 붙는 이십팔점박이무당벌레 등은 대나무 끝에 접착물질을 발라서 잡는 정도였다. 대개 채소의 병충해는 방제보다 병충해의 상태를 숙지하면 예방할 수가 있고, 나아가 건강한 채소란 무엇인가를 생각하는 자연농법을 행함으로써 거의 해결할 수 있는 것이다. 강건한 품종을 사용할 것, 건강한 흙에 적기에 적당한 작물을 심을 것, 동족을 근접시키지 않을 것 등이다. 결국 과수원 안이나 공지에서 잡초 대신에 여러 종류의 다양한 채소를 섞어 기르는 방법이 합리적인 재배이다.

안전핀으로 삼을 수 있는 약초로서, 밭 구석에 제충국과 데리스 등을 심어두기를 권하고 싶다. 제2차 세계대전 전에 고치농업시험장에서 데리스의 품종 시험이 이루어졌는데, 추위에 견디는 힘이 강하고, 노지에 적당하고, 유효 성분이 많은 것이 선발되었다. 제충국의 꽃과 데리스 뿌리를 건조시킨 뒤 가루를 내어 보존해두면 좋다. 제충국은 진딧물이나 배추흰나비애벌레, 데리스 가루는 무잎벌이나 배추흰나비애벌레 등에 효과가 있다. 넓적다리잎벌레 등을 포함해서 모든 해충에 이 가루를 물에 타서 물뿌리개로 살포하면 채소에도 인체에도 해가 없기 때문에 안심하고 사용할 수 있다.

고치 현의 아시즈리足摺 지역에서 본 바로, 정원의 텃밭에서 노는 까마귀처럼 까만 토종닭에게는 밭을 후벼 파지 않고, 채소를 건드리지 않고, 해충을 쪼아 먹는 특기가 있는데, 그 닭을 구해 놓아 기르는 것도 좋을 것이다.

과수원의 밑풀로서 채소를 기르고, 이런 닭을 놓아 기른다. 닭은 벌레를 잡아먹으면서 자라고, 닭똥으로 과일나무가 자란다. 이것이 자연농법의 하나의 형태가 되리라.

D. 채소의 종류와 병에 견디는 힘(*표 요주의)

1) 강强 ─ 농약을 필요로 하지 않는 작물

· 마과: 마, 참마, 불장서, 야마토이모

· 토란과: 토란

· 명아주과: 시금치, 근대, 솔나물

· 미나리과: 당근, 참나물, 미나리, 셀러리, 파슬리

· 국화과: 어엉, 머위, 상치, 쑥갓

· 꿀풀과: 차조기, 박하, 방아풀, 깨

· 오갈피나무과: 땅두릅, 인삼, 두릅나무

· 생강과: 생강, 양하

· 메꽃과: 고구마

· 백합과: 부추, 마늘, 염교, 파, 양파, 얼레지, 아스파라거스, 백합,
튤립

2) 중中 — 농약의 필요성이 적은 작물

· 콩과: 완두콩, 누에콩, 팥, 콩, 땅콩, 강낭콩, 동부, 제비콩

· 십자과: 배추, 양배추, 무, 순무, 겨자, 유채, 왜배추, 갓

3) 약弱 — *농약을 필요로 하는 작물

· 박과: *수박, *오이, 김장박, 호박, 수세미오이, 호리병박, 하야토
우리, 종구라기박

· 가지과: *토마토, *가지, 감자, 고추, 담배

최소한도의 농약 사용

자연농법에서는 무농약을 원칙으로 하지만, 어쩔 수 없을 경우의
안전 농약의 적용과 혼용표를 소개한다,

· 동, 아연제: 일반 세균, 미균용

· 식물제: 흡수구 해충(곤충 등에서 먹이를 빨아들이기에 알맞도록 된 입.
모기와 매미 등에서 볼 수 있다: 역주), 저작구 해충(곤충 따위에서 아래위 턱

이 단단하여 식물을 씹어 먹기에 알맞도록 발달된 입. 메뚜기와 잠자리 등의 입

이 그 예: 역주)

· 유황제: 특수 병균, 녹병, 흰가루병

· 유제: 동물 유제(채소용), 머신유제(과수용)

· 독제: 인제燐劑(쥐약), 하늘소

농약 혼용표

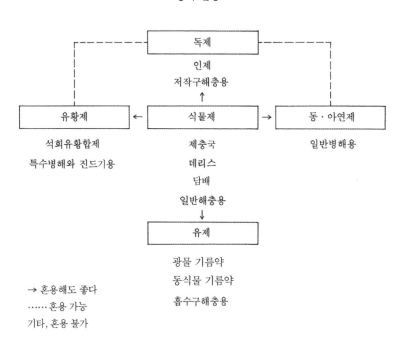

광물 기름약

동식물 기름약

흡수구해충용

→ 혼용해도 좋다

…… 혼용 가능

기타, 혼용 불가

5장

자연의 모습과 인간의 길

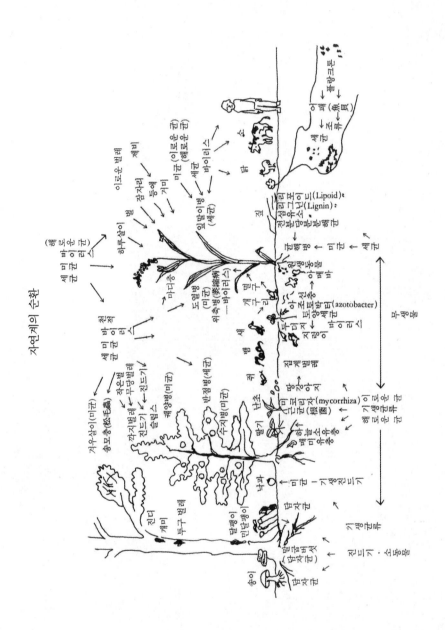

자연계의 순환

I

자연계의 순환

지구상에는 온갖 모습의 생물이 살고 있다. 크게 분류하면 동물과 식물과 미생물이 있다. 이것들은 별개의 생물이기도 하지만, 또한 동시에 유기적 연쇄 관계를 갖는, 일심동체의 하나의 공동생활체이기도 하다. 그들의 상호관계는 인간의 눈으로 보면 공존공영의 모습도 있고, 약육강식의 모습도 있는 것처럼 보인다. 그러나 시공을 초월한 입장에서 보면 종이 한 장의 앞뒤와 같은 것으로서, 공존공영도 약육강식도 아닌 것이다.

즉 모든 생물이 무엇인가를 섭취해서 살고, 다른 무엇인가에 의해서 사멸되는 식물 연쇄가 있고, 이런 순환이 멈추지 않고 계속된다. 이것은 자연의 섭리이고 흐름이다. 지구상의 물질과 에너지도 무한 순환을 되풀이하고 있다. 불생불멸의 순환이 우주의 모습이다.

지상에서 자라는 식물은 새나 짐승의 먹이가 되고, 이 동물들도 다른 동물의 먹이가 되기도 하지만, 이윽고 병이 들거나 수명이 다해 죽는다. 그들의 배설물이나 주검을 분해하여 땅으로 돌려보내는 역할을 맡은 것은 미생물이다. 미생물도 생을 다하면 죽어 흙으로 돌아가 식물의 뿌리로 흡수된다.

미생물이란 보통 박테리아, 미균黴菌(진균眞菌이라든가 사상균이라고도 한다), 점균류粘菌類, 효모 등을 이르는 말인데, 그들 사이에서도 먹고 먹히는 관계가 존재한다. 미균의 균체(균사)를 감은 뒤 녹여 죽이는 미균이 있는가 하면, 미균을 죽이는 물질을 분비해서 죽이는 세균, 세균을 죽이는 박테리오파지, 세균이나 미균을 죽이는 바이러스가 있다. 바이러스를 죽이는 바이러스도 있다. 또한 바이러스나 세균, 미균은 식물이나 동물에 기생해서 이것들을 죽이기도 한다.

동물 사이의 생존경쟁의 모습도 같다. 벼멸구를 잡아먹는 거미, 거미를 죽이는 진드기, 진드기를 먹는 또 다른 진드기, 진드기를 먹는 무당벌레, 무당벌레를 먹는 집게벌레, 그 알을 먹는 땅강아지와 지네, 지네를 먹는 참새, 새를 먹는 뱀, 뱀을 잡아먹는 소리개, 그리고 개와 사람.

그 새나 짐승, 곤충에 세균이나 바이러스가 침범한다. 그 세균을 아메바나 선충이 먹는다. 그 주검을 지렁이가 먹고, 지렁이는 두더지가 먹고, 두더지는 족제비가, 족제비의 시체는 미생물이 분해해서 식물의 영양원이 된다. 그 식물에는 여러 가지 병원균류나 버섯류(미균), 해충 등이 기생한다. 식물은 동물이나 인간의 먹이가 된다. 즉 자연 생태계를 보면 천차만별이지만, 모든 것이 다 연쇄적으로 상호의존하는 생활을 꾸려가고 있다. 혼자서 살고 있는 것도 없고, 죽으면 거기서 끝인 것도 없다. 그것을 극심한 생존경쟁이나 약육강식의 세계로 보아서는 안 된다. 그들 전체가 다수이면서 동시에 일심동체의 가족이기 때문이다. 사이좋게 전체가, 전체로서 살아 있는 것이다.

미생물의 쓰레기 처리

농부는 방자하게 행동하다가 남에게 미움을 받는 것을 대단히 두려워한다. 다음과 같은 말을 듣기 때문이다. "혼자서 살 수 있다고 생각 말라. 어두운 날도 있다. 죽으면 적어도 네 사람에게 신세를 져야 하니까." 다른 것은 제쳐놓더라도, 장례식 때 관을 메는 네 사람에게는 폐를 끼쳐야 한다는 것이 가장 큰 위협인 것이다.

그러나 인간의 시체를 치우는 것은 네 사람만이 아니다. 땅속에서는 몇천 몇만 종류의 소동물이나 미생물이 시체의 처리 작업에 종사한다. 분해, 부패, 발효의 순서로 시체를 치운다. 인간이 완전히 흙으로 돌아가려면, 매일 몇백억 몇천억 마리의 미생물이 번갈아 등장해서 한 인간의 최후에 봉사를 해야 하는 것이다.

인간의 나날은 생生이면서 사死이다. 자신의 세포는 자식이나 손자에게 천이遷移돼서 나날이 증식을 계속하는 한편 자신은 노쇠, 붕괴해가고, 이윽고 시체는 세균 등의 먹이가 되어 분해된다. 그러므로 자신의 최후 모습은 세균의 세포라고 해도 좋다. 가장 끝까지 남아 향을 피우는 자는 유산균이라고 해야 할 것이다. 왜 그런가? 인간의 최후는 유산 발효를 통해 달고 신 술이 되어 소멸해가기 때문이다. 알코올 균에 의해 알코올 발효를 일으키며 향긋한 술이 돼서 땅속으로 스며들어 간다고 해도 좋으리라.

미생물이 동물이나 식물의 주검을 처리해주기 때문에 지상은 항상 청결하고 아름답다. 만약 동물이 죽어도 언제까지나 썩지 않고 뒹굴고 있다면, 지구는 2~3일 안에 지옥으로 변해버릴 것이다. 인간은 이 미생물이나 소동물의 활약을 감동 없이 보고 있지만, 이 세상에는 이만큼 큰 드라마가 없다.

하늘을 나는 새 단 한 종이 멸종해도 안 된다. 땅속의 지렁이가 사멸해도 안 된다. 반대로 지상의 쥐나 거미가 지나치게 번식을 해도 안 된다. 미균의 한 종류가 조금만 많이 번식해도 지구는 혼란에 빠져버린다. 몇천만 종류의 생물이 늘지도 줄지도 않고 균형을 유지하면서 살고 있고, 태어나는 것도 사람의 눈에 띄지 않고 죽어가는 것도 사람의 눈에 보이지 않은 채 사라져간다. 이 자연의 유전 드라마를 연출하고 있는 지휘자의 묘기는 참으로 경탄할 만하다. 모든 생물이 너무 많지도 않고 너무 적지도 않게, 적당히 번식을 계속해가는 것은 어떤 작용과 구조에 의한 것일까? 절로 이루어지는 이 자동제어의 섭리야말로 신비한 일이라고 하지 않을 수 없다.

하지만 이 자연의 질서를 혼란시키고 있는 자가 있다. 인간이다. 인간은 자연의 순환 속에서 유일한 이단자다. 함부로 행동하는 것은 단하나, 인간뿐이다. 인간은 자신의 주검을 땅에 묻지 않고 석유를 뿌려 소각한다. 연료로부터 나오는 연기 중의 아황산가스가 공해를 유발한다고 사람들은 시끄럽지만, 다른 작은 동물이나 식물이 입는 피해는 인간의 공해 이상이었을 것이다. 두 시간이면 시체를 처리할 수 있으니 빠르다, 편리하다, 청결하다고 하지만 석유를 파내고, 운반하고, 소각로에서 태우는 일, 가스 처리 등을 계산에 넣으면 빠르지도 청결하지도 않다. 근시적으로 보면 땅속에 매장하는 것이 원시적이고 비능률적으로 보일지 모르지만, 사실은 보다 더 합리적이고 완전한 사체 처리 방법인 것이다.

인간이 만든 최신식 쓰레기 처리 공장의 설계 등은 자연의 정교하기 짝이 없는 쓰레기 처리 방식에 비교해보면, 어린아이 장난과 같다. 인간 사회에서는 부엌에서 나오는 쓰레기 하나에도 허우적거리고 있지만, 자연은 스케일이 다르다. 그것은 다음과 같은 사례만 보더라도 명백하다.

세균이나 효모는 20분에서 한 시간 사이에 한 마리가 두 마리가 되고, 두 마리가 네 마리가 되는 분열 번식을 한다. 만약 적당한 온도나 습도에서 먹이만 있으면, 세균 한 마리(예를 들면 대장균)는 2~3일 안에 땅 위 생물의 총량에 필적할 만한 숫자로 늘어날 수 있는 번식력을 가지고 있다. 바꿔 말하면 세균 한 종류의 번식력을 억제하는 자연의 자동제어장치가 하루만이라도 작동하지 않으면, 하루 만에 지구는 세균의 주검으로 파묻히게 된다는 것이다. 땅 위 생물의 번식력도 인간의 상상 이상으로 강대하지만, 반면에 생물을 죽여 없애는, 소위 사멸력, 쓰레기 처리 능력도 동등하게 강력한 것이다.

번식과 사멸의 밸런스, 생산과 소비의 균형, 성장 번식과 유체나 배설물 처리를 동시에 그것도 신속하고 원활하게 수행함으로써 몇천 몇만 년 동안 단 한 번도 정체된 적이 없었다는 것은, 자연의 일이었다고 하지만, 감탄하고 감사하지 않을 수 없는 일이다. 사람의 힘과 자연의 힘의 비교를 여기에서 볼 수 있다.

동물의 시체 처리 방법 하나만 보더라도 자연은 생물학적으로, 나아가 물리적으로, 화학적으로 완벽한 방법을 사용하고 있다. 이것을 인간이 자신의 손으로 하려면 물리적으로나 화학적으로나 반드시 불완전한 데가 생기며, 어떤 형태이든지 공해를 유발하게 된다.

자연 속에서 아무렇지 않게 일어나는 일도 조사를 해보면 경외감 없이 보기 어렵다. 그 사례를 또 하나 들어보자.

나는 농업시험장에서 일할 때, 짚이나 초목으로 촉성퇴비를 만들기 위해 유익균을 찾아본 적이 있다. 짚 따위를 재빨리 부패시키는 균을 찾는 일이었다. 오늘로 이야기하자면, 쓰레기 처리에 응용해서 속성 퇴비를 만들어 비료로 쓰기 위한 유익균을 발견하고자 했던 것이다.

나는 미생물이 많은 쓰레기더미 속이나 소나 말, 돼지, 닭, 토끼, 양 등과 같은 가축의 똥을 모아 그 속에서 균을 분리 배양해서 다종다양한 세균류, 미균, 점균, 효모 등을 채집했다. 진균류는 쓰레기 속에서, 세균류는 소나 닭이나 돼지의 똥 속에서 속성퇴비에 적당한 여러 종류 균을 채집했다. 그들 균을 종류별로 시험관 속이나 콘크리트 틀 속의 짚 등에 접종해서 부식 속도를 관찰해보았던 것이다.

이런 실험은 일견 기초적인 실험의 하나로 보이지만, 사실은 쓸데없는 실험이었다는 것을 나는 나중에 깨닫게 되었다. 왜냐하면 시간의 눈으로 보면 인간이 하는 것이 유용한 연구인 것처럼 보이지만, 잘 보면 자연은 더욱 현명한 방법으로, 더구나 보다 탁월한 쓰레기 처리 대책(=속성퇴비 만들기)을 실행하고 있었던 것이기 때문이다.

인간이 고생을 하며 애써 유익균을 채집하고, 특별한 조치를 한 뒤, 발효촉진제라는 이름을 붙여서 짚에 접종하지 않아도, 한 줌의 닭똥이나 흙을 뿌려놓으면 그것으로 좋았던 것이다. 그것이 결국 제일 빠르고 완전한 부식 퇴비를 만드는 방법이었던 것이다.

미생물 농법이라든지 효소농법이라며 소란을 떨 게 없다. 아무렇지도 않게 흙 위에 던져놓은 한 줌의 볏짚 위에서도 다음과 같은 생물의 천이가 이루어지기 때문이다.

먼저 작은 벌레나 파리가 모여든다. 산란한다. 구더기가 생긴다. 습기가 있으면 지렁이가 나온다. 그 전에 벼 잎에 붙어 있던 도열병균이나 깨씨무늬병이나 균핵균 등이 재빠르게 잎 전체에 퍼지지만, 얼마 안 돼 번식한 미균 위를 진드기가 기어다닌다. 그런가 하면 이번에는 잡균류가 번식하기 시작한다. 제일 많은 것은 누룩곰팡이나 푸른곰팡이, 검은곰팡이, 트리코더마trichoderma 등으로 이들 잡균이 병원균을 죽이며, 짚을 분해하기 시작한다. 이때쯤이면 짚에 모여드는 동물도 종류가 늘어나서 미균을 먹는 선충, 선충을 먹는 세균, 세균을 먹는 진드기, 진드기를 먹는 진드기, 거미, 먼지벌레, 땅강아지, 민달팽이 등이 섞여서 생활하며 교체해간다. 그 사이에 짚은 차차 분해되며 형태가 바뀌어간다.

섬유소 분해 미균류도 먹이가 떨어지며 번식에 한계가 올 때쯤이면, 이번에는 리포이드lipoid나 리그닌lignin 분해 세균류가 이들 미균이 먹고 남긴 것이나 미균을 먹이로 번식한다. 이윽고 호기성 세균류 사이에서도 기생이나 동족상잔이 시작되고, 차차 혐기성 세균으로 바뀌고, 마지막에는 유산균에 의한 유산발효가 일어난다. 이런 순서로 짚은 본래 모습을 완전히 잃어버리게 된다. 이상이 지상의 짚 한 오라기가 썩어서 사라지기까지 수일 동안에 행해지는 생물 유전의 아주 간단한 소개다.

분해와 부패를 통한 자연계의 쓰레기 처리 방법이 얼마나 신속하고 완벽한가는 미생물학자도 잘 알고 있다. 그러나 인간이 하는 것을 보면, 부패 속도를 앞당기기 위해 유익균을 집중적으로 사용한다든지, 온도를 높여 세균의 번식을 촉진시키면 된다 여기고, 퇴비를 사용하는 것이 곧 자연을 활용하는 일인 줄 알고 있는 것이다. 하지만 그것이 얼마나 헛된 노동이고 불행한 결과를 초래하는 일인지를 고찰해보면 좋은데, 결론을 한마디로 말하면, 인간이 하는 일은 모두 자연 생물의 원활한 천이를 방해하고, 신속하고 완전한 처지에 물을 타서 혼란을 일으킬 뿐이라는 사실이다.

짚 한 오라기가 가진 부패 현상, 비료 효과, 토지 개량, 자연 속의 역할 등 이 모든 활동에서 보면, 인간이 알고 있는 것은 자연 순환의 아주 작은 일부, 즉 무한소에 지나지 않는다는 것을 잊어서는 안 된다. 인간이 알고 있는 표면적인 주인공 이외에도 무한한 조역들이 있고, 그들이 미지의 기능을 훌륭하게 다하고 있다. 이 쓰레기 처리의 드라마 속에 아무것도 모르는 감독, 즉 인간이 뛰어들어 지시를 하기 시작하면 연극은 엉망이 될 뿐이다. 자연의 순환 작업 어딘가에 혼란이 생기는 그 정도의 단순한 일로 끝나지 않고, 무한 파탄의 파도가 잇따라 일어난다.

생물의 순환과 농약

동물과 식물은 자유롭게 자기 임의대로 행동하고 있는 것처럼 보이지만 사실은 그렇지 않은데, 그 생물의 정연한 질서 속에 돌을 던지는 것이 인간이다. 그중 가장 큰 돌 던지기가 농약과 비료와 농기계다. 농약은 특정 병충을 죽이는 힘을 가지고 있지만, 다른 생물계에 어떤 파문을 던지게 되는지는 거의 연구하지 않은 채 농약이 사용되고 있는 실정이다.

아주 작은 예이지만, 우리 마을에서 벌어진 한 사건을 예로 들어보자. 우리 마을은 가라카와 비파라고 알려져 있는 비파의 명산지다. 오래전에 나는 농협장 일행과 함께 마을 안을 돌아볼 기회가 있었다. 그때 우연히 그들에게 "올해도 비파는 냉해를 입어 꽃이 안 좋다. 이런 일이 해마다 일어나면 농민들이 비파 재배 의욕을 상실해갈 것 같다"는 이야기를 들었다. 나는 그 말이 조금 의심쩍게 생각돼서, 차를 세우고 한 비파 농원 안으로 들어가 조사를 했다. 개화기의 화방이 거의 썩어 있고, 또 미균인 보트리티스botrytis(사상균에 속하는 잿빛곰팡이균류. 역주) 포자가 붙어 있었다. 나는 이것은 냉해라기보다는 보트리티스균에 의한 병이므로 약제 살포로 방지할 수 있을 것이라는 점을 자세히 설명하고, 두세 가지 예방법 등에 대해서도 제언해두었다. 나의 제언에 놀란 원예조합장은 재빨리 농업시험장 쪽과도 연락을 취해, 그 해부터 마을 전체에 농약을 뿌릴 것을 강력하게 호소하여 꽤 큰 성과를 올릴 수 있었다.

그 뒤 비파 부활의 기운도 높아지게 되고, 결과는 아주 좋아진 것처럼 보였다. 그러나 이 경우에서도 생각해봐야만 하는 점이 있다. 왜 보트리티스가 제2차 세계대전 이후에 많아졌느냐이다. 미루어 짐작하건대, 감귤의 병충해 방제를 위해 제2차 세계대전이 끝난 뒤부터 각종의 새로운 농약이 속출하며 다량으로 살포됐기 때문이 아니었을까? 이렇게 말하면 엉뚱한 추론이라 하겠지만, 이 추론에는 다음과 같은 이유가 있다. 나는 실내 실험을 해보지 않았기 때문에 장담을 할 수는 없지만, 이 균은 botrytis sp로 아직 종명이 결정돼 있지 않은데, 귤 열매의 부패병의 일종인 서미병鼠黴病(botrytis cinerea)과 같은 종류이거나 그 변종이라고 보아도 무방할 것으로 보인다. 그런 가정이 가능하다면, 이 서미병이 비파에 심하게 발생한 원인은 다음과 같이 추측해볼 수 있다.

1) 귤 재배가 성행하며 비파 밭에 귤나무를 섞어 심게 된 것.

2) 청경 농법이 급속히 쇠퇴하고 짚 깔기나 초생 재배, 곧 풀과 함께 가꾸기가 보급되며 지표면의 습기가 그 균의 번식에 적당하게 조성됐다는 것.

3) 열매 솎기가 장려되며 땅 위에 솎아낸 과일이 버려지고, 거기에

균이 기생하며 번식한 것.

4) 제2차 세계대전이 끝나기 전까지 균에 유효한 보르도액을 많이 뿌리다, 그것이 폐지되고 새로운 농약으로 바뀌었다는 점.

이 균은 반부생적半腐生的인 균으로, 균의 양이 많으면 격심한 피해를 주지만 대개는 과수원의 불결, 과다한 습기와 수분, 수세의 쇠약, 가지나 잎의 혼란 등이 발생의 유인誘因이다. 그중에서도 가장 큰 요인은 과수원 전체의 기상, 즉 과습이 주요 원인이라 보인다. 그렇다면 그 원인의 일부는 나에게도 책임이 있다는 얘기가 된다.

왜냐하면 제2차 세계대전이 끝난 뒤, 전 국민의 영양실조 상태를 개선하기 위해 나는 공민관 운동의 일환으로 마을의 과수원이나 공지에 클로버 씨앗 뿌리기를 포함하여 염소 기르기를 장려했던 일이 있다. 즉 귤의 '초생 재배'다. 이것이 꽤 보급되며 차차 잡초원으로 이행돼갔다. 이 잡초원에는 습기가 많았고, 그것이 서미균의 번식을 야기하는 원인이 되었으리라고 생각된다. 그렇다고 하면 비파의 화부병花腐病의 소인素因은 '풀과 함께 가꾸기'에 있었다는 얘기가 된다. 그렇다면 이것은 내가 불행의 씨앗을 뿌리고, 내 손으로 불행의 뿌리를 잘랐다는 얘기가 된다. 고생의 불씨를 만든 장본인은 나였을지도 모른다는 것이다.

그러나 더 문제는 되는 것은, 보트리티스 병이라고 보고 현재 유기비소제나 유기염소제 등의 농약과 제초제를 뿌리면서 병이 한 풀 줄어든다고 기뻐하고 있는데, 과연 그래도 좋으냐는 것이다. 이 균은 썩어서 떨어진 화방 속에서 월동도 하지만, 나중에 균사가 응결해서 양귀비 씨앗과 같은 아주 작은 균핵이 생기고, 이 균핵에 작은 버섯이 생기고, 이 버섯 속에 자낭포자가 생긴다. 자낭은 1밀리밖에 안 되는 작은 자루지만, 이 자루 속에 여덟 개의 소포자가 생긴다. 이 여덟 개의 포자는 나의 상상으로는 여덟 개의 이성異性에 가까운 것이 아닐까 생각된다.

이 균의 자낭포자가 가령 팔극성八極性이라고 한다면, 사극성四極性(네 기둥)인 표고버섯균 이상으로 여러 종류의 다른 그루가 생길 가능성이 있다.

왜 내가 이런 것을 장황하게 설명하는가 하면, 고등 동식물 사이에서는 쉽게 변종이 생길 수 없지만, 하등한 세균이나 미균의 세계에서는 의외로 쉽게 다른 균이나 변종이 생길 가능성이 높고, 이것이 지극히 무서운 결과를 가져올 우려가 있다고 여겨지기 때문이다. 변종이 생기기 쉬운 이런 미생물에 잔류 독성이 강한 농약이나 유전인자에 변화를 주는 화학물질을 뿌리게 되면, 어떤 기괴한 변종이 생길지 아무도 모르는 것이다.

농약이 듣지 않는 병원균이 나타나거나 기생력이 아주 강한 균이 생길 수도 있다. 이와 같이 새로운 농약이 원인이 돼서 비파에 병원균이 심하게 발생했다고 보지 못할 것도 없다. 비파의 보트리티스균에 대한 이야기는 미루어 짐작하는 데 지나지 않지만, 나는 일찍이 귤에 발생하는 수지병의 성질에 대해 연구할 때 다음과 같은 경험을 할 수 있었다.

미국산 레몬이나 포도 등의 수지병균과, 일본의 참귤나무나 여름귤나무에 붙는 수지병균은 서로 다른 학명이 붙어 있어서 나는 다른 종류일 거라고 생각했다. 하지만 그 둘을 교배해보니 균사 접합이 이루어지고 자낭포자가 생겼다. 그리고 포자 여덟 개의 다양한 교배에 의해 더욱 다른 균주가 생겼다. 신종 표고버섯을 만들거나 괴물 송이버섯을 만들면 사람들은 기뻐한다. 거대한 아름다운 꽃이나 신품종 과일을 만들어내면 사람들은 박수를 친다.

자연에 손대지 말라

새로운 병원균은 과학자에게는 동일한 흥미의 대상이 될 뿐이다. 하지만 현시점에서 인간에게 유익하다 하는 농약이 언제 해로운 것으로 바뀔지 아무도 모르는 것이다.

인간은 다만 자연을 위반하지 않는다는 기본적인 선을 지키는 일밖에는 선악, 공죄를 판정할 기준이 없다. 때와 경우에 따라서 선악과 공죄의 판정을 내리는 것이 보통 상식이지만, 그것이 얼마나 위험한 일인가를 말해두고 싶다. 최근에는 교배로 신종의 도열병균이 생겼다는 보도가 있었다.

제2차 세계대전 이후 새로운 농약을 마구 뿌림에 따라 농약에 잘 견디는 병충해가 갑자기 많이 생겼다는 보도도 있었다. 예를 들면 진드기류, 멸구류, 마디충, 갑충 등의 수십 종류이다.

이것은 살충제에 저항성을 가진 계통의 종류만이 살아남아서 번식했다고도 생각할 수 있지만, 농약에 적응성이 생기며 강력한 병충이 발생했다고도 할 수 있다. 또 생각해볼 수 있는 것은, 다른 종이라고 해도 좋을 만큼 전혀 다른 변종이나 돌연변이가 발생하고 있다는 위험성도 충분히 고려해야만 한다.

이것은 곤충의 역습이라는 이름으로 요새 자주 언급되고 있는데, 나는 무엇보다 두려운 것은 세균이나 미균 및 바이러스 등의 역습이라고 본다.

고작 인체에 대한 공해의 입장에서만 검토되었음에 불과한 새로운 농약, 방사능에 의한 식물 신품종 육성 실험. 과학자는 진지하게 공해 문제를 연구한다고 하지만, 늘 뒷북을 치며 공해의 불씨를 뿌리고 있을 뿐이다.

방사능을 밭의 여러 식물에 방사했을 때, 담당 품종연구가는 그 밭의 공중이나 땅속 미생물에 어떤 변화가 일어나고 있는지는 전혀 고려하지 않는다. 나는 텔레비전에서 방영된 그 실험 풍경을 보고, 여러 종류의 기형 식물이나 변종이 생기고 있다는 데 대한 칭찬이나 기대보다는, 이 밭에서 당연히 발생하고 있는 미생물 중의 변종 쪽이 걱정스러웠다. 육안으로는 볼 수 없으니만큼 어떤 괴물이 생기고 있는지 알 수 없다.

괴수는 만화의 세계에나 있는 것이지만, 현실의 미생물 세계에서는 벌써 괴물이 생겼을지도 모른다. 우주 로켓의 개발에 따라 달이나 천체에서, 지구에 없는 미생물이 들어오게 될 위험성이 전혀 없다고 보장할 수 있는 과학자는 한 사람도 없을 것이다. 알려지지 않은 것은 알 수 없다. 지구상의 감정법이 적용되지 않는 생물이 있다면 검역할 방법이 없는 것이다. 이것이 천체의 미생물이라고 증명이 됐을 때는 벌써 지구상에 널리 퍼진 뒤일 것이다. 지금 우리 주변에서 이미 시작되고 있는 생물계의 이변, 자연 주기의 이상 상태를 인간이 어떻게 수습해야만 할지 걱정이다.

아메바 괴수는 만화의 세계에나 있는 것이지만, 그보다 무서운 게 벌써 숨어들어와 있을 게 틀림없다.

인간은 자연계에 일체 손을 대지 말았어야 했다. 생물계 순환을 잘 살펴보기만 해도, 내가 말하는 무위무용론을 이해할 수 있다.

2

무위 농부의 길 (모두가 농부인 나라)

문명의 진보와 함께 인간의 생활은 겉으로 보기에는 편리하고 편해진 것처럼 보인다. 일본의 도시 생활은 이미 서구 선진제국 수준에 가까워졌다. 자유를 구가하는 젊은이의 모습은 언뜻 보기에는 평온해 보인다. 하지만 늘어난 것은 키나 경제 성장뿐이고, 사람의 내면생활은 왜소화로 치달으며, 자연스러운 기쁨을 잃어버리고 획일적인 오락(텔레비전, 슬롯머신, 마작 등)이나 술과 섹스 등에서 일시적인 위안을 찾는 우울한 평균인이 증가한 데 불과한 것이 아닐까?

사람의 발이 맨흙을 밟는 일이 사라지고, 손은 꽃이나 풀로부터 멀어지고, 눈은 하늘을 보지 않고, 귀는 새소리를 듣지 않고, 코는 배기가스로 마비되고, 혀는 소박한 자연의 맛을 잊어버렸다. 이제 인간의 오관은 모두 자연과 단절되고, 아스팔트 위를 차로 다님으로써 흙으로부터 이중 삼중으로 멀어진 생활을 하고 있다. 이처럼 인간은 참모습에서 점점 더 멀어지고 있다.

메이지 시대의 진보는 물질적인 혼란과 정신적인 황폐를 동시에 불러오며, 일본은 문명병에 의해 죽어가는 생체 실험용 환자와 같은 양상을 보이고 있다. 이것은 메이지, 다이쇼, 쇼화 3대에 걸쳐 노력한 '문명 개화'의 소산이다. 여기서 이런 잘못된 개화를 우리가 멈춰 세워야 한다. 나의 무위의 철학은, 인간 본래의 자연의 모습으로 돌아가 참 행복을 맛볼 수 있는 '참사람 마을'의 부활을 목표로 하는 것으로서, 그 구체적인 방책은 국민개농國民皆農, 곧 모두가 농부인 나라다.

A. 참사람(眞人) 되기

허망한 물질문명은 '하는(爲)' 것에서 출발하여 '하는' 것으로 끝나지만, 참사람의 길은 '무위無爲', 곧 하지 않는 것에서 시작하여 '무위'로 끝난다. 참사람의 길은 밖에 있는 것이 아니다. 밖으로 나가서 획득할 수 있는 것이 아니다. 자신의 몸에 걸치고 있는 환상과 허식을 벗어던짐으로써, 자기 안에 있는 진실의 구슬이 드러나게 되는 것이다.

아무것도 하지 않으며, 대자연의 품에 몰입해서 심신의 평화를 꾀하는 무위자연의 길이야말로 참사람이 걸어야 할 길이다. 어디까지나 검소한 옷차림과 소박한 식사에 만족하고, 땅에 엎드리고 하늘을 우러러보며 기도하는 벌거숭이 생활이야말로, 참사람에 이를 수 있는 지름길인 것이다.

진짜 행복은 가장 평범하면서도 비범한 무위의 농부의 길밖에 없고, 고금동서를 막론하고 이 이른바 '인간의 도道'를 벗어나서는 인간의 정신 발달과 부활은 있을 수 없다.

농업은 인간에게 허용되는 최소한도의 일이자, 최대한도의 일이기도 하다. 인간이 그 밖에 할 일은 없고, 또 하면 안 되는 것이다.

인간의 참 기쁨, 숨결, 즐거움은 자연의 법열이고, 대자연 속에만 있고, 대지를 떠나서 존재하지 않는다. 인간은 자연을 떠나서는 살 수 없다. 그러므로 생활의 기반을 농업에 두어야 하는 것은 당연한 일이다. 그러므로 모든 사람들이 시골로 돌아가서 농사를 지으며, 참사람의 마을을 가꿔가는 것이 이상적인 마을, 사회, 국가를 만드는 길이 되는 것이다.

대지는 단순한 토양이 아니다. 푸른 하늘은 단순한 공간이 아니다. 대지는 신의 정원이고, 푸른 하늘은 신들의 공간이다. 신의 정원을 가꿔서 얻은 곡식을 하늘을 우러러 감사하며 먹는 농부의 생활이야말로, 인간의 최선이자 최고의 생활이다.

국민개농론國民皆農論, 곧 모두가 농부인 나라 이론은, 만인은 신의 정원으로 돌아가서 그곳을 가꿔야 할 책임이 있고, 푸른 하늘을 우러러보며 기쁨을 향수할 권리를 가졌다는 데 입각하고 있다.

모두가 농부인 나라는 단순히 원시사회로의 복귀가 아니라, 나날이 자기 생명의 근원(생명이란 신의 다른 이름이다)을 확인하는 생활이다. 또한 팽창소멸의 세계로부터 몸을 돌려 응결 부활로의 회심回心을 목표로 해야 한다.

또한 모두가 농부인 나라는, 형태는 소농으로도 아무런 문제가 없지만, 시대를 초월하여 오로지 농업의 원류를 탐색하는 자연농법이어야 한다.

B. 귀농의 길

요사이 자연으로부터 격리된 거대 도시 속에서 매몰의 위기를 느끼는 사람들을 선두로, 많은 사람이 반사적으로 자연으로의 회귀를 꿈꾸며 귀농의 길을 찾고 있는 것은 어쩌면 당연한 일이다.

그들의 자연 회귀를 거부하며 한바탕의 꿈으로 만드는 것은, 다름 아니라 사람과 땅과 법률이다.

그들은 정말 자연을 사랑하고, 대지로 돌아가 그곳에 인간이 살기 좋은 사회를 만들고자 하는 것일까? 내 눈에는 그렇게 보이지 않는다.

나는 이런 사람들의 바람이나 의견이 완전히 정당하다고 보일 때조차도, 결국에는 공허감과 거리감을 느끼지 않을 수 없다. 그것은 마치 수면에 뜬 부평초를 손으로 떠올렸을 때의 감촉이라고도 할 수 있다. 금방 흩어지고 마는 그 감촉 말이다. 사람과 사람, 사람과 자연, 상하좌우 무엇 하나 참답게 관련을 맺고 있지 않다는 공허감이다.

같은 자연을 상대로 하고 있는 것처럼 보이지만, 도시의 청년이 꿈꾸고 있는 자연은 환상이고, 농촌 청년이 갈고 있는 것은 대지가 아니라 단순한 토양이다. 같은 문제에 대해서 근심하고 공동으로 대책을 세워야 할 생산자와 소비자, 그 사이에 개재하는 단체, 상인, 정치가 등등, 그들 사이에는 표면적인 결합이 있을 뿐 내면의 단절과 동상이몽의 비애가 존재한다. 그것은, 우리 모두는 같은 파도 위에 떠서 같은 물을 마시는 관계란 것을 깨닫지 못하는 데서 오는 것이다.

식품 공해를 규탄하는 소비자가 공해 식품 육성에 기여하고 있고, 농학이 발달하고 있지만 농민은 망해가는 현상을 조금도 이상하게 여기지 않고, 농업을 근심하는 정치가가 농민 인구가 줄어드는 현상을 기쁘게 받아들이고, 농업을 발판으로 성장한 기업이 농민을 파멸시키고 있다.

자연을 지켜야 한다고 하면서 농가가 대지를 죽이고, 자연 파괴를 공격하면서도 사람들은 개발이란 이름 아래의 파괴를 묵인한다. 조화라는 이름 아래 타협이 행해진다.

　인간 사회의 혼란과 모순이 어디에서 비롯되는지 끝까지 살펴보는 일 없이, 도시와 시골에서 사람들은 뿔뿔이 제멋대로 행동하고 있다. 자연을 사랑하지 않는 사람은 없다고 말하면서도 이런 모순을 통감하는 일도 없고, 각자가 자기주장을 하며 아무렇지 않게 살고 있다.

　이 세상에 지리멸렬한 행동이 범람하고 있는 이유는, 사람들이 자연을 진정으로 사랑한다기보다는 자연 속의 자기 자신만을 사랑하는 데 지나지 않기 때문이라고 할 수 있다. 산과 강을 그리는 화가는 자연을 사랑하고 있는 것처럼 보이지만, 사실은 자연을 그리는 자기의 직업을 사랑하고 있는 데 지나지 않는다.

　대지를 갈고 있는 농부도 자연 속의 논밭에서 일하는 자기 모습을 사랑하고 있을 뿐이다. 농학자나 농업 행정가 또한 자연을 사랑하고 있는 줄 알고 있지만, 사실은 자연을 과학하는 학문을 사랑하고 있는 데 지나지 않고, 농민을 연구한다거나 비판하면서 기뻐하고 있음에 불과하다. 인간은 단지 자연의 아주 작은 일부를 엿본 데 지나지 않는데도, 자연의 본래 모습을 알았다고, 사랑하고 있다고 착각하고 있을 뿐이다.

　자연을 사랑하는 수단으로, 어떤 사람은 산의 나무를 자기 집 마당에 옮겨 심고, 어떤 사람은 그보다는 산에 나무를 심으라고 한다. 어떤 사람은 산에 나무를 심기보다는 산에 가는 것이 빠르다고 한다. 산에 가기 위해서 도로를 만들자는 사람, 자동차로 가지 말고 걸어서 가라는 사람이 있다. 모두 자연을 사랑한다는 목표는 같다. 다만 그 수단이나 길이 다를 뿐이고, 어떻게 해서든지 조화를 이루면서 전진하는 길밖에는 방법이 없다고 생각하고 있다. 그러나 그 수단이나 방법이 각기 다르고 모순된다는 것은, 자연 파악이 피상적이었다는 데 원인이 있다. 만약 각자가 정말 자연의 핵심에 들어가서 자연을 정말 알았다면 의견 대립은 일어날 리 없다.

자연을 사랑하는 데는 방법이 필요 없다. 자연으로 가는 길은 어디까지나 무위이고, 무수단의 수단이 있을 뿐이다. 해야 할 일은 어디까지나 '아무것도 안 한다'뿐이다. 그렇다면 수단은 명확하고, 목적에 도달하기도 대단히 쉬운 것이다.

귀농을 목표로 하는 사람들의 결심 정도를 내가 의심하는 것은 이런 뜻에서다. 진정으로 농업을 좋아하는가, 자연을 사랑하고 있는가이다. 만약 정말로 당신이 자연을 사랑하기 때문에 귀농을 하려고 한다면 그 길은 아주 쉽게 열린다. 만약 당신이 자연의 껍데기만을 사랑하고 농업을 이용하려는 데 불과하다면, 길은 닫힐 것이다. 그때, 귀농은 아주 어려운 일이 돼버릴 것이다.

귀농을 거부하는 첫 번째 장애물은 사람이다. 당신 자신에게 있다고 할 수 있다.

c. 토지는 없나?

사람들의 귀농을 거부하는 제2 난관은 농지다. 작은 섬나라 속에 1억 명이 오글거리며 살고, 지가가 폭등하는 등 농지를 얻는 일이 대단히 곤란할 것처럼 보인다. 이런 상태 속에서 나는 감히 모두가 농부인 나라를 외치고 있는 것이다.

일본의 농지는 약 600만 헥타르로, 어른 한 사람당 10아르(300평) 이상의 면적이 돌아간다. 일본의 토지를 2천만 세대로 분할하면, 한 집

한 세대당 900평의 농지와 그 밖의 산림 원야가 1헥타르(3,000평)씩 돌아간다. 한 집이 완전한 자연농법으로 자급체계를 갖추기 위해 필요한 면적은 불과 10아르(300평)면 된다. 그 안에 작은 집을 짓고, 곡물과 야채를 심고, 산양 한 마리와 토종닭 몇 마리, 그리고 꿀벌을 키울 수 있다.

만약 모든 국민이 정말 300평 농부의 생활에 만족할 수 있다면, 그 실현은 불가능한 일이 아니다. 만인은 소역小域, 곧 작은 지역을 그 생활권으로 삼고 살아갈 권리와 의무를 가지고 있다. 그것이 이상 생활을 실현하기 위한 기본적인 조건이기 때문이다.

사람들은 법률과 지가 폭등에 사로잡혀 그 길이 절망적이라고 보고 있지만, 토지 그 자체는 남을 만큼 많이 있다. 법률도 본래는 이상사회를 지키기 위해 있는 것이다. 그런데 왜 이 정도까지 지가가 뛰며, 땅이 국민의 손을 떠난 것일까?

최근 수년간의 지가 폭등은 택지나 공공용지 확보에서 시작됐다. 하지만 그 제1원인은 일본의 토지는 좁고 더 만들어낼 수 있는 게 아니라는 관념과 선전, 그리고 경제 성장의 허구에 미혹돼서 사람들이 우르르 도시로 모여든 일 등에서 시작됐다고 할 수 있다. 하지만 일본의 인구가 아무리 늘어난다고 하더라도, 살 집을 지을 토지는 무한하게 있다는 것이 진실이다. 토지는 있지만 택지라는 명목의 토지가 없는 것이 원인인 것이다.

법률은 토지를 지목별로 분할한다. 산림, 농지, 택지, 잡종지 등등. 더욱이 도시 계획법을 만들고 선을 그어, 도시계획 안의 농지와 조정구역 내의 농지, 선 바깥의 농지로 분할하고 농지의 택지 전용을 금하고 있다. 그 결과, 명목상의 택지는 극단적으로 감소할 수밖에 없다.

택지가 부족하면 택지의 지가는 폭등할 수밖에 없다. 국토 계획법이 시행돼도, 일반인에게는 토지 입수가 오히려 어려워질 뿐인 것이다.

법률은, 늘어나면 늘어날수록 완전해지는 것처럼 보이지만, 실제로는 불완전하고 복잡하게 바뀌며 인간과 대지를 이간시키는 결과를 초래할 뿐이다. 법률의 이면을 잘 알고 지목 변경 수단을 아는 자만이 택지를 손에 넣고, 이것을 매각할 수 있다. 택지가 손에서 손으로 넘어갈수록, 다시 말해 전매가 거듭되면 거듭될수록, 택지 가격은 올라간다. 만약 누구나 어디에서나 자유롭게 오두막이나 집을 지을 수 있다면, 아무런 수속도 없이 가볍게 집을 지을 수 있다면, 택지는 무한하게 있는 것이다. 하지만 이런 집들은 이상적인 집이 될 수 없다고 법률가는 굳게 믿고 있다.

법률로 정해진 집이라는 이름의 집을 짓기 위해서는 너무나 많은 제한이 있고, 그것이 방해를 해서 집을 지을 수 없다. 나무꾼의 오두막이나, 농부가 일할 때 쓰는 농막이나 창고라면 지을 수 있지만, 마루를 깔고 전등이나 수도를 끈 집을 지으려고 하면, 지목이 택지가 아니면 안 된다. 택지로 지목을 변경하려면 4미터 도로나 상하수도가 완비돼 있어야 한다며 허가를 내주지 않는다. 결국 택지로 조성된 토지를 업자에게 많은 돈을 주고 사야 하고, 그 뒤에는 건축 법규에 맞는 집을 지어야만 한다. 이와 같은 법률 규제로부터 시작된 악순환이 택지 폭등의 원인이 되고, 더욱이 거기에 편승하여 그것을 이용하는 악덕 상법이 택지 문제를 복잡하게 만들고, 지가를 폭등시키고, 집이나 토지를 찾는 사람들이 거기에 뛰어들며 함께 미친 춤을 추고 있는 것이다.

300평 농부를 바라는 사람의 처지도 같다. 그들이 농지를 취득하기 어려운 이유도 다르지 않은 것이다. 농지가 없는 것이 아니다. 누구나 자유롭게 경작할 수 있는 지목의 토지가 없을 뿐이다. 사람이 드문 산간 오지까지 갈 것도 없이 각 지역에 버려진 논밭이 많은데도, 도시인이 살 수 있는 토지는, 농지라는 이름이 붙어 있는 한, 한 평도 손에 넣을 수 없다. 농민이 아니면 토지를 살 자격이 없다. 농민이란 1,500평 이상의 농지를 소유하고 있는 자에게 주어진 특권이다.

도시인은 1,500평을 한꺼번에 구입하지 않으면 농부가 될 수 없다. 사실상 일반인은 논밭을 구입하는 것도, 정식으로 빌려서 소작할 자격도 없다. 더욱이 법률은 반드시 구멍이 있다. 예를 들면 농지에 객토를 하고 서서히 재목을 쌓아두는 곳으로 삼는다든지, 꽃나무를 심는다든지 해두면 잡종지로 지목을 바꿀 수 있다. 한 번 잡종지로 만들어두면 자유로운 매매는 물론 집을 지을 자격도 생긴다. 하지만 시골의 버려진 땅은 지목을 변경할 수 없다는 이유만으로 매매도, 임대도 할 수 없다.

또한 일본 국토의 8할을 점유하는 산림이나 휴경지는 소유권이나 법률에 걸려 자유로운 활용이 불가능하다. 만약 그중 일부를 농업 용지로 쓸 수 있다면 바로 천국 건설을 시작할 수 있을 것이다. 농지의 확대나 유동성은 새로운 법률을 기다릴 것도 없이, 무용한 법률을 철폐함으로써 쉽게 가능하다. 법률이 절로 생기고 완성된 것이 아니라면, 영원히 이어지지 않는 게 당연하다.

현재의 농지 가격은 인위적으로 만들어진 것이지, 자연적으로 생긴 것이 아니다. 예로부터 농지 가격은 일정 기준을 지키며 안정돼왔다. 좋은 논 300평에 쌀 50가마(일본은 한 가마에 60킬로그램, 한국은 80킬로그램이다. 역주)가 최고의 기준으로 여겨졌다. 쌀 한 가마를 1만 엔으로 치면 50만 엔(1엔은 때에 따라 다르나 대략 10원 정도임. 역주)이다. 그 이상으로는 채산이 맞지 않는다는 데 기준을 두고 농민 사이에서는 매매가 이루어지고 있는 것이다. 이 기준은 앞으로도 지키고 싶은 것이다. 현재 농지가 부당하게 값이 비싼 것은 농지가 택지와 비슷한 평가를 받게 되고부터이다. 택지와 비슷하다면 과세 또한 택지와 비슷해야 한다는 생각 아래, 시가지에서는 농지를 택지에 못지않게 평가해서 과세하기 시작했다. 이것은 분명히 시가지에서 농민을 쫓아내기 위한 발상으로, 소득이 적은 농지에 고액의 세금을 물리면 그 부담을 견디지 못하고 땅을 팔 수밖에 없다. 그렇게 농지가 택지로 방출되면, 택지가 늘어나며 값도 내려가리라는 생각에서 택지 부족으로 고민하는 도시인은 이 법률에 찬성했지만 그것 또한 근시안적인 견해였다. 그렇게 해서 방출된 토지는 일반인의 손이 닿지 않는 곳에서 처분되고 있기 때문이다. 푸른 오아시스처럼 시가지에 남아 있는 농지는 이미 농지가 아니고, 농민의 손이 닿지 않는 곳에서 사라지려고 하고 있다. 이 비극은 시가지 농민만이 아니라, 내일은 우리의 일이 되며 농민 모두를 고통속에 빠뜨릴 것이다. 그리고 농민의 이 고통은 그대로 뒤바뀌어, 도시인의 생활을 위협하는 화근이 되리라는 것 또한 명백한 사실이다.

요는 조령모개朝令暮改식의 법률 난발과 악용에 따라 악인, 영리한 자, 권력자 등이 이득을 볼 뿐이고, 농지는 농민의 손을 떠나 멀리 가버릴 뿐이라는 것이다. 소작농민을 지키기 위해 만들어진 농지법이, 지금은 새롭게 농민이 되고자 하는 자를 거절하는 목책 역할밖에 하지 못하고 있다.

농지의 관해서는 농민이 가장 잘 알고 있고, 농민에게 맡겨두면 법률 하나 없이도, 때와 경우의 변화에 따라서, 적당하게 세습할 자식이 있으면 자식이나 손자에게 넘기고, 혹은 넘길 상태가 생기면 물러나서 이웃 사람에게 그 논을 넘기며, 아무런 문제도 일으키지 않고 순조롭게 주고받았던 것이다.

법률은, 없어도 된다면 없는 쪽이 좋다. 법률이란 그것이 없어도 아무런 문제가 없는 세상을 만들기 위한 최소한도의 법률이 있으면 된다. 유일한 법률이라 하면, "이웃과 20미터 이상 떨어져서 집을 지을 것"이라는 단 한 가지 법률이 있으면 된다. 사람들이 흩어져서 마음에 드는 곳에, 300평의 토지에 작은 집을 짓고 살면 식량 문제도 해결이 되고, 하수나 상수도도 필요 없고, 공해 문제 등도 일거에 해결될 뿐만 아니라, 그것이 국토를 낙원으로 만드는 지름길이기도 한 것이다.

택지나 농지가 없는 것이 아니다. 새로운 농민 지원병에게 진정으로 대지를 경작할 열의가 있고 기본적인 작업을 몸에 익히기만 한다면, 농지는 어디에나 있다고 할 수 있다. 살 곳은 무한하게 있다.

D. 영농

농민 지원자가 토지를 구입했다고 하더라도 과연 자립할 가망이 있을까? 수십 년 전까지 국민의 7~8할이 농민이었고, 그들은 1,500평 농부로 살았다. 1,500평 농부는 가난한 농민의 대명사였다. 1,500평의 논밭을 소유하고도 궁색하고 굶주렸다면, 300평 농부의 영농은 길이 안 보인다.

하지만 이전의 농부가 가난하며 굶주렸던 것은, 그 기반이 되는 토지가 좁았다는 데 원인이 있는 게 아니다. 그것은 농민의 책임이 아니고, 외부 요인에 따른 것이었다. 사회 기구를 비롯하여 정치, 경제 구조 등에 원인한 것이었다.

한 가족의 생명의 양식을 얻는 데는 300평이면 된다. 1,500평의 논은 오히려 지나치게 넓을 정도다. 만약 농민의 마음이 풍요롭고, 선정이 펼쳐지고 있었다면, 가난하기는커녕 1,500평 농부의 생활은 왕후의 생활에 필적했을 것이 틀림없다.

그때 농부는 백 가지 작물을 기른다 했고, 논밭에서는 벼와 보리, 잡곡을 중심으로 재배하고, 고구마나 다채로운 채소를 풍부하게 길렀다. 방풍림에 둘러싸인 안전한 집 주변에는 온갖 과일이 열리고, 집과 이어 지은 외양간에는 소가 있고, 마당가에서는 개의 보호를 받으며 닭이 놀고, 처마 끝에는 꿀벌의 벌통이 놓여 있었다.

각 농가는 완전한 자급 체계를 확립하고, 가장 안전하고 풍요로운 식생활을 즐기고 있었던 것이다. 그럼에도 불구하고 과거의 농민이 궁색하고 굶주렸던 것처럼 보이는 것은 현대인의 착각이다. 현대인은 혼자서 산다는 것이 무엇인지 체험해본 적이 없기 때문에, 물심양면에서 진짜 빈곤은 물론 풍요도 모르는 것이다.

그 증거로서, 제2차 세계대전 뒤 농민의 농지는 증가 일로로 50아르에서 100아르, 200아르로 늘어났지만, 오히려 농지의 증가와 함께 농업을 단념하고 이농해가는 자가 늘어났다. 오늘날의 전업농가는 외국처럼 5헥타르, 10헥타르로 규모를 확대하며 점점 더 불안정해졌고, 붕괴의 위기마저 불러오고 있는 것이다.

일반인은 영농을 경제의 입장에서 논하기 쉽지만, 경제적으로 보아 중대한 것이 농업의 원류에서 보면 무의미하고, 반대로 경시되고 있는 것이 오히려 중대한 의의를 가지고 있는 것이 많다.

예를 들면, 일반적으로 영농의 가부를 소득의 다소로 정하려고 하지만, 그 시비에 대해 생각해보자. 일본은 세계에서 토지 생산성이, 곧 경지당 생산액이 가장 높지만 노동 생산성, 곧 1인당 생산액은 최저이고 소득도 낮다. 경제학자는 "아무리 일정한 토지로부터 다수확을 한다 해도 한 사람당 보수가 적으면 아무것도 아니다, 경제적으로는 어떻게 해서든 규모를 확대하고 노동 생산성을 높여 소득을 끌어올리는 것을 최후의 목표로 삼아야 한다"고 말해왔다. 일본 농가는 세계에서 가장 근면하고 기술도 뛰어나서 다수확을 올리고 있는 것은 틀림없지만, 한편 토지가 좁고 경영 조건이 나쁘기 때문에 경제적으로 보면 노동 생산성이 낮고, 그에 따라 농산물 가격이 비싸기 때문에 외국산을 이길 수가 없다고 보기 쉽다.

따라서 "생산비가 낮고, 값이 싼 외국 농산물을 구입하는 것이 거래에서도 이득이 된다. 일본에서 농업을 하는 것은 근본적으로 무리로, 식량은 국제적으로 분업해서, 미국에서 재배하게 하자"는 것이 농학자들의 이론이고, 그것이 현재 일본의 농업 정책의 근간이 돼 있는 것이다.

하지만 다수확을 올리면서도 일본 농민의 노동 생산성이 낮았다는 것은 자랑스러워할 일이지 부끄러워할 일이 아니다. 수입이 낮았던 것은 농산물 가격이 부당하게 낮았기 때문이거나, 값비싼 농자재로 인해 생산비가 지나치게 높았기 때문이다. 농부 스스로 농작물 가격이나 농자재 가격을 정한 경우는 이때껏 없었다. 일본 농작물 가격이 높아지거나 낮아지거나 어느 쪽이 됐든 "당신이 알아서"였고, 자가 노력에 대한 보수 등도 계산한 적이 없었다. 돈과는 무관한 곳에서 농사를 지어왔던 것이다.

농업의 본질은 돈을 번다, 못 번다에 있지 않다. 그 토지를 어떻게 살리느냐가 최대의 문제다. 자연의 힘을 최대한으로 발휘시키는 데 목표를 둔다. 그것이 자연을 알고, 자연에 가까워지는 길이기도 하기 때문이다. 소득 본위도 아니고, 인간 본위도 아니다. 인간을 넘어서 자연의 논밭이 주체이다. 자연의 논밭이 자연의 대리자이고, 신이다. 신을 섬기는 농부이기 때문에 그 보수는 제2의 문제다. 논밭이 풍요롭게 열매를 맺으면 농부는 그것을 기뻐하고, 만족할 수 있는 것이다.

이런 뜻에서 보면, 적은 규모의 농지에서 살아온 일본 농부는 세계에서 가장 뛰어난 농민이었다고 할 수 있다. 왜냐하면 토지를 살리고, 자기를 살리는 데 충실했기 때문이다. 1,500평 농부는 농업 본래의 모습이라고 할 수 있는 것이다. 또한 300평 농부론은 화폐 경제로부터 탈출하여 인간 본위의 목적에 전념하기 위한 것이다.

내가 농산물 가격은 필요 없다고 제안하는 것은, 있었어도 농부에게는 없었던 것과 같았다는 의미와 더불어, 자연농법에 철저하여 모든 과학적 자재를 쓰지 않고 자가 노력을 계산하지 않으면 농산물 생산비는 제로가 되기 때문이다. 만약 전 세계 농민이 이 생각에 서면, 세계의 농산물 가격은 만국 공통으로 동일해질 것이다. 자연은 본래 공짜이고, 무차별, 평등으로 좋았다. 자연에 금전적 가치는 붙일 수 없다. 자연의 농작물과 화폐는 무관한 것이었다.

일본 쌀이나 태국 쌀이나 같은 값인 게 좋다. 오이가 곧든 굽었든, 그리고 과일이 크든 작든 거기에 트집을 잡지 말아야 했다. 쓴 오이, 신 과일에도 각기 가치가 있는 것이다.

미국의 오렌지를 일본에 수입하고, 일본의 귤을 미국에 수출할 필요도 없었다. 각 민족이 그 땅의 것을 먹고, 그 땅에서 편안함을 얻는 것으로 좋았다. 화폐 쟁탈 경제가 불필요한 생산 경쟁과 식생활의 혼란을 야기했을 뿐인 것이다.

자연의 모습과 인간의 길

자연농법으로 생산된 농산물은, 화폐 경제가 아니라 자연 경제하에서 평가되어야 한다. 다시 말하면 새로운 '무無의 경제학'이 탄생해야 한다. 무의 경제학을 수립한다는 것은 허구의 가치관을 불식하고, 농업의 진가를 근원적으로 발굴하는 일이기도 하다. 또한 무의 자연농법은 이 무의 경제학이나 무의 정치에 의해 보호되고 실천된다.

자연농법의 농작물은, 원칙적으로는 국민개농, 즉 모두가 농부인 나라의 소농을 기둥으로 삼아, 때와 경우에 따라 위탁 재배, 청부 경작, 서로 돕는 공동 경작 등이 이루어지고, 때때로 작은 지역 안에서 시장을 열어 남는 것을 자유롭게 교환하는 정도이리라.

전후 일본의 농업은 경제 활동의 일환으로 취급되며 기업적 직업으로 출발했을 때부터, 점점 더 빠르게 안으로부터 붕괴하기 시작했다. 농업의 근본적 의의를 잃어버린 채 방황하고 있는 현대 농업은 이미 심각한 사태를 맞고 있다.

현재는 경제적인 입장에서 구제 조치를 하려고 하고 있다. 하지만 앞으로 꼭 해야만 할 가장 중요한 일은, 쌀값을 올리는 일도 아니고 생산 자재의 가격 인하나 생산비의 소멸도 아니다. 노동 생산성을 높이기 위한 기계화도 아니다. 혹은 유통 구조의 개혁을 도모하는 일도 아니다. 이것들은 모두 발본 대책이 되지 않기 때문이다. 해결의 열쇠는 "일체는 무용하므로, 무위로써 한다"는 입장으로 사람들이 되돌아갈 것이냐 돌아가지 않을 것이냐. 물론 지금 반전해서 무의 원류로 돌아가, 무의 경제에 철저하기는 쉬운 일이 아니다. 하지만 달리 길이 없다.

모두가 농부인 나라, 300평 농부는 이것을 위한 것이다. 일본인이 회심하고 부활하기 위해서 광대한 대지는 필요하지 않다. 얼마 안 되는 논밭을 얻어 경작하는 그것으로 충분하다. 인간이 온갖 지혜에 눈이 어두워지며 무익한 일을 해왔기 때문에 이 세상이 혼란됐다. 순수무구한 자연의 품으로 돌아가기 위한 귀농의 길은 닫혀 있지 않다. 나는 유럽의 여러 나라를 보고 다니며 내 확신이 틀림없었다는 것을 알았다(《짚 한 오라기의 혁명》 참조).

○

사막에 씨를 뿌린다

A. 씨앗을 뿌리는 사람

무위자연을 기둥으로 삼는 자연농법이 목표로 하는 것은, 인간의 지식과 행위에 의해서 파괴된 자연의 근본적인 복원이고 신으로부터 추방된 인간의 부활이다.

나는 젊었을 때 어떤 계기를 통해 자연으로 돌아가는, 높고 외로운 길을 목표로 삼게 됐다. 그러나 슬픈 일이지만, 사람은 혼자서 살 수가 없었다. 사람을 상대로 살거나 자연을 상대로 살 수밖에 없었다.

그 사람은 이미 사람이 아니고, 그 자연은 자연이 아니었다. 상대계를 초월한 고고한 길은 세속의 몸으로는 너무 험했다.

50년 가까이 자연을 찾아서 방황한 한 농부의 발자취도 돌이켜보면, 그 길은 희미하고, 해가 저물어가는데도 앞길은 아직 아득히 멀다.

물론 자연농법의 길은 처음부터 항상 미완성으로 끝나는 운명을 가진 것으로서, 일반인에게는 그대로 통용되지 않고, 액세서리로 미력하나마 과학농법의 폭주를 막는 역할을 하고 있는데 지나지 않는다.

그러나 역설이 되겠지만, "자연농법은 통용되지 않는다, 할 수가 없다"고 하는 것은 그만큼 자연이 치명적인 타격을 입었고, 인심이 메말라 있다는 증거이기도 하다. 자연농법의 사명은 한층 더 무거워졌다고도 할 수 있다.

나는 자연농법을 주창하기 시작한 당초부터 무경운, 무비료, 무농약, 무제초, 무전정을 5대 원칙으로 삼고 그 실증을 목표로 해왔다. 그 과정에서, 사람의 지식과 행위를 일체 무용하다 보는 자연농법의 가능성을 의심했던 적은 한 번도 없다.

그러나 인간의 지식과 행위가 자연을 이해하고 이용하는 유일한 수단이라고 확신하고 있는 과학의 눈에는, 그 사실은 예외적인 일일 뿐 보편성이 없는 것으로 보이는 것 같다. 하지만 자연농법의 근본 원리는 어디까지나 진리다.

예를 들면, 지상의 풀과 나무 씨앗은 땅에 떨어지기만 했을 뿐인데 다시 난다. 자연의 씨앗은 갈지 않은 밭이 아니면 자라지 못할 만큼 약하지 않다. 식물은 본래 무경운에 직파로 좋다. 논밭은 땅속의 작은 동물이나 녹비 식물의 뿌리가 갈고, 저절로 비옥해지는 것이다.

화학비료가 절대적으로 필요하다고 생각하기 시작한 것은 약 반세기 전부터다. 옛날부터 사용해왔던 똥오줌이나 퇴비 또한 작물을 빨리 키우는 데는 도움이 되는 것이 사실이다. 하지만 이것들의 재료가 되는 유기물을 수탈당한 논밭이나 들은 반대로 척박해지는 것이다.

최근에 널리 선전되고 있는 유기농법 또한 과학농법의 일부에 지나지 않는 것으로서, 유기물을 좌로 우로 이동한다거나 변형시키며 고생을 하고 있을 뿐이다. 편리하게 보이는 것은 일시적이고 부분적인 판단에 지나지 않는다.

야산의 식물에는 수백 종류의 질병이 있지만, 그대로 균형이 잡혀 있다. 그러므로 농약을 사용해야만 할 정도의 일은 없는 것이다. 병충해라는 인간의 분별적인 지식이 인간을 혼란시키며, 인간 스스로 고통의 씨앗을 뿌리고 거두고 있다. 잡초라고 이름붙이고 제거하지 않으면 안 되는 풀은 없다. 원래 풀에는 선악이 없다. 적어도 풀은 풀로써 억제하는 방법을 취해야만 한다.

가지치기나 순지르기로써 야채나 과수 등의 성장이 활발해지거나 열매의 양이 늘어나는 것은 아니다. 자연 그대로가 성장이 제일 빠르고, 가지의 혼란도 없고, 모든 잎에 햇볕이 고르게 내리고, 해거리를 하는 일도 없다.

인간의 지식과 행위에 의해 자연은 훼손됐다. 따라서 그 지식과 행위를 포기할 때 자연은 만물을 키우는 기능을 다시 되찾을 수 있다.

나의 자연농법의 길은 그대로 자연 부활의 실마리를 파악하기 위한 것이었다고 할 수 있다. 지금 많은 사람들이 지구의 사막화를 걱정하고 있는데, 지구적 규모에서의 녹색 상실의 원인은 인지, 곧 인간의 지혜에서 출발한 문명과 농법의 오류에 기인하는 게 틀림없다.

유목민족의 대가축이 초목을 뜯어먹으면서 식생이 단순해졌고, 그 결과 대지가 붕괴했다. 농경민족도 석유화학에 듬뿍 물든 근대농법으로 이행해감에 따라 인간은 대지의 급속한 쇠망으로 고통을 받게 됐다.

나는 지금 지구 위의 모든 인류에게 세계의 녹지를 부활시킬 수 있는, 식물의 종자를 넣은 진흙경단 뿌리기를 권하고 싶다.

그 방법의 일단을 말하면, 아카시아(모리시마 아카시아, 후사 아카시아 등)를 비롯하여 녹비인 클로버, 알팔파, 개자리 등의 종자에다가 곡식이나 야채의 씨앗을 혼합해서 흙과 찰흙으로 이중 코팅을 한 진흙경단을 사막이나 사바나 속에 흩어 뿌리며 걷는 것이다.

단단한 진흙경단 속의 씨앗은, 비가 와서 발아에 적당한 조건이 갖추어지기까지는 발아하지 않기 때문에 쥐나 새에게 먹히는 일이 없다. 1년 안에 그중 몇 종류의 식물은 살아남아서 녹화의 실마리를 잡게 해줄 것이다. 남쪽 나라에는 돌 위에 심는 식물, 뿌리가 없는 식물, 물을 저장하는 나무도 있다. 그 어떤 것이라도 좋다. 가능한 한 빨리 일단 사막을 녹색의 풀도 뒤덮을 수 있으면 좋다. 그것이 사막에 비를 부르는 계기가 될 것이기 때문이다.

비가 오지 않아서 사막이 된 것이 아니다. 초목이 사라졌기 때문에 비가 안 오는 것이다.

미국의 사막을 보고 내가 직관적으로 느낀 것은, 비는 하늘에서 내리는 것이 아니라 땅에서 솟아나는 것이라는 깨우침이었다.

사막에 댐을 만드는 것은, 대중 요법은 되지만, 비가 많이 내리도록 하는 근본대책은 되지 않는다. 그보다 태고의 수림을 부활시키는 실마리를 잡아야 한다. 그것이 먼저다.

그렇다고 사막화의 원인을 찾기 위해 지금부터 과학적 연구를 시작한다면 시간이 부족하다. 첫째로, 과학적으로 아무리 과거로 거슬러 올라가 원인을 찾아봐도, 원인에는 더 깊은 원인이 있고, 게다가 수없이 많은 요소가 관련돼 있기 때문에, 사막화의 진짜 원인을 찾기는커녕 어느 식물이 제일 먼저 죽기 시작했는지조차 파악하기 힘들 것이다.

숲의 부활을 도모할 경우에도, 제일 먼저 죽기 시작한 식물을 심어야 할지, 제일 마지막까지 살아남은 식물을 심어야 할지조차 인간에게는 알려져 있지 않다. 왜냐하면 자연에는 본래 인과가 없기 때문이다.

과학적 지혜로 파악한 것은 어디까지나 미시적인 세계에 머물 수밖에 없다.

식물학자는 식물에 눈을 빼앗겨 동물을 보지 못하고, 동물학자는 미생물까지 손이 돌아가지 않는다. 본래 사막화는 식물의 사멸이 그

첫출발이었다고 할 수도 없는 것이다. 소나무의 사멸은 공생균인 송이버섯균의 사멸이 원인이었다고 보는 것과 마찬가지로, 한 토양 미생물의 사멸이 사막화의 시작이었을 수도 있다. 내가 사막화 방지의 근본 대책은 빈틈이 많은 무수단의 수단밖에 없다고 생각하는 근거는 여기에 있다.

자연농원의 1그램의 흙 속에는 비료를 만드는 근류균 등 대략 1억 마리의 미생물이 있다. 나는 종자와 이것을 싼 흙이 어쩌면 사막을 소생시키는 불씨(기폭제)가 될지도 모른다고 생각한다.

경제 각료 회의를 마치고 돌아가는 길에 자연농원을 찾은 한국의 농수산부 장관은, 나의 제안을 받아들여 아카시아 등을 이용해서 인해전술로 한국의 붉은 대머리 산을 녹색으로 완전히 변화시키고 있다고 한다.

나는 해충과 내가 공동으로 만든 신품종 벼 '해피 힐happy hil'이 야생종의 피를 갖고 있어 건강할 뿐만 아니라 세계 최고 수준의 다수확 능력을 갖추고 있다고 확신한다. 해피 힐 한 이삭이 바다를 건너 식량이 부족한 나라에 보내지고 10평방미터의 땅에 뿌려지면, 한 알이 1년에 5,000알이 된다. 그다음 해에는 30아르, 3년째는 30헥타르, 4년째에는 4,000헥타르의 땅에 뿌릴 수 있다. 한 나라 전체에 뿌릴 수 있는 씨앗이 되는 것이다.

먹을 것이 부족한 식량 부족 민족의 자립의 길이, 이 한 줌의 종자로 열릴 가능성을 이 씨앗 '해피 힐'은 가지고 있다. 핵무기보다 강력한 이 평화공세의 종자를 하루빨리 그것이 필요한 나라에 보내고 싶다.

자연농법에서 얻은 조그만 체험들을 이런 데서 살릴 수 있다면, 이보다 큰 기쁨은 없을 것이다.

내가 지금 제일 두려워하는 것은, 자연을 인간이 지혜의 노리개로 만드는 것이다. 자연을 여기까지 몰아낸 인간의 지식과 행위를 버리는 것이 자연 부활의 길이라는 것을 알면서도, 그래도 아직도 지식에 의지해서 자연을 지키려고 하는 것이 아닐까 하는 염려와 두려움을 떨칠 수가 없다.

모든 것은 인간의 지식과 지혜를 버리는 데서 시작된다.

나는 사막 속에 내 몸을 묻을 각오가 없이는 할 수 없는 것을 말한 것일까?

자연으로 돌아가서 신의 품으로 복귀하기를 바라며 살아온 한 농부의 덧없는 꿈일지도 모르지만, 나는 씨를 뿌리는 사람이 되고 싶다.

B. 사막은 녹화할 수 있다

사막 속에 자연농원을 만든다는 것은 돈키호테적인 발상이라든가, 사막 속에 녹색의 오아시스를 꿈꾸는 그 자체가 신기루라 보일 수 있다. 그러나 나는 사막 속에서야말로 자연농법의 방법을 살릴 수가 있고, 사막을 이상향으로 바꿀 수 있다고 확신한다.

한 번 자연에서 이탈한 인간이 본래의 자연으로 복귀하기는 불가능에 가까울 정도로 어려운 일이다. 그러나 파괴된 자연의 복원력은 예상 이상으로 빠르고 강력하기도 하다. 사막이 원래의 녹색 자연으로 돌아간다는 것은 과학적으로 보면 불가능해 보일지 모른다. 하지만 녹색 철학의 입장에 서면, 자연이 자연으로 환원한다는 것이 기본 명제이다.

그러나 일부 나라나 학자가 꿈꾸고 있는, 인공 관개로써 오아시스를 만들려고 하는 그 시도는 언 발에 오줌 누기에 지나지 않는다. 그것은 오히려 염전화, 곧 소금밭을 만들어 자연을 사멸시킬 뿐이다. 인간이 신(자연)의 손을 떠나서 본래 에덴의 화원이었던 지구를 인간의 지식으로 갈기 시작했을 때부터 사막화가 시작되었다는 것을 생각하면, 사막 녹화는 자연농법의 수단인 무지無知, 무위無爲에 의해 자연이 저절로 부활하기를 기다릴 수밖에 없는 것이다. 인간은 한 번 죽은 자연의 부활에 실마리를 만들어놓기만 하면 된다. 그것이 인간의 죄를 속죄하는 길이고, 자연농법의 수법이기도 하다.

사막 녹화의 수단이 그대로 자연농법의 수법이고, 자연농원 개설 설계도가 그대로 사막에 적용된다.

자연농원의 기본적인 구상은 자연 본래의 모습을 모사하는 것에서부터 시작한다. 산천초목이 스스로 제자리를 찾는 게 좋다.

각양각색의 식물이 혼연일체가 되어 무성해지고, 그 속에서 온갖 동물이 공존공영하며 즐기며 살아가는 모습이야말로 자연농원의 이상적인 모습이다.

사막 속에는 하천도 있고, 지하수가 있는 곳도 많다. 먼저 하천의 제방부터 녹화하고, 차차 사막 전체로 녹화의 범위를 넓혀간다. 즉 하천을 따라 자연림을 만들고, 그것이 저절로 확대되도록 힘쓰는 것이 하나의 방법이고, 할 수 있다면 전체에 한꺼번에 각양각색의 씨앗을 뿌려서 일시에 사막을 녹화하는 방법도 있을 수 있다.

하천가로부터 녹화를 하는 게 좋은 이론적 근거는 다음과 같은 식물 관개법이다.

이것은 흔히 시행되고 있는 콘크리트에 의한 관개 수로화에 의거하지 않고 식물의 녹지대(green belt)에 의해 물을 유도하고 보수력을 높임으로써 무관개 농업을 실현하는 것이다.

물은 저절로 낮은 곳으로 가서 식물의 뿌리를 통해 옮겨지며, 건조한 곳을 향하여 침투해간다. 하천의 물속에는 갈대나 커다란 부들이 무성하고, 물대나 바다나물이 자라 제방을 지키고, 갯버들이나 냇버들과 오리나무 등이 바람을 막고 물을 유도한다.

따라서 하천 부근에서부터 시작해서 다양한 식물을 심어놓으면, 식물의 뿌리로 지하수가 스며들며 차츰 천연의 숲이 만들어질 것이다. 이것을 나는 식물 관개법이라 부르고 있다.

예를 들어, 아카시아 나무를 20미터 간격으로 심어놓으면 5년 만에 나무 높이가 약 10미터쯤 자라는데, 뿌리는 10미터 사방으로 뻗으며 물을 끌어오고 땅의 비옥화 및 부식토의 축적과 함께 보수력이 높아진다. 지하수의 이동도 아주 느리기는 하지만, 서서히 나무에서 나무로 옮겨가며 물을 운반하는 역할을 다하게 된다.

사막 녹화의 한 수단으로 이 원리를 응용해, 사막 속의 강을 따라 먼저 숲을 만드는 일로부터 시작한다. 또 강에 관개수로 대신 자연림의 녹지대를 만들어 수로 역할을 대신하게 한다.

그 위에 녹지대를 중심으로 과일나무나 채소를 심어 자연농원으로 삼고, 자연 생태계 그대로의 자연농원을 만들어서 사막의 녹화를 동시에 도모하는 것이다.

자연 녹지대와 농원 배치도

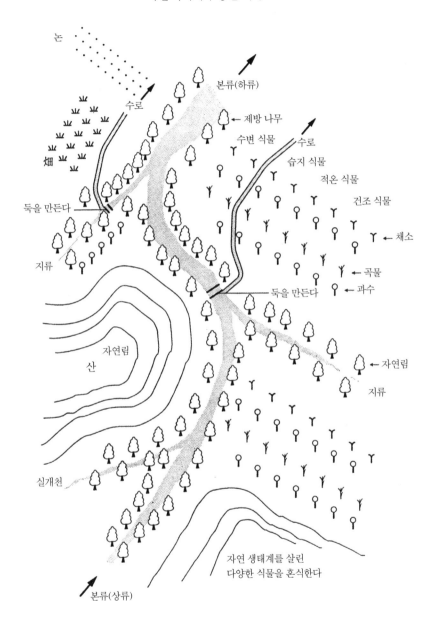

논

수로

밭
畑

둑을 만든다

지류

산
자연림

실개천

본류(상류)

본류(하류)

제방 나무

수변 식물

수로

습지 식물

적온 식물

건조 식물

채소

곡물

과수

둑을 만든다

자연림

지류

자연 생태계를 살린
다양한 식물을 혼식한다

자연농원 설계도

녹지대와 과수·채소원의 식물

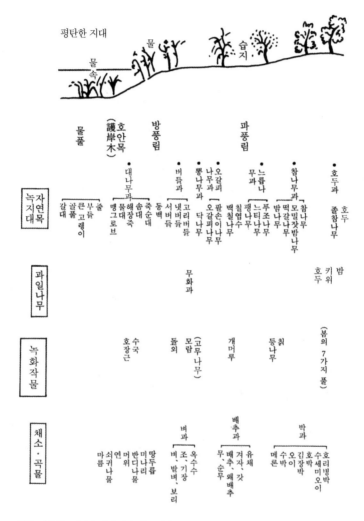

봄의 7가지 풀 — 미나리, 냉이, 떡쑥, 별꽃, 광대나물, 순무, 무

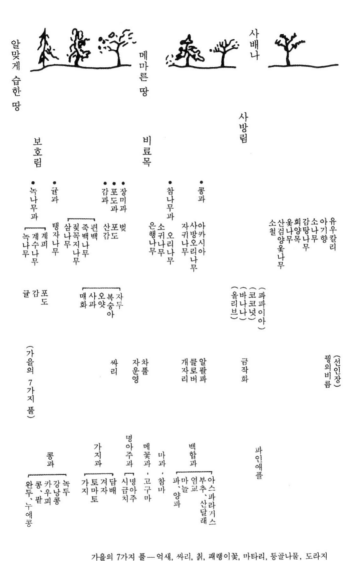

가을의 7가지 풀—억새, 싸리, 칡, 패랭이꽃, 마타리, 등골나물, 도라지

○

맺음말

　우물 안의 개구리가 자기 바깥의 세계에 눈을 돌려 세상이라는 거울에 비치는 자신의 모습을 보니, 눈에 뜨이는 것은 거울의 불가해함보다 거울의 비뚤어짐과 찌그러짐이고, 그 거울에 비치는 제 모습의 추함과 어리석음뿐이다.

　나는 젊었을 때부터 이른바 일체 무용론자였다. 인간의 지혜를 부정하며 무지, 무가치, 무위의 철학을 자연농법의 길에서 실천해보고자 했다.

　그것은 인지, 곧 인간의 지혜는 무용하다는 자연농법과 인간의 지식을 종합한 과학농법을 거울에 달아보려고 했던 것은 물론 아니었다. 결론은 벌써 나와 있었다.

　'아무것도 하지 않는' 자연농법으로 훌륭한 벼와 보리를 기를 수 있다는 것을 나는 확신하고 있었기 때문이다. 나는 그 확신 위에서 씨앗을 뿌리기만 하면 됐던 것이다. 그래도 무위자연의 농사를 통해 나온 쌀과 보리를 사람들이 직접 눈으로 보면, 과연 인간의 지혜나 과학이란 무엇이었는가를 사람들이 반성하게 되지 않을까 하는 은근한 기대가 없었다고는 할 수 없다.

　하지만 세상 사람들은 과학적이고 전문적인 지식으로 너무 굳어져 있어서, 그렇게 쉽고 간단하며 분명한 세계조차 납득하기 어렵다는 것을 나는 몰랐다. 놀랍게도 사람들은 여러 해 '무경운, 무비료, 무농

471

약, 무제초'의 자연농법으로 재배한 뛰어난 벼와 보리를 제 눈으로 보면서도, 또 자연농법의 장점을 그렇게 알아듣게 이야기를 해도 그다지 놀라지 않았다.

우선 각자 자신의 입장에서 또는 전문적인 입장에서 바라본 문제점을 거론하며 자기가 해석할 수 있는 범위 내의 논평을 할 뿐, 누구도 전체적인 자기반성의 결론을 내리려고 하지 않았다.

농부들 또한 매우 훌륭하게 자라고 있는 벼를 보고도, 잡초가 조금이라도 있으면 자연농법의 벼농사 방법을 근본적으로 부정했다. 농업기술자는 완전한 제초제가 개발되기 전까지는 자연농법을 보급하려고 하지 않았다. 여러 해 계속하면 토양은 어떻게 되느냐, 병충해는 어떻게 되느냐며 전문가의 걱정과 숙고가 끝없이 이어지며 넓어져갈 뿐이었다.

토양학이 전공인 요코이橫井 교수는 내 논의 토질 변화는 항상 주의를 기울여 조사할 가치가 있지만, "해석한다거나 지금까지의 상식으로 비평을 하면 안 된다, 과학자는 겸허하게 가만히 흙의 변화를 지켜보는 게 좋다"고 함께 온 농업기술자에게 늘 주의를 주시고는 했는데 그것은 무척 예외적인 일이었다. 그는 과학의 영역을 알고 있는 사람이었다.

자연의 힘만으로 자란 벼나 보리를 보고도 사람들은 놀라지 않았다. 감탄도 하지 않았다. 내가 걸어온 길을 알아보려고도 하지 않았다. 따라서 새로운 길을 찾아보려고도 하지 않았다. 그들은 그냥 우연히 일어난 길가의 사건 하나를 보듯 "그 점은 좋다", "이 점은 개선이 필요하다"는 등 비평을 했고, 그것으로 그만이었다.

그러나 다시 생각해보면 그 사람들을 나무랄 수 없다. 자연 과학자는 자연을 해석하는 능력에는 뛰어나지만 자연을 아는 사람이라고는 할 수 없다. 과학자를 상대로 자연농법이 과학농법보다 우수하다고 설명하려고 한 그 자체가 무리한 행동이었던 것이다.

인간은 '무엇이 자연이고, 무엇이 부자연인지'를 분명히 알지 못한다. 그러므로 그들은 자연농법과 과학농법의 형태나 수단 방법의 차이는 알 수 있어도, 근본적으로 그 둘은 서로 차원이 다르며 방향 또한 정반대라는 것은 알 수 없는 것이다.

이런 과학자들에게 자연농법의 우위를 설명하며 과학의 반성을 기대했던 것 자체가 잘못이었다. 마치 자연을 모르는 도시 사람들에게 "자연의 물이 수돗물보다 좋다"고 말하고, 병이 든 사람에게 "차를 타는 것보다 걷는 것이 건강에 좋다"고 하는 것과 마찬가지로, 그들에게는 오십보백보, 즉 어느 쪽이라도 상관없는 일이었다.

출발점을 모르고, 방향이 다르기 때문이다. 자연과 인간의 참다운 대화는 불가능하다. 인간은 자연에게 물어보고 말을 걸 수가 있지만, 자연이 인간에게 그럴 리는 없다.

인간은 자연이나 신을 알 수 있다고 생각하지만, 자연이나 신은 인간을 알려고 하지 않을 뿐만 아니라, 아무 말 없이, 다른 쪽을 보고 있다.

신과 인간은 스치고 지나가는 나그네다. 자연농법과 과학농법 또한 같은 운명을 가진다. 자연의 앞면과 뒷면에서 출발한 두 길은, 하나는 자연에 가까워지려 하고 있고, 다른 하나는 멀어져가기만 한다. 문제는 목표로 하는 방향이다.

자연의 보리는 자연의 사실을 보여주기만 할 뿐 아무런 말도 하지 않는다. 그러나 사실은 엄연한 사실이다. 아무것도 말할 필요가 없는 것이다. 그 사실조차 인정하려고 하지 않는 사람들을 향해 나는 마음

속에서 이렇게 중얼거린다.

"농부에게 중요한 것은 다수확 이론이나 전문적인 해석이 아닙니다. 마지막 결과가, 수확이 최고이고, 또 거기에 이르는 수단이 좋다면 그것만으로 충분한 겁니다. 설마 농부인 저에게 물리, 화학, 생물 등 여러 방면의 전문 학자들을 납득시킬 수 있는 자료를 저 혼자서 만들라고 하시는 것은 아니겠지요? 또 그런 바보 같은 일에 힘을 쏟다 보면 이런 보리는 만들 수 없을 겁니다. 내게는 학문을 위한 학문을 할 시간도 없거니와, 그보다 먼저 그런 노력을 할 필요성이 조금도 느껴지지 않습니다."

조금 더 말하면 다음과 같다.

"자연농법을 과학적으로 해명하고 이론을 세워 보다 보편적인 것으로 만들고 싶다는 과학자의 친절한 마음도 사실은 고맙기보다 오히려 곤란합니다. 자연농법은 영리한 사람의 지혜로부터 태어난 것이 아닙니다. 인간의 지식을 더하는 것은 긴 안목에서 보면, 반드시 자연농법을 비뚤어지게는 할 수 있어도 키워줄 수는 없다고 보기 때문입니다. 자연농법은 과학농법을 비판할 수 있지만, 과학적 시야로 자연농법을 평가할 수는 없습니다."

벌써 10년이나 지난 이야기지만, 주변의 농업시험장이나 농수산부의 기관장, 또 교토나 오사카 쪽의 대학 선생님들이 많이 오신 적이 있다. 그때 나는 이렇게 말했다.

"이 논은 25년이 넘게 땅을 갈지 않았고, 작년 가을에 벼이삭 위로 클로버 씨앗과 보리 씨앗을 뿌리고, 벼를 벤 뒤에 나오는 짚은 자르지 않고 모두 긴 채로 그대로 논에 흩어 뿌렸을 뿐입니다. 볍씨는 지금 이 보리이삭 위에 뿌려도 되지만, 이 논은 작년 가을에 벌써 볍씨를 뿌렸습니다. 볍씨와 보리씨를 동시에 뿌린 것입니다."

이 말을 듣고 모두 다 아연한 표정이었다. 25년간 땅을 갈지 않고 벼와 보리를 이어서 직파로 재배했으며, 집오리 방사에 의한 계분鷄糞 시용만으로 화학비료를 일절 쓰지 않은 이야기, 무농약으로 이렇게 뛰어난 모습의 벼를 길러낼 수 있다는 사실에 경탄하는 한편 곤혹스러워하는 선생님도 있었다.

잡초가 무성한 가운데서도 훌륭하게 자란 보리를 보고 솔직하게 감격을 표시한 목초의 권위자인 가와세川瀨 선생님이나, 보리 아래서 몇 가지 잡초를 발견하고는 매우 흥미롭게 관찰하던 고대 식물학자인 히로에廣江 선생님의 모습은 내게 큰 기쁨이었다.

귤 과수원에 놓아 기르는 닭들을 그림으로 그리고 "풀이 무성하지만 / 귤은 잘 익어가고 / 맛 또한 일품이구나"라는 시를 지어 자연농원의 모습을 생생하게 묘사해주던 사람들… 그것으로 충분한 것이다. 나 자신도 그것으로 겨우 세상 속에서의 '나의 길'이 무엇이었는가를 안 것 같은 느낌이 들었다.

인간이 만든 원예 품종이 아무리 화려한 꽃을 피워도 나하고는 관계가 없는 것이었다. 인간의 지식으로 만들어진 꽃과 들에서 자라는 잡초 중에서 어느 것이 우월하고 열등하냐를 비교해서 논하려고 한 것이 잘못이었다. 길가의 잡초에는 잡초로서의 의미가 있고 가치가 있다. 그 가치는 절대로 원예품종이 침범할 수 없다. 잡초는 잡초대로 좋은 것이다. 자운영 역시 자운영대로 가치가 있다.

산길의 제비꽃은 그 누구를 위해 피는 것이 아니지만, 사람들은 못 보고 갈 수도, 잊고 갈 수도 없는 것이다. 그때, 그 사람이 안다. 사람이 변하지 않으면 이 세상은 변하지 않는다. 농법 또한 변하지 않는다. 나는 다만 벼-보리 농사를 짓는 것으로 족했다. 보리는, 보리의 입장에 서서 보리의 이야기를 들으려고 하는 사람에게만, 인간의 본질이 무엇인가를 말해준다.

지금 5월의 맑은 하늘 아래서 보리이삭은 고르게 패어 있다. 남쪽 섬에서 온 한 청년은 이 보리를 보고 "강력한 대지의 에너지를 느꼈다. 이것으로 됐다. 더 이상의 말은 필요 없다"며 돌아갔다.

같은 날, 어느 대학 교수는 이런 말을 했다.

"과학의 세계에 철학이나 종교를 가지고 들어오는 것은 과학에 실례다."

보리가 그 말을 들었다면, 이렇게 말할 것이다.

"보리의 세계에 과학을 가지고 들어오는 것은 보리에 실례다."

과학은 여러 가지 종교적 '미신'을 일찍이 타파했다며 우쭐해서는 안 된다. 과학은 진정으로 종교를 타파한 것도, 해명할 수 있었던 것도 아니다. 이 세상에 만연된 해독을 폭로하고 심판할 수 있는 것은 종교와 철학밖에는 없다. 그리고 이 말 없는 보리다.

보리의 계절, 귤꽃의 달콤한 향기가 보리밭 위를 달려서 멀리 세또나이 바다까지 퍼져 가는 봄, 만개한 벚나무 아래에는 무와 유채꽃이 흐드러지게 피어 있고, 개나 닭의 천국이 된다. 이 무렵의 자연농원은 말 그대로 지상천국이다. 귤 과수원이 있는 산의 오두막집에는 도시에서 온 청년들이 닭이나 염소들과 함께 살며, 밤에는 화롯가에서 소리 높여 담소한다. 이 자연의 모습, 자연인의 화롯가 이야기를 그대로 옮겨 적어 농부의 천일야화를 만들어보고 싶었다….

하지만 그것도 농부의 한때의 지정거림에 지나지 않았다. 바쁘게 돌아가고 있는 세상은 일개 농부의 푸념에 귀를 기울일 틈이 없다. 그리고 나에게 주어진 시간도 이제 얼마 남지 않았다. 나도 옛 보금자리로 돌아가고 싶다. 이 책은 혼자서 은둔 생활에 들어가기 전에 써서 남기는 것이다.

오두막집을 둘러싼 벚꽃 유채꽃 닭소리
자연농원 사람이 있지만 사람이 없다

또 하나의 복음

I

대지는 우리 모두의 어머니다.

태양은 우리의 아버지다.

할아버지는 그의 마음으로 우리들을 씻고

모든 것에 생명을 준 창조주다.

동물과 풀과 나무는 우리의 형제이고,

저 날개 있는 생물은 우리의 자매다.

우리들은 모두 대지의 자식,

그러므로 어느 것도 해치지 않는다.

아침 인사를 잊어

태양을 화나게 하지 말라.

우리들은 할아버지가 만든 모든 것을

마음으로부터 찬미한다.

우리들은 모두 함께 같은 공기를 마시고 있다.

동물도, 나무도, 새도, 사람도.

— 콜도라도 고원에 사는 티와 족 노인의 말

티와 족 노인만이 아니라, 우리 모두는 땅을 어머니로, 그리고 하늘을 아버지로 태어난다. 우리는 천지의 자식이다. 물론 사람만이 아니다. 소와 돼지, 호랑이와 사슴, 모기와 지렁이 등도 천지의 자식이고, 흰뺨검둥오리와 귀신고래, 바퀴벌레와 제왕나비, 그리고 모든 미생물 또한 천지의 자식이다. 살아 있는 것은 모두가 천지의 자식이다.

하지만 우리는 그 사실을 오래 잊고 살았다. 물론 처음부터 그랬던 것은 아니다. 인류는 더 오래 그걸 잊지 않고 살았다. 인류학의 연구에 따르면, 인류의 나이는 700만 살이라고 한다. 그중 1만 2천 년 전까지는, 그러니까 698만 8천 년 동안은 그걸 알고, 아침저녁으로 하늘과 땅에 감사했다. 공기나 물, 땅을 사랑했다. 그때의 우리들에게는, 그것들을 더럽히는 일은 있을 수 없는 일이었다. 그러므로 공기는 늘 싱그러웠다. 물 또한 맑았다. 그때는 모든 강의 물을 그대로 마실 수 있었다. 맑은 물과 공기 덕분에 그때 우리의 숨은 깊었다.

어머니 지구는 영험했다. 그가 지닌 힘은 끝이 없었다. 온갖 나무와 풀을 건강하게 길러냈고, 꽃을 피웠고, 열매를 맺게 했다. 상처가 난 곳에 흙을 바르면 나았다. 큰 병에 걸린 자는 땅을 파고 묻었다. 그렇게 얼굴만 내놓고, 땅속에서 하룻밤 자고 나면 병이 나았다. 그때 우리는 대지와 나무의 말을 들을 수 있었다. 우리는 침묵할 줄 알았고, 남의 말을 들을 줄 알았다. 우리의 귀는 열려 있었다.*

그때의 지구는 아름다운 숲으로 풍요롭게 덮여 있었다. 숲은 많은 열매를 맺었고, 크고 작은 동물을 키워 우리에게 주었다. 강과 바다는 늘 물고기로 넘쳤다.

우리의 어버이 천지는, 그때나 이때나, 무엇이든 공짜였다. 그런 어버이에 배워 그 시절에는 우리도 그렇게 살았다. 물고기를 잡으면 공평하게 나눴다. 가족 숫자대로 나눴다. 물고기를 잡으러 가지 않은 집도 똑같았다. 그들 몫을 빼지 않았다(KBS TV의 다큐 '최후의 제국'에서 소개됐다. 남태평양 아누타 섬의 사람들은 지금도 그렇게 살고 있다). 사냥감을 나눌 때도, 따온 열매를 나눌 때도 그랬다. 한 발 더 나아가, 사냥을 해온 사람은 빼고 잡아온 동물을 나누는 그룹도 있었다. 더욱 공평한 나눔을 위해서였다.**

그때 우리는 남에게 하는 일이 내게 하는 일이라는 걸 알았다. 그것이 바뀌기 시작했다. 인류학자들의 말에 따르면 1만 2천 년 전부터라

---

* 아메리카 원주민인 '걷는 버펄로'는 이렇게 말한다. "당신들은 나무들이 말하는 것을 들었던 적이 있습니까? 실제로 나무는 말을 합니다. 나무들은 서로 대화를 하고, 만약 당신들이 거기에 귀를 기울이기만 하면, 여러분에게도 나무가 말을 걸어올 겁니다. 하지만 백인인 당신들은, 곤란하게도, 나무들의 말에 귀를 기울이지 않는 사람들이기 때문에, 자연의 소리에 마음을 열려고 할 리 없습니다. 나무들은 내게 많은 것을 가르쳐주었습니다. 어떤 때는 날씨에 대해, 어떤 때는 동물들의 행동에 대해, 그리고 어떤 때는 '그레이트 스피릿'에 대해 가르쳐 주었던 것입니다."

이로쿼이 족 ─ 이 또한 아메리카 원주민 ─ 의 다음과 같은 기도문도 우리를 돌아보게 만든다. "우리는 우리를 낳고 키워주는 어머니 대지에게 감사합니다. 물을 날라다 주는 강과 하천에 감사합니다. 병을 고치는 힘을 가진 온갖 식물들에게 감사합니다. 우리의 양식이 되는 옥수수와 그의 친구인 콩과 호박에게 감사합니다. 과일을 열어주는 나무들에게 감사합니다. 태양이 진 뒤에도 어둠을 밝혀주는 달과 별들에게 감사합니다. 자비로운 눈길로 대지를 굽어살피시는 태양에게 감사합니다."

** 이 주제와 관련된 두 가지 이야기가 있다. 첫째는 캐나다 원주민인 누이토카 족의 마키나라는 이의 말이다. "빅토리아라는 도시에 갔었을 때다. 나는 거기서 커다란 건물을 보았다. 그 나라 사람인 백인은 그것을 은행이라고 했다. 은행은 그들이 맡긴 돈을 잘 보관하고 이자를 붙여서 돌려준다고 했다. 우리 인디언에게는 물론 그런 은행이 없다. 대신 돈이나 물건이 남으면 우리는 그것을 이웃에게 준다. 이웃은 그것에 덤을 얹어 돌려주어 나를 기쁘게 한다. 우리에게는 남에게, 이웃에게 주는 것이 은행인 것이다."

다른 하나는 아메리카 원주민인 '고매한 붉은 사람'의 말이다. "우리 라코타 족에는 기브어웨이 giveaway라는 풍속이 있다. 무엇인가 중요한 일이나 특별한 일이 생기면 우리는 내가 가진 것을 모두에게 나누어 주며 행운을 빈다. 남과 나누는 것만큼 우리가 마음에 들어하는 일은 없다. 가장 가난한 이조차도 자신이 가진 것을 나눈다. 우리는 서로 나누는 부족이다. 서로 나누면 나눌수록 나눌 수 있는 것이 주어진다. 남과 나눌 때, 신은 우리에게 자신의 선의를 더 나누어주는 것이다. 우리가 남과 서로 나눌 때, 사실은 신과 나누고 있는 것이다. 신은 서로 나누는 사람을 사랑한다."

고 한다. 그 무렵부터 지혜로써 천지에 대항하는 그룹이 생기기 시작했다. 그 그룹은 어버이 천지의 품 안에서 살려고 하지 않았다. 그들의 지혜가 그들의 눈을 가렸다. 그들은 어버이의 방식이 마음에 들지 않았다. 그들에게 어버이의 방식은 미개했고, 조잡했고, 원시적으로 보였다. 그러므로 그들에게 어버이는 마땅히 개발, 개척, 개혁돼야 하는 존재였다. 그런 생각 아래 그들은, 자신들의 작은 지혜로써 어머니의 품을 헐고, 그곳에 몇 가지 풀을 심었다. 몇 종류의 동물도 잡아다 우리에 가두어 키우기 시작했다. 농경과 목축의 시대가 그렇게 열렸다.

그들은 그렇게 천지가 자신들이 어버이임을 잊었다. 자신을 낳아준 사람만 어머니와 아버지인 줄 알게 됐다. 그 아버지와 어머니가 낳은 자식만 형제이고 자매인 줄 알게 됐다. 천지는 그때부터 단순한 물질로 변했다. 하늘은 산소와 이산화탄소 등을 비롯한 여러 요소들의 결합체이고, 땅은 광물질의 덩어리에 지나지 않는 존재가 되었다. 그들은 아무도 땅과 하늘에 경외감을 갖지 않는다. 그 사랑에 감사하지 않는다. 아니, 그들의 사랑을 아예 보지 못한다. 눈이 있으나, 그것이 보이지 않는 것이다. 그 대신 우리는 그 땅으로부터 혹은 하늘로부터 더 많은 것을 제 것으로 만든 사람을 우러러본다. 그를 찬양한다. 어느 한 사람, 어느 한 나라만이 아니다. 온 세상, 모든 사람이 그렇다.*

2

나 또한 그랬다. 남보다 더 많이 갖는 게, 더 높이 올라가는 게 최고인 줄 알고, 그 길을 걸었다. 서툴고 어리석어 그 길에서의 내 성취는 미미했다. 그러므로 나는 사는 게 즐겁지 않았다. 우울한 날이 더 많았다. 어딘가에서 새 소식이 들려 가보면 별거 아니었다. 몸은 한 국립연구소에 적을 두고 있었지만, 내 영혼은 갈 곳을 못 찾고 마치 고아처럼 네거리에 우두망찰 서 있었다. 그러다 나는 이 책의 저자 후쿠오카 마사노부를 만났다. 그의 자연농법을 만났다. 무의 철학을 만났다. 내게는 벼락과 같았다. 몇 시간이었을까? 나는 한 자리에 얼어붙은 듯이 앉아 세상을 다시 보는 경험을 했고, 그날로 나는 다른 사람이 됐다. 나는 그날 사람 쪽을 떠나 자연 쪽으로 왔다. 사람의 아들에서 천지의 아들로 바뀌었다. 20대 후반의 일이었다.

내게, 아니 인류에게 자연농법은 복음이었다. 그 길밖에 없었다. 그 길로 가지 않는다면, 인류의 미래는 없었다. 그게 내게는 너무나 분명하게 보였다.

나는 그날로 미쳤고, 주변 사람들이 말려들었다. 그중 한 사람이 일

---

* 〈포카혼타스〉라는 만화영화에서 포카혼타스는 사랑하는 사이가 된 백인 남자에게 이렇게 노래한다. "당신들은 땅을 소유할 수 있다고, 대지는 당신들이 마음대로 할 수 있는 죽은 것이라고 생각하지요. 하지만 나는 알아요. 모든 바위와 나무와 동물들은 저마다 하나의 삶과 영혼과 이름을 갖고 있음을. 당신들은 당신들처럼 생각하고 당신들처럼 생긴 사람들만이 사람이라고 생각하지요. 하지만 동식물의 발자국을 따라가 보며 당신은 깨닫게 될 거에요. 전엔 결코 알지 못했던 것들을. 달을 보며 우는 늑대의 소리를 들은 적이 있나요? 들고양이에게 왜 우느냐고 물어본 적이 있나요? 산과 함께 노래 부를 수 있나요? 바람의 모든 모습을 그려본 적이 있나요. ……비바람과 흐르는 강은 우리의 형제이고, 백로와 수달은 우리의 친구에요. 우리는 모두 하나로 이어져 있어요. 시작도 끝도 없는 동그라미 같이. ……피부색이 희든 검든 우리는 산과 함께 노래를 부를 수 있어야 해요. 바람의 모습을 그릴 수 있어야 해요. 아무리 땅을 가진다 해도 바람의 모든 모습을 그릴 수 없다면 그건 가진 게 아니에요."

483

본인 유학생 시오다 교오꼬였다. 우리는 그때 서울시 관악구의 한 단독주택에서 공동생활을 하고 있었다. 그는 그때 서울의 한 대학에서 박사과정을 밟고 있었다. 그 바쁜 때, 그는 이 책의 저자를 한국에 소개하자는 내 제안을 받아들였다. 그것도 기꺼이. 그렇게 해서 나온 것이 이 책의 초판본인 《생명의 농업과 대자연의 道》였다. 순전히 그의 힘에 기대어 나올 수 있었던 책이다.

원고를 출판사에 넘긴 뒤, 툭툭 털고 나는 산골로 갔다. 1988년 3월의 일이었다. 긴 시련의 나날이 시작되는 순간이기도 했다. 천지의 아들로 사는 일은 쉽지 않았다. 앞서 그 길을 간 사람이 한국에는 없었다. 다른 나라에도 물론 없었다. 세계에 단 한 사람, 이 책의 저자가 있을 뿐이었다. 나는 그의 책을 길라잡이 삼아 자연 품 안에서 사는 법을 배워야 했다.

'먹지도 만지지도 말라'고 한, 에덴동산의 한가운데 있는 지혜나무의 열매를 따 먹으며 아담과 이브는 그 동산에서 추방됐다. 그들은 지혜의 열매를 따 먹은 벌로, '얼굴에 땀을 흘려야 양식을 먹을 수 있게' 됐다. 그들은 아들 둘을 뒀는데, 장남인 카인은 농부가 됐고, 차남인 아벨은 양치기가 됐다. 그렇게 인지, 곧 지혜의 시대가, 농경과 목축의 시대가 열렸다. 인류학에 따르면, 지금으로부터 1만 2천 년 전의 일이다.

하느님은 여러분이 다 아시는 바와 같이, 에덴으로 가는 길에 번쩍이는 불 칼을 세웠다. 에덴동산은 그렇게 우리로부터 사라졌다.

그 뒤, 아주 오랜 세월이 지난 뒤에 예수라는 이가 에덴동산으로 가는 길을 열었는데, 그의 열쇠는 다음 세 가지로 이루어져 있다.

첫째는, 사랑이다. 그냥 사랑이 아니다. 원수조차 사랑하는 사랑이다.*

둘째는, 용서다. 이 또한 쉽지 않다. 끝없이 용서하라고 한다. 자연/신이 우리에게 그런 것처럼, 우리 또한 남에게 어제 일을 묻지 말라는 것이다. 무조건적인 용서다.**

셋째는, '포도원의 비유'***에서 알 수 있듯이, 복지다. 늦게 일하러 온 사람이나 일찍 일하러 온 사람이나 똑같은 '1데나리온'이다. 그 포도원에서 일하는 한, 누구나 먹고 사는 데 아무 걱정이 없는 것이다. 그런 세상이 하늘나라다. 에덴동산이다.

하지만 한 가지가 부족했다. 예수조차 놓친 것이 있었다.

에덴동산은 어느 한 곳에 있는 게 아니다. 지구 전체가 에덴동산이다. 그곳이 어디든 사랑과 용서, 복지가 있으면 에덴동산이라 할 수 있지만, 하나가 더 있어야 한다. 우리가 일용할 양식을 얻는 방식이 농경과 목축이라면, 그곳을 우리는 에덴이라고 할 수 없기 때문이다. 인류의 농경은, 그때나 이때나, 땅을 파헤치고, 벌레를 죽이고, 풀과 싸우고 있기 때문이다. 목축은 가축을 비좁은 우리, 열악한 환경 속에서 키우기 때문이다. 그것이 우리의 어버이인 땅과 하늘을 더럽히고 있기 때문이다. 이제 시골에도 맑은 하천이 없다. 보면 두려울 정도다. 물감을 풀어놓은 것 같다. 공기 또한 그렇다.

후쿠오카 마사노부가 이 책에서 소개하는 자연농법에서는 땅을 갈지 않는다. 밭만이 아니다. 논도 갈지 않는다. 일절 갈지 않는다. 그것이 기본이다. 자연농법에서는 해충이 없다. 있으면서 없다. 그러므로 농약을 쓰지 않는다. 화학 농약만이 아니다. 친환경 농약도 쓰지 않는다. 그 어떤 농약도 쓰지 않는다. 자연농법은 벌레와 싸우지 않는다. 풀도 적이 아니다. 풀은 하늘의 비료다. 감사 가운데, 풀과 함께 산다. 그렇게 살면, 비료가 필요 없다. 화학비료만이 아니다. 퇴비도 필요 없다. 그러므로 농기계 또한 필요 없다.

---

* 예수는 이렇게 말하고 있다. "'네 이웃을 사랑해야 한다. 그리고 네 원수를 미워해야 한다'고 이르신 말씀을 너희는 들었다. 그러나 나는 너희에게 말한다. 너희는 원수를 사랑하여라. 그리고 너희를 박해하는 자들을 위하여 기도하여라. 그래야 너희가 하늘에 계신 너희 아버지의 자녀가 될 수 있다. 그분께서는 악인에게나 선인에게나 당신의 해가 떠오르게 하시고, 의로운 이에게나 불의한 사람에게나 비를 내려 주신다. 사실 너희가 자기를 사랑하는 이들만 사랑한다면 무슨 상을 받겠느냐? 그것은 세리라도 하지 않겠느냐? 그리고 너희가 자기 형제들에게만 인사한다면, 너희가 남보다 잘하는 것이 무엇이겠느냐? 그런 것은 다른 민족 사람들도 하지 않느냐? 그러므로 하늘의 너희 아버지께서 완전하신 것처럼 너희도 완전한 사람이 되어야 한다." (마태복음 5장 43~48절)

** 성경은 예수의 말씀을 이렇게 소개하고 있다. "베드로가 예수에게 다가와, '주님, 제 형제가 저에게 죄를 지으면 몇 번이나 용서해주어야 합니까? 일곱 번까지 해야 합니까?' 하고 물었다. 예수님께서 그에게 대답하셨다. '내가 너에게 말한다. 일곱 번이 아니라 일흔일곱 번까지도 용서해야 한다.'" (마태복음 18장 21, 22절)

486

인류에게는 자연농법 또한 복음이다. 자연농법과 예수의 세 가지 길을 합치면 비로소 하늘나라를 이 땅 위에 건설할 수 있는 것이다. 지구가 다시 에덴동산으로 바뀌는 것이다.

*** 포도밭 주인이 자기 포도밭에서 일할 일꾼들을 사려고 이른 아침에 집을 나섰다. 그는 일꾼들과 하루 1데나리온으로 합의하고 그들을 자기 포도밭으로 보냈다. 그가 또 9시쯤에 나가보니, 다른 이들이 하는 일 없이 장터에 서 있었다. 그래서 그들에게, "당신들도 포도밭으로 가시오. 정당한 삯을 주겠소" 하고 말하자 그들은 갔다. 그는 다시 12시와 오후 3시쯤에도 나가서 그와 같이 하였다. 그리고 오후 6시쯤에도 나가 보니 또 다른 이들이 서 있었다. 그래서 그들에게 "당신들은 왜 종일 하는 일 없이 여기 서 있소?" 하고 물으니, 그들이 "아무도 우리를 사지 않았기 때문입니다" 하고 대답하였다. 그러자 그는 "당신들도 포도밭으로 가시오" 하고 말하였다. 저녁때가 되자 포도밭 주인은 자기 관리인에게 말하였다. "일꾼들을 불러 맨 나중에 온 이들부터 시작하여 맨 먼저 온 이들에게까지 품삯을 내주시오." 그리하여 오후 5시쯤부터 일한 이들이 와서 1데나리온씩만 받았다. 그래서 맨 먼저 온 이들은 차례가 되자 자기들은 더 받으려니 생각하였는데, 그들도 1데나리온씩만 받았다. 그것을 받아들고 그들은 밭 임자에게 투덜거리면서, "맨 나중에 온 저자들은 한 시간만 일했는데도, 뙤약볕 아래에서 온종일 고생한 우리와 똑같이 대우하시는군요"하고 말하였다. 그러자 그는 그들 가운데 한 사람에게 말하였다. "친구여, 내가 당신에게 불의를 저지르는 것이 아니오. 당신은 나와 1데나리온으로 합의하지 않았소? 당신 품삯이나 받아서 돌아가시오. 나는 맨 나중에 온 이 사람에게도 당신에게처럼 품삯을 주고 싶소. 내 것을 가지고 내가 하고 싶은 대로 할 수 없다는 말이오? 아니면, 내가 후하다고 하여 시기하는 것이오?" (마태복음 20장 1~16절)

우리가 아는 한, 우주 안에 물이 있고 나무가 있는 별은 지구뿐이다. 나비가 날고, 꽃이 피는 별은 이 지구 단 하나뿐이다. 그러므로 천국이란 하늘 어디에 있는 게 아니다. 있다면 지구다.

그 지구가 지금 지옥이다. 누가 그랬나? 우리, 인류가 그랬다. 우리는 사랑하지 않는다. 용서하지 않는다. 나누지 않는다. 함께 살아야 한다는 걸 모른다. 나만, 우리만, 인류만 많이 가지면 된다. 잘 살면 된다. 그것이 현대 농업이고, 목축이고, 문명이다. 농업 또한 더 많은 수확, 더 많은 이익만이 목표다. 지구는 어찌 돼도 좋다. 그 결과가 지구의 사막화다. 해마다 사막이 늘어나고 있다.

천국을 망친 첫 방해꾼은 공룡이었다. 공룡은 욕심쟁이 동물이었다. 자꾸 자신의 덩치를 키웠고, 그 덩치는 많은 것을 먹어야만 유지됐다. 그 바람에 숲이 사라지기 시작했고, 결국 공룡은 멸망했다. 그 뒤 오랜 시간이 지난 뒤에, 다음 골칫덩이가 나타났다. 인간이다. 그들은 덩치를 키우는 대신 농경지, 과수원, 도시와 같은 자신들의 세상을 건설했다. 형태만 다를 뿐 내용은 같다. 인류 또한 숲을 무지막지하게 먹어치우며 산다.

지구에서의 삶은 간단하다. 숲을 해치지 않고 그 안에서 살 수 있으면 천국이고, 그렇지 않으면 지옥이다. 전자일 경우는 일하지 않아도 된다. 일은 숲이 한다. 하지만 후자는 일해야 한다. 인류가 그렇게 살고 있다. 우리는 숲을 베어내고, 그곳에 논밭과 과수원, 축사를 짓고 일해서 먹고 산다. 우주 안에 지옥이 있다면 그게 지옥이다. 그것을 현대인이 모르고 있을 뿐이다. 숲 안에서 사는 새와 산짐승과 벌레는 일하지 않는다. 그들은 숲의 품 안에서, 숲이 주는 것을 먹으며 노래하고, 춤추며 산다. 날마다 일요일이다. 에덴에서 이브와 아담은 그렇게 살았다.

현대 인류는 인공지능과 로봇으로 대표되는 현대 과학이 많은 문제를 해결해줄 것이라 여기지만, 어림없는 기대다. 그 둘로 더 큰 혼란과 오염이 세상을 뒤덮게 될 게 분명하다.

2017년 12월
최성현

"자연이 주체다.
농사는 자연이 짓고,
사람은 그 시중을 든다."

"자연을 사랑하는 데는 방법이 필요 없다.
자연으로 가는 길은 어디까지나 무위이고,
해야 할 일은 어디까지나 '아무것도 안 한다'뿐이다."

"진정으로 농업을 좋아하는가, 자연을 사랑하고 있는가?
만약 당신이 자연을 사랑하기 때문에
귀농을 하려고 한다면, 그 길은 아주 쉽게 열린다.
만약 당신이 자연의 껍데기만을 사랑하고
농업을 이용하려는 데 불과하다면, 길은 닫힐 것이다."